国家林业和草原局普通高等教育"十四五"规划表
普通高等院校观赏园艺方向系列教材

鲜切花生产技术

赵 冰 主编

中国林業出版社
CFPH China Forestry Publishing House

内 容 简 介

本教材是为了适应鲜切花生产技术课程新的培养方案和课程质量标准的要求，从提高大学生知识、能力和素质的角度来构建内容体系。全书共分十章，包括绪论，鲜切花繁殖栽培技术，鲜切花保鲜技术，鲜切花采收、分级、包装、贮藏和运输技术，鲜切花应用，鲜切花销售，切花生产技术，切叶生产技术，切果生产技术和切枝生产技术。本教材由多家高校合作编写，很多内容取材一线鲜切花生产企业，内容与时俱进。本教材图文并茂，既有大量具体鲜切花种类照片，又有鲜切花各产业链相关图片，是一本集科学性、知识性和实践性于一体的园林、观赏园艺专业（方向）教学用书，同时也可供鲜切花行业相关人员学习和参考。

图书在版编目（CIP）数据

鲜切花生产技术 /赵冰主编. — 北京 : 中国林业出版社，2023. 12（2025. 6 重印）
国家林业和草原局普通高等教育“十四五”规划教材　普通高等院校观赏园艺方向系列教材
ISBN 978-7-5219-2445-9

Ⅰ. ①鲜…　Ⅱ. ①赵…　Ⅲ. ①切花-观赏园艺-高等学校-教材　Ⅳ. ①S68

中国国家版本馆 CIP 数据核字（2023）第 225327 号

策划编辑：康红梅　田　娟
责任编辑：田　娟
责任校对：苏　梅
封面设计：北京时代澄宇科技有限公司

出版发行：中国林业出版社
（100009，北京市西城区刘海胡同 7 号，电话 83143634）
电子邮箱：jiaocaipublic@ 163. com
网　　址：www. forestry. gov. cn/lycb. html
印　　刷：北京中科印刷有限公司
版　　次：2023 年 12 月第 1 版
印　　次：2025 年 6 月第 2 次印刷
开　　本：850mm×1168mm　1/16
印　　张：17. 375
彩　　插：1 印张
字　　数：446 千字
定　　价：58. 00 元

《鲜切花生产技术》编写人员

主　　编　赵　冰

副 主 编　王　超　顾翠花　李厚华

编写人员　（按姓氏拼音排序）

顾翠花（浙江农林大学）
贾　茵（四川农业大学）
李厚华（西北农林科技大学）
李慧娥（贵州大学）
罗建让（西北农林科技大学）
母洪娜（长江大学）
孙向丽（苏州大学）
王　超（西南林业大学）
王　献（河南农业大学）
吴沙沙（福建农林大学）
杨　丽（信阳农林学院）
张　杰（华中农业大学）
赵　冰（西北农林科技大学）
赵　妮（西北农林科技大学）

前言

鲜切花作为花卉产业中具有较高附加值的组成，在世界现代花卉的商品结构中占据举足轻重的地位。随着我国经济的快速发展，国人生活消费水平不断提升，鲜切花越来越受到人们的喜爱，也正在走进千家万户。我国是世界鲜切花生产和出口大国，生产和消费具有巨大潜力，发展前景良好。因此，进行鲜切花相关生产技术的研究与应用，对进一步发展我国花卉产业，促进经济增长具有极其重要的现实意义。为了让学生系统地学习鲜切花相关知识，解决切花生产中存在的问题，培养国家需要的鲜切花领域专业应用人才，特组织编写本教材。

鲜切花生产技术是讲述鲜切花形态特征、主要品种、生态习性、繁殖育苗技术、周年生产技术、花期调控、病虫害防治、采收、分级、包装、贮藏和保鲜的一门应用性课程，是园林、园艺专业的一门学科基础课。本教材内容主要有绪论，鲜切花繁殖栽培技术，鲜切花保鲜技术，鲜切花采收、分级、包装、贮藏和运输技术，鲜切花应用，鲜切花销售，切花生产技术，切叶生产技术，切果生产技术和切枝生产技术。通过学习本教材，学生可以熟悉各种鲜切花的形态特征和生态习性，全面掌握各类鲜切花繁殖栽培技术、保鲜技术及采收、分级、包装、贮藏和运输技术，了解鲜切花应用，能够从事鲜切花生产与经营，从而服务于国家经济建设。

由于鲜切花是花束、花篮等情感表达载体和插花花艺等艺术表达载体的主体构成要件，为了更好地服务于花材在花束、花篮和插花花艺创作中的实际应用，本教材鲜切花种类按照切花、切果、切叶、切枝四大类型进行论述。每种类型均选取有代表性的种类共计 42 种鲜切花，每一种类均从该种的形态特征、生态习性、品种、应用、繁殖育苗、栽培管理要点、采收、分级、包装、贮藏、运输和保鲜等方面进行论述，并对市场上调查到的常见种类进行系统归纳整理。由于每种切花具体栽培管理措施比较复杂，本教材无法做到面面俱到，每种切花主要论述栽培中需要特别注意的关键细节。为了保证教材内容的与时俱进，主编团队先后前往昆明斗南花卉批发市场、北京莱太花卉批发市场和北京、上海、西安的多家花店进行调研，参加在北京和上海举办的国际花卉园艺博览会，并走访多家鲜切花生产企业，本教材中很多内容和图片均来源于这些前期的调研实践。

本教材由赵冰担任主编，王超、顾翠花和李厚华担任副主编，全书由赵冰统稿。具体编写分工如下：第 1 章，赵冰、母洪娜；第 2 章，赵冰、罗建让、贾茵、王献；第 3 章，赵冰、王超；第 4 章，赵冰、李厚华；第 5 章，杨丽、赵冰、李慧娥、顾翠花；第 6 章，吴沙沙、赵冰；第 7~10 章，赵冰、孙向丽、贾茵、王超、罗建让、杨丽、李慧娥、吴沙沙、赵妮、张杰。本教材中的彩图部分，除特别标注外，其他均为西北农林科技大学赵冰老师拍摄。

本教材在编写过程中，参考了大量鲜切花方面的文献资料，在此对前辈们的工作表示感谢；感谢云南通海锦海农业科技发展有限公司游林丽、河北雄安中卉环艺科技有限公司吴朝清和刘辉、西安白鹿原花里园艺有限责任公司、浙江省嘉善县笠歌生态科技有限公司、威海七彩生物科技有限公司、坂田种苗（苏州）有限公司、湛江市天运园艺有限公司、昆明杨月季园艺有限责任公司、烟台市农业科学研究院张英杰、福建省龙岩市万花园林有限公司严浩、福建名仕花田园艺有限公司余昕和福建省农业科学院花卉研究室吴建设等单位和个人提供的鲜切花方面的资料和图片，感谢西北农林科技大学宋子怡、张钰钰、张梦芳、丛蓉、宋云静和程茜，西南林业大学张诗文、崔雨丝等研究生提供的文献资料；感谢西北农林科技大学教务处提供的大力支持和关注。

本教材是在“西北农林科技大学 2022 年校级规划教材重点建设项目”资助下完成的。

《鲜切花生产技术》是编写人员共同智慧的结晶。由于编者知识水平有限，而且随着鲜切花产业的快速发展，教材尚存在疏漏和不足之处，敬请广大师生在使用过程中提出宝贵意见，以便日后完善。

编 者

2023 年 8 月

目 录

1 绪 论

当今社会，花卉在人们的生活、工作和社会交往中扮演着不可替代的角色。同时，花卉作为世界各国农业中唯一不受农产品配额限制的产品，其贸易增长速度远远超过世界经济平均发展速度。目前花卉产业在很多国家均保持蓬勃发展势头，并且已成为全世界最具活力的绿色产业和朝阳产业之一。目前，我国已经成为全球最大的花卉生产基地，同时也是重要的花卉消费国和进出口贸易国。由于花卉产业是园林、园艺行业中具有较高附加值的一项产业，其发展在实现我国乡村振兴和农业现代化进程中占据着尤为重要的地位。

在现代花卉的商品结构中，鲜切花是世界花卉贸易和流通的主要产品，可以创造巨大收入，具有广阔的发展前景。近年来全球鲜切花生产规模不断发展壮大，切花生产设施水平不断提升，鲜切花中观花类品类日新月异，新型切叶类、切果类和切枝类越来越受到市场关注。随着人们对生活品质要求的不断提升，鲜切花在人们日常生活中的应用越来越广泛。因此，鲜切花生产对于我国花卉产业的高品质发展具有重要的经济价值和现实意义。

1.1 鲜切花生产概述

1.1.1 鲜切花的概念

鲜切花，简称切花。狭义的切花是指从植物体上剪取的具有观赏价值并带有一定长度的花枝，如月季、切花菊、非洲菊、洋桔梗和鹤望兰等。广义的切花是指从植株上剪切下来的枝、叶、花、果等部分，用于插花或花艺设计使用的一类花卉产品，如鸟巢蕨、北美冬青、八角金盘、银芽柳等。即鲜切花从草本到木本，从乔木、灌木到藤本，从低等植物到高等植物，从水生、陆生、附生、腐生到气生植物，都可以包括在鲜切花范围内。在没有切离母体之前，将那些用作切花栽培的植物称为切花植物。鲜切花与花卉的概念有所不同，花卉的概念比较广泛，依用途划分为室内花卉、盆花花卉、切花花卉、花坛花卉、地被花卉、药用花卉、食用花卉，因此，切花属于花卉的一部分，但又区别于露地花卉和盆栽花卉。

1.1.2 鲜切花的特点

并不是所有的花卉都适合做切花。与其他花卉种类相比，切花要求植株具有一定的高度，花枝长，花茎具有一定的硬度，花型或叶形端正或奇特，花瓣较厚，具有较长的瓶插寿命。此外，鲜切花还具有以下特点：

(1) 离体性，寿命短

鲜切花是植物的离体器官，鲜切花被剪断后，切断了水分和养分供应，此时花枝还处于持续的蒸腾状态(营养和水分的散失)，因此，鲜切花观赏寿命有限。从切花栽培到采收、运输、切花销售终端的具体花卉艺术作品的呈现，都需要考虑延长其使用寿命。

(2) 应用广泛，贴近群众生活

鲜切花使用范围涉及人们日常生活的方方面面，如各种会议场所、礼宾仪式、婚丧嫁娶、娱乐餐饮及生活中各类房间的装饰美化等。在外交场合，无论政要会晤、外事谈判，还是商务往来，都少不了用切花来点缀；运动员取得优异成绩时除了授予其奖章、奖杯外，还会送上一束鲜花表示祝贺；现代婚礼中，从迎亲彩车到新房布置，从新娘头饰到捧花，处处离不开花；在情人约会、亲友互访时鲜花又成为爱情的桥梁和友谊的象征；甚至在悼念和缅怀的时刻，人们也会借助鲜花，用无声的语言表达敬仰和思念。

(3) 装饰性强，观赏价值高

鲜切花有艳丽的花朵/花序(芍药、向日葵、非洲菊、文心兰)、奇特的花冠(马蹄莲、红掌、帝王花)、宜人的香味(紫罗兰、银叶桉)；无论是几枝同一种类花简单置于花瓶，或搭配一两种配花还是艺术插花，均具有较高的观赏价值。

(4) 一次性消费，价格高

鲜切花“离体性”特点决定了其瓶插期是有时限的。如帝王花、多头小菊瓶插期长，洋桔梗、六出花、百合、芍药瓶插期稍短。在瓶插欣赏时，鲜切花需要频繁更换。因此，相对于盆花而言，鲜切花属于一次性消费商品，价格相对较高。

1.1.3 鲜切花生产的特点

鲜切花生产包括鲜切花的品种繁育、栽培管理、花期控制、采收、分级、保鲜、包装、贮藏和运输等一系列环节，每个环节都直接影响鲜切花产品的产量、质量和价值。鲜切花生产具有以下特点：

(1) 单位面积产量高，经济效益高

切花生产大多采用设施栽培，也有部分切花结合露地栽培，并在现代化的设施内规模化生产。切花栽培集约化程度高，单位面积产量高，经济效益显著。如月季年产量100~150 枝/m^2，菊花年产量 60~80 枝/m^2，经济效益都很高。

(2) 生产周期快，易于周年供应

切花在栽培过程中，采用露地结合保护地栽培的方法，不仅可以降低生产成本，而且能够进行反季节栽培，提高土地利用率，并周年供应市场，满足人们对切花的需求。如球根切花唐菖蒲，其生长临界温度为3℃，在4~5℃时种球即可萌动，在露地栽培的情况下，一般早花品种自播种到开花生长期为60~65d，中花品种为65~75d，晚花品种75~85d。根据唐菖蒲的这种生长特点，关中地区从4月中旬~7月末，每隔10d种植一次，可在7~10月连续采收切花上市；华中地区从3月下旬~8月初分期分批栽植种球，可于6月中旬~11月上旬采收切花上市。若结合保护地栽培，可保证周年供应。另外，如非洲菊栽培周期短，一年可生产3茬切花，采用设施栽培可做到周年供花。月季切花是昆明普宁区主打切花品类，采用传统种植方式，一年可采收3~4茬，涵钰农业种植科学技术协会通过积极引进新品种、改良种植技术，每年可采收6茬月季鲜切花。

(3)贮藏、包装、运输方便，便于异地贸易交流

切花与盆花、盆景等相比，不需要容器与基质，质量轻、体积小，易于包装、贮藏及运输。不同种类鲜切花的保鲜膜、功能性瓦楞纸箱、各种物流外包装盒，运输途中的保湿措施、防撞处理、纸箱内固定等措施，为在贮藏与运输过程中保持鲜切花品质与生命力，减少产品损耗提供了保障。在信息化程度日益提高的今天，切花异地生产、异地消费已成为其一大特点。因此，切花贮藏、运输，对迅速补充市场空缺、缓解市场供求矛盾，起着非常重要的作用。很多花卉产业发达的国家和地区，其切花产品一方面可以满足本国本地区的需要，另一方面可以进行国际贸易，出口创汇，成为国民经济支柱产业。

(4)贮藏、包装、运输严格，需在低温下进行

鲜切花是最不耐贮运的产品之一，与一般的商品包装不同，其产品包装要具有保护性能高的特点。一般采用特制的功能性保鲜膜结合功能性瓦楞纸箱进行包装。除热带切花外，贮藏、包装和运输一般需在低温冷链下进行，从而有效地降低鲜切花运输过程中的损耗，最大限度地保持鲜切花的品质。

(5)生产规模化、工厂化

无土栽培、组织培养技术和设施栽培的应用与推广，使切花生产规模化、工厂化成为现实。将无土栽培技术应用于切花生产，针对不同切花品种和发育阶段，采用不同营养液配方，利用无菌、透气、吸水、保水性能好的介质作为栽培基质，使切花栽培由传统、粗放管理的地栽方式跨越到集约化管理的工厂化生产。生长调节物质及化学物质应用，花卉育种形式快速多样，组织培养技术普及，对实现切花大规模工厂化生产起到了巨大的推动作用。目前，菊花、香石竹、非洲菊、满天星等大多数切花品种已经实现了组培苗工厂化生产。

(6)注重技术创新，栽培管理精细

切花生产不仅要求产量高，同时要求产品符合行业质量检验标准。质量等级越高，其观赏价值越高，经济效益越好。因此，在切花栽培管理过程中，栽培管理者必须了解切花的生态习性及生长规律，懂得温室管理，熟悉切花园艺栽培管理技术。

栽培技术不同，鲜切花的生产力也不同。如昆明晋宁区的“基质栽培+水肥一体化循环”栽培方式变革，使鲜切花产量、收益翻倍；又如安宁诺斯沃德花卉产业有限公司采用获国家专利的新型无土栽培种植槽，节能环保、保温美观，又能高效利用土地，大棚内的设施设备通过智能感应探头实现温、光、水、湿、气的自动调节，可以降低50%的人力成本，一个工人可以管理150余亩*基地，真正实现了高效精细的鲜切花栽培管理。

(7)切花栽培成本投入高，风险系数高

切花生产由于对栽培设施的依赖性强，投资很大。同时，鲜切花是鲜活产品，其生产效益不仅受自然条件、生产条件、生产技术等环节制约，而且受市场需求影响。市场需求的变化又受国民经济发展程度、人们物质与精神生活水平高低、历史文化底蕴深浅、政策与自然环境等诸方面的影响，任何一个生产环节或任何一个方面出现问题，都会导致生产效益下降。因此，切花生产尽管效益高，但投资风险也相当大。

(8)需要周年生产，对栽培设施的依赖性强

市场对鲜切花全年都有较为稳定的需求，在传统节日，鲜切花需求量一般会有小高峰。市场的消费需求决定了鲜切花周年生产的特点。而大多数切花品种在自然条件下无法进行周年生产，需要利用温室、塑料大棚等保护栽培设施对环境因子进行调控，使温度、光照、水分等环境因子周年适宜于切花的生长发育要求，以达到周年供应市场的需求。特别是高纬度地区的切花栽培，对栽培设施的依赖性更强。

(9)新优品种的经济效益巨大

"新、奇、优"鲜切花种类或品种往往会成为市场的热点与焦点，经济收益可观。如传统的单瓣百合，花药容易沾染使用者的衣物且不易洗掉，基因修饰后的重瓣百合不仅观赏效果更高，而且花药败育，其市场售价比普通百合高几倍；文心兰花型独特，其市场价位高于主流切花，优选的杂交品种价位更高；近几年引进开发的南半球原产花卉帝王花和针垫花等价格不菲。因此，在生产前期应当因地制宜、科学选择品种，满足消费者新的产品需求。

1.1.4 鲜切花的作用

鲜切花主要有以下几方面作用：

(1)装饰美化，丰富精神文化生活

鲜切花可以做成插花、花束、花篮和压花画等各种应用形式，用于装饰居室、工作室及会议场所、礼宾仪式、娱乐餐饮等各种生活空间，一方面能满足人们亲近自然、享受自然、丰富精神文化生活的愿望，另一方面可起到点缀空间、美化环境的作用。

(2)礼仪往来，传递情感

很多花卉都有美好的花语，情人节送象征真挚爱情的月季，母亲节送象征深沉母爱的香石竹，婚礼花车用象征百年好合的百合装饰。日常生活中，祝贺亲朋好友乔迁新居、看望长辈或亲友互访，母亲节、父亲节、教师节、七夕节等节日，鲜花成为情感的桥梁、亲情和友情的象征。此外，用鲜花制作的花圈、花篮、花束已成为清明节祭扫活动的主要消费商品。

---

* 1亩≈666.7m^2。

(3)弘扬中华文化，提高国民文化涵养

长期以来，由于人们对于花卉的挚爱，常把花卉植物人格化，联想产生某种情绪或境界。荷花出淤泥而不染，梅花凌雪而开，菊花高雅清逸，牡丹雍容华贵；梅、兰、竹、菊尊为“四君子”；松、竹、梅称为“岁寒三友”；松与鹤并称为“松鹤延年”；柏寓意长寿；梅枝苍劲有力、傲霜斗雪；枣的枝条曲折有致，可表现余音缭绕、曲折多变的意境，还有“早生贵子”之寓意；竹有节，宁折勿弯等，可在插花中表现情操高尚、挺拔向上的主题，这些形成了丰富的中华花文化。

鲜切花可以用于制作插花艺术作品。插花艺术是以切花花材为主要素材，通过艺术构思和适当的剪裁整形及摆插来表现其活力与自然美的一门造型艺术，是优美的空间艺术之一。插花融合了植物、美学、哲理及诗、书、画等文化。人们在插花过程中，可以学习东方式艺术插花的知识与技艺，提高自己对中华传统文化的领悟并将其传承下去，不断提高自身文化修养。

(4)促进经济发展

鲜切花以其种类繁多、色彩丰富、应用广泛、运输便利、清洁卫生和便于集约化栽培等优点而在花卉业中脱颖而出，显示出良好的发展势头，鲜切花的栽培技术、保鲜技术和运输技术也随之迅速发展。近几年来，花卉产品已成为国际上的大宗商品，消费量迅速增长。据统计，花卉市场在近十年间以 25%的速度递增；中国花卉协会发布的《2021 年全国花卉进出口数据分析报告》显示，2021 年，我国花卉出口总额 46 479.25 万美元，同比增长 20.24%。

经过近 40 年的发展，斗南花卉市场现已形成了以多家企业为核心的花卉产业集群，包括两家花卉龙头企业(全国唯一一家国家级花卉交易市场，以及世界排名第二的亚洲最大的花卉拍卖中心)。目前，云南和周边省份及东南亚国家的鲜切花在斗南交易量达 80%以上，占全国鲜切花的相对市场份额大于 70%，并出口 50 多个国家和地区，持续引领云南乃至全国花卉产业的高质量发展。斗南花卉市场已成为中国花卉的“市场风向标”和“价格晴雨表”。中国新闻网报道，2021 年，斗南花卉市场鲜切花交易量突破 102.57 亿枝，交易额达 112.44 亿元；较上一年度分别上涨约 25.05%和 38.03%，交易量价首次突破百亿；2022 年 1~5 月，斗南花卉市场交易量约 42.78 亿枝，交易额约 79.5 亿元，极大地促进了经济的发展。

鲜切花生产的投入可大可小，既可以集约化、工厂化生产，也可以“公司+农户”形式发展小农经济，很适合于我国相对落后地区发展地方经济。鲜切花生产还可以带动花卉种子、种苗、保鲜、贮藏、运输以及花器、包装材料、花肥等许多相关行业的发展。对陶瓷业、塑料业、玻璃业、化学工业以及包装运输业等，都有很大的促进作用。

(5)具有很好的社会效益

首先，鲜切花行业具有劳动力密集型的特点，可以带动社会就业，有助于社会稳定。如某平台自 2016 年成立以来，累计交易量 10 亿余枝，带动近 1000 人员就业。其次，鲜切花整个栽培过程，既可以增加碳汇，又为当地创造如画的花卉地景，如福建永定区龙潭镇在煤资源枯竭后转型绿色发展道路，大力培育蝴蝶兰产业，打造蝴蝶兰小镇，既解决了当地就业问题，又助力了美丽乡村建设。

1.1.5 鲜切花的分类

在切花生产和应用实践中，人们常根据鲜切花的外部形态、生态习性、观赏特点、应用形式等特点的不同，将其分为不同种类。如根据植物学分类，把鲜切花分为蕨类植物门、裸子植物门和被子植物门。其中，蕨类植物门的很多种如肾蕨、铁线蕨、鸟巢蕨和鹿角蕨等，裸子植物门的苏铁、雪松、罗汉松等都是常见的切叶植物，而被子植物门的蔷薇科、百合科、兰科、石蒜科的很多植物多是切花植物。在鲜切花栽培和应用中，多按照实用分类法，如按照生活型、观赏部位和形态特征来分类。

(1)根据生活型分类

根据生活型可以把鲜切花分为草本切花、木本切花、水生切花和兰科切花等类型。

①草本切花　按照生态习性又可分为一、二年生切花，宿根类切花和球根类切花三大类。

一、二年生切花：在插花作品中常作配材。如金盏菊、紫罗兰、金鱼草、万寿菊、孔雀草、石竹、翠菊、百日草、鸡冠花、千日红、三色堇、矢车菊、蛇目菊、波斯菊、福禄考、报春花、香豌豆、瓜叶菊、蛾蝶花等。

宿根类切花：指个体寿命超过两年，能多次开花结实，地下部分形态发育正常，不发生变态的切花。在插花作品中用作骨架花材。如菊花、香石竹、玉簪、补血草、鹤望兰、芍药、飞燕草、乌头、红掌、鸢尾、松果菊、一枝黄花、荷兰菊、滨菊、天人菊、非洲菊、耧斗菜、铃兰、金光菊等。

球根类切花：指地下部分形态变态肥大，呈球块状，在插花作品中用作焦点花的一类切花。如唐菖蒲、郁金香、百合、朱顶红、小苍兰(香雪兰)、风信子、石蒜、马蹄莲、晚香玉、大丽花、花毛茛。

②木本切花　茎秆木质化了的植物，在东方插花中运用较多，中国、日本插花善用木本花材，将其插在剑山上，彰显东方文化。如月季、蜡梅、牡丹、叶子花、银芽柳、一品红、变叶木、软叶刺葵、八仙花、山茶、迎春花、桂花、珍珠梅、绣线菊、玉兰、连翘、榆叶梅、梅花、桃花等。木本切花包括所有用于切花的乔木、灌木及藤本植物。

③水生切花　在水域中或沼泽地内生长的花卉植物，如荷花、睡莲、凤眼莲、千屈菜、香蒲等。

④兰科切花　如蝴蝶兰、大花蕙兰、文心兰、卡特兰和石斛等。

(2)根据观赏部位分类

根据观赏部位可以将鲜切花大致分为切花、切叶、切枝和切果四类。本教材各论部分主要采用此分类方法。部分植物茎、叶、花或果都有观赏价值，在分类上既属于切花类，又属于切果类和切枝类。如南天竹既可以归为切果类，也可以归为切枝类和切叶类；麻叶绣线菊等绣线菊属植物既可以归为切花类，也可以归为切枝类和切叶类。

①切花类　是以花作为离体植物材料的主体。其色彩鲜艳、花姿优美，有的还有香气，是插花和其他花卉装饰的主要花材，也是这类作品的色彩来源。如月季、香石竹、唐菖蒲、菊花、非洲菊、郁金香、百合、山茶、牡丹、蜡梅、梅花、飞燕草、蛇鞭菊、毛地黄等。

②切叶类　切叶是以叶作为离体植物材料的主体。用作切叶的植物材料，有的叶色鲜艳多彩，有的叶形美丽奇特，多用作插花和花卉装饰的配材，起烘托作用。切叶常分为草本切叶和木本切叶两种：草本切叶如文竹、广东万年青、天门冬、蜘蛛抱蛋、铁线蕨、鸟巢蕨、肾蕨、玉簪、石刁柏、彩叶草、羽衣甘蓝、雁来红、银边翠、花叶芋、银叶菊、蓬莱松、朱蕉等；木本切叶如苏铁、棕竹、棕榈、散尾葵、变叶木、广玉兰、常春藤、龟背竹、紫叶小檗、鹅掌柴、鱼尾葵、香龙血树、美丽针葵、八角金盘、星点木、花叶青木(洒金珊瑚)等。

③切枝类　切枝是以枝作为离体植物材料的主体。如松、柏、竹、龙枣、常春藤、迎春花、红瑞木、富贵竹、龙爪柳、银芽柳、龙游梅枝、桃枝、南天竹等。

④切果类　切果是以果作为离体植物材料的主体。其色彩鲜艳，果形奇特，而茎、叶、花没有多大的观赏价值。切果多用作插花和花卉装饰的主材或配材。切果常分为两种：草本切果如五色椒、冬珊瑚、观赏瓜、火龙珠、凤梨、钉头果(唐棉)、乳茄、小麦等；木本切果如枇杷、山楂、海棠、南天竹、金橘、石楠、佛手、枸骨、火棘、北美冬青、毛核木(雪果)、棉花等。

目前在国内鲜切花市场上，切枝、切叶、切果类的种类相对较少。在我国有多种野生资源有待开发，此外，山花野草、树皮枯藤，还有部分蔬菜和水果，色彩丰富、造型各异，极富自然野趣和生活韵味，也是很好的切花材料。

(3) 根据形态特征分类

可分为团块状花材、线状花材、散点状花材和异型花材四大类。

①团块状花材　指观赏部位的外形呈块状或团状的花材，如月季、菊花、百合、八仙花等。团块状花材在插花时一般用作焦点花。

②线状花材　指观赏部位的外形呈长线条状的花材，如唐菖蒲、金鱼草、银芽柳等。

③散点状花材　指分枝较多且花叶细小，一枝上有许多小花的花材，如荷兰菊、圆锥石头花(满天星)、勿忘我、珍珠梅、情人草。散点状花材一般作为填充花材。

④异型花材　指花型特殊的花材，如红掌、文心兰、鹤望兰、垂花赫蕉等。

1.2 鲜切花生产现状

1.2.1 国外鲜切花生产销售现状及发展趋势

世界花卉产业化现状及发展趋势，有以下几个特点：

(1) 发达国家在切花生产和消费市场占据主导地位

鲜切花生产现状与地理条件、花卉栽培方式及管理的精准化水平、经济发展、花卉科研实力、花卉消费水平有关。从各国花卉发展程度来看，发达国家领先于发展中国家。

20 世纪 90 年代以前，世界花卉生产主要集中在西欧、北美及亚洲的日本等一些发达国家，目前一些自然气候条件优越、劳动力成本低的发展中国家和地区也已成为主要生产地。各主要花卉生产国已出现国际性专业分工，集中生产某种花卉甚至其中的某几个品种，形成了独特的花卉生产优势，如荷兰的郁金香，日本的菊花，哥伦比亚的香石竹，以色列的唐菖蒲、月季，泰国、新加坡的热带兰，荷兰、日本的种球生产等。在世界范围内，荷兰、德国、意大利、美国等国家利用现代化设备和科学的栽培技术、智能化采收和分级包装及高效的销售方式，进行切花专业化、现代化生产。

在销售方面，国际花卉销售总体呈上升趋势。花卉消费市场依然以欧美和日本为中心，欧洲、美国和日本被称作世界三大花卉消费中心，其中，欧盟作为全球最大的花卉消费成员，共计为全球鲜切花贡献了50%的消费总量，并且在个人消费所占的比重最大。欧洲消费市场30%以上的花卉来自肯尼亚，其次来源于排名第二和第三的花卉出口大国哥伦比亚及以色列。德国是最大的鲜切花消费国，其次分别为英国、法国和意大利。

(2)切花销售渠道广泛多样，网络切花消费所占比例持续扩大

全球范围内，切花行业市场竞争激烈，切花销售渠道日益广泛多样，不同渠道的销售占比也在不断变化。欧盟、美国和日本均表现出相似的特点——传统花店减少，超市销售鲜切花增加。鲜花专营店和流动花摊作为欧洲鲜切花的传统销售渠道，其所占市场份额正在逐年减少，而花卉销售中心和超市的切花销量则随之增加。超市与园艺中心是目前美国两大花卉零售形式，不少大型超市设立了鲜切花销售专柜，甚至提供自助式购花设备，顾客可便捷地自由挑选、任意搭配、自助购买切花，且所售的切花品种十分丰富，一家超市往往可以提供多达200个在售切花品种以任人挑选。在超市行业中，日本超市巨头永旺(Aeon)超市在切花销售业务方面占据着不可动摇的地位。

随着科技的发展，欧洲实体花店数量减少，切花消费占比不断缩小，网络切花消费所占比例持续扩大。近十年来兴起的线上购花这一新型切花消费形式越来越受到广大消费者的喜爱。网上交易、拍卖、鲜花速递等花卉交易方式已经开始逐步进入花卉流通领域。

(3)花卉业服务社会化

各国花卉发展环境不断优化，例如，税收政策支持力度大，行业协会积极帮忙搭建平台，产业链链条主体加强合作等。许多国家和地区的花卉协会、花卉中心起着越来越重要的作用，它们作为政府与生产企业及消费者之间的桥梁，从宏观上给予指导、协调，并广泛开展信息交流与技术推广工作，有力地促进了花卉产业的发展。如英国园艺花卉中心经过半个多世纪的完善和发展，现已形成系统性、规范化的品牌化经营体系，为居民家庭用花提供了周到的服务。英国园艺花卉中心的工作人员还会定期对消费者进行定项市场调查，了解花卉消费者的消费需求及偏好，根据需求开发出更多消费者喜闻乐见的新品种，并适时改进经营方式，优化发展方向，以此应对激烈的行业竞争，适应花卉市场的发展需求。

(4)科研与生产相互结合，新技术广泛应用于生产

高新技术的应用，是高质量、高效益的保证。科研与生产相配套，科研围绕生产与市场进行，是一些先进花卉生产国的特点。

①栽培管理技术专业化　生产基地逐渐从零星分布向园区化或连片聚集；更加关注绿色高效生产技术的研究和推广应用。产前准备、生产布局、小苗栽植、滴灌安装、支

撑安装、整形修剪等环节均严格遵循一定的操作流程，并且拥有先进的园艺计算机系统、上盆系统、栽种及搬盆机器人、移动式培育苗床和分级捆束机等自动化技术。

②包装运输现代化　新型包装成为新趋势，物流运输在不断完善，抗压、轻型、适合恒温冷运，甚至具有保水和保温等新型功能，或者可回收利用的环保箱、折叠箱及具有防堆压功能的包装箱成为物流运输行业突破的新方向。花卉产业冷链物流设施网络先进，流通效率高，规范化程度高。

③鲜切花新品种逐年增加　各国加快对新优特花卉种质资源的收集和新品种研发创新进程；以家族企业和育种公司为代表的欧洲和美国的育种能力、育种技术不断提高，育种资源不断增加，每年都能推出大量突破性的新品种占领市场。欧洲数国，特别是切花育种能力比较强的国家如荷兰，每年推出的新品种数以千计。如荷兰全国有 7 个研究中心，专门从事花卉品种的研究，育成了大批的郁金香、风信子、水仙、唐菖蒲的新品种；蔷薇育种以法国为首，品种美丽强健；美国育成茶香月季品种系统，其抗寒性强，且色、香、姿俱佳。最新发展的基因工程及其他生物技术手段，有可能为花卉育种带来重大突破，如耐贮耐插的香石竹品种已经商品化，蓝色月季已经问世等。

④鲜切花品种类型更加符合大众消费趋势　鲜切花品种更加紧跟时代潮流，独创时尚风格趋势。例如，荷兰有关机构推出了 2022 年春夏欧洲花卉植物时尚风格趋势，遵从明亮轻松的风格，主办方从众多鲜切花中精选了 6 种从色彩、形态等方面完全符合明亮轻松风格趋势的鲜切花——马利筋、滨菊、六出花、大花葱、小苍兰、蓍草。这些符合当前室内设计、生活方式和时尚趋势的鲜切花越来越受到国际市场的青睐。

(5) 完善的鲜切花销售和流通体系

鲜切花销售和流通环节社会化分工越来越细，产业链更长，服务水平逐年提高。完整的销售和流通体系使鲜切花产品在国际市场更具竞争力。如通过减压冷冻、真空预冷设备及技术的推广，保证了花卉产品采后的低温流通和商业保鲜；花卉集散地、拍卖市场、批发中心、连锁花店、鲜花速递等现代化的营销形式，加之广告宣传、精良包装、优质服务、园艺展览等促销手段，使得整个花卉产业的产、供、销实现一体化的科学管理和运作模式。

(6) 新冠疫情对全球花卉的进出口提出新的挑战

新冠疫情期间，花卉进出口商都面临巨大挑战：大多数国家的政府实施封锁管控措施，鲜花航空运输几乎停滞，导致花卉价格飙升，一些企业的扩张计划和创新项目搁置，众多知名花展取消、延期或改为线上举办。但花卉需求保持稳定，甚至有所增加，花卉供应商供货基本平稳，整个行业基本保持健康稳定发展的态势。

从鲜切花的需求端来看，虽然主要花卉进口国如英国、美国、俄罗斯没有停止过鲜切花的进口，荷兰比较稳定，新晋鲜切花进口国波兰也占有一部分市场份额，但是世界各国的切花进口量整体呈下降趋势。美国继续保持作为全球最大切花进口国的增长态式。荷兰近 10 年的切花进口额基本保持稳定，甚至在 2020 年有所增加。俄罗斯切花进口市场继续下滑。英国的进口量也呈下降趋势，2018 年出现逆转，但 2019—2020 年继续下降。此外，波兰虽然市场份额仍然很小，但正在成为一个新的切花进口国。世界上其他 100 多个国家和地区的切花进口额在 2020 年大幅减少。

切花出口情况整体走低，除荷兰、哥伦比亚、厄瓜多尔、肯尼亚、埃塞俄比亚少数国家保住自己的全球出口市场份额，世界其他国家的切花出口量近年来下降明显。如西班牙、比利时和意大利等以前重要的切花出口国的出口量正在缩水。

后疫情时代，未来多国的鲜切花进口量仍存在许多不确定性。本土生产和政府对本土产品的支持推广，加上政治局势的变化都是影响因素。“本土生产”已成为欧洲和美国减少碳足迹和支持国内生产的趋势。

1.2.2 国内鲜切花生产现状及存在的问题

相较于发达国家，我国鲜切花产业起步较晚，但整体发展速度较快。目前，国内鲜切花市场规模逐渐扩大，市场消费需求逐步增长。2017 年我国鲜切花出口国家和地区数达 40 余个，出口总额为 1.02 亿美元，位列世界出口总额第 6 位。目前我国鲜切花种植面积虽仅为美国鲜切花种植面积的 2/3，但早已超过荷兰、日本、越南等国家。国内鲜切花种植面积排在前 5 位的省份依次是云南、湖北、广东、江苏和四川。随着鲜切花新品种的不断研发和国际流行趋势的变化，不断引进一些国际流行的新品种，我国自主研发的新品种逐渐走向市场，传统品种在我国鲜切花市场上所占的比重则有所减小。

目前我国鲜切花生产现状及存在的问题主要有以下几点：

(1)新品种培育受到重视，野生花卉开发力度加大

虽然我国花卉种植历史源远流长且花卉种质资源丰富，但我国鲜切花市场一直以传统切花为主，对新品种研发力度不够。四大传统鲜切花月季、香石竹、非洲菊和百合，以及在云南广泛生产的洋桔梗和八仙花，是目前我国鲜切花市场上销售的主流种类。鲜切花市场现在面临传统花卉市场需求萎缩、新品种总量少、产品缺乏特色和竞争力、附加值低的困境。传统本土鲜切花市场受到进口的“新、奇、特”鲜切花严重冲击。以月季为例，2020 年国产新品种交易量仅占新品种交易量的 8%左右，其余的 92%为国外新品种。因此，花卉新品种培育工作任重而道远。近 10 年来从终端到批发再到生产各个产业链环节的从业者均在寻求“新、奇、特”的品种。

近年来受全球疫情影响，国内高品质鲜切花开始替代进口切花，加之知识产权保护力度加大，越来越多的科研工作者投身到新品种培育以及野生花卉驯化工作中，专利品种的推广应用将迅速朝规范化和规模化方向发展。如昆明杨月季园艺有限责任公司在月季、八仙花的新品种培育和南半球花卉的引进选育上一直走在国内的前列。据盆景网 2021 年的信息资料显示，目前自主研发月季新品种的公司及科研院所有 10 余家，如锦海、杨月季、云南农科院花卉所、锦科、锦苑、云秀等。

(2)新兴花卉呈现出强劲的发展势头

随着国内市场对鲜切花新种类需求的不断增加，加之各花卉产区和企业对花卉品种结构的优化调整，新兴花卉呈现出强劲的发展势头。随着国内消费者对百合、月季、非洲菊等常见鲜切花种类逐渐产生审美疲劳，市场上对“新、奇、特”花卉种类的需求激增。如由荷兰 AGRIPACIFIC 集团注资成立的绿翼中国，拥有四五十种、上千个品种的进口花卉，常年供应两三百个品种。在绿翼中国位于北京的冷库内，来自荷兰、厄瓜多尔、越南、肯尼亚等国家的多头菊、月季、郁金香、朱顶红、大花蕙兰、八仙花、针垫花、彩色马蹄莲、景天、冬青、银珊瑚、绿珊瑚、沙巴叶、大桦叶等高端花材、叶材非常畅销。

(3) 生产管理技术和设施栽培水平逐步提高

花卉产业园区建设加快，组织培养快速繁殖技术逐渐应用于生产，无土栽培面积增加，花卉生产产能持续提高。依托科技进步，在工厂化育苗、标准化栽培、花期调控及采后贮藏保鲜等方面利用新技术，展示现代农业和精致农业的特点，鲜花产品的质量进一步提高，品牌意识增强。

现代化的栽培设施智能温室应用越来越普及，设施栽培水平提高。如南京瑞岛卉洲农业科技有限公司，利用现代化温室进行红掌的生产，温室整合了农业现代化、工业现代化和信息技术等资源，内部采用一体化、物联网等技术进行封闭式管控，并配备了许多高精尖设备：环境智能控制系统利用计算机物联网，实现了温室生产专业化、精准化控制；灌溉系统的应用实现了节能、节水、节肥、高效、环保的目标；水肥回收消毒系统的使用使灌溉系统用水回收、消毒、再利用形成一个封闭的水肥循环利用系统；温室专业加热系统实现了对植物不同生长时期所需温度的精确控制。这种先进的生产模式充分利用了空间、光能、水肥，实现了切花的标准化种植，保证了周年化生产和供应。同时，这种生产模式显著提高了劳动生产率，以及花卉的产量和品质。

(4) 生产端栽培规模扩大，从业者专业技能亟待提高

近几年我国鲜切花的栽培规模持续扩大。农业农村部的统计数据显示，2010—2020年我国鲜切花种植面积总体呈扩大趋势，2020年增至7.51万hm^2，2021年我国鲜切花生产规模继续保持增长趋势，种植面积稳中略增，如作为我国鲜切花生产第一大省的云南2021年鲜切花种植面积达到32.6万亩，同比增长12.1%，鲜切花产量158.3亿枝，同比增长8.6%，产值140.4亿元。

花卉设施栽培大面积推广。设施栽培与传统地栽存在较大差异，具有明显的产量、质量及环境优势，同时也具有较高的技术门槛。鲜切花设施生产的任一环节都离不开科技的支撑。如鲜切花繁殖方式多样，可以采用种子繁殖、种球繁殖和扦插繁殖等技术，但在实际生产中，大多数种子、种球等需要依托进口且性状容易改变、退化，限制了我国鲜切花产业的可持续发展，因此，组织培养快速繁殖技术因可以快速繁殖植物、保持品种的优良性状、防止植物病毒的危害等优点而成为最佳选择，但对从业人员的专业技术以及资金要求较高，一般的从业者难以掌握，从而限制了大多数鲜切花的规模化快速繁殖。

另外，大部分花卉从业者的专业素质较低，缺乏必备的花卉知识和培训，导致切花品质参差不齐，标准化精品花卉缺乏，花卉产业总体经济效益不高。因此，需要加大政府引导扶持力度，定期开展培训，实现切花的科学栽培与管理。

(5) 运输端的包装、保鲜、冷藏技术需进一步提升

我国鲜切花运输方式多样，运输过程中鲜切花的损耗率也极大，最主要的原因是我国包装、保鲜和冷藏等技术不完善、实际生产中普及率低。我国鲜切花包装、保鲜、冷藏技术需进一步提升，高效、完整、科学的物流体系亟待建立。

(6)销售端需加强市场营销意识

调查显示，目前鲜切花销售的终端——花店的经营者存在品牌意识不强、专业知识及技能欠缺、经营模式落后等问题。虽然近几年疫情影响下网络销售渠道比重加大，但缪彬等(2020)在对云南1731名鲜切花农户进行调查时发现，仍存在“小农户大市场”的矛盾，仅13.5%的农户选择电商等新型交易平台，主要原因是农户包装、采后处理能力不强，特色农产品很难形成品牌。目前，新兴花卉的需求量虽然很大，但市场占有量远远不够，主要是缺乏引导和推广。为了更好地推广新品种，绿翼中国与一些花艺学校、花艺在线平台和国内外花艺师展开了广泛交流与合作，这对于推广潜在流行品种将起到很好的推动作用。

(7)市场端需求多元化，消费市场成熟度提高

鲜切花消费市场化程度非常高，现在已从过去的一二线城市转到三四线城市，已从礼仪消费、婚庆消费向家庭消费延展。鲜切花消费已构建了一个多层次的、复杂的消费结构。鲜切花家庭消费的兴起，极大地拓展了消费渠道。鲜切花消费市场目前呈现出节日需求旺盛、日常婚庆消费火爆、家庭消费异军突起的特点。消费市场对品种、品质的需求不断增加。市场的需求结构更加丰富，同时对高品质切花的需求越来越大。

(8)鲜切花市场步入快速发展阶段，产业升级成为必然

鲜切花目前呈现出市场消费潜力大、市场更加细分等特点。如节日消费、庆典消费、婚庆消费、葬礼消费、餐饮消费、酒店消费、办公消费、会议消费、家庭消费、礼仪消费等。市场越来越细分。在这个细分的市场里，很多企业都会找到自己的定位，并在某个细分市场里成为主流，占到一定的份额。品质、品种、品牌、服务是未来鲜切花产业发展的方向。鲜切花是一个市场拉动型产业，随着市场化程度越来越高，对品质、品种、品牌、服务的需求也就越来越高，这是未来产业发展的方向，也是促进产业升级的动因。

1.2.3 我国鲜切花生产发展对策

针对目前国内鲜切花生产现状和存在的问题，鲜切花产业的发展应从以下几个方面着手。

(1)科学布局，调整优化产业结构

要想实现鲜切花产业的可持续发展，除了国家的宏观调控外，还要对花卉产业有一个正确的认识和科学的布局。花卉产业是一种高效、高风险产业，必须根据市场的需求和变化，适时、适度地发展，同时又应有相应的设施和技术，因此，花卉产业的发展应在充分认识自我的条件下科学定位，避免盲目发展。

①优化产业结构　以市场为导向，发挥比较优势。在类型结构上，巩固已有优势鲜切花的地位，加快小众型花卉的发展；在品种结构上，充分注重品种的新颖性、广适性、抗逆性和乡土化。

②调整产业布局　按照各地自然、区位和社会经济条件的不同，调整产业发展布局，培育优势产业，避免结构雷同和低水平重复。在区域、资源优势明显，产业基础较好的区域，按照特色化、规模化、专业化的要求，建设特色花卉生产产业园区，推进规

模化经营。

(2)增加科研投入，创新发展

①加强种业科技创新，打造产业发展“芯片” 花卉种业是花卉产业竞争的焦点，品种是花卉产业中最为关键的核心竞争力。加强乡土特色花卉创新利用和国内外优新品种引进，开发名、优、特、新花卉品种，走特色发展之路，提升花卉产业核心竞争力，建立品牌。

②加大设施技术创新，促进产业升级发展 重点改进和提升生产基础设施，采用轻基质容器育苗，开展花卉标准化、规模化、机械化种植生产，发展新型、低碳、环保的标准化生产技术，提升花卉品质，实现低投入、高产出的效益目标，加快花卉产业升级发展。

③利用大数据指导科学生产 大数据将指导花卉生产合理化、精准化，调节供销之间的合理关系，绿色高效种植逐渐由自动化向智能化转变，提高切花品质，节省人力、物力和财力。

④强化产学研用结合，推动成果实效转化 聚集企业、政府、院校、科研院所等多方资源，建设花卉工程技术研究中心，致力于花卉资源收集与种质创新、花卉种苗培育、花卉应用栽培等方向研发与应用，推进院(校)企合作，加大产教融合的空间与力度。强化科技人才引领，加大花卉产业专业人才引进力度，此外，还应定期组织线上线下技术培训，收集问题并及时解决。

(3)优化鲜切花产销模式

①重构消费链 改变传统多级供应链，由产地端直发终端，产地批发商不再通过销售地批发商，而是直接销售给花店、C 端。在保证品牌质量的同时，灵活应用现代社交软件、短视频平台，吸引客户关注，从而保障订单式产品生产的顺利进行，有效提高产品单价。

②鼓励发展冷链物流，推进“互联网+物流”产业发展 冷链物流泛指冷藏冷冻类食品在生产、贮藏、运输、销售到消费前的各个环节中始终处于规定的低温环境下，以保证食品质量，减少食品损耗的一项系统工程。促进鲜花生产企业与物流企业的商业合作，提高花卉产业运输环节的冷链物流比重，着力构建物流信息互联共享体系，加快建设综合运输和物流交易公共信息平台，提升仓储配送智能化水平。完善全国鲜切花产品流通网络建设，加大花卉产品仓储、物流设施建设力度，建设完善从产地到销地的采收、预冷、分级、包装、运输、配送等环节完整的冷链运输体系，提高鲜切花运销效率。

(4)优化标准体系，完善支持政策，提高鲜切花品质

鲜切花的发展在实现我国乡村振兴和农业现代化的进程中占据着十分重要的地位，但与国外相比，我国鲜切花质量体系标准还不健全，制约鲜切花质量的提升。因此，优化现有的外观质量等级评价标准，构建鲜切花产品内在品质认证体系，促进鲜切花品质的提升，进一步完善支持政策，从而提高我国鲜切花产品的竞争力。

小 结

本章介绍了鲜切花的概念、特点，鲜切花生产的特点、鲜切花的作用和分类，并对国内外鲜切花产业生产现状和发展趋势进行了总结，指出了国内鲜切花产业现存问题及发展对策。通过本章的学习，可以让学生对鲜切花有全面认识和了解，激发学生进一步学习的兴趣和对鲜切花产业的热爱。

思考题

1. 简述鲜切花的概念。
2. 按照生态型和观赏部位不同，可以把鲜切花分为哪四类？请分别举例说明。
3. 鲜切花的特点和作用分别包括哪些方面？
4. 鲜切花生产的特点是什么？
5. 试述国外切花发展的现状和趋势。
6. 试述国内鲜切花发展现状及存在的问题。
7. 试述云南鲜切花产业发展快速的原因。
8. 试述我国鲜切花生产面临的机遇和挑战，以及可以采取的对策。

推荐阅读书目

鲜切花生产技术．赵冰．西北农林科技大学出版社，2018.

2 鲜切花繁殖栽培技术

鲜切花繁殖栽培技术主要包括鲜切花繁殖技术、鲜切花栽培管理技术、鲜切花花期调控技术和设施栽培技术。它们对于鲜切花的规模化生产、鲜切花的产品质量及鲜切花的周年供应具有非常重要的作用。那么如何实现鲜切花的规模化生产？如何调控最佳的栽培环境条件和采用最合适的栽培管理技术来保证采前鲜切花的产品质量？如何保证鲜切花的周年供应，需要借助怎样的设施条件？这些都将在本章进行论述，对于部分与花卉学内容重复的内容将简要介绍。

2.1 鲜切花繁殖技术

花卉的繁殖方法有多种，分为有性繁殖和无性繁殖两类。此外，还有组织培养繁殖和孢子繁殖技术。

有性繁殖即种子繁殖，是指利用切花植物通过有性生殖产生的种子，培育出新个体的过程。通常把通过种子繁殖所获得的苗木称为实生苗或播种苗。种子繁殖应用广泛，在理论上几乎所有的切花植物均可用种子繁殖，但在实际生产中主要用于一、二年生草本花卉和部分木本切花植物，如金鱼草、紫罗兰、香豌豆、情人草、散尾葵、鱼尾葵等。采用扦插、嫁接、分生等无性繁殖的切花植物常通过种子繁殖更新复壮或培育新品种。

无性繁殖也叫营养繁殖，是指利用切花植物营养器官(根、茎和叶)或营养器官的一部分培育出新个体的过程。无性繁殖所获得的苗木称为营养繁殖苗、无性苗，有的也称克隆苗。无性繁殖广泛应用于一些不能结实或难以结实的切花植物的保存与扩繁，并用于有性繁殖后代的分离与变异的切花植物及新品种的保存。无性繁殖通常包括分生繁殖(分株、分球)、扦插繁殖、嫁接繁殖、压条繁殖等。

组织培养繁殖是指把植物体的器官、组织或细胞的一部分，在无菌的条件下接种到人工配制的培养基上，于玻璃容器内培养，从而获得新植株的方法，又称为微体繁殖。组织培养繁殖获得的苗木称为组培苗或微型苗，常在大型切花生产企业用于种苗的工厂化生产。

孢子繁殖是指对某些切花植物(主要是蕨类植物)所产生的特有细胞——孢子进行培育，获得新植株的方法，如肾蕨、鸟巢蕨、铁线蕨等蕨类植物的繁殖。

切花植物的繁殖育苗具体采用哪种方法，需依据切花植物的特性、繁殖目的、种子发芽的难易程度、种苗需求量、保持母本性状的重要性等来决定。

2.1.1 种子繁殖

种子繁殖是一、二年生花卉最主要的繁殖方法，简单易行，繁殖系数高。

(1)切花种子的贮藏

对多数花卉来说，种子经充分干燥及密封保存后，能较长时间保持其寿命。常见的种子贮藏方式有以下几种：

①干燥贮藏法　耐干燥的一、二年生草花的种子，在经过充分干燥后，放在纸袋中保存。

②干燥密封贮藏法　把干燥的种子装入罐或瓶之类的容器中，密封放在冷凉处保存。

③低温贮藏法　把充分干燥的种子置于1~5℃的低温条件下贮藏。

④层积贮藏法　把种子与湿沙(也可混入水苔)交互地做层状堆积，二者的比例为1∶3。休眠的种子(如牡丹、芍药的种子)用这种方法处理，可以促进发芽。

⑤水藏法　某些水生花卉(如睡莲)的种子，必须贮藏于水中才能保持其发芽力。

(2)种子发芽的环境条件

一般种子在适宜的水分、温度和氧气条件下都能顺利萌发，仅有部分花卉的种子要求光照感应或打破休眠才容易萌发。

①水分　种子萌发首先需要吸收充足的水分。一些切花种实外皮坚硬，吸水较困难，在播种前多进行种皮刻伤，如牡丹、香豌豆等。有些切花的种子带有绵毛，如千日红，应在播种前去除绵毛或直接播种在蛭石里，促进吸水。

②温度　一般来说，花卉种实的发芽适温比其生育适温高3~5℃。原产于温带的一、二年生花卉，多数种类的萌芽适温为20~25℃，适宜春播；也有一些种类发芽适温为15~20℃，如金鱼草，适宜秋播；发芽适温较高的可达25~30℃，如鸡冠花。

③氧气　是花卉种实萌发的条件之一，供氧不妨碍种子萌发。但对于水生花卉来说，只需少量氧气就可供种实萌发。

④光照　对于多数花卉的种实，只要有足够的水分、适宜的温度和一定的氧气，有没有光照都可以发芽。但对于某些花卉来说，在发芽期间必须具备一定的光照才能萌发，称为喜光性种子，如非洲菊、报春花、毛地黄等。在光照下不能萌发的称为嫌光性种子，如雁来红等。

(3)播种前处理

大多数花卉植物的种子，在播种前无须做特殊处理，但为促进吸水和萌发，通常对其进行浸种催芽。多数种子用常温水浸种即可，时间为24~48h。对于难萌发的种子或发芽迟缓的种子，可以采用温水浸种，水温40~50℃，时间24~48h。

对于种皮坚硬致密的种子，如牡丹、香豌豆、荷花等的种子，可采用机械处理(刻伤、摩擦)、热水浸种、化学药剂处理(浓硫酸、盐酸或5%的氢氧化钠等)、生物处理(纤维素酶、果胶酶浸种)等促进吸水萌发。

对于生理后熟的种子播种前在生产上一般可采取层积处理、去皮与淋洗、生长调节物质处理(GA、细胞分裂素等)、光处理、干贮后熟等方法促进萌发。

(4)播种期的确定

在生产实践中,为了使切花周年供应,需合理调节播种期,分批分期播种,一些种类可采用反季节播种,这在生产上是非常重要且不可缺少的。一般一年生花卉春播,二年生花卉秋播,对于需要要求低温与湿润条件以完成休眠的种子,如芍药、飞燕草等必须进行秋播。如在温室中播种,播种期没有严格的季节限制,常随观赏期而定。冬季观赏的多在夏秋季播种,春夏观赏的多在冬季或早春播种。

(5)播种方法

主要有床播、盆播和直播三种。

①床播　是指用专用的苗床进行播种的方法。通常为育苗使用,待苗长到特定大小后再上盆或定植。可用于花卉植物种苗的大量商品化生产。根据种子的大小不同,可采取点播(穴播)、条播和撒播三种方式。

②盆播　是指采用一些专门的容器,如花盆、苗钵、育苗盘进行播种的方法。主要用于细小种子、名贵种子及温室花卉种子的精细播种。育苗盆也用于花卉种苗的商品化生产。育苗基质要求疏松、通气、透水。纯田园土不适合做育苗基质。可选用富含有机质的砂质壤土,也可用蛭石、珍珠岩、草炭等无土栽培基质或它们的混合物。配制好的育苗基质事先消毒。

③直播　是指将花卉种子直接播种于生产圃地,不再移栽的方法。对于直播来说,选址很重要。要求光照充足、土壤疏松、通气,土层厚至少30cm,满足切花植物根系生长的需要。一般采用点播或条播,以便于管理。根据发育到成株的植株大小来确定种子的间隔。直播主要用于生长较快、管理简单或直根性、不适宜移栽的花卉植物种类。不适宜移栽的花卉植物种类有香豌豆、花菱草、矢车菊、银边翠、翠菊、桔梗等。

(6)幼苗的管理与移栽

种子萌发后要使幼苗接受足够的阳光,要及时进行间苗,过密者分两次间苗,第二次间出的苗还可加以利用。移栽前先炼苗。移栽适期因植物而异,一般在花卉幼苗具2~4片展开的真叶时进行。阴天或雨后空气湿度高时移栽,成活率高。起苗前一天,苗床浇一次透水,使幼苗吸足水分更适宜移栽,移栽后常采用遮阴、中午喷水等措施保证幼苗不萎蔫,以利于成活及快速生长。

2.1.2 扦插繁殖

扦插繁殖是指利用植物的再生能力,将营养器官(根、茎、叶)的一部分,在一定的条件下插入基质(土、沙等)中,使其在脱离母体的情况下,长出所缺少的其他部分,形成一个完整独立的新植株的繁殖方法。扦插繁殖所取用的植物材料称插穗,繁殖出的苗木称扦插苗。

插穗能否生根及生根快慢与植物本身的遗传特性及插穗质量有很大关系,同时受外界环境条件的影响。

(1)影响扦插成活的内部因素

①植物自身的遗传特性　插穗的生根能力因花卉种类不同而表现出很大的差异，有的扦插后不用特殊管理，在短时间内便能生出大量根系，如三角梅、巴西铁等木本花卉，菊花、香石竹、富贵竹等草本花卉；有的扦插后较长时间才能生根，对管理、技术水平要求较高，扦插时最好用药物处理，如山茶、桂花等木本花卉，芍药、补血草等草本花卉。有的扦插后不能生根或生根困难，一般不用扦插繁殖，如蜡梅等木本花卉，紫罗兰、鸡冠花等草本花卉。

②母株的采穗枝年龄　插穗的生根能力随采穗枝年龄的增加而降低，采穗枝年龄越大，生根能力越差。一般1~2年生枝比多年生枝生根容易，嫩枝比硬枝生根容易。

③母枝着生位置及营养状况　由于枝条在母株着生的位置不同，其营养状况有一定差异，对枝条生根有一定影响。阳面枝条接受阳光多，生长健壮，组织充实，因而扦插的成苗率高；萌蘖枝比上部枝条好，因其从根部直接吸收营养，年龄小，有利于扦插成活；同一根枝条的中下部发育比顶梢充实，因而中下部枝条作插穗比顶梢易生根。

(2)影响扦插成活的外部因素

扦插生根所需要的外部环境条件主要是温度、湿度，其次是光照、基质等。

①温度　对扦插生根影响较大，不同的花卉要求不同的扦插温度，温度适宜时生根迅速。大部分花卉的扦插适温为20~25℃，如桂花、山茶等。原产于热带的花卉则需在25~30℃的高温下扦插，如茉莉、橡皮树、朱蕉等。如果温度过高，切口易发霉腐烂，因此，在盛夏进行嫩枝扦插成活率较低，当气温超过35℃时不宜扦插。

适宜的基质温度是保证扦插成活的关键，基质温度如能高出气温3~5℃，可促进生根。反之，如气温高于土温，插条的腋芽或顶芽在发根之前就会萌发，出现假活现象，使插穗内的水分和养分被消耗，不利于插穗生根。

②湿度　包括基质湿度和空气湿度。

基质湿度：一般基质含水量以最大持水量的50%~60%为宜。一般在扦插初期基质湿度宜大些，以满足愈伤组织形成的需要；愈伤组织形成后，基质湿度可适当降低。

空气湿度：嫩枝扦插由于扦插时插穗带有叶片，存在着蒸腾作用，而插穗本身不能从基质中吸收水分，极易造成插穗水分失去平衡，影响生根成活，故扦插时要求有相对高的空气湿度。常用喷雾或塑料薄膜覆盖的方法，将插床湿度维持在85%~90%。

③光照　扦插时需要适当的光照，但光照不能过强，否则会使蒸腾作用加剧而导致插穗凋萎。在生产实践中，应在保证湿度的前提下给予光照。

④基质　适宜通透性好、保湿性强的材料。在露地进行硬枝扦插时对基质一般没有特殊要求，可在含砂量较高的砂壤土中进行；对于嫩枝扦插，可在水、河沙、蛭石、珍珠岩、椰糠、炉渣、泥炭、锯末、腐叶土、砻糠灰中进行。

(3)促进扦插生根的方法

①生长调节物质处理　常用于扦插生根的生长调节物质有NAA(萘乙酸)、IAA(吲哚乙酸)、IBA(吲哚丁酸)、2,4-D(2,4-二氯苯氧乙酸)。其中，IBA药效活力强、性

质稳定、不易破坏、效果最好，但其价格较高；NAA 成本较低，促进生根效果也很好。如果将二者混合使用，要比单一药剂使用效果好。

使用生长调节物质必须在合适的浓度范围内，浓度过高会抑制生根，尤其是 NAA，对不同植物的标准比较严格，使用前应先做预试验，找到其最适宜的剂量。一般来讲，易生根的植物所用 NAA 浓度要低，难生根的植物所用 NAA 浓度要高；木质化程度越高的植物所用 NAA 浓度越高，反之越低。

不同生长调节物质对同一植物的生根效果不同，同一生长调节物质对不同植物的生根效果也不同，同一生长调节物质的不同浓度对同一植物扦插的生根效果也不同，所以扦插繁殖中要选择合适的生长调节物质和合适的浓度。

目前生产上常使用中国林科院王涛院士研制的 ABT 生根粉，其中 1~5 号为醇溶性，6~10 号为水溶性。3 号、6 号、7 号、8 号在造林和大树移植中应用较多。中国科学院植物研究所与北京植物园树木组联合研制的 3A 系列促根粉，是一种不需要加水调制的开袋即用型粉剂，可直接蘸于插条基部。该系列促根粉有 5 种型号，3A-1 号、3A-2 号适用于草本花卉；3A-3 号适用于一般木本花卉；3A-4 号适用于难生根的丁香、玉兰、杜鹃花、茶花、桂花等；3A-5 号适用于柏、杉等难生根的常绿针叶树。

此外，目前国际上常用的生根粉有 Hormodin 1、Hormodin 2 和 Hormodin 3(荷尔蒙顿 1 号、2 号和 3 号)，K-IBA 质量浓度分别为 1000mg/L、3000mg/L 和 8000mg/L，使用时直接速蘸即可，用于丁香、杜鹃花和八仙花等木本观赏植物的繁殖效果较好。

②其他药物处理　除了上述等促根剂外，B 族维生素、高锰酸钾($KMnO_4$)、蔗糖(S)等也有一定作用。生产上使用浓度和时间通常为：1~2mg/L 维生素 B，浸 12h；0.1%左右 $KMnO_4$，浸 5~10h；2%~5%糖类，浸 10~24h。处理时应视不同花卉种类，适当调节浓度和处理时间。

③物理处理　主要包括机械割伤或环剥、黄化处理等。

机械割伤或环剥：在用作插穗的枝条基部，于剪穗前 15~30d 进行割伤或环剥，可阻止枝条上部制造的养分向下运输，使之滞留在枝条中，这样扦插后该部位较易生根。

黄化处理：将插穗用黑纸等不透光材料包裹遮阴，使被包裹部位因缺光而黄化、软化。扦插后，由于预先给予生根刺激，该部位很容易生根。

(4) 扦插方法

因所取用材料的不同，扦插的方法可分为叶插法、茎插法和根插法，它们分别适用于不同的花卉。具体方法参考园林花卉学教材，此处不再赘述。

(5) 扦插时期

在较温暖地区，一年四季均可扦插，但以春秋季为最佳。夏季最好不要扦插，因为大部分种类的花卉在夏季处于休眠期，此时扦插温度高、湿度大，容易腐烂。冬季扦插时要注意保温，寒冷地区可在春季进行扦插。

(6) 扦插时注意事项

切取插穗时所用刀要锋利，切面要平滑；因节上不定芽长出的根要比切口愈伤组织长出的根好，剪切插穗时应在节下进行；提供插穗的母株应选择生长健壮植株；插穗切取后应及时扦插，不能及时插完的可暂时将插穗用湿润的材料包裹，置于阴凉处保湿；

插穗不宜入土过深，一般以插穗在基质中能固着为原则；插穗生根后应及时移栽上盆，上盆初期不要浇水，培养土应保持潮湿，并应适当遮阴以利于尽快缓苗。

2.1.3 嫁接繁殖

嫁接繁殖是指将需要繁殖的植物营养器官的一部分移接到另一植物体上，使之愈合形成一个新个体的方法。在新个体上的营养器官称为接穗，接穗随后发育成枝、叶、花、果等器官。发育成根系的部分称为砧木。采用嫁接繁殖所得的苗木称为嫁接苗。嫁接苗由于借助了另一种植物的根，称为“它根苗”。

在花卉植物生产上，嫁接繁殖主要用于不能或不易用播种、分生、扦插等方法繁殖的花卉，如月季、桂花、山茶等的苗木生产；适应性差、生长势弱但观赏价值或经济价值较高的品种的保存或扩繁；需要进行特殊造型的植物，如以黄蒿作砧木进行塔菊的培养；在直立砧木上嫁接‘垂枝’柳、‘垂枝’桃、‘龙爪’槐、蟹爪兰等创造下垂造型；在同一砧木上嫁接不同花型或花色的花，实现特殊的花卉需求。切花生产中，嫁接的切花月季由于比扦插苗寿命长、产量高而作为首选，作为切枝的蜡梅、海棠、‘龙枣’、红枫、‘龙桑’、红叶李、枇杷等主要采用嫁接繁殖。

关于影响嫁接成活的因素、接穗的采集与贮藏、砧木的选择与培育、嫁接时期与准备工作、嫁接方法、嫁接后的管理等详细内容，可参考《园林花卉学》或《园林苗圃学》教材，此处不再赘述。

2.1.4 分生繁殖

(1)分生繁殖的器官

分生繁殖是指利用花卉植物自然产生的带根的小植株或特殊的变态器官进行繁殖的方法。分生繁殖方法简便，容易成活，且成苗很快，是最简单的繁殖方式，广泛应用于切花植物的繁殖。分生繁殖所得苗木称为分生苗。

分生繁殖常用的器官有根蘖、茎蘖、吸芽、珠芽、走茎、匍匐茎、鳞茎、球茎、根茎、块茎、块根等。鳞茎、球茎、根茎、块茎、块根等在生产上又常称为球根或种球。

(2)分生繁殖的时间

不同花卉植物分生繁殖的适宜时间不同，通常在生长季的任何时候均可进行。在冬季寒冷的地区，适宜在早春植株尚未萌动时进行。一般夏秋开花的花卉植物，可在早春萌芽前(3~4月)分株；春季开花的宜在秋季落叶后(10~11月)进行；灌木类通常在休眠期进行分株。

分球繁殖的时间主要是春季或秋季。通常夏季休眠、春夏季开花的种类适宜在夏季花后起球时分球，秋季栽植，如郁金香、水仙、风信子等；冬季休眠、夏秋季开花的种类适宜在秋季花后起球时分球，春季栽植，如唐菖蒲、小苍兰、番红花、大丽花等。

(3)促进分生器官发生的方法

在自然情况下，植株产生的萌蘖、吸芽等器官的数量是有限的，为了提高繁殖系数的加速繁育，常采用在根部人工造伤的办法，促其产生更多的分生器官。用种球繁殖时，园艺生产上常采用一些方法(如深播、去花等)来促其产生更多的种球。另外，还可采取一些措施对现有的种球进行分割来加速繁殖，称为人工分球。母球分割后一般需晾干，或在切口处涂抹草木灰或硫黄粉，以防细菌感染，然后进行栽植。如仙客来、唐菖蒲均可采用分球法繁殖。

2.1.5 组织培养

组织培养是在无菌条件下把植物体材料(外植体)接种于人工配制的培养基上，在人工控制的环境条件下进行离体培养的一套技术与方法。主要包括花卉组织培养室的建设(准备室、接种室、培养室)、母液与植物生长调节剂物质的配制、培养基配方设计和配制及高压灭菌、初代培养的外植体消毒与接种、继代芽增殖培养、生根培养、出瓶移栽及炼苗等步骤。每种花卉在采用组织培养方法育苗时，都要首先建立其成熟的组织培养育苗体系才可以大规模投入生产。目前非洲菊、红掌、热带兰等切花已经完全实现组织培养的工厂化生产。

2.1.6 孢子繁殖

蕨类植物可进行孢子繁殖，孢子的形成本身并未经历有性过程，但孢子萌发后，新的个体的形成是精卵结合的结果。因而严格地讲，孢子繁殖属于无性繁殖的范畴。在切花生产中，作为切叶生产的肾蕨、铁线蕨主要通过分株繁殖，但在大规模生产中，分株繁殖的繁殖系数小，可同时采用孢子繁殖。

(1)蕨类植物的繁殖特性

大多数成熟健康的蕨类植物在其蕨叶背面产生成千上万的器官，称为孢子囊，孢子囊成熟时释放出棕色粉末状的孢子。孢子在适宜的环境条件下萌发长成扁平的配子体。然后由配子体上形成颈卵器与精子器分别产生卵细胞与精细胞。二者在颈卵器中结合形成受精卵，受精卵进一步发育成胚，胚逐渐长出根、茎、叶而发育成新的植株体，即孢子体，也就是平时看到的蕨类植物个体。

孢子萌发适宜温度21~27℃，低于10℃会受伤害甚至死亡。大多数孢子在2000~5000lx的光线下生长良好，但通常在刚播后的10d左右保持黑暗；孢子的萌发需湿润的环境，特别是精细胞、卵细胞结合时，必须在水中进行。生长基质要均匀、疏松、透气。

孢子的寿命因种而异。一般有绿色孢子的蕨类，如木贼属等，其孢子寿命很短，仅2~3d，少数可达3~6个月。非绿色孢子的蕨类，其孢子寿命很长，一般可保存3~5年，个别达几十年。孢子的贮藏要求冷凉、干燥的环境。通常把孢子装入纸袋或塑料袋中，于4℃下贮藏。

(2)孢子繁殖苗的生产

①孢子的采集　多数蕨类植物是季节性地产生孢子，多在夏秋两季，少数蕨类可全年产生孢子。当孢子囊由绿色变为浅棕色直至棕色时，即已成熟。采收的最佳时期为孢子囊刚成熟而孢子尚未散落时。可用囊群盖的色泽来判断其成熟与否，当其颜色由绿变褐时，即可采收。孢子十分微小，不易收集，可自制纸袋套于叶片上，待孢子成熟后会自动散落于袋中，也可在孢子成熟时把有孢子囊的蕨叶剪下来，放到信封或折好的报纸中，放于干燥处1~2d，待孢子囊开裂，孢子即可释放出来。收集好的孢子可以直接用

于播种或贮藏备用。

②孢子的去杂与灭菌　通常刚收集到的粉末状物质并非全是孢子，很多为孢子囊、蕨叶的碎片等杂物，真正的孢子为棕色或黑色近圆形的小颗粒，还可能混有苔藓、藻类和菌类。苔藓、藻类和菌类的孢子比蕨类的孢子生长快，影响其生长。去除杂质的方法较简单，可将刚收集的孢子放在对折的报纸中，把纸轻轻倾斜，大的碎片比孢子移动快，可把二者分开。播前最好对孢子进行灭菌消毒，以免受到苔藓、藻类和菌类的污染。将孢子放入5%的次氯酸钠或次氯酸钙溶液中浸泡5~10min，然后用无菌水冲洗一两次即可。

③播种基质的准备　对播种基质无严格要求，关键是能保水透气。田园土、细砂、蛭石等基质均可用。基质要求细而均匀，最好在用前先过筛。栽植前要对基质消毒且保持湿润。

④孢子的播种　寿命短的孢子常在采后立即播种，贮藏的孢子常在春秋播种。孢子的播种主要是使孢子均匀地撒在基质表面。可以与细砂混合后再播，也可制成悬浮液喷洒在基质表面。播种不能太密。由于孢子很小，播后通常无须覆土，用玻璃、塑料薄膜等覆盖保湿。

⑤播后管理　播后置于合适的温度(21~27℃)下，背阴，保持基质潮湿，2~3周孢子就可萌发。萌发后给予适当光照，定期补充水分。大约50d可长成扁平的绿色配子体。过密的配子体可以分栽。在此期间需每天喷雾，因为配子体形成的精细胞与卵细胞只有在水中才能结合。此后，蕨叶从配子体中心长出，然后配子体逐渐死亡。当蕨叶足够大时，幼蕨就可移栽。

2.1.7 穴盘苗生产

穴盘育苗是选用穴盘作为容器进行育苗的技术方式。现代切花的育苗大部分采用穴盘育苗，此处重点讲述如何进行穴盘苗的生产。

(1)穴盘育苗的特点

①适于规模化生产，操作简单、快捷　穴盘育苗在填料、播种、催芽等过程中均可利用机械完成统一播种和管理，使小苗生长发育一致，种苗起苗、移栽简捷方便，不损伤根系，定植成活率高，缓苗期短。

②秧苗生长发育一致，苗壮质优　穴盘规格一致，基质等同，种子所处状态相似，出苗日期和苗的大小十分整齐。

③病虫害少　盘中每穴内种苗相对独立，空间分布均匀，既能减少相互间病虫害的传播，又能减少小苗间营养争夺，根系能充分发育，其定植后的抗性也较强。

④成本低廉　穴盘育苗，分播均匀，成苗率高，提高了种子的利用率，增加育苗密度，便于集约化管理，提高温室利用率，加之机械化操作，显著降低了生产成本。

⑤便于贮运　穴盘苗多采用无土基质，便于存放、运输。

(2)穴盘育苗的设施

穴盘育苗要求一定的设施设备，包括温室、发芽室、混料和填料设备、播种机、打孔器、覆料机、喷雾系统、移苗机、移植操作台、传送带和穴盘等。穴盘多采用塑料制成，有方形穴或圆形穴等，规格多样，从32穴到512穴不等，其中以32穴、128穴、288穴、512穴等较为常见。此外，还有加厚、加高型穴盘专用于育木本树苗。

(3)穴盘苗的生产及苗期管理

穴盘苗的生产包括基质选配与填料、播种与覆盖、发芽室催芽和种苗管理等环节。

①基质选配与填料　根据不同种子类型选择并混配好基质或选用育苗用商品基质，然后将基质加水增湿，以手抓后成团但又挤不出水为宜。增湿后基质填料，填料应均匀，施以镇压以便播种。

②播种与覆盖　填料后的穴盘宜及时播种，播种可根据种子类别选择适宜的播种机及其内部配件，如播种模板、复式播种接头或滚筒等及其他配套设施，如打孔器、覆料机、传送系统等。播种时要保持播种环境的光照、通风条件，同时要保持较低的空气湿度，以免小粒种子粘机或相互粘连。覆盖时应注意厚度，覆料应均匀一致，如薄厚不等，则易使种子出苗不整齐，大小不一，不利于苗期管理，也影响整批苗的质量。覆料可人工操作，但条件允许时最好用专门的覆料设备来给穴盘覆料。现在有很多中高档播种机都有覆料功能。

③发芽室催芽　播好种子浇过水后放在发芽架上进入发芽室，根据种类不同，选择加光或不加光，并调好适宜温度。由于不同种(品种)的发芽时间不同，因此，当种子胚根开始长出后，每3~4h观察1次，当有50%种苗的胚芽开始顶出基质而子叶尚未展开时，应移出发芽室，若过迟则可能导致小苗徒长。一些发芽和生长很快的品种，应在天黑前检查一下出芽情况，如有相当部分苗顶出基质，应马上移出发芽室，以免种苗徒长。此外，发芽室应定期清洗保洁，有条件时可使用紫外灯或药物定期杀菌消毒，以防病虫害。

④种苗管理　从发芽室移出的幼苗进入育苗温室，由于刚移出发芽室的种苗长势弱、适应能力差，应加强管理。首先，水分的管理是穴盘育苗成功与否的关键，基质应经常保持适度湿润，不能过干或过湿。空气湿度不能过大，一般以维持在75%~85%为宜，否则易造成植株感病或软弱徒长。其次，应注意调整温度和光照，每一种花卉都有其最适宜的发芽与生长温度，一般控制在20~27℃，在适宜的温度下温度越高则生长越快，夜温稍低有利于幼苗健壮生长。不同花卉要求的光照不一样，应根据其发芽的好光性与忌光性及生育习性来确定适宜的光照。另外，还应及时给基质补充养分，保持环境清洁、干燥通风，预防病虫害的发生。

2.2　鲜切花生长的环境条件

由于切花原产地气候条件不同，各种切花形成了各自的生物学特性，对环境的要求也就各不相同。环境因子包括气候因子(温度、光照、水分、空气)、土壤因子、地形因子、生物因子(相关的动物、昆虫、微生物、植物之间的相生相克)、人为因子(栽培、引种、育种)等。这些因子对切花生长发育的影响是综合的，但在特定情况下，会有其中一个因子起主导作用。

2.2.1 温度

温度是影响切花植物生长发育和品质最重要的环境因子之一，它在很大程度上决定了切花产品的产量和品质。

(1)气温对切花的影响

气温主要通过三基点温度和有效积温对切花生长产生影响。

①三基点温度　每一种切花植物的生长发育对温度都有一定的要求，表现为温度的“三基点”，即整个生命活动过程中所需的最适温度，以及开始生长发育的最低温度和维持生命所能忍受的最高温度。不同植物的温度三基点不同。

环境温度也是导致植物生长昼夜节律性发生的重要因子，不同切花植物的昼夜最适温度不同。如大多数蕨类切花植物要求18~24℃的昼温和10~15℃的夜温。

同一切花植物的不同生长发育阶段甚至不同器官对温度的要求也不相同。如香豌豆在开花前，昼温应控制在9~10℃，夜温应控制在5~8℃，而在花期里昼温可控制在15~20℃，夜温可控制在10~12℃。先花后叶的梅花，花芽生长的温度低于叶芽萌动生长的温度。同一球根花卉生长与休眠的温度要求也明显不同。蝴蝶兰适宜温度因生长期而异，在开花之后的切花期内可适当降低温度，以利于切花期的延长。

②有效积温　每种切花都有生长的下限温度。当温度高于下限温度时，它才能生长发育。这个对切花生长发育起有效作用的高出温度值，称为有效温度。切花在某个或整个生育期内的有效温度总和，称为有效积温。大多数切花植物只能在满足花蕾发育所需要的有效积温时，才能开花。当某一切花开花时所需的有效积温一定时，夏季温度越高，达到有效积温所需的天数就越少，则开花提早；反之，冬季温度越低，达到有效积温所需天数越多，开花推迟。

(2)地温对切花的影响

土壤温度对于切花植物的生长发育也有明显影响，对许多温室中栽培的切花通过种子及扦插进行繁殖时，如温室气温高而土温很低，则一些种子难以萌发，插穗只萌芽而不发根，结果造成水分、养分耗竭而使种子或插穗枯萎死亡，此时提高土温是促进种子萌发及插穗生根的有效方法。冬季增加地温比增加气温更有利于切花生长。

(3)温度与花芽分化和花的发育

温度不但影响切花植物的花芽分化和开花，还会影响花色和花香。

①低温对花芽的诱导　有些花卉在开花之前需要一定的低温刺激(即春化作用)才能开花，如金盏菊、虞美人等许多秋播花卉，都要求在较低的温度下进行花芽分化。

②高温春化　有些花卉在20℃或更高的温度下进行花芽分化，如醉蝶花、紫茉莉等一年生花卉。许多球根花卉的花芽分化在夏季高温期进行，如唐菖蒲、晚香玉等春植球根花卉在夏季生长期内进行花芽分化，而郁金香、风信子等秋植球根花卉在夏季休眠期进行花芽分化。

③温度对花色花香的影响　喜冷凉的花卉会随着温度的升高和光照的减弱，花色变淡，如大丽花，在夏季高温时常不开花，即使开花也花色暗淡，秋凉后随着温度降低花色又渐变鲜艳；喜高温的花卉，在夏季高温季节色彩鲜艳美丽，如荷花、矮牵牛等。多

数花卉开花时遇气温较高，阳光充足，则花香浓郁，而不耐高温的花卉遇高温时香味变淡，高温干旱条件下花朵香味持续时间会变短。

(4)切花植物对温度的反应类型

根据切花植物对不同气候带的不同温度特点的适应性和忍耐性，将其分为三类。

①耐寒性切花植物　多原产于寒带或温带，主要包括露地二年生草本切花、秋植球根切花及一些多年生木本切花植物。一般可以忍耐-10～-5℃的低温，郁金香可以忍耐-35℃的低温。这些切花植物在我国北方大部分地区可以露地越冬。

二年生草本切花中的金鱼草、蛇目菊等；多年生切花如菊花、滨菊、荷兰菊、蜀葵、玉簪、六出花、一枝黄花等；球根类切花中的郁金香、风信子、葡萄风信子、雪滴花等；木本切花植物中的连翘、丁香、桃花、银芽柳、龙柳、红瑞木等均属此类。

②半耐寒性切花植物　多产于南温带或亚热带北缘，通常只能忍受轻微霜冻，在不低于-5℃的条件下大多能露地越冬。部分种类在长江或淮河以北即不能安全越冬，有些种类在华北地区通过简单保护就可以越冬。

常见的半耐寒性切花植物有草本切花补血草、紫罗兰、鸢尾、石蒜、水仙等；木本切花如栀子、桂花、梅花、广玉兰、南天竹等。此类切花植物在北方栽培时须选择适宜的小气候，特别是在冬季，要加强保护。

③不耐寒性切花植物　多原产于热带及亚热带，生长期间要求较高的温度，不能忍受0℃甚至5℃或更高温度以下的低温，低于这一温度则停止生长，或受冷害直至死亡。这类切花植物中的一年生种类，通常在一年中的无霜期内完成生活史，即春季晚霜后播种、秋末早霜到来时死亡。春植球根切花如唐菖蒲、大丽花等不能露地越冬，入冬前须挖出地下部分，置于室内贮藏。

不耐寒性切花植物中许多种类需要在温室中越冬，如鹤望兰、非洲菊、马蹄莲、一品红、巴西木。根据这类切花植物对越冬温度的不同要求，通常又分为低温温室切花植物、中温温室切花植物和高温温室切花植物三类。

①低温温室切花植物　大部分原产于南温带、少数原产于亚热带北缘，耐寒性中等。生长期温度宜保持在5℃以上，0℃以上即不发生冷害。这类切花在淮河以北(包括华北地区)基本不能露地越冬。在长江以南有些种类，如一叶兰、山茶、杜鹃花、含笑等可以露地越冬；有些需在大棚或不加温温室内越冬，如香石竹、马蹄莲、小苍兰、苏铁、文竹等。加温与否视地区气候而定，需要注意的是，如冬季温度过高，这类花卉反而生长不良。通常低温温室温度在1～10℃。

②中温温室切花植物　大多数原产于亚热带，生长期温度以8～15℃(夜间温度8～10℃)为宜，冬季温度保持在5℃以上不易受到冷害，如仙客来、一品红、橡皮树、龟背竹等。这些种类在华南地区可露地栽培。中温温室温度在12～26℃。

③高温温室切花植物　大多数原产于热带，冬季生长期间要求10～15℃及以上高温，温度达30℃左右时仍可正常生长。不能忍受低温，一些种类甚至在5～10℃时即受冷害死亡，通常温度低于10～15℃时生长不良，甚至受害死亡。常见种类有变叶木、凤梨类、热带兰、安祖花等。这类切花植物在我国广东南部、云南南部、台湾及海南岛可露地栽培。高温温室温度在18～32℃。

2.2.2 光照

光照对花卉生长发育的影响主要表现在光照强度、光照长度和光质三个方面。

(1)光照强度与切花植物生长发育

光照强度是指单位面积上接受的可见光的能量，简称照度，单位为勒克斯(lx)。不同花卉对光照强度的要求和反应不一。多数露地切花植物，在光照充足的条件下生长健壮，花多而大；有些花卉，如玉簪、万年青等在光照充足的条件下生长不良，只有在半阴条件下才能健壮生长。光照过强或不足时均会引起切花光合作用受抑制，生长减缓，光照不足时还会导致植株徒长，表现为生长柔弱，节间延长，且易于感染病虫害。根据不同切花对光照的不同要求，可以分为喜光、耐阴和中性三类。

①喜光切花植物　喜强光或必须在强光下才能良好生长，光照不足则生长不良，如菊花、天门冬、唐菖蒲、蛇鞭菊、向日葵、大丽花、鸢尾、水仙、香石竹、金鱼草、丁香、月季、红瑞木、银芽柳、桃、一品红、南天竹、苏铁、棕榈等。

②耐阴切花植物　需光量少，在较弱的光照条件下生长良好，不能忍受强光照射，具有较高的耐阴力，在气候干旱或夏季生长季内，通常要求50%~80%的遮阴条件。如蕨类、大叶花烛、铃兰、蝴蝶兰、鹤望兰、龙胆花、马蹄莲、石斛兰、散尾葵、龟背竹等。

③中性切花植物　在光照充足的情况下生长良好，但在微阴下也能生长，有一定的耐阴力。生长期间，特别是在夏季光照过强时，适当遮阴有利于生长，如紫罗兰、鱼尾葵、非洲菊、百合、文竹、蓬莱松、花毛茛、萱草、桔梗、香豌豆、小苍兰、山茶、杜鹃花、橡皮树等。

(2)光照长度与切花植物生长发育

光照长度是指一天中日出到日落的时数。根据切花对光照时间的要求不同，通常将切花分为长日性、短日性和日中性三类。

①长日性切花植物　通常要求14~16h或更长的日照，即光照时间大于临界日长(或夜长小于临界夜长)才能正常开花的切花植物。长日性切花植物大多分布于温带地区，自然花期多为春末和夏季，如唐菖蒲、百合、六出花、蛇鞭菊、香豌豆、金鱼草、紫罗兰等。

②短日性切花植物　通常要求8~12h或更短的日照才能正常开花的切花植物，常分布于热带、亚热带，自然花期多在秋季、冬季。菊花、一品红、长寿花、小苍兰等均是典型的短日性切花植物，它们在超过其临界日长的夏季只进行营养生长，随着秋季来临，日照缩短至小于临界日长后，才开始花芽分化。

③日中性切花植物　对日照长短不敏感，只要温度适合，一年四季在任何日照长度下均能正常开花。常见种类有月季、香石竹、非洲菊、大丽花等。

(3)光质与切花植物生长发育

光质又称光的组成。太阳光的波长在150~4000nm，长波光可以促进种子萌发和植物的伸长生长，有利于植物碳水化合物的合成，加速长日性植物的发育；短波的蓝紫光则能加速短日性植物的发育，抑制植物伸长，促进多发侧枝和芽的分化；极短波光则能促进花青素和其他色素的形成，高山地区及赤道附近极短波光较强，因此，这些区域的植株矮小，花色鲜艳。

2.2.3 水分

影响切花发育的水分主要是土壤湿度和空气湿度。

(1)土壤湿度对切花的影响

切花栽培中，土壤湿度以保持在田间持水量的60%~70%为宜；当土壤湿度大于80%时，植物因根系的呼吸受阻而停止生长，且容易腐烂；当土壤过干时，土壤溶液的浓度过高，根的细胞发生反渗透而死亡。

(2)空气湿度对切花的影响

空气湿度的大小，常用空气相对湿度的百分数表示。通常切花所需的空气湿度在65%~70%。原产于干旱及沙漠气候地区的植物则远低于此；温室花卉、热带观叶植物和热带兰等有气生根的切花种类和蕨类植物，需要较高的空气湿度。但对大多数切花来说，空气湿度过大，往往使幼苗抗性差而易感染病虫害，尤其保护地设施栽培时，更应注意及时通风，降低空气湿度。

切花对水分的需要，还因不同植物种类，甚至同一植物的不同生育阶段而异。“湿菊干兰”之说，就表明了不同花卉植物对水分的不同需求。从同一种植物的不同生育期来看，幼苗期的抗旱能力通常较弱，必须保持土壤的湿润；当切花植株由营养生长转向生殖生长时，则应适当控水以促进花芽分化，否则易造成徒长而推迟花期。

2.2.4 土壤

在决定切花生产成败的因素中，土壤是首要因子。只有充分了解土壤的物理性质和化学性质，才能改良和利用好土壤。

(1)土壤的物理性质

土壤质地决定了土壤的物理性质。粗细不同的土粒在土壤中占有不同的比例，形成了不同的土质，称为土壤质地。土壤质地决定了土壤的保水保肥、供水供肥能力和水、气的平衡。不同的切花种类对土壤质地有不同的选择：

①砂土　土质疏松、土粒间孔隙大，通气透水。但不能蓄水保肥，土温较高，有机质分解迅速而不易积累，腐殖质含量低。“发小苗不发大苗”，可作扦插苗床的介质，适合球根花卉和耐干旱的切花。

②黏土　土质黏重，土粒间孔隙小，通气透水性差。但蓄水保肥力强，土温低，有机质分解缓慢。“发大苗不发小苗”，不经过改良一般不宜种切花。

③壤土　既能通气透水，又能蓄水保肥。水、肥、气、热状况比较协调，适宜各种切花生长，是比较理想的土壤质地。

(2)土壤的化学性质

土壤的化学性质主要是指土壤的酸碱度和土壤的含盐量，它们直接影响切花植物的生长发育。大多数切花的生长最适 pH 5.5~6.5，在这个范围，植物所需的营养元素大都呈有效状态，有益土壤微生物活动较强。切花植物绝大部分忌连作，主要原因就是土壤高盐分和病虫害的影响，因此，了解土壤的盐分含量对于栽培意义重大。主要切花品种的电导率(EC 值)均在 0.5~1.5mS/cm，当 EC 值大于 2.5mS/cm 时，说明土壤含盐量过高，需要及时淋洗去盐。

(3)保护地土壤的特点

①土壤溶液盐分浓度高　保护地土壤是指温室和大棚覆盖下的土壤。由于土壤被覆盖，得不到降雨的淋溶，加之保护地内的温度较高，地表水分蒸发大，使水分随毛细管由下向上运动，将土壤下面的盐分带到地表。同时，施入的肥料一般也都残留在原地。因此，保护地土壤溶液浓度高，常在 10 000mg/kg 以上，而露地土壤的盐分浓度达到 3000mg/kg 即为高值。切花的适宜土壤盐分浓度为 2000mg/kg，若在 4000mg/kg 以上就会抑制生长。在新建温室种植切花，开始时生长良好，时间一久质量变差，就是土壤盐分随着时间聚积之故。

②易产生气体危害　保护地土壤溶液浓度增高抑制了硝化细菌的活动。肥料中的氮可以生成相当数量的氨和亚硝酸，但硝化作用却很慢，而氨和亚硝酸就蓄积起来，逐渐变成气体。若在露地栽培条件下，气体挥发后扩散到空气中；保护地栽培因有玻璃、薄膜的覆盖保温，换气困难，挥发出来的气体达到一定浓度时，就会产生气体危害。

③易发生病虫害　土壤中存在大量的有益和有害的微生物，它们通过共生、寄生、竞争和相互颉颃使土壤保持动态平衡。土壤微生物的动态平衡作用，也可称为土壤的自洁作用。保护地土壤由于高温高湿，土壤有机质迅速分解，异养微生物由于缺乏“有机质食物”，种类和数量迅速减少，致使土壤微生物单一化，自洁作用减弱，有害微生物增多。又由于缺乏像露地土壤经历冬季冰雪霜的覆盖，致使一些土传病虫害在温室内安全越冬、繁衍，病虫的危害性大大增加。

(4)保护地土壤管理

大部分切花均对土壤高盐分敏感，因此，保护地土壤管理的关键是减少土壤盐分的积累，首先要控制施肥，给予最小限度的施用量。应选择那些浓度障碍少的肥料种类，如施用氯化物比硫酸盐肥料对盐分浓度的升高影响大，特别是氯化铵和氯化钾混施会形成较高的浓度。其次要完善保护地设施内的排灌系统。

2.2.5　肥料

切花生长发育过程中要从空气里的二氧化碳中吸收碳，从水中吸收氢和氧。这三种元素形成植物的基本结构碳水化合物，约占植物干重的 93%。此外，还从土壤中吸收氮、磷、钾、钙、镁、硫、铁、硼、锰、铜、锌、钼等矿质元素。前 5 种元素约占植物干重的千分之几以上，称为大量元素；后 7 种在万分之几到十几万分之几，称为微量元素。微量元素虽需用量很少，但对切花的花多、花大、色彩鲜艳等质量指标影响很大，既不可缺少，又不能过多，缺少易造成生长不良，过多则会导致植株中毒。

植物对氮、磷、钾的需要量最大。施肥以这三种元素为主，故又称为肥料三元素。

氮(N)是植物体内合成蛋白质和叶绿素的主要成分，是长叶的主要元素。当植物缺少氮肥时，植株发育不良，生长缓慢，枝条细弱，其叶片逐渐变黄，最后趋于枯谢。当氮肥供应过多时，则会造成枝叶徒长，开花延迟，花朵小，甚至不开花。通常幼苗期可多施氮肥，进入花蕾期就要慎施。切叶类植物在整个生长期都需要较多的氮，才能保持叶丛翠绿。无机肥料中的尿素、硫酸铵、氯化铵、碳酸氢铵、硝酸钙等属于氮素肥料。

磷(P)的作用是促进种子发芽，提早开花，使茎部坚韧不易倒伏，增强根系的发育能力，增强植物对不良环境及病虫害的抵抗力。在幼苗营养生长期，磷肥的需要量较小；花芽分化后，要求较多的磷肥。如缺乏磷，会造成茎秆细弱、植株暗绿、叶片脱落，抗性减弱。此外，缺P还会影响植株对N的吸收。由于磷肥分解缓慢，生产上较多用作基肥。常用磷素无机肥料有过磷酸钙、磷矿粉、钙镁磷肥、KH_2PO_4等。

钾(K)可以增加茎秆的坚韧性，使植物不易倒伏，并能增强切花的抗寒和抗病能力，促进光合作用。当植物缺钾时，叶的边缘与叶脉间会出现黄褐色的斑点，茎的组织软弱，容易感染病害。如果钾肥施用过量，会造成植株低矮、节间缩短，叶子逐渐变色皱缩，植株在短时间内枯萎死亡。常用含钾素的无机肥料有草木灰、硫酸钾、氯化钾等。

切花不宜长期施用某种单一肥料，氮、磷、钾三种营养成分应当配合使用。只有在查明特别缺少某一种营养成分时，方可偏施。通常在切花植株营养生长期多施用氮肥，在其花芽分化尤其是生理分化阶段多施用磷肥、钾肥。

2.2.6 气体

空气中的各种气体对花卉的生长发育有不同的作用，有的气体为花卉生长所必需，有的又相当有害。了解花卉与各种气体的关系，对于花卉生产基地的选择及科学管理花卉的栽培环境等均有重要意义。

(1)有益气体

对切花有益的气体主要有二氧化碳(CO_2)、氧气(O_2)、氮气(N_2)等。

在一定范围内，增加空气中CO_2的含量，可以增加植株内光合产物的累积。但当CO_2含量过高时，又会对光合作用产生抑制。在增加CO_2的同时，还必须增加光照，才能有效促进光合作用。设施栽培中花卉光合作用所需的CO_2往往不足，这时，除了加强通风换气外，还常通过增施CO_2气肥来改善CO_2的供应。CO_2气肥可使用干冰，也可使用CO_2钢瓶、CO_2发生器等。

通常条件下，大气中氧的含量足够供给花卉植物呼吸的需要，但是当土壤紧实或表土板结时，会影响土壤中气体交换，致使CO_2在板结层下大量聚集，造成O_2不足，根系呼吸困难，进而腐烂。土壤中O_2不足还会影响种子萌发，通过松土可保持土壤的团粒结构，使空气流通，O_2可达于根系，同时可使CO_2散出到空气中。

空气中含有78%以上的N_2，但它不能直接为大多数花卉所利用，只有借助豆科植物及某些非豆科植物根瘤菌固氮作用，才能转变为氨或铵盐。土壤中的氨或铵盐经硝化细菌作用成为亚硝酸盐或硝酸盐，才能为植物吸收利用。

(2)有害气体

对花卉生长有害的气体主要有氟化氢(HF)、二氧化硫(SO_2)、氯气、氨气、一氧化碳、乙烯等。切花栽培地应尽量远离产生有害气体的来源。

2.3 鲜切花栽培管理技术

切花的栽培管理技术要求较高，现从以下8个方面介绍其一般技术要求。

2.3.1 选地与整地

(1)选地要求及土壤的适宜理化性质

切花栽培用地要求阳光充足，土质疏松、肥沃、排水良好，还要求圃地周围无污染源，水源方便、水质清洁，空气清新。因此，在种植前，必须先摸清土壤结构、肥力、酸碱度、盐分含量等，并根据土壤的实际情况，结合整地进行土壤改良，如含砂粒80%以上的砂土，须大量施用各类畜禽肥、腐叶土或有机堆肥后方可使用；黏土可用砻糠灰、河沙、煤渣、锯末、菇渣等加以改良，并挖深沟排水。

土壤酸碱度的测定，可将土样放入玻璃杯中，使土壤与水的容积比为1∶2，然后充分搅拌，静置后取上层清液，用不同范围的pH试纸或酸度计测定。一般切花生长以pH 5.5~6.5的微酸性土壤较好，若酸性土可以加石灰来调整，碱性土则可以加适量硫黄。土壤盐度的测定一般采用电导仪测电导率(EC值)的方法，其单位为mS/cm。主要切花品种的电导率均在0.5~1.5。若EC值高于2.5，则盐分过高，切花植物会发生生育障碍，这时应对土壤进行淋溶或灌溉，在充分降低土壤盐分含量后再行种植。如月季在EC值0.4~0.8，香石竹在EC值0.5~1.0的土壤中生长良好，大部分球根类切花对土壤盐分比较敏感。

(2)整地作畦

整地应在土壤干湿度适宜时进行，往往选择在倒茬后、定植前。通常先进行翻耕，同时清除碎石瓦片、残根断株，再翻入腐熟的有机肥料或土壤改良物，翻匀后细碎耙平。翻耕深度依切花种类不同而各异：一、二年生草花，翻耕深度一般在20~25cm；球根和宿根类切花30~40cm；木本切花需深翻或挖穴种植，深度至少在40~50cm。

整地后作畦，作畦方式因不同地区的地势及切花种类不同而异，主要目的在于满足排灌要求。南方多雨、地势低的地区，作高畦以利于排水；北方少雨、高燥地区，宜用低于地面的低畦，便于保水、灌溉。畦面多为南北走向，畦面所留宽度则应考虑农事操作便利和冬季保温覆膜的需要。

(3)土壤消毒

在保护地条件下栽培切花，因病虫害的易传播性，土壤消毒显得尤为重要。消毒手段分为物理方法和化学方法。物理方法主要采用高温蒸汽消毒法。因为大部分的病原菌在湿热60℃下30min即可死亡；在45~50℃条件下，则需12h；若温度为80℃，10min即可完全消毒，蒸汽法的优点是消毒彻底、耗时短、无残留物，并能促进难溶性盐类的可溶解性，改善土壤的理化性质。但由于此法须用土壤蒸汽消毒机或敷设地下蒸汽管道，一次性设施成本投入较高，国内目前仅在现代化温室或连栋大棚内采用。

最常用的化学方法为用药剂消毒，如福尔马林、必速灭、呋喃丹、辛硫磷、多菌灵、代森锌等。福尔马林消毒是用市售的福尔马林(40%的甲醛溶液)配成1∶50或1∶100

(即1%~2%)溶液后泼浇土壤，用量为25kg/m³。泼浇后用薄膜覆盖5~7d，掀膜后再晾10~14d即可种植；必速灭的使用方法是完全与土壤混合后浇水，并用塑料布覆盖，地温18℃以上，5~7d消毒完毕，通风一周左右即可种植；3%呋喃丹或5%辛硫磷颗粒剂可与基肥混拌后施入土中，杀虫效果佳；50%多菌灵粉剂用量为40g/m³，或65%代森锌粉剂60g/m³，拌匀后薄膜覆盖3~4d，掀去薄膜后待药剂气味挥发尽后再使用。

无论选用何种化学药剂，都要注意处理后的土壤须多次翻耕，使土壤中残留的药剂充分挥发，以免影响根系发育。除了药剂消毒外，还要常利用生产的空闲季节，让雨水充分淋洗土壤，或用灌水法淹没耕作土层，有利于减少病虫害和降低土壤盐分含量。

2.3.2 起苗与定植

通常在起苗前一天浇水使土壤湿润，而起苗当天则不应再浇水；起苗时根部应带基质或护心土以充分保湿。幼苗质量当以根系发育是否良好为首要因素。

通常切花栽培的定植以密植为主，并注重“浅植”。株行距大小依据不同切花植物后期的生长特性、剪花要求来决定，如月季9~12株/m²，香石竹36~42株/m²。定植不宜过深，因栽种过深，抽芽发新梢慢。定植后的第一次浇水以刚浇透为宜，浇水太多易使土层内含氧量减少，不利于发新根，为使土壤吸足水分，常在定植前1~2d将土壤浇一次透水。定植后，需用细水流浇苗，这样不易造成土壤板结，小苗成活率高、发棵快。

2.3.3 灌溉

水分管理是一项经常性的细致工作，在很大程度上决定了切花栽培的成败。

(1)水质要求

水质以清澈的活水为宜，如河水、湖水、雨水、池水，避免用死水或含矿物质较多的硬水等。若使用自来水，应注意当地的自来水水质，如酸碱度、含盐量等，可采取存水的方法，让氟、氯离子及其他重金属离子等有害物质充分挥发、沉淀后再使用。

①根据不同切花植物的特性浇水　如花谚中“干兰湿菊”，说明兰花这种阴生植物需要较高的空气湿度，但根际的土壤湿度不宜过大；而菊花喜阳，不耐干旱，要求土壤湿润，但又不能过于潮湿、积水。一般来说，大叶、圆叶植株需水量较多；而那些针叶、狭叶、毛叶或革质叶、蜡质叶等叶表面不易失水的花卉种类需水较少。

②根据不同生育期浇水　同一种切花植物在不同生长发育阶段对水分的需求量是不同的。一般幼苗期不能浇水过多，只能少量多次；植株恢复正常营养生长后，生长量大，应增大浇水量；进入开花期后，应控制水分以利于提早开花和提高切花品质。

③根据不同季节、土质浇水　一般来说，春秋两季宜少浇；夏季温度高、蒸腾量大，宜多浇；秋冬季生长缓慢，应控制浇灌。就土质来说，黏性土以少浇为宜；而砂性土应增加浇水次数。每次以彻底灌透为原则，干透浇足。不能半干半湿，避免浇水时出现“干夹层”，但也不能过干过湿。而土壤适当程度的经常性干湿交替，对植物根系的发育有利。

(2)浇灌时间

夏季以早、晚浇灌为好，秋冬则可在近中午时浇灌。原则就是使水温与土壤温度相近，如水温、土温的温差较大，会影响植株的根系活动，甚至伤根。

2.3.4 施肥

肥料通常分为有机肥和无机肥两种。基肥以有机肥为主，常用的有机肥包括厩肥、堆肥、豆饼、骨粉、畜禽粪、人粪尿等；无机肥包括尿素、过磷酸钙、碳酸氢铵、硫酸铵、磷酸二氢钾、硫酸亚铁等。施肥方法可分为基肥、追肥和根外追肥三种。

(1) 有机肥的施用

有机肥肥效长，有利于改良土壤结构，多用于基肥，也可以用部分无机肥料与有机肥料混合作基肥使用，特别是那些易被土壤固定失效的无机肥。如过磷酸钙等，与有机肥料混用效果很好。用有机肥作基肥时，必须是腐熟的，因为有机肥在发酵和分解时释放大量的热能，容易伤根，而且未经发酵腐熟的有机肥，其养分难以吸收，且常带有许多病原菌和虫卵。基肥的施用量，其氮、磷、钾的总量通常应多于追肥，宿根花卉与球根花卉要求更多的有机肥作基肥。有机肥的施用，可以结合整地均匀地施入耕作层。

(2) 无机肥的施用

无机肥养分单一、含量高，多为无机盐类，易溶于水，便于植物吸收，肥效快。

(3) 根外追肥

根外追肥即将花卉所需要的营养元素配制成水溶液后喷到叶面上，被植株吸收利用。根外追肥的最大特点是吸收快，肥料利用率高。根外追肥以花卉急需某种营养元素或补充微量元素时施用最宜。喷施时间以清晨、傍晚或阴雨时最适。注意喷于叶背，喷施浓度不能过高，一般为0.1%~0.2%。

2.3.5 中耕除草

中耕同时可以除去杂草，但除草不能代替中耕，因此，在雨后或灌溉之后，没有杂草也要进行中耕。幼苗期间中耕应浅，随着苗的生长而逐渐加深；株行中间处中耕应深，近植株处应浅。当幼苗渐大，根系已扩大于株间时中耕应停止，否则根系易断。

除草可以避免杂草与切花争夺土壤中的养分、水分和阳光，故应在杂草发生之初尽早进行。除草时一般结合中耕，在花苗栽植初期，特别是在秋季植株郁闭之前将其除尽。可用地膜覆盖防除杂草，尤以黑膜效果最佳。目前除人工方法外，还可使用除草剂，但一定要严格掌握浓度。

2.3.6 整形修剪与设架拉网

整形修剪是切花生产过程中技术性很强的措施。通过整形修剪可以控制植株的高度；增加分枝数以提高着花率，或通过除去多余的枝叶，减少其对养分的消耗；也可作为控制花期或使植株二次开花的技术措施。整枝不能孤立进行，必须根据植株本身的长势，与肥水等其他管理措施相配合，才能达到目的。常见的整形修剪措施有摘心、除芽、剥蕾、修枝、剥叶等。

(1) 摘心

摘除枝梢顶芽，称为摘心。摘心能促使植株侧芽形成，开花数增多，并能抑制枝条生长，促使植株矮化，还可延长花期。如香石竹每摘一次心，花期延长30d左右，每分枝可增加3~4个开花枝。

(2)除芽

除去过多的腋芽，限制枝条增加和过多的花蕾发生，并使主茎粗壮挺直，花朵大而美丽。

(3)剥蕾

摘除侧蕾，保留主蕾(顶蕾)或除去过早发生的花蕾和过多的花蕾。

(4)修枝

剪除枯枝、病虫害枝、位置不正易扰乱株形的枝、开花后的残枝，改进通风透光条件，减少养分消耗，提高开花质量。

(5)剥叶

经常剥去多余的老叶、病叶及多余叶片，可协调植株营养生长与生殖生长的关系，有利于提高开花率和品质。

在切花的日常管理中，还需要进行设架拉网工作，即用网、竹竿或细铁丝等物支缚住切花，保证切花茎秆挺直、不弯曲、不倒伏。例如，香石竹、菊花，生产上常用尼龙网格作为支撑物，蝴蝶兰则常用细铁丝作为支撑物(见彩图1)。

2.3.7 病虫害防治

在生长发育过程中，切花植物常遭到各种病虫的危害，导致植株生长不良，质量变差，观赏价值降低或丧失，造成很大的经济损失。因此，加强病虫害防治，是保证切花植物正常生长发育，提高切花生产经济效益的重要管理环节。

(1)病害

切花的病害与其他作物一样，也分为侵染性病害和非侵染性病害，前者是由病毒、细菌、真菌、线虫及寄生性种子植物等病原物侵染所引发，有传染性，防治方法主要是植物检疫、种苗消毒、田园清洁、改善通风透光条件、加强栽培管理措施、喷洒药物及选育抗病品种等。后者主要是由于水分、温度、光照、矿质营养元素等过多或不足所引发的，不具传染性，其防治方法主要是通过改进栽培技术措施，改善环境条件，消除有害因素，以达到防治这类病害的发生。

切花常见的病害有土传类病害、灰霉病、白粉病、锈病、细菌类病害、疫病类病害及其他病害。各病害主要症状如下：

①土传类病害　常见的有萎蔫病和根腐病、茎基腐病。前者典型症状为植株地上部分失水萎蔫，根茎表皮完好。后者典型症状为植株先出现生长缓慢、不长，下部叶片发黄、植株枯死；根系、茎基部表皮坏死、腐烂、脱落等。土传类病害的主要防控措施有轮作、放水淹田，病株处置，无病种苗生产，土壤消毒，有机肥/生物菌肥应用，化学药剂防治。

②灰霉病　典型特征是发病部位上先出现大量灰色粉状物，湿度大时引起发病组织腐烂。

③白粉病、锈病　典型特征是叶片上先出现病原粉状物，叶面、叶背均可产生，开

花期发病最重。

④细菌类病害　典型特征是大多引起腐烂，并伴有恶臭味，叶斑类叶片正面先出现针状小点，后扩大，病斑沿叶脉分布，病斑周围有黄色晕圈。

⑤疫病类病害　典型特征是发病迅速、流行快，短期内可造成全田毁灭，病叶似开水烫状。湿度低时在茎基部，湿度高时在枝杈处，从而造成茎秆变黑。

⑥其他病害　包括病毒病、黑斑病、炭疽病、根结线虫病等。病毒病传播途径有种子带毒；汁液传毒(通过农事操作人为传播)和昆虫传播(由蚜虫、温室白粉虱、蓟马等传毒媒介传播)等。

(2)虫害

危害花卉的害虫种类很多，常见的有叶螨类、蚜虫、介壳虫类、粉虱类、蓟马类、蛴螬、天牛类、蝗虫类、蜗牛和蛞蝓等。

①螨虫　发现后立即喷药，重点喷植株顶部叶片。

②蚜虫　常聚集在植株嫩梢和花果上吸取汁液，使叶片皱缩、花朵脱落、果实畸形、生长不良，且其排泄物还会污染茎叶，诱发煤污病　发生初期可用塑料袋包住有蚜虫的植株，直接移到棚室外深埋销毁。

③介壳虫　多集中在嫩枝和叶片上吸取叶液，受害叶片由绿色变为灰绿色，最后变为黄色，严重时枝叶上布满介壳虫，造成全株枯黄致死，且其分泌物也可诱发煤污病。可采用物理防治方法，少量发生时，用软牙刷或小棕刷顺着叶片轻轻刷除，也可用薄竹片将虫体刮除。

④粉虱、蓟马、潜叶蝇　这几种害虫都能迁飞，防治时可先用烟熏剂熏蒸(如虫螨净、棚室净等烟剂)，再用潜克、斑潜王、吡虫啉等药剂喷施，防治效果很好。

⑤菜青虫、棉铃虫　一般抗药性很强，不易杀死。可用菊酯类药剂进行防治。

⑥地老虎、蛴螬　危害菊花植株的根茎部分。除在土壤处理中施用呋喃丹外，还可用辛硫磷溶液浇洒消灭幼虫。

⑦菊天牛、蚱蜢　环咬茎部，使上部枯萎。可在成虫羽化期用杀螟松杀成虫或及时剪除危害枯梢，消灭其中的卵。

⑧蓟马成虫　悬挂黄色粘虫纸诱杀，发生初期每隔 2 周喷一次杀虫剂，连喷 3 次。

⑨蝗虫类　可用马拉硫磷油剂喷杀。

⑩蜗牛和蛞蝓　可撒 80%灭蜗灵或 90%敌百虫，也可用生石灰撒在苗床架下驱杀。

各种病虫害化学防治使用药剂种类及浓度参考园林植物病虫害教材，此处不再赘述。

(3)病虫害防治措施

花卉病虫害的防治应以预防为主，综合防治。具体措施包括植物检疫、生物防治、物理防治、化学防治及采取科学完善的园艺栽培技术等。

①生物防治　是指利用有益生物来消灭有害生物的防治病虫害的方法，是以虫治虫、以菌治虫、以菌治菌的方法。它不仅可以改变生物种群组成成分，而且能直接消灭大量病虫，保护天敌，又不会污染环境，对一些病虫有长期的抑制作用，是综合防治的重要组成部分，但生物防治效果缓慢，人工繁殖技术较复杂，受自然条件(如季节性、

地域性)限制较大。

②物理防治　是指利用简单的工具及光、温、电、放射能、机械阻隔等措施来防治花卉病虫害的方法，如利用黑光灯诱杀趋光性害虫，用黄色黏胶板诱贴有翅蚜虫，用防虫网阻隔害虫，用44℃热水浸泡唐菖蒲、郁金香种球以杀死根螨等。

③化学防治　具有效果好、收效快、使用简便、受自然条件限制小等优点，但易造成人畜中毒、污染环境、杀伤天敌、造成植物药害和增强病虫抗药性。在化学防治时必须注意下列问题：在了解农药性能、保护对象及掌握防治对象发生规律的基础上，科学选用高效低危害的农药种类；选用性能良好的高质量的施药器械(密封性好、雾化程度高、喷幅适当)；采用正确的施药技术(剂量、时间)，一般至少要连续喷药2~3次，每次间隔5~7d；正确配制农药，固体农药建议采用两步稀释法；药剂要交替使用或混用，以免产生抗药性；合理混配农药，避免药害发生，混用时应随用随配。

④应用栽培管理技术防治　是广泛应用且行之有效的措施。经常注意圃地的清洁卫生，及时清除病虫害残体和杂草，减少病虫的侵染源，改善环境条件并合理灌水施肥，加强土壤和基质的消毒，增强花卉植物的抗性等，从而达到预防病虫发生的目的。

2.3.8 降温避暑与防寒越冬

夏季降温可以打开温室四周通风窗口或去除塑料大棚下部的薄膜，使空气自然流通，降低温度还可在温室或大棚外面顶部覆盖黑色遮阳网降温。同时，开启水帘，强制通风系统或喷灌系统都可降低温度。露地花卉越冬可通过培土、覆盖等方法，保护地内则应密闭或用双层薄膜保温，并通过各种加温设施加温，加温后气候干燥应适当浇水，保证室内通风。此外，在栽培上还可通过多施磷肥、钾肥或减少灌水等措施以提高切花植株的抗寒能力。

2.3.9 采切包装与贮藏保鲜

鲜花的采切时间通常是清晨或傍晚。采切时期根据不同切花而定，如菊花开放五六成时采收；唐菖蒲基部小花2~3朵露色时采收；百合一般在花蕾显色后采收。切花采收后应立即放于冷库中去除田间热，然后进行分级、包装、冷藏和运输。切花采后的保鲜处理包括预处理浸渍、低温贮藏和售后的瓶插保鲜等技术环节。预处理可用一定浓度的蔗糖结合硫代硫酸银(STS)浸渍花茎5~10min。贮藏多采用冷藏方式，不同花卉贮藏的最适温度各不相同。蕾期采切的花枝经冷藏后须用催花液处理后才能上市。

切花的采切包装与贮藏保鲜技术将在本教材第4章进行详细讲述，此处不再赘述。

2.4 鲜切花花期调控技术

切花作为流通的鲜活商品，最显著的特点就是须保证周年均衡供应和节日旺季消费集中供花，其经济效益才能达到最佳。在切花栽培中，采用人为措施和方法改变自然开花期，使之根据人们的意愿开花，称为花期控制栽培。其中，比自然花期提前的称为促成栽培；比自然花期延迟的称为抑制栽培。

花期控制栽培，在观赏性栽培(如展览会、节日布置用花等)、生产性栽培(周年、均衡供花，节庆和消费旺季的集中供花)和育种栽培(解决杂交授粉过程中父母本不能同时开花的矛盾等)中，均具有很强的社会效益和经济效益，并一直成为花卉工作者关注的热点。尤其是生产性栽培，通过均衡的周年供花和旺季供花，能大大提高切花的商品性，具有明显的应用价值。因此，花期调控已经成为现代切花生产栽培的一项核心技术，受到越来越多的重视。

花期控制的理论依据主要有：大多数原产于温带、寒温带的花卉有休眠的特性，可利用延长或打破休眠的方法来调控；原产于温带的花卉存在低温春化现象，很多花卉还具有光周期现象，可利用温度和光照处理来实现调控；有些木本花卉和秋植球根花卉，其花芽分化与花芽发育过程中的温度要求不一致；很多宿根类花卉一般要完成一定的营养生长之后才进行花芽分化。

常见的花期调控方法有物理调控花期技术、化学调控花期技术、栽培管理调控花期技术和采后调控花期技术等。

2.4.1 物理调控花期技术

花期调控的物理方法主要是利用温度和光照处理进行调节。

2.4.1.1 温度处理

主要是通过温度量或质的作用，调节切花植物的休眠期、成花诱导与花芽形成期、花茎伸长期等主要进程而实现对花期的控制。所谓温度质的作用，是指温度打破植物休眠和春化作用，即植物在一定的温度条件下才能开始生长分化和花芽分化，是对植物生长发育限制性的作用。温度量的作用，是指植物可以在比较宽的温度范围内开花和生长，但温度将影响生长速度，从而影响开花的迟早。

许多越冬休眠的多年生花卉和木本花卉、越冬或越夏期相对休眠的球根花卉，都可用温度处理打破休眠。温度处理主要有加温和降温两种方法，其目的各有不同。

(1)增加温度

主要用于提供花卉继续生长发育的温度，以便提前开花。对于大多数切花，在冬季加温后都能提前开花。一般经低温春化过的一、二年生草花和宿根花卉如石竹、非洲菊等，经加温后能提前开花，但须注意要逐渐升高温度。

冬春气温下降，大部分花卉生长变缓，5℃以下，大部分花卉停止生长，进入休眠状态，部分热带花卉受到冻害。因此，提高温度还可阻止花卉进入休眠，防止热带花卉受冻害。原在夏季开花的南方喜温植物，当秋季降温时停止开花，若及时移进温室加温，则可继续开花，如切花月季、香石竹、非洲菊等若冬季保温可连续生长、开花不断。芍药提前在春节开放，主要是采用加温的方法，利用经过足够低温处理打破休眠的芍药，在高温下栽培超过50d，即可在春节开花。如足够低温处理打破休眠的牡丹在冬季加温后30~35d后即可开花。

(2)降低温度

通过降低温度来调节花期，主要作用包括以下几方面：

①延长休眠期，推迟开花　某些植物的生活史中存在着生长暂时停止和不进行节间伸长两种状态，分别称这样的情况为休眠和莲座化。植物进入休眠状态时，生长点的活动完全停止；而莲座化植物的生长点还在继续分化，只是节间不伸长。休眠和莲座化可以是植物内在生长节律决定，也可由环境引起。由生长节律决定休眠的典型花卉是唐菖蒲和小苍兰，它们在球根形成的时候开始进入休眠，高温和低温都不能阻止休眠的发生。大丽花和秋海棠是典型的由外界环境诱导休眠和莲座化的植物，它们在13h以上的长日照下可以不断地生长和开花，一旦移到12h以下的短日照条件下，则生长停止，进入休眠，即使回到长日照条件，也不能恢复生长。

通过延长休眠期，推迟开花的植物包括各种耐寒、耐阴的宿根和球根花卉及木本花卉，如将菊花苗和满天星苗或其宿根冷藏后进行栽培，其作用就是延长休眠期，推迟开花。

②延缓生长期，推迟开花　多用于含苞待放的花卉，如菊花、唐菖蒲、切花月季等，同时应控制浇水。

③降温避暑，使不耐高温的花能够顺利开花　很多原产于夏季凉爽地区的花卉，如补血草、草原龙胆、马蹄莲等，在夏季降温，保持在28℃以下，6~9月仍能正常开花。此外，夜温非常重要，如月季、菊花等的夜温要求降到16℃，香石竹、满天星、金鱼草等的夜温要求降至10℃，才能较好地开花。

④利用人为低温，提前度过休眠阶段　休眠有不同的阶段，一般处于休眠初期和后期时，容易被打破，而处于中期的深休眠状态不易被打破。强迫休眠较生理休眠易于打破。

能够有效打破植物休眠和莲座化的温度因植物种类不同而异。如小苍兰和荷兰鸢尾等初夏休眠的植物，需高温打破休眠；而大丽花、桔梗等秋季休眠的植物，需低温打破休眠。低温打破休眠的有效温度一般是10℃以下，接近0℃最有效。

⑤利用人为低温，提前度过春化阶段　此法已广泛用于现代花卉生产。春化作用是指低温诱导促进植物花芽分化的现象。利用低温春化可使花卉的花期提前。不同的植物，其感受春化作用的时期、所需低温值及低温持续时间各异。春化作用的温度范围，不同植物种类之间差异不大，一般是-5~15℃，最有效温度一般为3~8℃。如菊花以脚芽或莲座状叶的形式进入休眠态(茎矮缩，不生长)，经低温处理(0~3℃处理30~40d)可打破休眠，进一步转入温室后能提前开花。

一般需要经春化作用才能开花的植物主要是典型的二年生植物和某些多年生植物。多年生植物接受低温时最适温度偏高，如麝香百合的最适温度为8~10℃。一般而言，必须秋播的二年生花卉有春化现象，一年生和多年生草花一般没有春化现象。

⑥利用人为低温，促进花芽分化和发育　一些二年生或多年生草本花卉，花芽的形成需要低温春化，花芽的发育也要求在低温环境中完成，然后在高温环境中开花。对这样的植物，低温处理要选择生长健壮、没有病虫危害、已达到能够接受春化作用阶段的植株，否则难以达到预期目的。

一般而言，花芽可以在诱导花芽分化的温度下顺利发育而开花，但有些植物花芽分化后，要接受特定的温度，尤其是低温，花芽才能顺利发育开花，如芍药等。因此，很多春季开花的木本花卉和球根花卉，花芽分化往往发生在前一年的夏秋季，经过冬季之后，次年开花。

如许多秋植球根花卉的种球，在完成营养生长和开花后一段时间，进入休眠期，球根发育过程中，花芽分化已经基本完成，但这时把球根从土壤里起出晾干，如不经低温处理，这些种球不开花或者开花质量差。秋植球根花卉，除了少数几个种可以不用低温处理能够正常开花外，绝大多数种类必须经低温处理才能开花。这种低温处理种球的方法，常称为球根冷藏处理。在进行低温处理时，必须根据球根花卉种类和目的，选择最适低温。确定冷藏温度之后，除了在冷藏期间连续保持一定温度外，还要注意放入和取出时逐渐降低或者提升温度。如果在4℃低温条件下冷藏了2个月的种球，取出后立即放到25℃的高温环境中或立即种到高温环境，由于温度条件急剧变化，引起种球内部生理紊乱，会严重影响其开花质量和花期。所以在低温处理时，冷藏温度一般要经过4~7d逐步降温(1d降低3~4℃)，直至所需低温；在把已经完成低温处理的种球从冷藏库取出之前，也需要经过3~5d的逐步升温过程，才能保证低温处理种球的质量。

此外球根花卉在进行促成栽培时，还要注意低温冷藏的时间，如果低温处理的时间不够，则导致花茎不能充分伸长。如荷兰鸢尾，在促成栽培时，球根冷藏时间过长，花茎长比叶长显著增加，切花品质降低；反之，如果低温冷藏时间不足，则花茎过短，达不到切花的要求。

利用球根花卉的花芽分化和休眠期的温度周期性变化规律进行促成或抑制栽培，就是低温处理大量应用于商品化生产的成功范例。促成栽培的基本原理即：预冷-真冷-加温开花。

秋植类球根花卉的花芽分化阶段通常在夏季休眠期通过，属高温型，而花芽的伸长生长却要求较低的温度。如郁金香花芽分化的最适温度为20℃，而其花芽伸长的最适温度为9℃。因此，郁金香的促成栽培技术即是在其完成花芽分化后，选用达尔文系的晚花品种，一般须经35d预冷(13~20℃)和35d的真冷(0~3℃)后，于11月上旬移入温室栽培(15~20℃)，可于12月开花。

春植类球根花卉一般在叶片伸长后才进行花芽分化，如唐菖蒲、百合、晚香玉等。抑制栽培的基本方法则是通过低温贮藏种球，利用低温来抑制其萌动，以达到延迟花期的目的。如唐菖蒲，一般在10月采收球茎，1~2月球茎开始萌芽，若将其置于0~3℃的低温库中贮藏，则能长期抑制种球萌动，取出后种植则可根据需要来延迟开花期。

低温处理的方法可采用冷库进行。冷库处理的花卉植株，每隔几天要检查一次干湿情况，发现土壤干燥时要适当浇水。在冷库中长时间没有光照，会影响花卉植株的生长发育。因此，冷库中必须安装照明设备。在冷库中接受低温处理的花卉植株，每天应当给予几小时的光照，尽可能减少长期黑暗带来的不良影响。初出冷库时，要将植株放在避风、避光、凉爽处，使处理后的植株有一个过渡期，然后逐渐增加光照，浇水，精心管理，直至开花。

除了用冷库冷藏处理球根类花卉的种球外，在南方的高温地区或北方的炎热季节，建立高海拔(800~1200m及以上)花卉生产基地，利用高海拔山区的冷凉环境进行花期调控，是一种低成本、易操作、能进行大规模批量调控花期的理想方法。由于大多数花卉在最适温度范围，生长发育要求的昼夜温差较大，在此温度条件下，花卉生长迅速，病虫危害相对较少，有利于花芽分化、花芽发育以及打破休眠，为花期调控降低大量的能耗，同时提高产品质量。

2.4.1.2 光照处理

一定时间光照与黑暗的交替，称为“光周期”。根据植物成花对光周期的反应，可以将其分为不同类型，常见的三种类型为短日照植物、长日照植物和日中性植物。短日照植物要求光照长度短于其临界日长才能成花，如秋菊、一品红等；长日照植物要求光照长度长于其临界日长才能成花，如洋桔梗、蓝花鼠尾草等；日中性植物对光照长度没有一定的要求，如香石竹、非洲菊等。

短日照植物和长日照植物都可以通过调节日照长度而调节花期。利用光周期调控植物花期是周年生产最常用的手段。例如，要使短日照植物秋菊在长日照季节开花，需进行遮光，缩短其光照时间，这种处理称为短日照处理；在秋冬短日照季节抑制其花芽分化，采用灯光照明以延长光照时间，这种处理称为长日照处理。

植物只需要一定时间适宜光周期处理，以后即使处于不适宜的光周期下，仍然可以保持刺激的效果，使花芽发生分化，这种现象称为光周期诱导。光周期诱导所需的光周期处理天数和适宜的日照长度，因植物种类而异。如满天星在每天 16h 日照下才能正常开花，而在 13h 的短日照条件下呈莲座状。此外，光周期诱导所需的光照强度很微弱，通常只有 50~100lx，远低于光合作用所需的光照强度。

光照处理包括长日照处理和短日照处理两种方法。

(1) 长日照处理

在短日照季节里，要使长日照花卉提前开花，就需要人工辅助照明；要使短日照花卉延迟开花，也需要采取人工辅助光照。长日照处理的方法大致可以分为三种：

①明期延长法　在日落前或日出前开始补光，延长光照 5~6h。

②暗期中断照明法　在半夜用灯光照 1~2h，以中断暗期长度。

③整夜照明法　整夜照明。照明的光强需要 100lx 以上才能完全阻止花芽的分化。

对唐菖蒲、百合等长日照切花植物，利用人工补光，可使其在冬季自然的短日照条件下开花，长日照处理成为多种切花冬春促成栽培的必需条件，还可防止因光照不足的盲花现象。如唐菖蒲若于 11 月进行温室排球，在保证室温 20~25℃ 条件下进行夜间人工补光，可提前在 3 月下旬开花，获得较高的经济价值。

另一种利用长日照处理有广泛应用价值的是菊花等短日照植物的抑制栽培。秋菊是对光照时数非常敏感的短日照花卉。利用人工补光，可抑制其花芽分化，达到推迟花期的目的。如 9 月上旬开始用电灯给予光照，11 月上、中旬停止人工辅助光照，春节前菊花即可开放。利用增加光照或遮光处理，可以使菊花一年之中任何时候都能开花，满足人们对菊花切花周年供应的需求。

(2) 短日照处理

在长日照季节里，要使长日照花卉延迟开花，需要遮光；使短日照花卉提前开花也同样需要遮光。具体的遮光方法是，在日落前开始遮光，一直到次日日出后一段时间为止，用黑布或黑色塑料膜将光遮挡住，在花芽分化和花蕾形成过程中，人为地满足花卉所需的日照时数。由于遮光处理一般在夏季高温期，而短日照花卉开花被高温抑制的占多数，在高温下花的品质较差，因此，短日照处理时一定要控制暗室内的温度。

遮光处理所需要的天数，因花卉不同而异。对于菊花、一品红等短日照植物来说，一般在17：00至次日8：00置于黑暗中，一品红逾40d处理开花，菊花经50~70d才能开花。因此，可预定开花期向前推算一定天数为开始遮光日期。如一品红“十一”供花，可在8月中旬开始遮光处理。

采用短日照处理的植株要生长健壮，营养生长达到一定的状态，一般在遮光处理前停施氮肥，增施磷、钾肥。花卉对光强弱的感受程度因种类而异，通常花卉能够感应10lx以上的光强，而且上部幼叶比下部老叶对光敏感，因此遮光时上部漏光比下部漏光对开花的影响大。

除光照时间和光强外，光质调控对花期也有一定的影响。有人对秋菊‘白莲’的研究表明，蓝光光质可提前花期12d并能提高其观赏品质。

2.4.2 化学调控花期技术

花期调控的化学方法主要是应用植物生长调节物质。植物激素是指由植物自身代谢产生的一类微量有机物质，在极低浓度下就有明显的生理效应，在一定部位产生，移动到一定部位起作用，也称为植物天然激素或植物内源激素。已知的植物激素主要有生长素、赤霉素、细胞分裂素、脱落酸、乙烯、油菜素甾醇等。人工合成的具有植物激素活性的物质称为植物生长调节物质，或植物生长调节剂。

已经明确GA、乙烯、生长素、细胞分裂素、脱落酸通过影响植物生长、休眠、成熟等影响开花，都与植物花期相关。其主要作用包括：

(1)解除休眠，提前开花

应用最广泛的是GA，如用500~1000mg/L的GA涂在牡丹、芍药、山茶花等休眠芽上，一周左右即可使其萌动。

小苍兰、郁金香的休眠种球放在乙醚气中进行处理可促其萌芽生长，提前开花。蛇鞭菊在夏末秋初休眠期，用100mg/L的GA处理后打破休眠，若经贮藏后分期种植可分期开花。NAA、2,4-D、6苄基腺嘌呤(6-BA)等都有打破花芽和贮藏器官休眠的作用。

(2)代替低温，促进开花

对一些切花而言，GA有取代低温的作用。如桔梗处于休眠期任何阶段，用GA溶液浸泡根系都可以打破休眠。但对蛇鞭菊而言，采用同样的方法处理，则只对处于休眠初期和后期的植株起作用。用GA处理处于休眠初期或后期的芍药和龙胆休眠芽，也可以打破休眠。仙客来在开花前60~75d用GA处理，即可达到按期开花的目的。

秋植类球根花卉的花茎抽生需要低温，用GA处理能起到部分代替低温的作用。如郁金香的促成栽培中，以100mg/kg的GA和25mg/kg的6-BA混合后滴入叶丛中，能弥补低温量的不足，并能有效地防止盲花。或用GA浸泡郁金香鳞茎，可以代替冷处理，使之在温室中开花，并且使花径增大。一些二年生花卉的干种子吸水后再用GA处理，可以替代低温作用，在当年即可开花。

(3)代替长日照，促进开花

有许多花卉在短日照下呈莲座状，只有在长日照下才能抽薹开花。而GA有促使长日照花卉在短日照下开花的趋势，如对紫罗兰、矮牵牛的作用。对大多数短日植物来说，GA起抑制开花的作用。

(4)促进生长，提早开花

一定浓度的GA、细胞激动素、矮壮素、乙烯利等对多种植物有加速发育、诱导成花的作用。如唐菖蒲在球茎下种后的第一周、第四周和开花前25d分3次，用8000mg/L的矮壮素(CCC)浇灌，则提前开花并能提高开花率；非洲菊植株用50mg/L的GA喷施，也能提早开花增加开花率；水仙鳞茎若用低浓度GA(50μg/L)注射，则开花提前；非洲菊、小苍兰用500mg/L的GA涂芽或以50~100mg/L的GA喷施，均可达到提前开花之目的。此外，水仙、球根鸢尾等种球在贮藏期时，采用0.75mg/L的乙烯利喷施后，能提早花期并能防止盲花。

为使切花达到足够的花茎和花梗长度，在栽培上可用低浓度的GA或生长素类植物生长调节物质(如IAA、NAA、IBA等)喷施，以促进植株的节间伸长生长。如为增加切花小菊的花梗长度并使着花整齐，可在见到第一个花蕾时用30~50mg/L的GA喷施植株顶部。

(5)抑制生长，延缓开花

植物生长延缓剂有延长植株营养生长期、矮化和增加分枝数等作用，且能够延迟花期。常用的生长延缓剂有CCC、琥珀酰胺酸(B_9)、多效唑(PP333)等，使用浓度一般为喷施1%~2%的CCC、0.25%~0.5%的B_9(市售为80%的溶液)、100~300mg/L的PP333等。注意有些药剂也可浇灌，但其浓度应是喷施的3倍。通常用PP333处理一次切花植株后，花期可延长3~5d。

应用植物生长调节物质调控花期的优点是用量小，效果好，操作简便，易于推广和大量生产应用；缺点是应用效果不稳定，需不断试验以确定生长调节物质的种类、使用浓度、时期和次数等。

2.4.3 栽培管理调控花期技术

(1)掌握播种、定植和栽种球根时间

利用分期播种或分期排球，使花期错开。如翠菊一般从播种到开花需70~80d，早播种早开花，晚播则迟开花。香石竹2~3月定植，至开花约需要90d，4~6月定植，至开花约需要180d，9~11月定植，至开花约需要210d。唐菖蒲切花若要轮开花期，可采用分期排球的方法，早花品种经60~70d开花，晚花品种经120d左右开花，一般品种则经90~100d开花，这样开花期可从6月初至11月初。但由于积温的不同，同一品种若在早春播种，需100d左右开花，7月播种则仅需70~80d就可开花。

(2)修剪与摘心

包括修剪、除蕾、摘心、剥芽、摘叶、环刻、嫁接等园艺措施。如月季开花后修剪残花，可使之陆续开花。在当年生枝条上，早修剪则早开花；晚修剪则晚开花。采用摘心方法控制花期的有香石竹、菊花等，如香石竹在小苗有6~7个节时第一次摘心，侧枝有 5~6 个节时第二次摘心，第三次摘心及最后一次摘心(俗称“定头”)到开花的时间是 3~4 个月，因此，可根据采花时间倒推最后一次摘心时间。

(3)控制肥水

在生长期控制水分能够促进花芽分化，因为相对干旱能使枝条停止伸长生长，体内贮存的养分可集中供应花芽分化及发育所需。在花卉栽培上常采用减水、断水等措施，如梅花、玉兰、紫薇等花木的二次开花栽培技术，就在 7~8 月停止灌水，立秋后逐渐恢复正常浇水，到“十一”都可开花。球根类花卉通常在干燥环境中，其内部进行分化花芽过程，直至供水时花芽伸长并开花。如唐菖蒲在 2~3 叶期的花芽分化阶段控制浇水，而当花蕾近出苞时，灌水 1~2 次，可提早开花 1 周。

一般来说，氮肥有利于植株营养生长，而磷肥、钾肥则是花芽分化及抽生所必需的。特别是那些对低温春化和光周期要求不严格的花卉(如香石竹、切花月季等)，其成花受植株体内营养水平影响较大。因此，在切花栽培中，及时把握并调整植株营养生长和生殖生长的关系，对调节开花期和提高切花品质有着重要的意义。如在香石竹、百合等的栽培中增施适量氮肥，能延迟开花；在菊花花苞期增施磷肥、钾肥，可明显促进其开花。

2.4.4 采后调控花期技术

利用切花采后人工催花或低温长时间贮藏，也是进行花期调控的有效方法。该种花期调控的方法主要是调控花朵开花和切花上市的时间。

(1)人工催花技术

因冬季低温，有些切花的花苞已形成却难以完全开放，若在栽培地实施大面积加温则耗用成本高，可剪切后集中在室内进行人工催花。如香石竹、满天星等在花苞期切割，置于温度 25~27℃，空气湿度 90%~95%的室内，并给予每天 12~16h 的光照(光强 2000lx 以上)，则经 5~7 天可开花。

(2)切花贮藏技术

切花的贮藏是延长采后切花寿命的主要方法，也是解决切花周年供应、淡旺季平衡、减少生产成本的重要途径之一，具有很高的应用价值和经济价值。贮藏的原理是必须抑制切花的呼吸作用和乙烯的释放。低温是最基本、最有效的贮藏手段，贮藏的最适温度因切花种类不同而异，如唐菖蒲的贮藏温度为 1~2℃，而原产于热带的花卉的贮藏温度则较高，如红掌的理想贮藏温度为 13℃。

为提高冷藏效果，还可以结合低温减压贮藏法和气调贮藏法。具体内容详见第 4 章切花贮藏。

不同切花种类花期调控难易程度不同。要实现某种切花的花期控制，首先要了解该种切花的生长发育规律，特别是成花和休眠规律，如花芽分化时期及其与外界环境的关系、休眠特性等。目前，人类尚不能实现所有切花种类的花期调控，一方面与尚未解开切花植物所有的成花问题有关；另一方面与没有真正掌握不同切花的生长发育特性有关。

由于品种特性不同，同种切花不同品种花期调控难易程度也有不同，有些品种易于花期调控，因此，要通过试验选择适用品种。一般情况下，早花品种比晚花品种更容易实现促成栽培，晚花品种比早花品种更容易实现抑制栽培。因此，进行花期调控时，需要选择适宜的品种。

总之，花期调控技术不是单项技术，需要配合贮藏、栽培、环境控制等多项技术才能实现。同一种切花在不同地域栽培，自然花期不同。例如，芍药在我国大部分地区是春季开花，在北京一般是在5月中下旬开花；在智利1~2月开花；而在高纬度的北美阿拉斯加是7~8月开花。因此，花期调控是有地域性的。对一些花期控制难度较大的切花，即使可以借鉴他人的方法和经验，也需要根据当地的具体环境和条件进行试验，确定具体方案。这一点在环境控制有限的情况下尤其重要。

2.5 鲜切花设施栽培技术

鲜切花是严格依赖于设施栽培的产业之一，目前国内只有少部分企业采用露地种植模式，如云南昆明杨月季园艺有限责任公司的银叶菊、澳蜡花(见彩图2)和八仙花(见彩图3)等切花种类的生产，湛江市天运园艺有限公司富贵竹的切枝生产(见彩图4)和威海七彩生物有限公司北美冬青的切果生产(见彩图5)等。国内很多生产鲜切花的企业基本都是采用设施栽培的形式进行鲜切花的种植，如陕西西部兰花生态园蝴蝶兰切花生产(见彩图6)、福建省农业科学院文心兰切花生产等(见彩图7)和锦海农业科技发展有限公司月季切花生产(见彩图8)等。

2.5.1 切花设施栽培概念

切花设施栽培是指采用切花栽培设施进行现代花卉的栽培和生产。切花栽培设施是指人为建造的适宜或包含不同类型切花正常生长发育的各种建筑、设备和用具。其中，建筑主要包括温室、塑料大棚、冷床与温床、荫棚、风障等；设备和机具主要包括苗床与播种器、照明设备、切梗机、脱叶脱刺机、计数机、分级扎束机等。人们将上述花卉栽培设备创建的栽培环境称为保护地。在保护地上进行的花卉栽培称为保护地栽培。花卉保护地的类型主要有温室、冷床、温床、塑料大中小棚、冷窖、荫棚等。

2.5.2 切花设施栽培的作用

为了满足不同品种切花植物在不同发育阶段对环境条件的不同要求，设施栽培技术可用于切花植物发育的各个阶段。在花卉产业的蓬勃发展中，温室设施在保证花卉产品质量，做到四季供应，提高市场竞争能力方面发挥了重要作用。

(1) 加快切花种苗的繁殖速度，提高成苗率

在设施内进行播种育苗，可提高种子发芽率和成苗率，使花期提前。在设施栽培条件下，菊花和香石竹等很多切花种类可进行周年扦插，其繁殖速度是露地扦插的10~15倍，扦插成活率可提高40%~50%。组培苗的炼苗和驯化也多在设施栽培条件下进行。

(2) 进行切花的花期调控

在设施栽培条件下，植株生长发育不同阶段对温度、光照、湿度等环境条件的需求得以满足，从而实现了大部分花卉的周年供应。

(3)提高切花的品质

花卉的原产地不同，生产适应性也不同，只有满足其生长发育不同阶段的需求，才能生产出高品质的花卉产品，并延长其最佳观赏期。如高水平的设施栽培，温度、湿度、光照的人工控制，解决了上海地区高品质蝴蝶兰生产的难题。与露地栽培相比，设施栽培的切花月季表现出开花早、花茎长、病虫害少、一级花的比例提高等优点。

(4)提高切花对不良环境条件的抵抗能力，增加经济效益

花卉生产中的不良环境条件主要有夏季高温、暴雨，冬季冻害、寒害等，不良环境条件往往给花卉生产带来严重的经济损失，甚至毁灭性灾害。设施栽培可以使各种切花免遭这些损失，提高经济效益。

(5)打破切花生产和流通的地域限制

各种花卉栽培设施在花卉生产、销售各环节的运用，使原产于南方的花卉(如蝴蝶兰、杜鹃花、山茶等)顺利地进入北方市场，丰富了北方的花卉品种。在设施栽培条件下进行温度和湿度的控制，也使原产于北方的牡丹花开南国。

(6)进行大规模集约化生产，提高劳动生产率

设施栽培的发展，尤其是现代温室环境工程的发展，使花卉生产的专业化、集约化程度大大提高。目前，一些花卉公司从花卉的种苗生产到最后的产品分级、包装均可实现机械化操作、自动化控制，从而提高单位面积的产量，人均劳动生产率大大提高。

2.5.3 切花设施栽培类型

切花设施栽培的类型有温室、冷床、温床、塑料大中小棚、冷窖、荫棚、冷库等。其中以塑料大棚和温室两大类为主。

2.5.3.1 塑料大棚

(1)塑料大棚的概念

塑料大棚又称塑料棚温室，是在塑料中、小拱棚基础上发展起来的以塑料薄膜为透光覆盖材料，以竹、木、水泥与钢筋混合柱(近年来又发展了镀锌钢管支架和金属线材焊接支架)为骨架材料的不加温单跨拱屋面温室。我国通常也将没有砖、石等围护结构、表面全部用塑料薄膜覆盖的设施称为塑料(薄膜)大棚。

(2)塑料大棚的优缺点

优点主要体现在：一是采光性能好，光照分布均匀；二是保温性好；三是棚型结构抗风(雪)能力强，坚固耐用；四是易于通风换气，利于环境调控；五是利于园艺作物生长发育和人工作业；六是能充分利用土地。与日光温室相比，塑料大棚具有结构简单、建造和拆装方便、一次性投资少等优点；与中小棚相比，又具有坚固耐用，使用寿命长，棚体高大，空间大，必要时可加装加温、灌水等装置，便于环境调控等优点。

(3)塑料大棚的类型

根据外部形状不同，可以分为拱圆形和屋脊形，但以拱圆形占绝大多数；从骨架上则可分为竹木结构、竹木水泥结构、钢筋水泥结构、钢架结构、钢竹混合结构大棚等；

根据连接方式不同，可分为单栋大棚、双连栋大棚及多连栋大棚；根据覆盖材料不同，可分为聚氯乙烯薄膜大棚、聚乙烯薄膜大棚、乙酸乙烯薄膜大棚等。

2.5.3.2 温室

温室是可以人工调控温度、光照、水分、空气等环境因子，其栽培空间覆以透明覆盖材料，人在其内可以站立操作的一种性能较完善的环境保护设施。

根据用途不同可分为生产性温室、展览性温室、试验研究温室；按栽培目的不同可分为繁殖温室、盆栽生产温室、切花生产温室；根据温度高低不同可分为高温温室(18~30℃)、中温温室(12~20℃)、低温温室(7~16℃)和冷室(0~10℃)；根据加温与否可分为加温温室和不加温温室；按温室设置位置不同可分为地上式、地下式和半地下式；根据温室屋顶形状不同可分为单屋面，双屋面、不等屋面和拱圆形几种类型；根据屋面覆盖材料不同可分为玻璃温室、塑料薄膜温室、塑料玻璃温室，其中，塑料薄膜温室又可分为软质塑料(PVC、PE、EVA 膜等)温室和硬质塑料(PC 板、FRA 板、FRP 板等)温室；根据骨架材料不同可分为土温室、砖木结构温室、混凝土结构温室、复合材料温室、钢结构温室、铝合金结构温室；根据建筑形式不同可分为单栋温室(用于小规模的生产和实验研究，包括单屋面温室、双屋面温室等)和连栋温室(将多个双屋面的温室在屋檐处连接起来，去掉连接处的侧墙，加上檐沟构成。连栋温室土地利用率高，内部空间大，便于机械作业和多层立体栽培，适合工厂化生产)；按温室加热来源不同可分为日光温室(简易日光温室、新型节能日光温室)、现代化温室(智能温室)。下面简单介绍日光温室和现代温室。

(1)日光温室

日光温室是依据温室加温设备的有无而划分的一种温室类型，即不加温温室。主要依靠日光的自然温热和夜间的保温设备来维持室内温度。

日光温室大多是以塑料薄膜为采光覆盖材料，以太阳辐射为热源，靠最大限度采光、加厚的墙体和后坡，以及防寒沟、纸被、草苫等一系列保温御寒设施以达到最低限度散热，从而形成充分利用光热资源，减弱不利气象因子影响的一种特有的保护设施。通常作为低温温室来应用。北方应用较多。一般用于晚花的防霜、御寒或者早春解冻前育苗。在蔬菜上应用较多，是我国特有的保护地栽培设施。

(2)现代温室

现代温室通常简称全光温室或俗称智能温室，是设施园艺中的高级类型。设施内的环境实现了计算机自动控制，基本上不受自然气候条件下灾害天气和不良环境条件的影响，能周年全天候进行设施园艺作物的生产。

除铝合金或镀锌钢材的骨架外，现代温室所有屋面与墙体都为透明材料，如玻璃、塑料薄膜或塑料板材。根据所用覆盖材料不同，现代温室可分为玻璃温室和塑料温室。根据设计结构不同，又可分为芬洛型玻璃温室、里谢尔塑料薄膜温室、卷膜式全开放型塑料温室、屋顶全开启型玻璃温室等几种类型。

现代温室设施内配套有自然通风系统、加热系统、帘幕系统、降温系统、补光系统、补气系统、灌溉和施肥系统，以及计算机智能控制系统等设备。

①自然通风系统　是温室通风换气、调节室温的主要方法，一般分为顶窗通风、侧窗通风和顶侧窗通风三种方式。如何在通风面积、结构强度、运行可靠性和空气交换效果等方面兼顾，综合优化结构设计与施工乃是提高自然通气效果的关键。

②加热系统　现阶段的采暖方式主要有以下几种：

热水加热：用60~85℃热水循环与空气进行热交换。热水采暖系统稳定可靠，是目前最常用的采暖方式。适用于各种温室，余热多，停机后保温性好，缺点是投资较高。

热风加温：由热风直接加热空气。热风加热适用于各种温室，缺点是停机后缺乏保温性，由于不用水作载热体，系统操作容易，设备投资较少，适用于中小型温室以及日光温室的辅助加热或临时防寒措施。

电加热：用电热器直接加热空气或电热线加热苗床，其主要设备为电暖风机或电热线。比较常见的电加热方式是将地热线埋在地下用来提高地温，主要用于温室育苗。该方式预热时间短，较易进行自动控制，使用简便。电能是最清洁、方便的能源，但电能是二次能源，比较贵，且停机后缺乏保温性，因此只能作为一种临时加温措施短期使用。适用于小型育苗温室及土壤加温辅助采暖、日光温室辅助加热或作临时防寒用。

温室地下蓄热加温技术：该系统具有良好的降温与加温能力，能够显著提高苗床温度，是温室节能的新途径。

地源热泵加热技术：热泵系统是通过低温热源进行供热的。近年来，热泵系统作为一种节能、高效环保的新型技术，在设施农业领域得到了广泛的应用。热泵系统主要应用于大型连栋温室，也可应用于日光温室。与传统燃煤供热系统相比，采用地源热泵系统加热温室可节煤58%，具有很好的节能、减排效果。

太阳能地热加温系统：该系统能量利用率较高。与锅炉电加热等其他设施相比，除初次投资费用较高外，系统的运行费用极低。太阳能地热加温系统在北方高寒地区具有显著的优越性。

③帘幕系统　按安装位置可分为内遮阳帘幕和外遮阳帘幕，其在温室中主要的功能包括：

暗期控制：利用全黑幕布进行暗期控制，目的是尽可能阻挡光进入温室，达到控制光周期的目的。选用的幕布透光率要尽可能低。

遮阴：在炎热的夏季，可采用帘幕系统进行遮阴，以减少进入温室的光照并降低叶温。通过选用不同的幕布或调节幕布的开合，可形成不同的遮阳率，满足不同花卉对阳光的需求。

环境控制：帘幕的使用可以使帘幕下温度分布更均匀，还可以控制湿度。遮阳保温系统还能有效保持空气湿度、减少灌溉用水。

保温与节能：保温幕的使用可以减少温室内的热损耗，节约能源。如果在白天使用保温幕会减少进入温室的光照，因此应尽量避免在白天使用保温幕。在夜间，该系统可以有效地减少地面的辐射热量流失，减少热能消耗，大大降低温室运行成本。

帘幕材料有多种形式，温室中较常用的一种采用塑料线编织而成，并按保温和遮阴的不同要求，嵌入不同比例的铝箔，以达到不同的遮阴率和保温率。同时根据其使用目的(以保温为主或遮阴为主)，可选用密闭或透气等不同类型。

④降温系统　温室夏季热蓄积严重，降温可提高设施利用率，实现冬夏两用型温室的建造目的。常见的降温系统有：

喷雾降温系统：适用于相对湿度较低，自然通风好的温室。该系统不仅降温成本低，而且降温效果好，其降温效果在3~10℃。一般适用于长度超过40m的温室，该系统也可用于喷农药、施叶面肥、加湿及人工造景。

湿帘降温系统：利用水的蒸发降温原理实现降温。以水泵将水输送至湿帘墙上，使特制的湿帘能确保水分均匀淋湿整个降温湿帘墙，湿帘通常安装在温室北墙上，以避免遮光影响植物生长，将风扇安装在南墙上。湿帘降温系统是一种简易有效的降温系统，但高湿季节或地区降温效果不佳。

⑤补光系统　主要弥补冬季或阴雨天因光照不足对育苗质量的影响，所采用的光源灯具要求有防潮专业设计、使用寿命长、发光效率高、光输出量比普通钠灯高10%以上的特点。如荷兰飞利浦的农用钠灯(400W)，其光谱近似日光光谱，由于是作为光合作用能源，补充阳光不足，要求光强在10lx以上，悬挂位置宜与栽植行相垂直。

⑥补气系统　包括二氧化碳(CO_2)施肥系统和环流风机两部分。

二氧化碳施肥系统：CO_2气源可直接使用贮气罐或贮液罐中的工业用CO_2，也可利用CO_2发生器，将煤油或石油气等碳氢化合物通过充分燃烧而释放CO_2。如利用CO_2发生器可将发生器直接悬挂在钢架结构上；采用贮气贮液罐则需通过配置的电磁阀、鼓风机和输送管道把CO_2均匀地分布到整个温室空间。为及时检测CO_2浓度，需在室内安装CO_2分析仪，通过计算机控制系统，监测并实现对CO_2浓度的精确控制。

环流风机：在封闭的温室内，二氧化碳通过管道分布到室内，均匀性较差，启动环流风机可提高CO_2浓度分布的均匀性，此外通过风机还可以促进室内温度和相对湿度分布均匀，从而保证室内花卉生长的一致性，并能将湿热空气从通气窗排出，达到降温的效果。

⑦灌溉和施肥系统　包括水源、储水及供水设施、水处理设施、灌溉和施肥设施、田间管道系统、灌水器、滴头等。进行基质栽培时，可采用肥水回收装置，将多余的肥水收集起来，重复利用或排放到温室外边。水源与水质直接影响滴头或喷头的堵塞程度，除符合饮用水水质标准外，其余各水源都要经过各种过滤器进行处理。现代温室采用的雨水回收设施，可将降落到温室屋面的雨水全部回收，是一种理想水源。

常见的灌溉系统有适用于地栽的滴灌系统，适用于基质袋培和盆栽的滴灌系统，适用于温室矮生地栽作物的喷嘴系统或向下的倒悬式喷灌系统，以及适用于工厂化育苗的悬挂式可往复移动式喷灌系统等。

在灌溉施肥系统中，目前多采用混合罐方式，即在灌溉水和肥料施到田间前，按系统EC值和pH的设定范围，在混合罐中将水和肥料均匀混合，同时进行定时检测，当EC值、pH未达到设定标准时，至田间网络的阀门关闭，水肥重新回到罐中进行混合。同时，为防止不同化学成分混合时发生沉淀，设A、B管，酸碱液在混合前有二次过滤，以防堵塞。

⑧计算机智能控制系统　是现代温室环境控制的核心技术，可自动检测温室气候和土壤参数，并对温室内配置的所有设备都能实现自动控制和优化运行，如开窗、加温、

降温、加湿、光照和 CO_2 补气，灌溉施肥和环流通气等。该系统目前已不是简单的数字控制，而是基于专家系统的智能控制，一个完整的自动控制系统包括气象监测站、微机、打印机、主控制器、温湿度传感器、控制软件等。目前，还针对大规模温室生产需求，专门开发了温室环控作业的专业计算机中央控制系统，可实施信号远程传送，利用数据传送机收集各种数据，加以综合判断。

除上述配套设施外，有的还配以穴盘育苗精量播种生产线，组装式蓄水池、消毒用蒸汽发生器、各种小型农机具等配件。

目前，基于物联网的花卉生产测控系统正在兴起，该系统由视频监控系统、环境数据采集系统、网络传输系统、中央控制系统、专家数据系统、执行系统等集成。该系统的最终目标是提供花卉生长的最佳环境因子，合理精确地调控生长条件，减少人为调控的误差，科学、经济、高效地利用环境控制设备，达到最佳的调控效果，以更低的成本生产出更优质的切花。

小　结

本章主要介绍了切花繁殖技术(扦插、播种、组织培养、嫁接、分球)、切花生长的环境条件(光照、温度、水分、土壤、营养元素、气体)、切花栽培管理技术、切花花期调控技术(物理调控、化学调控、栽培管理调控和采后调控)、切花设施栽培技术(塑料大棚、日光温室、现代温室)等。通过本章的学习，学生可以了解切花设施栽培的类型，进行常见切花的繁殖栽培和养护管理，并能根据市场需要合理调控切花的花期和上市时间。

思考题

1. 常见的切花繁殖技术有哪些?
2. 切花生长的环境条件有哪些?
3. 温度对切花的影响主要表现在哪两个方面?
4. 简述花卉各生长发育阶段和水分的关系。
5. 简述土壤酸碱度和土壤盐度的测定方法，以及土壤 pH 调节方法。
6. 试述切花栽培管理技术。
7. 简述花期控制的理论依据和花期调控方法。
8. 常见的切花生产设施有哪些? 常见的温室加温和降温方式有哪些?

推荐阅读书目

1. 园林花卉学(第 4 版). 刘燕. 中国林业出版社，2020.
2. 花卉学(第三版). 包满珠. 中国农业出版社，2011.
3. 鲜切花生产技术. 赵冰. 西北农林科技大学出版社，2018.
4. 切花设施生产技术. 罗凤霞，周广柱. 中国林业出版社，2001.
5. 鲜切花周年生产指南. 吴少华，李房英，郑诚乐. 科学技术文献出版社，2000.
6. 温室大棚花卉生产. 李保明，衣彩洁，周清等. 科学技术文献出版社，2000.
7. 切花生产理论与技术(第 3 版). 郑成淑. 中国林业出版社，2022.
8. 园林苗圃学(第 2 版). 成仿云. 中国林业出版社，2019.

3 鲜切花保鲜技术

鲜切花采收后，由于脱离母体植株，不仅失去了营养和水分的供给，还有机械损伤和微生物的侵袭，极易腐烂，不宜长时间保存，保鲜期往往比较短，大大影响了观赏性和商品价值，因此，鲜切花保鲜技术是切花生产的关键性环节之一。

据记载，我国古代已有一些可行的保鲜方法，如剪切、灼烧、浸烫、注水等。19 世纪 50 年代开始，国外保鲜技术开始发展。比利时生化学家鲍埃斯将化学药品加入水中发现能显著延长切花寿命，此后各国进行了大量关于切花保鲜技术和保鲜剂配方的研究，并在 19 世纪末取得了突破性进展，如荷兰的可利鲜保鲜液在鲜切花保鲜领域广泛应用，在昆明花拍中心的鲜花品质控制中心，会有各种鲜切花使用可利鲜之后的瓶插效果展示。

鲜切花保鲜剂从传统的蔗糖+8-羟基喹啉柠檬酸盐/硝酸钙/柠檬酸+6-BA 等，到植物水提液(如金龙胆草水提液)制备的鲜切花保鲜剂，光强在切花保鲜的应用研究，以及切花保鲜固定支架的发明专利，这些研究成果反映了切花保鲜发展趋势趋向更环保、更低能耗。我国主要从 19 世纪 90 年代开始进行切花保鲜研究。如通过改善采前切花的栽培条件来提高切花的品质，对鲜切花采后衰老机制进行研究并在采收后产业链中采取相应的保鲜技术等。

3.1 鲜切花保鲜含义

切花保鲜有狭义和广义之分。狭义的切花保鲜是指用保鲜液来减慢衰老、延长鲜切花的瓶插寿命，提高观赏性的技术；广义的切花保鲜则包含从优良品种的选择、温室栽培、适时采收、整理分级、预处理、冷链处理、花期调控、包装、运输到销售，以及售后瓶插水养的一系列过程，为保证或提高切花品质、延缓衰老、延长寿命所采取的各种技术措施。

鲜切花保鲜是研究鲜切花采后生理生化变化规律与环境因子之间的关系，以及延缓衰老进程、提高流通质量的技术措施。鲜切花衰亡的主要原因包括环境因子和内部的水分代谢、呼吸代谢、内含物代谢、乙烯代谢等诸多方面。切花保鲜的途径主要包括物理保鲜、化学保鲜和生物技术保鲜。

综合近些年在鲜切花保鲜方面的国内外研究，目前在蕾期采收和催开技术、分级包装技术机械化和标准化、精确储存和运输条件的确定、新的贮存和运输方法，以及管理流通中冷链的建立等方面都取得了较大进展。尤其对重要切花瓶插液的最优成分及配比的研究较为集中。国内在切花采后生理与相关生物保鲜技术方面虽然取得了一定的研究成果，但与飞速发展的切花产业相比，仍需要进一步加强。

3.2 鲜切花品质

鲜切花品质即衡量切花质量好坏的标准，常包括瓶插寿命，花的状况(花型、花色、花香、花朵大小、花序上小花发育状况、硬挺度、开放度和持久度)，茎(长度、粗度和硬挺度)和叶的状况，鲜重和采后寿命等。切花保鲜中的“鲜”实际上指的就是切花品质。

(1)花的状况

花的品质好坏主要考虑花型、花色和花香等标准。花型一般要求是正常的而非变态的。在园艺上，重瓣花往往比正常花更受人欢迎。但要考虑重瓣的程度。花瓣太少，花朵显得“空”或“软”；花瓣太多，则显得臃肿笨拙。此外，奇特花型也比较受欢迎，如帝王花和针垫花等。

花的颜色中出现与该品种不符的颜色(如白菊花渗带的粉色)、颜色加深(在某些红色的月季和香石竹品种中，外部或花瓣边缘颜色加深)、褪色(由高温和强辐射引起)和兰化(由于高温和低光照引起，在红色和粉红色切花中是个严重的采后生理问题，是老化的先兆，如月季、香石竹)等现象都会降低切花品质。在鲜切花生产中，有时为了提高切花的观赏价值，会对部分切花(如月季、八仙花、满天星、非洲菊等)进行染色处理以提高切花品质。

大多数消费者都希望花带有香味。但在现代栽培切花中，明显的趋势是香味的消失，转而追求色彩的鲜艳。香味的程度和质量往往随环境条件的变化而改变，在采后可能减弱或消失。某些花卉如水仙的某些品种在田间时气味适宜，但置于通风不良和气温较高的室内时可能又太浓。因此，若非特殊说明，花香一般仅作为切花品质的参考性标准。

(2)茎的状况

切花品质中对茎的要求主要考虑花茎姿态、花茎粗度和花茎长度三个因素。其中要求花茎姿态挺直不弯曲。在某些切花质量评定中，茎的主要问题是“弯茎”，采摘时不明显，常在运输中出现。对于花茎粗度来说，太细、太粗都不符合观赏要求。对于根据花茎长度分级的切花来说，花茎长度是主要的质量参数。但在花茎长度与花的大小、数量或花的扩展度(如香石竹、月季、菊花)或花茎上穗花数(如唐菖蒲、金鱼草、香豌豆)应有合理的比例。

(3) 叶的状况

有些种类切花的质量更多是由叶片而不是由花朵本身决定的。如百合、菊花的某些品种，叶片黄化是最主要的问题(受采前和采后的条件影响)。好的切花品质对叶的要求是有适宜的形状和大小；清洁，无病虫危害的斑点或痕迹；光亮、柔软和不易破碎。

(4) 开放度和持久度

鲜花的质量评价，不仅要考虑鲜花在采收时可见的质量参数，还应考虑它们在瓶插时的表现特性，尤其是开放程度和持久能力。很多花卉采摘时处于蕾期，期望它们能在瓶插时发育成熟并开放，但有时会出现不能顺利开花和开花太快的情况。

切花品质标准的确定：市场上切花品质并不完全由生产者或研究人员来确定，而在很大程度上是由消费者来评定的。因此，作为生产者理应了解消费者所处的社会环境、文化背景、消费心理，并且经常和消费者进行沟通，以确定切花品质的标准。

3.3 鲜切花衰亡内在机制

鲜切花采收后，切花会逐渐衰亡。切花衰亡与切花的水分代谢、呼吸代谢、乙烯代谢和细胞内含物代谢紧密相关。

3.3.1 水分代谢

水是植株内部各种生理生化反应的介质，而水分代谢平衡则是维持植株细胞正常代谢活动的基础。花枝采切后由于缺乏母体的水分供应，同时植物体本身仍在进行蒸腾作用，导致内部水分代谢失调，要维持植物体水分平衡。切花的水分平衡是指切花的水分吸收、运输和蒸腾之间保持良好的状态。水分平衡值为正值时表明花枝生命活动正常；水分平衡值为负值时表明切花内部水分平衡失衡，花瓣失去膨压呈现萎蔫至死亡状态。花枝采切后，花枝基部失去保护造成水分胁迫，微生物大量繁殖导致花茎导管堵塞，切花无法正常吸取水分和营养物质，从而衰亡。

切花受到水分胁迫的主要原因及措施：

蒸腾作用：切花在瓶插后期吸水能力大大下降，但是蒸腾作用依旧在进行，使得水分平衡失衡。可以适当增加空气湿度或喷施抗蒸腾剂以减少蒸腾。

微生物侵染：切花采切时，使用工具未消毒或瓶插溶液中含有细菌、真菌等都会造成微生物侵染，阻塞吸水。可以在瓶插液中加入杀菌剂来缓解。

导管空腔化：切花在采切过程中，切口容易进入空气，造成内外压力不一致，导致吸水困难。应对措施是在切花采切时要放水中斜剪再进行下一步瓶插动作，也可使用灼烧的方法。

3.3.2 呼吸代谢

切花离体之后，虽失去母体营养水分的供给，但其仍然进行有生命的呼吸活动。影响切花呼吸强度的因素有温度、CO_2、O_2、机械损伤等，这些因素均会影响切花的瓶插寿命。一般来说，呼吸速率越高，切花瓶插寿命越短。根据类型可分为呼吸跃变型和非呼吸跃变型两种：呼吸跃变型的切花随着切花开放进程呼吸逐渐增强，盛开前达到顶峰，之后随着花朵的衰亡逐渐下降。非呼吸跃变型的切花在开放和衰亡过程中呼吸作用不受影响或没有变化。

3.3.3 乙烯代谢

乙烯作为一种内源激素，具有很强的生理活性和生理学效应，包括果实成熟，叶片和花的衰老、脱落，诱导不定根的形成以及种子萌发。乙烯不仅能促进细胞膜组分和通透性的改变，导致细胞内含物外渗，水分丢失，花瓣萎蔫，还能诱发和加速鲜切花的衰老。根据切花敏感类型不同可分为乙烯敏感型和非乙烯敏感型。乙烯敏感型切花在开放和衰老进程中，乙烯生成量会突然升高；非乙烯敏感型切花开放和衰老进程中与乙烯没有太大联系。内源乙烯释放跟切花本身的遗传因素相关，外源乙烯会加速切花衰老。内源乙烯可以通过基因工程技术——反义 RNA 培育非乙烯敏感型花卉，外源乙烯可以通过乙烯抑制剂等减缓切花衰老。

3.3.4 细胞内含物代谢

(1)碳水化合物变化和蛋白质变化

在无外源供给的情况下，切花采后 1~2d 淀粉迅速分解，之后维持稳定状态，可溶性糖含量持续性下降。随着切花逐渐凋谢，蛋白质含量也逐渐降低，游离脯氨酸含量逐渐升高。

(2)酶活性变化

植物正常生理活动中产生的大量自由基会引起体内活性氧的积累。它们可以造成生物膜质的过氧化作用，引起氨基酸和蛋白质变性，DNA 的双链结构被解螺旋及阻碍细胞正常光合作用等，继而细胞开始失活，生物体表现出各种自由基综合征。而动植物由于长期的选择性进化过程，其体内已形成了一种可以清除自由基的保护系统，主要包括过氧化氢酶(CAT)、过氧化物酶(POD)、超氧化物歧化酶(SOD)。这些保护酶的存在可大大减轻甚至清除活性氧对细胞造成的伤害。

(3)生物膜变化

切花衰老时，细胞膜中磷脂含量减少，不饱和脂肪酸和饱和脂肪酸的比例逐渐降低，导致细胞膜流动性下降，细胞膜从液晶相变成凝胶相，导致细胞膜透性增加，细胞解体死亡。

3.4 影响鲜切花品质因素

影响切花品质的因素有很多，在实际切花保鲜过程中，除不同的种和品种自身的特性外、通常需要把采前生产栽培技术条件、采收时期、采后放置的环境条件、采后贮运以及瓶插保鲜等各个方面的技术综合应用，以期达到最佳的切花保鲜效果，获得最好的切花品质。如鲜切花采收时期以及相关的贮存及运输技术都极大地影响鲜切花的品质。

3.4.1 切花种类

不同种切花采后寿命差别很大，如红掌的瓶插寿命可达20~41d，鹤望兰在室温下的货架寿命长达14~30d，而非洲菊的瓶插寿命一般仅为3~8d。即使同一种的不同品种间切花瓶插寿命也存在较大的差异，研究表明，红掌、香石竹和百合等不同品种间的瓶插寿命差异较大，如红掌'Poolster'瓶插寿命长达30d，而'Nova Aurora'只有15d；香石竹'Pink Polka'瓶插寿命为16d，而'Rolesta'只有7.5d；百合'Greenpeace'瓶插寿命为13.8d，而'Musical'只有7.2d，六出花和非洲菊的不同品种间瓶插寿命差异更大。目前采后寿命长的切花已经作为花卉育种重要目标之一。在评价新引进的切花种和品种时，瓶插寿命也是考虑的因素之一。

部分鲜切花在瓶插后期花茎常发生不规则弯曲现象，称为弯颈。弯颈现象降低了切花的观赏价值，如非洲菊、月季常易发生弯颈，且不同的月季和非洲菊品种对于弯颈现象的敏感性差异很大。

花茎的粗度和细胞膨胀度(即水分含量)与鲜切花寿命也具有相关性。花茎越粗，越能忍耐弯曲和折断，并含有较多的供切花用的呼吸基质(主要是糖类)，因而瓶插寿命较长。此外，采后寿命的差异还取决于植物的解剖与生理特征。例如，月季切花'金浪'萎蔫较早，瓶插寿命较短，原因是其叶片气孔在水分亏缺时关闭功能差，易于蒸腾失水。再如，产生较多乙烯的月季品种比产生较少乙烯的品种衰老快。

因此，栽培者在选择鲜切花种植种或者品种时，应结合以上因素综合考虑所选种或者品种的采后寿命及瓶插寿命。若栽培地靠近市场，消费者在各个季节对切花的需求是恒定的，那么所有消费者喜欢的切花种和品种均可栽培。若栽培地远离市场，切花在采收后需经过远距离运输，那么栽培者只能选择那些采后寿命长、适宜较长期贮藏和运输的切花种类。

3.4.2 采前栽培条件

切花品质和采后寿命除受切花自身特性影响外，采前栽培技术措施对切花品质的影响也很大。在最佳栽培条件下培育的植物，其切花也能表现出最好的观赏品质，采后寿命也会得到延长。影响切花品质和采后寿命的主要栽培因子包括光照、温度、肥水、空气湿度、病虫害、空气污染和环境清洁等。

(1)光照

光照强度与光合作用效率直接相关，在光照好的栽培条件下，植株光合作用效率高则碳水化合物含量高，能够提高后续切花材料的瓶插寿命。一般情况下植物在高光强下比在低光强下生长得好。在低光照强度下，切花花茎容易过度加长生长，而茎的成熟延迟使得花茎成熟(硬化)不充分，常造成月季、香石竹和非洲菊切花的弯颈现象，不仅影响观赏效果，在采后处理过程中也易折断。由此可见，切花采前光照充分能保证切花中含有较多碳水化合物，尤其是可移动糖类，这对于提高切花品质及其瓶插寿命十分重要。弱光照条件还会影响花朵成色。若光照不足，会影响月季花瓣中花色素苷的合成，使花瓣泛蓝。当温室中CO_2浓度提高，可促进光合作用，防止花瓣泛蓝。试验证明，当月季花蕾生长在低光照条件下，若用糖溶液处理切花，花蕾开放后花瓣可恢复正常色泽，而生长在母株上的切花花瓣颜色较苍白。这一现象表明，花瓣色泽强度取决于其周围组织中碳水化合物的供应量。商业性花卉保鲜剂含有蔗糖或葡萄糖，可补充切花损失的内源糖类，使切花保持其原有的色泽和品质。

但过强的光照对花卉的质量也无益，过度的光照使植物组织内产生偏红色素，而且会导致叶片上长斑点，黄化及落叶等。此外，过强的光照条件会对切花植株产生“光伤害”，引起日灼病。因此，在实际生产中，栽培者应根据不同切花种和品种的生态习性要求，采用适当的株行距，控制适宜的光照强度，如有些切花在夏季高温高光强的情况下应适度遮阴，以便生产出高质量的切花。

(2)温度

鲜切花在栽培期间的温度也是影响其品质的关键因素，因此应结合切花种类自身的生态习性选择适宜的地区进行种植，对于温室生产的鲜切花应注意昼夜温差的设置。以百合为例，耐寒性强，耐热性差，喜冷凉湿润气候，而百合茎根的发育与土壤温度(12~13℃)有关，栽培期间温度过高会导致茎根发育不良，植株变矮，花蕾数减少，极大地影响切花品质。因此，在较温暖的季节，百合栽培前就要考虑到用遮光、通风和冷水灌溉等方法来降低土壤温度，种植应在上午或傍晚进行，种植后立即用稻草、锯屑等覆盖土壤，以防热气的侵入。而发根后则需要提高温度，亚洲百合白天温度维持在20~25℃，夜间温度10~15℃；东方百合白天温度维持在20~25℃，但夜间温度必须在15℃以上，温度过低会导致落蕾或叶片黄化。麝香百合白天温度25~28℃，夜间温度不能低于18℃。冬季当棚温达不到要求温度时必须进行人工加热保温。因此，百合在栽培过程中应分两个阶段进行温度的调控。

此外，过高的温度会加速植物组织中所积累碳水化合物的消耗，并使植株丧失较多水分，从而缩短切花的货架寿命，降低其品质。小苍兰、鸢尾和郁金香栽培在夜温接近10℃时切花品质较好；月季栽培在20~21℃条件下的瓶插寿命最长；香石竹栽培在25℃条件下的采后寿命比在20℃时短一些。若栽培条件偏离最适温度，切花寿命将大大缩短。例如，气温高于27℃时月季花瓣数会减少，花径变小，降低其观赏价值；若生长温度过低，会造成月季切花的弯颈增多；在月季花蕾发育早期时，经过5~12℃的低温处理以及重剪会促进月季花头的膨大，但当花蕾发育达到一定阶段后再遭遇低温则会出现花朵畸形。另外，对于温室种植的鲜切花，为了减少叶片脱落和畸形花，应避免温室内温度的剧烈波动。

因此，在进行鲜切花品种选择时，还应注意其抗寒性与耐热性，以进一步降低切花在设施生产过程中的能源消耗。

(3)施肥

为了生产出高质量的切花，应根据鲜切花种类对肥料的需求制订一个适度的施肥计划，直至采收。月季喜肥性强，应采用少量多次的施肥方法，经常追肥，有利于其对肥料的吸收。而郁金香通常对肥料需求量不高，一般根据根系的吸收情况，在幼芽出土后的现蕾期及开花前施肥。可定期对土壤进行取样分析，根据土壤具体情况合理追肥。

由于适宜和过度的施肥量之间幅度较宽，在实践中常难以把握。因此，在切花施肥技术方面可以体现出栽培者之间在管理技巧方面的差别。例如，彩色马蹄莲更适合施用硝态氮而不是铵态氮，而过量施用氮肥将缩短切花瓶插寿命，增加病菌感染的可能性，尤其会引发灰霉病。硝态氮对菊花瓶插寿命的影响高于铵态氮及尿素。此外，土壤中盐和氯含量过高也会造成切花植株的生理损伤，缩短切花采后寿命。另外，对月季和向日葵而言，液态肥比固态肥效果更佳。因此，最好对每一种栽培的切花提前做预试验，摸索出最适合该种切花的肥料种类及配比。

(4) 灌水

花卉的水分管理是切花采前栽培管理重要内容之一，土壤中过量的水分或水分不足均会引起植株的生理压力，直接影响鲜切花生长状况及后续切花质量，尤其是土壤中过量的水分对根系的呼吸极其不利，影响植株的水分平衡，因此，应保持土壤的相对干燥，保证鲜切花植株最适宜的生长条件。对切花马蹄莲而言，其生长开花期要充分浇水，要求土壤潮湿，还需早晚经常向附近地面洒清水，保持叶片新鲜清洁。如果土壤水分不足，常易出现叶柄折断现象，但开花后应减少浇水量，以利于休眠。

栽培者应充分掌握植物的需水规律，既要在需水量大的生长时期及时补充水分，又要避免过度灌溉，做到合理灌溉。如切花月季耐旱、怕涝，过湿或积水易烂根，而缺水则会萎蔫，因而灌溉时应做到“见干则浇，浇则必透”，一般情况下，春秋季晴天 1 周浇水 2 次，冬季南方地区 10d 浇水 1 次，北方地区浇足冻水即可。在实际栽培管理中，水肥经常结合施用。切花月季在腋芽萌动到抽芽发新梢时需水量增多，当新梢长至 3~5cm 时，肥和水要双管齐下，以促发新枝。花蕾露色到开花期是月季的需水高峰期，花谢后水分需求又逐渐减少。对于郁金香这类球根花卉而言，同样在生长期间水分不宜过多和过少，水分过多易烂根，过少则影响其根的生长。

(5) 空气湿度

不同切花植物对空气湿度的要求不同，一般空气湿度不宜过高，特别是温室生产切花时。潮湿的空气为细菌和真菌(尤其是灰霉菌)的产生和发展提供条件，导致切花在贮藏和运输过程中品质的下降和损失。受病害侵染的切花易丧失体内水分，产生较多的乙烯，从而加快其衰老过程。因此，在切花的种植过程中，温室需适当通气，以降低空气湿度，防止病虫害发生，进而提高切花的采后品质。如非洲菊栽培时空气湿度应控制在 70%~80%，超过 90%会造成花朵畸形。夏季由于高温加大植株的蒸腾作用导致土壤干燥、植株缺水，须通过遮阴、通风来降温，同时利用喷雾增加湿度以降低蒸腾作用。

(6) 病虫害

在切花栽培过程中严格控制病虫害，对于生产高质量和瓶插寿命长的切花至关重要。病虫害会损伤植株的器官，引起花瓣和叶片脱色，使组织丧失水分；切花脱水反过来加速植株萎蔫和乙烯生成，加速切花老化，引起叶片和花瓣脱落，影响鲜切花的外观，降低观赏品质。因此，在切花整个栽培过程中栽培者应全面防治病虫害，以预防为主，尽可能避免温室或大棚内温湿度过大，及时清理落枝、病枝，加强通风，降低空气湿度。一旦发病应使用安全农药对病虫害进行防治，为了降低对生态环境的污染，在防治过程中要尽量选用安全农药或非化学方法进行防治。在切花上市的各个环节中，经销商和消费者一般不应再喷药防治病虫害。

(7) 空气污染和环境清洁

在切花温室生产中，应注意避免空气污染。污染的主要来源是燃气，因燃气中含有大量的乙烯和其他有害物质，均会加速切花的衰老。所有产生乙烯的来源(如内燃机等)应避免在温室中使用。要特别注意对乙烯气体敏感的切花不要放在乙烯浓度较高的环境中，以免外源乙烯诱导其内源乙烯呼吸峰的提前到来。

已授过粉的花朵和腐烂的植物材料也会产生大量乙烯，导致温室中其他切花衰败。故应保持温室环境清洁，及时摘除授过粉的花朵，清除腐烂的植物残渣。

3.4.3 采后环境条件

鲜切花采收脱离母体后，仍然进行着旺盛的新陈代谢，其体内的一些生理生化指标也发生了相应的变化，生物合成逐渐减少，分解速率逐渐加快，水分减少，切花逐渐萎蔫，观赏品质开始逐步下降，最终衰老凋亡。鲜切花采后保鲜的核心在于延缓该衰老进程，影响切花保鲜的环境因子较多，如温度、水分、空气湿度和光照等均能影响切花采收后的生理代谢，采后处理不当会加速切花的衰老过程。

(1) 温度

温度是影响鲜切花采后品质的重要环境因子。由于较高的温度加快产品呼吸作用和组织内碳水化合物的消耗，刺激自身乙烯生成，促进病原真菌孢子的萌发和生长，有助于病害扩散。理论上一定范围内低温能减缓切花的衰老进程，在略高于细胞冻结点的低温环境中保鲜效果最佳。低温既可减缓呼吸消耗和切花体内糖类等营养物质的耗损，也可阻碍水分丧失和病原微生物生长。在低温下，切花自身产生的乙烯较少，对环境中乙烯的敏感度也降低。某些病原(如腐烂病菌)对低温很敏感，鲜切花采后置于低温下，可大大降低病虫害的发生和扩散速度。因此，切花采后应尽快转移至冷凉的贮藏间，脱除产品带回的田间热，预冷之后再进入冷库。

应注意冷藏过程中温度不能过低，在整个采后环节中，切花应置于适宜该种类的低温中，以避免遭受冻害和冷害。冻害是指低于0℃贮藏时，部分切花组织内结冰而造成伤害。冷害是指一些原产于热带和亚热带的切花置于0℃以上5~15℃以下贮藏环境所受的低温伤害，包括组织表面及内部脱色、出现水浸状区域、产生斑点、花蕾停止发育不会开放等症状。例如，起源于温带的切花最好贮藏于比其组织冻结点稍高的温度中，一般为0~1℃；起源于热带和亚热带的切花常对0℃以上低温敏感，一般贮藏于8~15℃。应注意不同种之间差异较大，不同切花种类应选择最适宜的温度。热带切花若贮藏于过低温度下，将引起花瓣褪色和腐坏或贮后花蕾不开放等问题。

根据不同切花种类的生理要求，各种切花最适宜的贮藏温度可分为以下四个类型：

①要求0~2℃贮藏的切花　香石竹、菊花、小苍兰、栀子花、风信子、球根鸢尾、百合、铃兰、水仙、芍药(硬实花蕾)、月季、香豌豆、郁金香、铁线莲、冬青、杜鹃花、葱兰、君子兰、绵枣儿、铁线蕨、鳞毛蕨、石松、山月桂等。

②要求4~5℃贮藏的切花　金合欢、六出花、银莲花、醉鱼草、金盏花、耧斗菜、金鸡菊、矢车菊、波斯菊、大丽花、雏菊、翠雀、毛地黄、天人菊、非洲菊、唐菖蒲、丁香、羽扇豆、万寿菊、百日草、福禄考、花毛茛、金鱼草、补血草、紫罗兰、蜡菊、

天门冬、黄杨、山茶、水芋、喜林芋等。

③要求7~10℃贮藏的切花 银莲花、鹤望兰、大花蕙兰、卡特兰、美国石竹、袖珍椰子、朱蕉、棕榈等。

④要求13~15℃贮藏的切花 安祖花(火鹤花)、姜花、万代兰、一品红、花叶万年青、鹿角蕨等。

(2)水分

水分状况是决定切花采后寿命的关键因素。研究表明，鲜切花的瓶插寿命与其鲜重的增加、水分平衡维持的时间长短呈显著相关性，鲜切花采切后水分吸收、传导、蒸腾等方面的改变是导致其贮藏和运输过程中水分胁迫的主要原因，这也是切花采后流通损耗的主要原因。除此之外，采后细菌和真菌等微生物的大量繁殖会造成切花材料木质部导管阻塞，致使水传递能力逐渐降低，进而引起叶片和花瓣的水势下降。因此，鲜切花在采后需进行水分调理，主要是对花茎亏损的水分进行补充，恢复鲜切花细胞膨压。

调理用水要清洁，水中最好加入糖、杀菌剂和0.01%~0.1%的湿润剂(如洗衣粉)，更能增进调理效果。如不事先进行处理，则切花花瓣和叶片易萎蔫、褪色，或运输后导致花不开、寿命短等问题，在运输前进行调理，可克服这些弊端。鲜切花的水分调理常和鲜切花的化学保鲜结合进行，具体内容详见鲜切花的化学保鲜。

(3)空气湿度

切花采后处理过程中，如被置于低湿度环境中，极易损失水分，鲜重迅速减少。当切花损失其鲜重的10%~15%水分时，通常表现为萎蔫，组织发生皱缩和卷曲。因此，提高贮藏运输环境中空气的相对湿度可以减缓切花内水分的丧失，通常要求相对湿度保持在90%~95%，有助于切花采后品质的保持。

切花采收后水分丧失主要在于切花与周围空气之间的水汽压力差，即与周围空气的温度、湿度和空气流速有关。植物通过关闭气孔来调节叶片的蒸腾速度。不可能完全限制切花的水分蒸腾作用，但可以通过提高分级间、包装场和贮藏室的相对湿度，降低它们内部的气温，限制空气循环来减少切花水分损失。高温和高湿会增加切花被病害侵染的危险性，因此，保持贮藏条件组合为高湿、低温和中等程度空气循环为最佳。

(4)光照

切花通常在低光照或黑暗状态下贮藏和运输较好。当切花用含糖的保鲜剂处理后，采后贮运过程中光照不足不会显著影响切花的寿命。切花采后短期处于黑暗状态影响不大，但如果长期黑暗会造成黄叶、落花以及落果。如在长途运输或延期贮藏期间，过度缺乏光照常加速六出花、菊花、大丽花和唐菖蒲等切花叶片发黄，降低观赏品质。只有处于花蕾阶段的切花开放时，才需要较高的光照强度。

(5)乙烯

切花的寿命与品质还受到周围大气中气体成分的影响，乙烯作为内源激素在其中起着十分重要的作用。乙烯不仅可促进细胞膜组分和通透性的改变，导致细胞内含物外渗及水分丧失，花瓣萎蔫，还能加速鲜切花的衰老。所以在切花产品采后，产品附近应尽量避免出现产生乙烯。

不同切花种类对乙烯的敏感性各异。对乙烯非常敏感的切花种类有六出花、香石竹、翠雀、小苍兰、球根鸢尾、百合、水仙、兰花、矮牵牛、金鱼草、香豌豆，如六出花和香石竹置于1~3mg/L浓度乙烯大气中24h即受害；对乙烯相对不敏感的切花种类有红掌、天门冬、非洲菊、郁金香等，如红掌和天门冬可以抵抗10~100mg/L的乙烯浓度。一般而言，对乙烯反应不太敏感的切花，受害程度较轻。而对乙烯敏感的切花，受害严重，表现花蕾不开放、花瓣枯萎，甚至落花落叶，衰老过程加快。

外源乙烯的增加常会诱发内源乙烯呼吸高峰的到来，加速切花衰老。在正常的非污染大气中，因季节变化乙烯含量在0.003~0.005μL/L(即3~5PPb)。大气中乙烯含量在秋季和冬季最高，因这时温度低，乙烯的光化学降解速率较低。因此，在不同季节及环境应结合切花自身乙烯释放能力综合考虑如何调节环境中乙烯含量。

总的来说，乙烯对切花的伤害程度取决于周围大气中乙烯的浓度、暴露时间长短、温度、CO_2浓度(CO_2抑制乙烯的作用)、切花发育阶段、质量和不同的季节。因此，应充分考虑切花植物内源乙烯的含量及释放强弱，在切花采后应防止或降低乙烯的危害，最大程度提高切花品质。

防止乙烯危害的具体措施有：在花蕾适宜的发育阶段采收切花；采收后立即冷却切花；做好植物的病虫害防治工作；防止切花被昆虫授粉，这对兰花尤为重要；在剪截、分级和包装过程中，避免对切花造成机械损伤；在温室、分级间、包装场和贮藏库中保持清洁，及时清除腐烂的植物材料；不要把切花和水果、蔬菜贮藏在同一场所，因水果和蔬菜能产生较多的乙烯；不要把处于花蕾阶段的切花与充分展开的切花一同贮藏；使用有可靠排气管的CO_2发生器、燃油器和煤气加热器，在温室和采后工作场所不要使用内燃发动机；温室和采后工作场所要适当通风。

(6)空气流速

在冷库内应有适当的空气循环，以保持冷库内均匀的温度和空气湿度。

(7)病虫害

细菌、真菌引起的腐败和病理性崩溃是切花衰亡的常见原因之一。由于染病的组织易失水，产生较多的乙烯，毒害切花器官，将会加快鲜切花衰老和腐败进程。

在切花采后放置的环境中可通过以下措施来降低病虫害：严格控制采后环境的温度和湿度；贮藏库无切花时，彻底清扫(墙壁、地板、贮藏架、容器和水槽)，然后喷洒次氯酸钠或石灰水等，晾干备用；将感染病虫的切花茎秆插入含有杀菌剂和杀虫剂的药液中；用低剂量的γ射线处理切花，可杀死部分害虫和螨类；切花出口前进行溴甲烷密闭熏蒸(18~23℃下熏蒸1.5h)等。

3.5 鲜切花保鲜物理方法

物理保鲜即采用物理的措施降低鲜切花的呼吸强度及蒸腾效率，从而减少水分及养分的损耗，抑制植物体内乙烯的生成、延缓切花衰老的进程，延长瓶插寿命，达到切花保鲜的最终目的。包括低温保鲜、气调保鲜、减压保鲜、薄膜包装保鲜，以及磁处理、超声波处理、辐射处理等方法。其中切花迅速预冷技术是物理保鲜中发展最快的技术。

3.5.1 冷藏保鲜法

冷藏保鲜法是把切花保存在低温环境下以达到延长切花寿命的保鲜方法。由于切花是活的生物体，采收后呼吸作用仍在进行，其在有氧的作用下，需要消耗体内的物质和能量，将糖类物质分解成二氧化碳和水，并释放热量。大量研究证明植物的呼吸速率与衰老速率成正比，而呼吸速率与环境温度密切相关，因此不利于保鲜。而低温可以降低花的呼吸和蒸腾作用，抑制乙烯的产生和病原微生物的生长，延缓代谢过程，因此能有效保鲜切花。

根据处理方式不同，冷藏法可分为干贮法和湿贮法。干贮法是指不提供任何补水措施，把切花紧密包裹在纸箱、纤维圆筒或聚乙烯袋中以防止水分散失的方法。湿贮法是指将切花茎秆基部直接浸入水或保鲜剂中，或者通过采取一定措施(如用湿棉球包扎茎基切口处等技术)，以保持水分不断供给的贮藏方法。两种贮藏方式的优缺点详见第4章。

冷藏法包括预冷和保冷两个处理步骤。预冷是切花冷藏保鲜的第一步，通常切花在进冷库贮藏前需进行预冷，预冷后再进行低温保存。这样可以使植物材料迅速冷却到规定的温度范围，尽快清除田间热，降低呼吸强度，减少蒸发，同时还有利于减少蓄冷剂的用量，降低贮藏和运输费用。常见的预冷方式详见第4章。保冷作用一般通过冷库(或制冷集装箱)、蓄冷剂、隔热来实现，运输途中常用蓄冷和隔热共同配合来达到理想的保冷效果。预冷和保冷的温度通常随植物种类、运输条件和贮藏期的长短而异。

3.5.2 气调保鲜法

气调保鲜法全称为气体调节贮藏法，又称CA贮藏。气调一词最早出现于英国，当时称为气体冷藏，后来美国学者建议改为气调贮藏，并被广泛采纳。目前，我国通称为气调贮藏，其实是通过精确控制气体(主要是 CO_2 和 O_2)成分来贮藏植物器官的方法。在不干扰组织正常呼吸代谢的前提下，增加 CO_2 浓度，减少 O_2 浓度，使切花处于低 O_2 高 CO_2 环境中，可降低切花呼吸强度，从而减缓组织中营养物质的消耗，并抑制乙烯的产生和作用，减缓代谢，延缓衰老，更好地保持切花质量。

3.5.3 辐射保鲜法

辐射保鲜法是用一定剂量的 ^{60}Co 伽马射线辐射处理切花，通过改变其生理活性，抑制呼吸作用和内源乙烯的产生及过氧化物酶等活性而延缓衰老，杀灭虫害和寄生虫，并能抑制病原微生物的生长活动和由此引发的腐烂，从而延长贮藏及瓶插寿命的方法。

3.5.4 超声波保鲜法

已知超声波的辐射压可使作用介质出现小真空气泡，具有空化、冲流、高温等物理作用，可用于促进种子、块茎萌发及食品的杀菌保鲜；郭维明等(2003)、陈素梅等(2000)和盛爱武等(1999)都报道了超声波和保鲜剂的复合处理可有效延缓月季、菊花、香石竹及蜡梅等切花的衰老，延长瓶插寿命、克服弯颈及提高观赏品质；贺文婷和郭维明(2006)的研究结果也表明，超声波与保鲜剂的复合处理及超声波单独处理均显著改善了蓝睡莲湿贮期间花枝的水分状况，延长了切花瓶插寿命，其中以复合处理的效果最好。目前虽然有少量超声波用于切花的研究报道，但总体来说还处于研究初期。

3.6 鲜切花保鲜化学方法

由于鲜切花仅以观赏为目的，因此在不造成环境污染的前提下，通过茎基或其他途径吸收保鲜剂，调节生理代谢机能，抑制微生物的繁殖和内源乙烯的生成，缓解茎秆导管的生理性堵塞，从而保持通畅的水分运输，有效延缓切花衰老的进程、延长瓶插寿命，以达到切花保鲜和提高观赏品质的最终目的。化学保鲜是使用较为普遍的一种保鲜方法，具有成本低、易操作、效果明显等优点。

目前常用的切花保鲜剂包括一般保鲜液、水合液、脉冲液、STS 脉冲液、花蕾开放液和瓶插保持液等。在采后处理的各个环节，从生产者、批发商、零售商到消费者，都可以使用花卉保鲜液。许多切花经过保鲜剂处理后，货架寿命可延长 2~3 倍。切叶类货架寿命比切花类更长，如黄杨、山茶和常春藤等。花卉保鲜剂能使花朵增大，能保持叶片和花瓣的色泽，从而提高花卉品质，延长货架寿命和瓶插寿命。

3.6.1 保鲜液含义

用以调节切花生理生化过程、抵抗外界不良环境变化、保存切花的良好品质、延迟衰老的化学药剂，称为切花保鲜剂，目前主要制成溶液使用，称为切花保鲜液。

保鲜液一般包含以下几种成分：碳源、乙烯抑制剂或颉颃剂、杀菌剂、植物生长调节物质、有机酸、无机盐类等。不同鲜切花品种适用的保鲜液成分及浓度均不相同。

3.6.2 保鲜液种类

根据使用方法、时期及目的，保鲜液可分为预处液、催花液及瓶插液三大类，其中，瓶插液是切花在瓶插期所用保鲜液，由于直接关系到切花的观赏价值，在鲜切花保鲜中相关研究最多，主要集中在成分组合及浓度配比等方面。

(1) 预处液

预处液是在切花采收分级后，贮藏或运输前进行预处理时所用的保鲜液。预处液通常由去离子水加高浓度的糖(2%~20%)和杀菌剂等组成，不同切花的预处液适宜糖浓度不同。其目的是补充外来碳源，提供切花在贮藏或运输过程中所需的营养物质，促进花枝吸水、杀菌以及降低贮运中乙烯对切花的伤害。此外，预处液还能促进切花花蕾开花更快、显色更佳、花瓣更大。但是如果预处理的时间、浓度、光照、温度掌握不好，不仅起不到好的保鲜效果，反而会发生烧伤。因此，必须选择适宜的预处液，且严格控制预处理的时间(一般 12~24h)和温、湿度。

(2) 催花液

催花液是促进蕾期采收的切花(如百合、香石竹等)开放时所用的保鲜液，是在切花采后通过人工技术处理促进花蕾开放的方法。由于切花花蕾继续发育还需要持续的营养物质和激素，一般的催花液包括糖(1.5%~2.0%)、杀菌剂或生长调节物质等成分。

又因为催花所需时间较长，糖浓度过高会伤害花朵和叶片，因而应该适当降低糖浓度。催花时，要提供人工光源(补光)，适当控制温湿度(低于室温，高湿)，配备通风系统(防乙烯)。

(3)瓶插液

瓶插液是切花在瓶插观赏期使用的保鲜液，主要功能除提供糖源和防止导管堵塞外，还起到酸化溶液、抑制细菌滋生、防止切花萎蔫的作用。瓶插液的作用成分有糖、有机酸和杀菌剂，与上述两类保鲜液相比，其糖浓度较低，通常为0.5%~2%。

3.6.3 切花保鲜液主要成分和作用

切花保鲜液所选用的化学物质在种类、浓度、配比等方面存在多种多样的变化，但是保鲜液中化学物质基本上是一致的，主要包括碳水化合物、杀菌剂、乙烯抑制剂和颉颃剂、生长调节物质和其他延长采后寿命的化合物等。

(1)水

水是切花保鲜液必不可少的成分。一般而言，切花采后放置的水和配置保鲜液的水，最好采用去离子水或蒸馏水。因为去离子水不含污染物，保鲜液中的化学成分不会与污染物发生反应而产生沉淀物，有利于完全溶解保鲜液中的各种化学成分。如采用自来水，自来水中常含有不纯物质，它们可能与保鲜剂中的成分发生反应，从而降低有效性。

此外，自来水对切花的影响还取决于水的含盐量、特殊离子的存在和pH及其相互作用。不同切花对盐浓度反应不同，如水中盐浓度在700mg/L以下时对唐菖蒲影响不大；而当盐浓度在200mg/L时，对香石竹、月季等切花瓶插寿命有影响，同时还对花茎造成伤害。

通常情况下，切花保鲜用软水比用硬水好，但一些切花对水中的某些离子较为敏感。如含有较多钠离子的软水对月季、香石竹的危害大于含钙和镁的硬水；碳酸氢钠对月季的危害比氯化钠大，而对香石竹却影响不大；水中含12mg/L的铁离子对菊花有毒害作用，而对唐菖蒲影响不大；水中的氟离子对大部分切花都有毒害作用。

(2)碳水化合物

碳水化合物是切花的主要营养源和能量来源，它能维持切花离开母株后的所有生理和生化过程。外供糖源可沿着维管束进入花中，增加花的渗透浓度，改善吸水能力，使花瓣保持膨胀，同时维持细胞膜的完整性，有利于延长切花寿命，保持花瓣色泽。同时糖作为蛋白质合成的基质，可延缓蛋白质的分解，还能影响水分的平衡，使气孔关闭，减少水分损失，从而改善切花的贮藏品质，延长瓶插寿命，增大花朵直径，降低失水速率和细胞膜透性。切花采后保鲜剂中碳水化合物以蔗糖最为常用，是目前使用的绝大多数保鲜剂中都含有的成分，其他代谢糖(如葡萄糖和果糖)也有同样的效果。为了提高切花品质，延长瓶插寿命，采后用含糖的花卉保鲜剂处理切花，已成为切花商品生产的常规措施。

不同的切花种类或同一种类不同品种保鲜液中适宜的糖浓度不同。如在催花液中，香石竹最适糖浓度为10%，而菊花叶片对糖浓度敏感，一般浓度为2%的溶液。但个别菊花品种，如'Bright Golden Angle'可忍受30%的糖浓度。对于月季切花，高于1.5%的糖浓度易引起叶片烧伤。叶片对高浓度的糖比花瓣反应更敏感，可能是叶细胞渗透压调节能力弱的缘故。因此，提高糖浓度的限制因子往往是叶片的敏感性。在实践中，大部分保鲜液使用相对低的糖浓度，以避免造成伤害，但碳水化合物含量不足就无法达到提高品质、延长瓶插寿命的最佳效果。因此，糖浓度是关键性因子。

最适糖浓度还与处理方法和时间长短有关。一般来讲，对一特定切花，保鲜液处理时间越长，所需糖浓度越低。因此，要求预处液(采后较短时间处理)中糖浓度高，催花液中的糖浓度中等，而瓶插液中的糖浓度较低。

保鲜液中的糖也是微生物生长的最佳培养基，微生物繁殖过多又会引起花茎导管的阻塞。因此，在保鲜液中糖与杀菌剂应结合使用。

(3)杀菌剂

在插有切花的水中生长的微生物种类主要有细菌、酵母和霉菌等。这些微生物大量繁殖后阻塞花茎导管，影响切花吸收水分，并产生乙烯和其他有毒物质而加速切花衰老，缩短切花寿命。例如，当插有切花的水溶液中细菌浓度达到 10^7~10^8 个/mL，导致月季花茎吸水力下降；当细菌浓度达到 3×10^9 个/mL 时，1h 内切花开始萎蔫。此外，在植物组织中，细菌还可增加切花在贮藏期间对低温的敏感度。

为了控制微生物生长，保鲜剂中至少应含有一种杀菌剂。杀菌剂的种类很多，最常用的杀菌剂是8-羟基喹啉盐类，其能与微生物中的金属离子竞争性结合，具有广谱杀菌作用。8-羟基喹啉硫酸盐(8-HQS)和8-羟基喹啉柠檬酸盐(8-HQC)可使保鲜液酸化，可有效减少因微生物所导致的切花茎部维管束组织的堵塞现象，进而利于花茎吸水，延长瓶插寿命。虽然8-羟基喹啉(8-HQ)广泛适用于抑制酵母、细菌、真菌的生长，但是由于在一些切花中引起副作用限制了其广泛应用，如浓度为100~300mg/L 的8-HQ 可以造成菊花和满天星的叶片烧伤和花茎褐化。

另一类常用的杀菌剂是硫代硫酸银 STS($Ag_2S_2O_3$)、硝酸银和乙酸银(使用浓度10~50mg/L)等含银离子的杀菌剂。把花茎插在高浓度银溶液(1000~1500mg/L)中数分钟就能有效延长若干切花的采后寿命。但硝酸银和乙酸银的主要缺点是易发生光氧化作用而生成黑色沉淀物，银离子同自来水的氯离子发生反应，生成氯化银沉淀，在切花茎中移动十分缓慢，易造成花茎输导组织的堵塞，而且银离子对带负电荷的木质部导管壁有高度的亲和力，从而失去杀菌效力。因此，现在人们更多利用 STS。

硫酸铝也常作为杀菌剂用于切花保鲜液中(使用浓度为50~100mg/L)，曾用于月季、唐菖蒲、香石竹等切花的保鲜。硫酸铝可以降低溶液 pH，抑制菌类繁殖，促进花材吸水，保持切花体内的水分平衡。如月季切花用硫酸铝溶液处理12h，可减轻弯颈现象和萎蔫，原因是铝离子引起切花气孔关闭，降低蒸腾作用。但铝会导致菊花叶片的萎蔫。

除上述杀菌剂外，用于切花保鲜的一些新型杀菌剂还有缓释氯化物、季铵盐类化合物、噻苯达唑(TBZ)和苯扎溴等。缓释氯化合物是指一些稳定而缓慢释放的氯化物，最初常用作游泳池的消毒剂，目前在一些花卉保鲜剂中也开始应用，氯的有效使用浓度为50~100mg/L。使用中要注意两点，一是它们具有漂白性，如果使用浓度过高，会引起月季和菊花叶片失绿和花茎漂白；二是它们具有分解性，在保鲜液中几天后就分解，将失去杀菌作用。甜菜碱和溴代十六烷基吡啶(CPB)就是一类季铵盐类化合物，比 8-HQ 更稳定，且对花材没有毒害作用。

(4)乙烯抑制剂

乙烯是植物代谢的天然产物，是控制植物成熟和老化的内源激素，即使浓度特别低(<0.1mg/kg)时也具有高度的生理活性，切花如果暴露在乙烯气体中会加速其衰老过程。常见的乙烯抑制剂有甲基环丙烯(1-MCP)、STS 等。STS 和硝酸银均能与乙烯的受体结合，竞争性地抑制乙烯发生作用。但 STS 生理毒性比硝酸银小得多，易于在花茎中移动，并直达切花的花冠。且 STS 对花朵内乙烯合成有高效抑制作用，并使切花对外源乙烯作用不敏感，可有效延长多种切花的瓶插寿命。它不易被固定，在较低浓度时就能起作用。用 1~4μmol 的 STS 处理香石竹、百合和其他切花 5min~24h，就可明显地抑制衰老过程。STS 可阻止金鱼草、翠雀和香豌豆小花的乙烯诱导脱落，但 STS 浓度过高或处理时间过长时会对花瓣和叶片造成损害。

由于 STS 和硝酸银中均含有银离子，会对环境造成污染，国内外开始对氨基乙氧基乙烯基甘氨酸(AVG)、甲氧基乙烯基甘氨酸(MVG)、乙基硫酸铵、噻苯达唑、水杨酸(SA)、顺丙烯基磷酸(PPOH)和氨基氧化乙酸(AOA)等颉颃组织中乙烯的产生进行研究，因 PPOH 抑制乙烯自我催化和高效低毒的优点，是前景最好的一类 STS 代替物。此外，1-MCP、亚精胺等乙烯抑制剂，具有低毒性和低成本的优势，在一定程度上比传统的乙烯抑制剂更能减轻对切花组织的损伤，被行业普遍用作 STS 的替代品。

(5)生长调节剂

生长调节剂也用于花卉保鲜液中，包括人工合成的生长调节物质和阻止内源激素作用的一些化学物质。植物生长调节物质可单独使用或与其他保鲜剂成分混用，从而延缓切花的衰老过程。研究结果表明，影响鲜切花衰老和采后保鲜的植物生长调节物质有乙烯、脱落酸、激动素(KT)、6-BA、GA、比久(B_9)、CCC、PP333、NAA、2,4-D、IAA 等。

①细胞分裂素　是最常用的保鲜剂成分。其主要作用在于可降低切花对乙烯的敏感性，抑制乙烯产生，同时还可推迟乙烯释放高峰，从而延长切花寿命，对月季、香石竹和郁金香的保鲜处理效果都不错。常见的细胞分裂素有 6-BA 等。如用 10mg/L 的 6-BA 短时浸蘸红掌，可延长其货架寿命；非洲菊切花在 25mg/L 的 6-BA 中浸泡 2min 可延长采后寿命；水仙切花在 100mg/L 的 6-BA 和 22mg/L 的 2,4-D 混合液中浸蘸可延迟衰老；5mg/L 的 6-BA 和 20mg/L 的 NAA 混合液处理可加快贮藏后香石竹花蕾的开放。

②生长延缓剂　能够抑制植物生长，阻止组织中 GA 的生物合成及其代谢过程，增强切花对逆境的抗性和忍耐力。经过生长延缓剂处理过的切花，体内的活性氧物质减少，吸水力和保水力增强，从而起到保鲜作用。常用的生长延缓剂类有 B_9、CCC、PP333、脱落酸等。如 B_9 可用于金鱼草(10~50mg/L)、紫罗兰(25mg/L)、香石竹和月季(500mg/L)等切花的保鲜。而 50mg/L 的 PP333 的瓶插保持液(含有 8-HQS 和蔗糖)可延长郁金香、紫罗兰、金鱼草和香石竹的瓶插寿命。在瓶插保持液中加入 1mg/L 脱落酸或用 10mg/L 浓度处理月季 1d，可引起月季气孔关闭，延迟萎蔫和衰老。但对一些切花而言，脱落酸会加快衰老。

③生长素类　很少用于花卉保鲜剂，一般不单独使用，常与细胞分裂素混合使用。

常见的生长素有IAA、NAA、2,4-D等。

④植酸 一种新兴的生长调节剂，对月季、芍药、美人蕉等切花有良好的保鲜作用。

(6)无机盐

研究表明，很多盐类，如钾盐、钙盐、铝盐、银盐等通过增加保鲜液的渗透势和花瓣细胞的膨压，从而有助于保持花枝水分平衡，延长切花的瓶插寿命。如碳酸钙(10mg/L浓度)、糖和杀菌剂的混合液，是一种较为理想的郁金香切花保鲜液。研究表明，$CaCl_2$能增强香石竹吸收保鲜液的能力，延缓其衰老，其中，以4g/L的$CaCl_2$处理的香石竹保鲜效果最好。此外，钙盐与钾盐混合使用，可防止香石竹的软茎和弯茎现象。硼酸或硼砂(使用浓度100~1000mg/L)与糖一同使用，可引导糖进入花冠，对延长香石竹、铃兰、香豌豆、丁香和羽扇豆采后寿命有益，但对金鱼草、菊花和唐菖蒲有毒害。

(7)有机酸

保鲜液的pH对切花的瓶插寿命也有影响，溶液配制时需调节pH，微酸环境下可延长鲜切花观赏期3~5d。

研究表明，当水中pH≤4时，可以抑制细菌繁殖，降低酶活性，减轻对导管的堵塞，对切花起到延长寿命的作用。又由于微生物在pH 6.5~7.2的环境中生长繁殖最快，低于此pH，可以抑制其生长，因而通常使用pH 3~4的保鲜液，不仅能有效降低酶活性，而且能有效抑制细菌繁殖，减轻导管的堵塞，从而改善由生理堵塞引起的水分供应状况及切花体内的水分平衡，起到有效延长切花采后寿命的作用。

在切花保鲜液中，常使用有机酸来调节pH，如柠檬酸(CA)、抗坏血酸(维生素C)、异抗坏血酸、水杨酸(SA)、酒石酸和苯甲酸等，其中应用最广的是SA。CA的使用浓度为50~800mg/L，它对改善月季、菊花、羽扇豆、唐菖蒲、鹤望兰的水分吸收效果尤佳。此外，苯甲酸钠作为抗氧化剂和自由基清除剂，也可延长一些切花的采后寿命。如500mg/L的苯甲酸可有效延长火鹤花的寿命；150~300mg/L的苯甲酸钠可延迟香石竹和水仙的衰老，但对金鱼草、鸢尾、菊花和月季没有作用。异抗坏血酸或抗坏血酸钠有效浓度为100mg/L，具有抗氧化功能和生长促进作用，可作为瓶插保持液延长月季、香石竹和金鱼草的瓶插寿命。

(8)润湿剂

为了帮助切花吸水和水合作用，常在保鲜液中加入润湿剂，如1mg/L的次氯酸钠，0.1%的漂白剂或0.01%~0.1%的吐温20。

以上总结了作为花卉保鲜液成分的各种化合物的作用和研究情况。而在实际生产中，花卉保鲜液主要成分是糖和杀菌剂，有时再增加1~2种成分。一个典型的保鲜液可能含有1%的蔗糖，一种杀菌剂(200mg/L的8-HQS或8-HQC，或50mg/L的硝酸银)，一种酸化剂(200~600mg/L的CA或硫酸铝)。

3.6.4 切花保鲜液处理方法

在鲜切花运输和销售时，常采用将花枝用含水或保鲜液的棉花包裹(图3-1)或将花枝插于小瓶(管)中(图3-2、图3-3)的方法进行切花保鲜处理，有的是直接把花枝放在保鲜液中进行销售(图3-4、图3-5)或等待质量检测。

图 3-1 用湿润的棉球进行八仙花切花保鲜

图 3-2 八仙花切花保鲜

图 3-3 蝴蝶兰切花保鲜

图 3-4 昆明杨月季的八仙花切花保鲜

图 3-5 花店销售的文心兰切花保鲜

切花保鲜液处理方法主要有以下几种。

(1)吸水或硬化处理

此处理的目的是在切花采后处理或贮藏运输过程发生不同程度失水时，用水分饱和的方法使萎蔫的切花恢复细胞膨压。具体做法是：用去离子水配制含有杀菌剂和 CA(但不加糖)的溶液，pH 4.5~5.0，并加入 0.01%~0.1%的润湿剂吐温 20，装在塑料容器内。先在室温下把切花茎插在 38~44℃热水(溶液深 10~15cm)中，呈斜面再剪截，浸泡数小时，再移至冷室中过夜(继续插在水溶液中)。对于萎蔫较重的切花可先把整个切花没入水中浸泡 1h，然后按上述吸水处理步骤进行。对于具有硬化木质茎的切花，如非洲菊、菊花和紫丁香，可把茎末端插在 80~90℃烫水中几秒，再转至冷水中浸泡，有利于恢复细胞膨压。

(2)茎端浸渗处理

为了防止切花茎端导管因被微生物生长或茎自身腐烂引起阻塞而吸水困难，可把茎末端浸在生长抑制剂溶液中5~10min，这一处理可延长非洲菊、香石竹、唐菖蒲、菊花和金鱼草等切花的采后寿命。进行茎端浸渗处理后，可马上进行糖液脉冲处理，也可过若干天后处理。

一些切花种类(如变叶木和一品红)会在切口处流出乳汁液，乳汁液凝固在切口也会影响切花吸水。因此，每次剪切后立即把茎端插入85~90℃烫水中浸渍数秒再进行处理。

目前使用一些钙、硼、镍、锌、铜、铝等盐溶液来抑制微生物和花代谢，也有利用一些生长抑制剂来抑制呼吸代谢和一些生化过程，如马来酰肼(MH)、整形素、放线菌酮等。在使用以上药剂时一定要根据切花种类及特性进行选择，精确的剂量才不会引发毒害。

(3)脉冲或填充处理

脉冲或填充处理是把花茎下部置于含有较高浓度的糖和杀菌剂溶液(又称为脉冲液)中数小时至2d，目的是为切花补充外来糖源，以延长随后在水中的瓶插寿命。这一处理在运输前进行，一般由栽培者、运货商或批发商完成。脉冲处理可持续影响切花的整个货架寿命，是一项非常重要的采后处理措施。脉冲液主要成分蔗糖的浓度一般是瓶插保持液中蔗糖浓度的数倍，其最适浓度因种而异，如唐菖蒲、非洲菊用20%或更高浓度，香石竹、鹤望兰和满天星用10%浓度，月季、菊花等用2%~5%浓度。

脉冲液处理时间和脉冲时的温度和光照条件对脉冲效果影响很大。为了避免高浓度糖对叶片和花瓣的损伤，应严格控制时间。一般脉冲处理时间为12~24h。如香石竹的脉冲时间12~24h，光照强度1000lx，温度20~27℃，相对湿度35%~100%，这一组合效果较佳。在脉冲处理时如温度过高，会引起月季花蕾开放，因此对于蕾期采收的月季，采用在20℃下脉冲处理3~4h，再转至冷室中处理12~16h为宜。脉冲处理的时间、温度和蔗糖浓度之间有相互作用，若脉冲处理时间短，温度高，则蔗糖浓度宜高。

脉冲处理对延长切花的采后寿命有很高价值，它促进切花花蕾开放更快，显色更佳，花瓣更大，对多种切花(如唐菖蒲、微型香石竹、标准香石竹、菊花、月季、丝石竹和鹤望兰等)都有显著效果。脉冲处理对于计划进行长期贮藏或远距离运输的切花具有重要的作用。

如果脉冲最适时间、浓度、光照和温度没能掌握好，会对切花无效，甚至产生烧伤。如脉冲液浓度过高，处理时间过长，处理时温度过高，均会对花朵和叶片造成伤害。

(4)STS脉冲处理

用STS对一些切花进行脉冲处理，可有效抑制切花中乙烯的产生。这一处理尤其对于乙烯敏感型切花(如香石竹、六出花、百合、金鱼草和香豌豆)效果最好。STS脉冲处理方法：先配制好STS溶液(浓度0.2~4mmol/L)，把切花茎端插入，一般在20℃处理20min。处理时间长短因切花种类、品种以及计划贮藏期而异，在实际应用过程中可根据切花种类来调整STS溶液的浓度和处理时间的长短，在某些情况下可延长处理时间。如切花准备长期贮藏或远距离运输时，应在STS溶液中加糖。

在荷兰，如果香石竹和六出花未做STS处理，花卉拍卖行将拒不接收，其检测方法一般是采用分光光度计取样检查每一批切花中银的含量。所有对乙烯敏感的切花在进入国际市场之前都要求用STS处理。STS处理只进行一次，如果生产者未对切花做STS脉冲处理，批发商和零售商就应进行处理。

(5)花蕾开放处理

花蕾开放处理在花蕾期采切后通过人工技术达到保鲜和促进花蕾开放的方法。唐菖蒲、鸢尾、水仙、百合和郁金香一类切花贮藏后插于水中，开花状况良好，但菊花、香石竹、月季、芍药、鹤望兰和金鱼草贮藏后直接插在水中却开放不佳，如果使用瓶插保持液或花蕾开放液处理，开花状况就会改善。尤其在贮藏前用STS溶液处理过的切花，贮藏后花蕾开放状况较优。

花蕾开放液一般含有1.5%~2.0%的蔗糖、200mg/L的杀菌剂、75~100mg/L的有机酸。将花蕾切花插在开放液中处理若干天，在室温和高湿条件下进行，当花蕾开放后，应转至较低温度下贮放。

切花花蕾的继续发育要靠不停地供应营养物质和生长调节物质。花蕾开放液成分和处理环境条件类似于脉冲处理，但因处理时间长，所使用蔗糖浓度比脉冲液低得多，温度要求也低些。在花蕾开放期间，为了防止叶片和花瓣脱水，需保持高的相对湿度。不同种(品种)花蕾开放适宜的糖浓度不同，要做预试验确定，防止因糖浓度偏高，伤害叶片和花瓣。

另外，促使花蕾开放的房间应提供人工光源，可控制温度和湿度，具有通风系统，以防止室内乙烯积累。

(6)瓶插保持液处理

瓶插保持液处理主要用于消费者瓶插观赏时的保鲜以及零售切花店的短期保鲜，许多厂商生产商业性花卉瓶插保鲜液以供给零售商和消费者使用。瓶插保鲜液使用种类因切花种类而异，不同切花种类有不同的保持液配方，主要成分为糖、有机酸和杀菌剂，其中，糖浓度较低，为0.5%~2%。瓶插保持液在使用时应定期更换。

对零售商来说，以购买生产者或批发商用保鲜剂处理过的切花为宜，如果切花已进行过STS脉冲处理，零售商就不必再重复进行STS处理。最好使用商业性花卉保鲜剂，并按照说明书处理切花。可供选择的商业性保鲜剂很多，应根据说明书进行配制。特别注意使用浓度，如浓度过高会对切花会产生损害。

用于某一种(品种)的保鲜剂不要转用到另一种(品种)切花。对某一切花有益的保鲜剂对另一种切花也许无效甚至有害。保鲜剂应当溶于清洁的水中(水最好事先煮沸、冷却并去除沉淀物或使用去离子水及蒸馏水)和干净的容器中。由于在一些情况下金属离子会钝化保鲜剂中的某些成分，应避免使用金属容器。在使用保鲜剂保存切花时，不必每天更换瓶液，但当溶液混浊时，需更换新鲜液。

3.7 鲜切花保鲜生物技术

随着科技的不断发展，鲜切花保鲜技术也有了突飞猛进。除了传统的物理化学方法外，先进的生物技术也逐渐应用于鲜切花保鲜。而与植物衰老相关的生物技术主要包括植物基因工程与生物保鲜技术。

随着对鲜切花采后生理机制的深入研究以及现代生物技术的高速发展，基因工程等技术手段为鲜切花保鲜提供了新的思路，从基因层面调控鲜切花的衰老成为可能。目前，基因工程在延缓鲜切花衰老方面的研究尚处于初步阶段，主要集中在控制乙烯的合成和释放，抑制鲜切花衰老方面。特别是反义 RNA 技术的介入，为鲜切花保鲜开辟了一个全新的领域。据报道，美国科学家从香石竹中分离出编码 ACC 合成酶和乙烯形成酶基因的互补 DNA，在此基础上利用反义 RNA 导入技术，使这些互补 DNA 的反义 RNA 有效阻碍内源乙烯的生物合成，从而抑制切花衰老，可使观赏寿命延长 2 倍。这种通过控制切花乙烯合成、乙烯高峰值降低的转基因工程已在香石竹、矮牵牛等的切花保鲜方面获得成功。

生物保鲜技术已广泛应用于食品、果蔬等的贮藏保鲜，并取得了一定的研究进展，该技术在切花保鲜方面也有一些相应的报道。生物保鲜物质直接来源于生物体自身组成成分或其代谢产物，因其具有无味、无毒、无副作用、可降解等特点已成为人们关注的热点。据报道，美国科学家发现了一种能抑制膜降解酶的信号脂质，对切花保鲜有上佳效果；日本横滨市立大学开发出的合成氨基酸-乙基硫氢氨酸花卉保鲜剂，能够稀释切花采切后分泌的乙烯，延长切花的保鲜期，可以取代污染环境的化学保鲜剂。据郭维明等(2001)报道，国内有关院校尝试将来自病原菌的 HLPx00 蛋白应用于采前及采后，通过诱导切花产生抗病性而有利于贮运保鲜。张英慧等(2003)从海带工业副产物中提取出海带多糖应用于香石竹的切花保鲜，该物质是一类富含岩藻糖和硫酸基的多糖物质，研究结果表明，降解后的海带多糖能使切花寿命延长 5~8d，最大花径增大 1~2cm，呼吸高峰推迟 4~6d，切花鲜样质量增加，观赏效果提高。赵喜亭等(2002)研究了长安麦饭石(CHMS)在月季切花上的保鲜应用，取得了良好的效果，且该物质已应用于郁金香的切花保鲜。上官国莲等(2003)应用壳聚糖保鲜液对唐菖蒲切花进行保鲜，结果表明，1‰壳聚糖保鲜液处理后的鲜切花，寿命最长，开花率最高。壳聚糖是从虾、蟹、昆虫等节肢动物的外壳及真菌、藻类等低等植物细胞壁中的甲壳素经酸化所得的含氮多糖类物质，具有良好的成膜性与抑菌作用。朱天辉等(1999)应用枯草芽孢杆菌发酵液对月季、波斯菊等切花进行生物保鲜，试验表明，低浓度生物制剂可延长月季、波斯菊鲜切花花期。黄娇(1999)应用芽孢杆菌的代谢液对香石竹切花进行生物保鲜，结果显示，芽孢杆菌低浓度的代谢液(0.5%)效果最好，且香石竹切花内生真菌中存在对切花保鲜具有积极作用的有益真菌，使用低浓度 F5 菌株氯仿代谢液(0.5%)能有效延长香石竹切花的瓶插寿命，而且具有良好的超氧离子清除能力，是优良的保鲜剂配方。向潇潇等(2013)以从香水百合中分离得到的地衣芽孢杆菌为保鲜材料，研究其对香水百合的生物保鲜效果，发现最佳保鲜液为 0.25%原液和 0.25%代谢液，经过地衣芽孢杆菌保鲜液处理的百合切花茎切口导管比对照组完整，有利于切花营养与水分的供给。郭凤献等(2014)以从花卉中分离得到的解淀粉芽孢杆菌液为保鲜材料，对非洲菊的生物保鲜效果以解淀粉芽孢杆菌发酵液 2d 的质量百分比 0.6%的浓度最佳，此保鲜液提高了非洲菊的观赏价值，具有良好的生物保鲜作用。

切花生物保鲜具有成本低、无污染等特点，因而具有广阔的应用前景。

切花保鲜是一项系统工程，不是简单地加入保鲜剂就可以长久保鲜花枝，需要多方面配合，如适时采收切花，采收技术标准化；运前合适的化学预处理；及时调节贮藏环境，采用最佳的贮藏方法；采取完善的包装技术和措施；建立冷链的运输模式；使用高效的切花保鲜剂和催花剂等。只有多方法综合运用，才能获得品质较高的鲜切花。

小 结

本章主要介绍了切花保鲜、切花品质标准、切花衰亡机理、采前栽培条件和采后放置的环境条件对切花采后寿命的影响；花卉保鲜液的主要成分和作用；切花保鲜的物理方法、化学方法和生物技术。通过本章的学习，可以了解什么是高品质的鲜切花，采前如何栽培鲜切花，采后把切花置于何种环境条件下才能获得最好的切花品质，并可以根据切花化学保鲜的相关知识自行设计某一种鲜切花保鲜液配方，会进行一般切花的物理保鲜和化学保鲜。

思考题

1. 试述采前栽培条件是如何影响切花品质的。
2. 试述采后放置的环境条件是如何影响切花品质的。
3. 分别列举 4 种对乙烯敏感和不敏感的切花种类。
4. 试述防止乙烯危害的具体措施。
5. 什么是花卉保鲜剂？商业用保鲜剂有哪些种类？
6. 试述切花保鲜液的主要成分和作用。
7. 试述切花保鲜的化学方法和物理方法。
8. 试述研发某一种切花保鲜液的最佳配方。

推荐阅读书目

1. 切花保鲜新技术．胡绪岚．中国农业出版社，1996.
2. 观赏植物采后生理与技术．高俊平．中国农业大学出版社，2002.
3. 花卉贮藏保鲜．韦三立．中国林业出版社，2001.
4. 花卉产品采收保鲜．韦三立．中国农业出版社，2002.
5. 鲜切花生产与保鲜技术．王诚吉，马惠玲．西北农林科技大学出版社，2004.
6. 鲜切花实用保鲜技术．张颢，王继华，唐开学．化学工业出版社，2009.
7. 鲜切花生产与保鲜技术．程冉，赵燕燕．中国农业出版社，2015.
8. 鲜切花生产技术．赵冰．西北农林科技大学出版社，2018.

4 鲜切花采收、分级、包装、贮藏和运输技术

鲜切花作为商品进入市场流通，只有较高的新鲜度才能保持其应有的商品价值。由于鲜切花以离体形式存在，离体之后在花瓣内部会引发一些生理变化、呼吸代谢增强、催熟激素乙烯增加、水分代谢过程受到影响等均会加速花瓣的衰老，对采后的品质产生直接的影响。上市的鲜切花产品经过采收、分级、包装、贮藏、运输等一系列过程后，在到达消费者手中后要求能够新鲜如初，因此，在销售的这些前期环节中如何保持离体鲜切花的新鲜度是至关重要的。本章主要从鲜切花的采收、分级、包装、贮藏和运输等方面讲述如何在这些环节中减缓切花的呼吸代谢，尽可能延缓其衰老，从而保持其最佳的观赏价值。

4.1 鲜切花采收

4.1.1 鲜切花采收时间

应在适宜的发育阶段进行切花采收，这是保证切花货架寿命和内在质量的关键步骤。具体的采收时期与花材种类、运输距离远近、季节等紧密相关，过早或者过晚都有可能影响鲜切花的观赏寿命。在鲜切花生产上，为减少花材对乙烯的敏感性，缩短切花生产周期，延长采后观赏期，一般以尽早采收为宜。大部分鲜切花主要在花蕾期进行采收。

在花蕾期进行鲜切花采切的优点主要包括：缩短生产周期，可以使切花提早上市，腾出的温室或花圃空间可以用于下一轮鲜切花生产；花蕾期花朵较为紧实，采后处理方便，减少贮藏、包装和运输中所占用的空间，降低成本；躲避早霜、病虫害的风险；可以改善秋冬季节生产过程中由于光照时间不足而影响切花质量的问题；降低切花对采后处理、贮藏、运输期间可能遇到的极端温度变化、湿度变化和乙烯增加的敏感性，能有效降低机械性伤害，减少运输和贮藏中的经济损失；花蕾期采切的花贮藏时对乙烯敏感性较弱，呼吸代谢也比开放的花弱，因此切花内的糖类消耗较慢，耐贮藏，可延长切花采后寿命，降低生产成本。

但是，有些切花在幼蕾期采切容易枯萎，花蕾不能正常开放。一般在本地市场直接销售的鲜切花由于不需要经过长距离运输和长时间贮藏，采切阶段可以相对晚一些。

采收时间按照植物发育阶段一般分为蕾期采收、初花采收、盛花采收三种类型。其中，蕾期采收一般在花蕾开始显色时进行，具有方便包装、贮藏和运输的优势，如芍药、唐菖蒲、月季、牡丹、小苍兰、菊花、百合(图 4-1)、金鱼草、郁金香、鹤望兰、翠菊、鸢尾、香石竹、霞草等一般在花蕾期进行采切；初花采收一般在花朵初开时进行，如部分切花月季品种以在 1~2 片花瓣初开外展时进行采收最宜，属于此类型的还有金光菊、荷兰菊、马蹄莲(图 4-2)等；盛花采收一般是在花朵充分开放后再进行采切，因为有些切花种类若在花蕾期进行采收会造成花朵难以正常开放，如山茶、兰花、雏菊、大丽花、红掌、金盏花、非洲菊、蝴蝶兰和某些月季品种等在花朵进入盛花期后才可以进行采切，若在花蕾发育的较早期采切，以后即使放在花蕾开放液中催花，也难以正常发育开放或开花缓慢，最终导致切花质量很差。这些切花只适宜在大花蕾阶段或花朵充分开放后采收。

此外，一些切花有自己特殊的采收时期。如乌头、飞燕草和假龙头须在花序基部 1~2 朵小花开放时采切；百子莲在花序 1/4 小花开放时采切；安祖花在佛焰花序几乎充分发育时采切；铃兰在花序 1/2 小花开放而末端花蕾绿色已褪时采切。

一天中最适宜的采切时间需考虑不同的因素。早晨切花细胞膨压比较高，此时采收切花含水量最高，有利于减少采后萎蔫的发生。但此时露水多，采下的切花较潮湿，容易受病害侵染。中午到下午采切，如果遇到高温高光强的天气则切花易于失水。一般对于需要贮运的鲜切花或者需要晚上销售的鲜切花，为便于包装和处理，在傍晚采切比较理想。这是因为傍晚时，植物经过一天的光合作用，花茎中碳水化合物积累较多，营养

图 4-1　花蕾期采收的百合

图 4-2　花初开采收的马蹄莲

充实，温度也比下午有所下降。如果切花采后直接放在含糖或者其他化学成分的保鲜液中，那么采切的时间影响不大。

4.1.2 鲜切花采收方法

切花采收前应先将容器清洗干净，切花采收时用锋利剪刀把花茎从母株剪下，尽可能靠近基部，增加花茎长度，但要注意避免剪到基部木质化程度过高的部位，否则会导致鲜切花吸水能力下降。保持切口整齐，剪切面尽量为一斜面，以增加花茎的吸水面积，剪切过程中避免压迫茎部，否则会引起病菌侵染堵塞导管。草质茎类切花吸水途径包括切口导管吸水和外表皮组织吸水，因此要求仅在剪口保持光滑，避免压迫茎部引起含糖汁液渗出，导致微生物侵染，反过来又会阻塞茎。

鲜切花采切后要避免阳光暴晒，应在剪切后立即放入清水或者保鲜液中，保存在阴湿环境中。在鲜切花进入冷库冷藏前先进行预冷处理，除去田间热，使鲜切花的呼吸代谢保持较低水平。冷藏是切花保鲜的主要措施，冷藏温度因切花花材种类不同而异。

对于唐菖蒲、金鱼草等向光性强的切花，在采收、包装、冷藏以及运输时，尽量使花枝向上直立存放，如果长时间水平放置，会引起花头向上弯曲。

4.1.3 鲜切花采后处理

切花采收后应快速放于高湿、低温、黑暗或低光照、有适当空气循环的环境中。具体要求详见第3章切花采后放置的环境条件。

切花采后溶液处理：切花从母体植株上切离后，一般需要进行溶液处理。需要较长时期贮藏或长途运输的切花，应先进行水合处理。对乙烯敏感的切花应进行1-MCP处理或STS脉冲处理。另外，使用各种切花保鲜剂是切花采后处理的必要措施。保鲜剂包括茎端浸渗液、水合处理液或STS脉冲处理液、花蕾开放液、1-MCP处理剂、瓶插保持液等。各种切花溶液处理的目的和方法详见第3章切花保鲜液的处理方法。

4.2 鲜切花分级

4.2.1 鲜切花分级概念与必要性

鲜切花分级是指由于切花个体的差异根据国际或国内相应的标准按其品质对所采花材进行归类，主要依据是花朵开放程度、花朵质量和大小、花枝长度、叶片状况、花序上小花数目等。

鲜切花分级的必要性如下：

①建立交易基准的需要　鲜切花产品市场的交易基准主要依靠质量等级标准来实现。现代花卉贸易是通过履行购销合同来完成的。在合同执行过程中，交易的顺利完成需要依靠质量等级标准。在国际花卉贸易中，如果没有严格依照合同约定的产品质量等级标准提供产品，有可能造成违约甚至合同终止。

②交易市场的需要　与质量等级标准相对应的是对鲜切花产品进行分级并形成相应的价格体系，可以避免产品质量以次充好、参差不齐、无理压价等情况出现，减少由此

引起的市场纠纷。另外，产品分级后，不同等级的产品出售价格不同，有利于提高从业者的质量意识。

③保护生产者利益的需要　鲜切花产品分级是保证切花品质的质量控制过程，具有相当的公正性和客观性，它可帮助栽培者和出口商使产品更符合市场的要求，通过官方检查，成为可靠的高质量产品提供者，并获得较高的经济效益。

4.2.2 鲜切花分级方法

包括肉眼评估和仪器测定。

①肉眼评估　主要基于总的外观，如切花形态、色泽、新鲜度和健康状况。

②仪器测定　其他品质测定包括物理测定和化学分析，如花茎长度、花朵直径、每花序中小花数量和重量以及对乙烯敏感的切花(如六出花和香石竹)内所含银离子浓度。

尽管有专门的设备可以完成上述物理和化学测定，但肉眼仍是主要判断形式。目前切花市场上使用的切花分级机主要是基于切花花枝长度和花枝重量对切花产品进行分级，但切花的整体状况仍需使用肉眼评估。

4.2.3 鲜切花分级检测项目

鲜切花分级的检测项目通常包括以下几个方面：

①切花品种　根据品种特性进行目测。

②整体效果　根据茎、花、叶的均衡、完整、新鲜和成熟度以及姿、色、香味等综合品质进行目测和感官评定。

③花形　根据种和品种的分级标准和花形特征进行评定。

④花色　根据色谱标准进行纯正度测定，目测评定是否有光泽、灯光下是否变色。

⑤花茎和花径　用直尺或卡尺测量花茎长度和花径大小(单位为 cm)，花茎粗细挺直程度和均匀程度进行目测。

⑥叶　对其新鲜度、完整性、色泽、叶片清洁度进行目测。

⑦病虫害　一般进行目测，必要时可通过培养进行检查。

⑧缺损　通过目测评定。

4.2.4 鲜切花分级标准

2000 年，斗南花卉市场成为中国第一个引进国际花卉标准关键指标与理念的花卉市场。2018 年，斗南花卉电子交易中心也开始对拍卖量最大的鲜切花实行标准化运作，包括鲜切花采收、加工和包装等方面，细分为采收时机、采收时间、采收要求、质量控制等指标。目前，由云南省企事业单位制定的各类各级花卉行业标准已有近百项，其中，由云南省制定的《主要鲜切花采后处理技术规程》和《百合、马蹄莲、唐菖蒲种球采后处理技术规程》两项花卉采后处理标准，已通过国家花卉标准化技术委员会(以下简称花卉标委会)专家审定。花卉标委会先后组织申报和制定、修订花卉标准 174 项，其中国家标准 40 项、行业标准 134 项，如《主要切花产品包装、运输、贮藏》《芍药鲜切花质量等级》。综上所述，我国鲜切花相关标准的日益完善，有力推动了国内鲜切花产业的高质量发展。

依据适用范围的不同，可将切花产品质量标准分为国际标准、国家标准、行业标准、地方标准和企业标准等。

(1)国际质量标准

目前国际公认的标准主要有欧洲经济委员会(United Nations Economic Commission for Europe，UNECE)标准，简称ECE标准。这一标准属于花卉类地域标准。这些标准控制着进入欧洲市场贸易及欧洲国家之间的花卉产品质量。

除了一些特殊植物外，该标准适用于以花束、插花或其他以装饰为目的的所有鲜切花、切叶及切果。该标准叙述了切花的质量、分级、大小、耐受性、外观、上市和标签。

该标准规定，每个销售单位(一串、一束、一箱等)只能包含处于同一发育阶段的同种(品种)。鲜切花的采切应在该种(品种)的适宜发育阶段进行，且采切的产品必须新鲜、完好无损、无病虫害。必须保证切花在安全到达目的地之前保持新鲜而不变质。每束或每箱中切花长度最短与最长的差别：可超过2.5cm(代码5~15)，5.0cm(代码20~50)和10.0cm(代码60及以上)。

切花花茎长度要求的ECE标准将切花分为特级、一级和二级3个等级。特级切花必须具有该种或品种的最好品质与所有特性，没有任何影响外观的外来物质或病虫害。只允许3%的特级花、5%的一级花和10%的二级花具有轻微的缺陷。花卉拍卖行展出的花卉样品必须是整批材料的代表。为了易于识别，花卉产品的发货清单和标签必须将品种或花色、生产者、企业名称、包装场地、花卉种类等必要的信息写清。

对某一特定花种的分级标准，除了上述要求外，还包括一些对该种的特殊要求。以香石竹为例，应特别注意其茎的刚性和花萼开裂问题。ECE对香石竹切花的其他特殊要求如下：

单花型香石竹：这类香石竹的主要缺陷集中于花的形成中。在特级切花中，不允许存在该类缺陷。花茎直立、强壮、坚挺，没有侧枝，萼片硬实和饱满。而对地中海型香石竹，不把存在萼裂作为缺陷。但是美洲香石竹的裂萼则被认作缺陷。一级切花应基本上没有发育缺陷。裂萼香石竹应使用包装带捆绑，分开包装后在标签上注明。

多花型香石竹：对这类香石竹，允许花茎上长出侧枝，要求最高长度为主花茎的1/3。也按照ECE标准分为3个等级：特级切花要求每花茎5个花蕾以上，一级4个以上，二级3个以上。并对花茎长度进行了分级规定，代码30、40、50和60分别对应的花茎长度依次为30~40cm、40~50cm、50~60cm和60cm以上。对多花型香石竹的补充要求为叶片不能褪绿，花序必须附着牢固且充分展开。

除了欧洲经济委员会标准之外，关于花卉的国际标准具体还有2010年荷兰花卉拍卖协会(VBN)发布的“切花产品通用要求(28-01-2010)”标准等。

(2)国家标准

主要以美国标准、荷兰标准、日本标准和中国标准为例。

①美国标准　鲜切花分级的美国标准主要有SAF标准、C. A. Conover标准、A. M. Armitage标准等。

美国花商协会(the Society of American Florists，SAF)对几种切花制定了推荐性的分级标准，遵从这些标准与否是完全自愿的。美国花商协会切花标准的内容以 ECE 标准为基础，但分级名称不同于 ECE 标准，采用蓝、红、绿、黄等颜色来对比 ECE 的特级、一级和二级。主要的外形质量有茎的坚挺度、茎的长度、花瓣与叶片的色泽、花的缺陷，以及特定种类的特殊要求的特征。除此之外，对某些切花如香石竹、菊花、唐菖蒲、月季和金鱼草等还从最小花直径(cm)和最小花茎全长(cm)制定了一些补充性的规定。该标准还包含决定切花质量的重要判断标准，如茎的坚挺度、花的缺陷、花瓣与叶片的色泽和特定种的其他特性。

1986 年美国的 C. A. Conover 提出一个新的切花质量分级标准，这个标准完全根据质量打分。不论花朵大小，质量最高的切花赋值满分 100 分，质量较差的切花分数相应较少。质量评分分为花的状态、茎叶状况、色泽、形状 4 个方面，每方面又可细分为几个项目，每个项目赋值有满分，4 个方面得到的最高分数为 100 分(表 4-1)。

表 4-1 C. A. Conover 提出的测定切花质量计分系统(C. A. Conover，1986)

切花状况(满分 25)	花朵和花茎均未受到机械损伤或者螨类、害虫和病害的侵染(满分 10) 材料质地佳，新鲜，无衰老(满分 15)
切花外形(满分 30)	形状符合种或者品种特性(满分 10) 外观适中(满分 5) 叶丛一致(满分 5) 花朵大小、花茎的长度、直径之间一致性(满分 10)
花的色泽(满分 25)	纯净度(满分 10) 一致性，符合品种特性(满分 5) 会褪色(满分 5) 无喷撒残留物(满分 5)
茎和叶丛(满分 20)	茎直立强壮(满分 10) 叶色无坏死或者失绿(满分 5) 无喷撒残留物(满分 5)

1993 年美国佐治亚大学教授 A. M. Armitage 提出了一个新的切花总分级方案，结合了 SAF、ECE 和 C. A. Conover 的分级特点。其主要内容为：

一级切花：所有的叶丛、花朵和茎必须新鲜(在过去 12h 内采切，无任何衰老或褪色迹象)，无病虫及机械危害，花茎强壮直立，足以承担花头重量，花头不弯曲，不出现畸变和生长失调，没有化学残留物。

二级切花：所有的叶丛、花朵和茎近于新鲜(在过去 12~24h 内采切，无褪色，较少衰老迹象)，存在轻微病虫害或机械损伤的叶丛、花朵和茎数量不超过 10%，具有足够的观赏价值和采后寿命，基本上无化学残留物。

三级切花：具有一定的质量，未达到一、二级切花标准的归为三级，如花茎较短。

3 个级别花茎成熟度和长度整齐一致，同一等级花茎长度差别不超过最短茎的 10%。

②日本标准 鲜切花分级的日本标准与欧美标准一样，日本切花质量标准也分为 3

级，分别称为秀、优、良。日本农林水产省农桑园艺局于1991年、1992年和1994年分别颁布了月季、百合、香石竹、菊花、郁金香和唐菖蒲等13种切花的质量标准。

③荷兰标准　荷兰是世界花卉生产贸易的中心，一些大型花卉拍卖市场的交易都是通过航空公司进行大规模远距离运输。因此，除了花卉等级划分，同时研究和实施了运输特性、观赏期等内在品质要素，是目前世界上花卉质量标准评价最彻底的国家。

荷兰花卉产品质量标准是由花卉中介机构根据农产品质量法分别制定，由荷兰植物保护局、国家新品种鉴定中心和植物检验总局等机构执行。由专门的检查员对生产者的花卉产品进行严格的质量检查。除检查病虫害外，还检查保鲜剂的使用情况。在荷兰，要求某些保鲜剂必须使用，如香石竹切花。有些则是推荐使用的。此外，观赏期也是一个重要指标。

④中国标准　2000年11月16日国家质量技术监督局发布了《主要花卉产品等级标准》(GB/T 18247.1—2000)。该标准将观赏植物产品分为7种类型——鲜切花、盆花、盆栽观叶植物、花卉种子、花卉种苗、花卉种球和草坪。其中，标准的第一部分对鲜切花的等级划分标准见表4-2所列。主要规定了包括月季、唐菖蒲、香石竹、菊花、非洲菊、满天星、亚洲型百合、麝香百合、马蹄莲、花烛、鹤望兰、肾蕨、银芽柳等13种切花的分级标准。

表4-2　我国鲜切花质量等级划分公共标准(2000)

项　目	一级品	二级品	三级品
整体效果	整体感、新鲜程度很好，成熟度高，具有该品种特性	整体感、新鲜程度好，成熟度较高，具有该品种特性	整体感、新鲜程度较好，成熟度一般，基本保持该品种特性
病虫害及缺损情况	无病虫害、折损、擦伤、压伤、冷害、水渍、要害、灼伤、斑点、褪色	无病虫害、折损、擦伤、压伤、冷害、水渍、要害、灼伤、斑点、褪色	有不明显的病虫害、斑迹或微小的虫孔，有轻微折损、擦伤、压伤、冷害、水渍、药害、灼伤、斑点或褪色

2005年，中国花卉协会发起的全国花卉标准化技术委员会成立，开启了我国花卉标准化、规范化发展的新纪元，从此以标准助力精品切花发展。

(3)行业标准

1997年12月农业部首次公布5个鲜切花(月季、唐菖蒲、菊花、满天星和香石竹)产品的农业行业标准，并于1999年公布了郁金香、亚洲百合、补血草、非洲菊和小苍兰5种切花产品质量标准。农业部颁布的标准规定了上述10种切花产品在质量等级、检验规则、包装、标识、运输和贮藏技术方面的要求，可以作为切花生产、批发、运输、贮藏和销售等各个环节的质量把关基准和商品交易基准。

该行业标准具有如下特点：

①质量标准梯度较大　一级标准要求很高，国内只有少数企业可以达到；二级和三级标准：一些龙头企业在管理上严格把关可以实现；四级标准：多数花卉企业可以实现。

②主要质量内容只规定下限标准　如月季要求一级花花茎长度65cm，花枝重量在

40g 以上；二级花花茎长度 55cm，花枝重量在 30g 以上；三级花花茎长度 50cm，花枝重量在 25g 以上；四级花花茎长度 40cm，花枝重量在 20g 以上。

③可操作性大，尽可能增加可操作指标　如根据开花指数来定采收期，明确了 4 个开花指数。

花卉行业标准有花卉商务行业标准、花卉农业行业标准、花卉林业行业标准、花卉出入境检验检疫行业标准等。

(4) 地方标准

我国一些地区也制定了一些地方标准。例如，1997 年 8 月云南省质量技术监督局发布了《云南省鲜切花及切叶(枝)等级规格》(DB 53/T 063—1997)，于 1997 年 10 月 1 日起在云南全省实施。这是中国第一部地方花卉质量标准。2003 年该标准修订为《鲜切花质量等级》(DB 53/T 105—2003)，标准规定了 30 种鲜切花、11 种切叶(枝)及 2 种切果的等级规格、枝长档次、采切时间、标识、包装数量、运输等技术要求，适用于国内销售和出口的鲜切花、切叶(枝)及切果的分级。其中，鲜切花包括香石竹(单头、多头)、月季(单头、多头)、百合(东方型、铁炮型、亚洲型)、菊花(单头、多头)、唐菖蒲、非洲菊、洋桔梗、马蹄莲、郁金香、天堂鸟、红掌、石斛、黄金鸟、小苍兰、文心兰、六出花、紫罗兰、鸢尾、金鱼草、飞燕草、蛇鞭菊、晚香玉、满天星、贝壳花、情人草、勿忘我、孔雀草、茴香花、蕾丝花、一枝黄花；切叶(枝)包括肾蕨、富贵竹、散尾葵、鱼尾葵、蓬莱松、苏铁、石松、天门冬、银叶桉、文竹、银芽柳；切果类包括金丝桃、乳茄。

此外，鲜切花的云南省地方标准还有《主要鲜切花产品等级》(DB 53/T 63—2014)、《主要鲜切花种苗和种球产品等级》(DB 53/T 105—2014)、《花卉运输包装用瓦楞纸箱》(DB 53/T 106—2017)、《鲜切花流通技术规范》(DB 53/T 244—2008)等。

另外，还有台湾省地方标准。台湾花卉质量标准是由台北花卉产销股份有限公司在台湾省行政院农业委员会、台北市政府市场管理处和台湾省政府农林厅协助下制定的近 40 种切花的质量等级标准。

(5) 企业标准

一些企业根据自身发展情况制定了企业标准，如河南南阳月季基地在 2001 年制定了企业的月季标准化生产体系和月季新品种培育标准，实现了月季种苗以及盆栽月季的规模化、标准化生产。此外，企业标准还有海宇园艺公司的“优质月季切花质量企业标准”和“月季切花分级检验标准”隆格兰园艺公司的“百合二代球复壮标准”、昆明杨月季园艺有限责任公司的“切花月季综合标准”和“月季鲜切花采后处理及分级规程”、云南尚美嘉花卉有限公司的“月季鲜切花”和“切花月季设施栽培生产技术规程”、云南锦苑花卉产业股份有限公司的“月季鲜切花产品质量等级”等。企业标准为花卉企业鲜切花的规范化和标准化生产提供了依据和指导，对于鲜切花质量的提升有重要的作用。

4.2.5 货架寿命评估

切花的采后寿命对于批发商和消费者来说都是一个非常关键的因素。货架寿命是每一个特定种或品种的特有属性，它主要取决于花卉生长状况和采后处理技术。一些切花叶色浓绿、花朵大、外观很好，但货架寿命却不长，这是因为栽培期间施入了过量氮肥。在实践中，评估切花最适宜的货架寿命，提出具体的量化标准是困难的，通常依靠实践经验。

关于香石竹切花产生的乙烯如何进行测定，有人提出用气相色谱法测定，来预测香石竹的货架寿命。由于香石竹最初在出现萎蔫前的2~3d会出现乙烯释放高峰，可从一批切花产品中选择4朵香石竹花，放置于容积2L的密封瓶中，在室温下放置3h，然后取气样，用气相色谱法测定乙烯释放浓度。如果乙烯浓度大于50ppb(1个ppb为十亿分之一浓度)，说明这些切花已经开始进入衰老，因而会缩短瓶插寿命。这批切花应当丢弃，不应再出售。

这一方法尽管理论层面指标很精确，但在实践中操作过于复杂，对于切花货架寿命的快速评定并不适用。实际上，西欧所有的花卉拍卖行都要求上市的香石竹和六出花切花预先经过STS脉冲处理，以延长货架寿命。拍卖行的实验室会对切花样品进行抽查，抽查中一旦发现未经过STS处理的某批切花样品，会将其全部被驱逐出拍卖场所。

4.2.6 分级具体操作

首先进行清理和筛选，清除采收过程中的废弃物，丢掉腐烂、损伤、畸形和病虫感染的产品。然后根据消费者的需求以及分级标准，严格进行分级。每个容器内放置同一尺寸的材料，成熟度一致，在容器外清楚地标明品种、种类、大小、等级、数量和重量情况。分级和包装后，应尽快去除产品田间热，减少呼吸作用和内部养分消耗，保证切花的品质。分级可人工进行(图4-3)，也可采用自动分级机辅助完成(图4-4)。

图4-3 文心兰的人工分级(余昕)

图4-4 锦海花卉月季的自动分级

4.3 鲜切花包装

鲜切花包装是保鲜处理的后续环节，与此同时，包装的质量在很大程度上决定着鲜切花运输过程中的损耗状况。

4.3.1 鲜切花包装的作用

(1)便于切花产品的采后处理

切花产品进入市场前必须进行包装，采用适宜的包装单位能方便搬运、码放等操作，此时包装起封闭产品和搬动产品的工具作用。通风良好的包装还能将切花产品有效预冷。

(2)减轻切花产品的机械损伤

鲜切花进行包装后可以保护切花免受机械损伤、水分丧失、环境条件的急剧变化及其他不良影响。由于不同的切花产品抗机械损伤能力存在差异，因此根据产品抗机械损伤能力的大小，选择不同的包装方法。外包装需要一定韧性与机械强度，否则容易挤压损伤切花产品。设计包装箱时要考虑因运输中产生振动摩擦损伤和锐边造成的切割问题。

(3)减少切花产品的水分损失

鲜切花萎蔫和品质下降的一个重要原因是水分蒸发。水蒸气渗透性低、透气性适度、结实且廉价的聚乙烯膜(袋)的出现，给鲜切花提供了经济实用的内包装。这种包装能抑制正常状态下的水分蒸发，防止流通过程产品品质劣变，有效保持了产品新鲜度。

(4)保持切花较低且相对稳定的温度

很多切花产品需要冷链流通，在流通过程中保持低温环境至关重要，很多填充材料能起到隔热作用，在外包装内使用这些隔热材料作为衬里可以保持鲜切花所处的低温环境。

(5)创造适合切花保鲜的气体环境

鲜切花通过呼吸作用消耗 O_2，放出 CO_2，使聚乙烯膜包装袋中形成高 CO_2、低 O_2 的气体环境。同时，环境中少量 O_2 进入袋中，袋内少量 CO_2 渗透到袋外，使包装袋内的气体组成达到动态平衡。这种平衡气体组成因包装产品的种类、聚乙烯膜的厚度、放置的环境温度以及成熟度和数量不同而异。

(6)提高商品价值

富有艺术感染力、设计精巧的包装会刺激消费者的购买欲望，在一定程度上使商品升值。

4.3.2 鲜切花包装箱材料要求

包装箱的种类很多，常用的包装箱有纤维板箱、木箱、加固胶合板箱、板条箱、纸箱、瓦楞纸箱、泡沫箱等。包装箱材料的选择要根据包装方法、产品种类和特性、包装成本、预冷方法、购买者的要求及运输方式等因素综合考虑，应满足以下基本要求：

①足够的强度　有良好的承载力且不易变形，在采后运输、贮藏等过程中能够保护产品。

②适度防水　在受潮后仍能维持足够的强度及耐压能力，保证产品在湿度较大或空气相对湿度较大时不会受到影响。

③不含有害物质　所含化学物质不至于使产品和人受到危害。

④适宜的包装尺寸、重量和形状　便于开、封等操作，符合上市的需求。

⑤适当的导热性　适合快速降温或绝缘冷热的要求。

⑥适当的透气性　使箱内形成高 CO_2、低 O_2 环境，又不至于产生缺 O_2 或高 CO_2 危

害，从而起到保鲜作用。

⑦适合产品对光的要求　根据品种的特性采用避光或透明包装。

⑧符合环保要求　材料便于分解、重复使用或回收。

⑨适当成本　与产品的价值及需保护的程度相适宜。

⑩准确的标签　完整的标签可提供产品特征及操作说明等信息。

4.3.3　鲜切花包装箱的基本类型

在鲜切花保鲜包装中包装箱发展很快，新工艺、新材料不断出现，一般都采用瓦楞纸箱加保鲜膜内包装的组合型保鲜包装。保鲜膜可以单独使用，也可以和包装箱共同使用，具体分为可吸附乙烯气体的保鲜膜、防白雾及结露膜、适应低温环境的CA效果膜、抗菌膜(由银沸石填充到塑料中制成)等。

包装容器中使用的重要类别是瓦楞纸箱。瓦楞纸箱在包装形式上基本成熟，已经应用于许多物品的包装。但由于切花产品自身特性，在鲜切花的保鲜包装方面，对瓦楞纸箱的要求更高，因此在切花保鲜包装的研究中，都有针对瓦楞纸包装箱的研究。其外观立体形式主要有桶型和箱型，一般为箱型，桶型主要用于包装那些只能直立包装的花卉，如满天星、金鱼草、唐菖蒲等切花。目前普通型全纸瓦楞纸箱已逐渐由复合型、功能型所代替。

包装箱按照使用原材料不同可分为纸箱和隔热板箱(纤维板箱或泡沫板箱)。其中，纸箱按照功能不同又可分为生物式保鲜纸箱、夹塑层瓦楞纸箱、远红外保鲜纸箱、混合型保鲜瓦楞纸箱和泡沫板复合瓦楞纸箱等。上述这些新型保鲜材料有效地降低了鲜切花运输过程中的损耗，最大限度保持鲜切花的品质。

(1)生物式保鲜纸箱

在瓦楞纸上涂覆一层防腐剂、抗菌剂、水分吸附剂和乙烯吸附剂等制成瓦楞纸板，能起到良好的防腐、抗微生物和保鲜功能。

(2)夹塑层瓦楞纸箱

利用塑料薄膜层的阻气性，在瓦楞纸原纸内夹入塑料薄膜，结合切花自身的呼吸作用，在包装中营造一种高湿、低浓度 O_2 和高浓度 CO_2 的小气候，可抑制鲜切花的呼吸和水分蒸发从而获得保鲜效果。它还可以将水分吸附剂和乙烯吸附剂涂到薄膜内层上，同时具有气调功能。

(3)远红外保鲜纸箱

利用常温下就能发射远红外线(波长6~14μm)的陶瓷粉末涂覆在厚纸上，然后与其他材料复合形成远红外保鲜纸箱。它能使酶活化，保持切花的鲜艳度；或使鲜切花中的抗性分子活化，提高抵抗微生物的作用。

(4)混合型保鲜瓦楞纸箱

在制作瓦楞纸板的内芯或聚乙烯薄膜时，将含有硅酸的陶瓷微粒、矿物微粒或聚乙烯醇、聚苯乙烯等微片混入其中，将所得混合聚乙烯薄膜再贴合在瓦楞纸内层，由此包装材料制成的包装箱保鲜效果很好。

(5)泡沫板复合瓦楞纸箱

泡沫板复合瓦楞纸箱主要有两种，一种是由 PSP 特殊泡沫板和瓦楞纸层叠而成，称为保鲜瓦楞纸 S；另一种是由聚乙烯泡沫板和瓦楞纸层叠而成，称为保鲜瓦楞纸 L。泡沫复合瓦楞纸箱具有控制气体成分和隔热保冷效果，有良好保鲜效果。目前已研制出的复合蜂窝状包装纸箱已逐渐出现代替 5 层级以上瓦楞纸箱的趋势，因此，保鲜复合蜂窝状包装结构也可考虑应用于鲜切花保鲜包装上。

目前采用的喷洒液体石蜡的瓦楞纸箱，其保鲜效果优于普通瓦楞纸箱。

4.3.4　鲜切花包装方式

按包装目的的不同，可以分为贮存包装和运输包装；根据切花采后生理特点的不同，可采取干包装或湿包装。具体方法同湿藏与干藏。干包装主要在空运限制冰和水的使用时采用。公路运输多采用湿包装。采用湿包装的切花有月季、飞燕草、百合等，主要目的是保证切花上市后能正常开花。

按包装材料的不同，可以分为硬材包装(外包装)和软材包装(内包装，小包装)。

硬材包装需要使用具有一定刚性的板材和纸材，如塑料板材、纤维板材、瓦楞纸材及金属板材等。主要用于切花的外包装。美国花卉栽培者协会和产品上市协会(PMA)制定了用于切花的标准纤维板箱规格，以便更好地堆垛和使用标准的托盘(1016mm×1219mm)，提高工作效率，并方便装入标准的冷藏车内。

软材包装一般使用柔软性较好的包装材料(防止产品碰伤和擦伤)作为包装内填充物，如细刨花、泡沫塑料和软纸，小心地把切花分层交替放满于包装箱内，以防止产品碰伤和擦伤。主要用于切花的内包装(图 4-5~图 4-7)。

内包装主要包括单枝散装和成束包装两种。单枝切花(如月季、菊花、鹤望兰)或成束切花(如郁金香、小苍兰)可用塑料网套(或发泡网)保护花朵(图 4-8)。有专门设

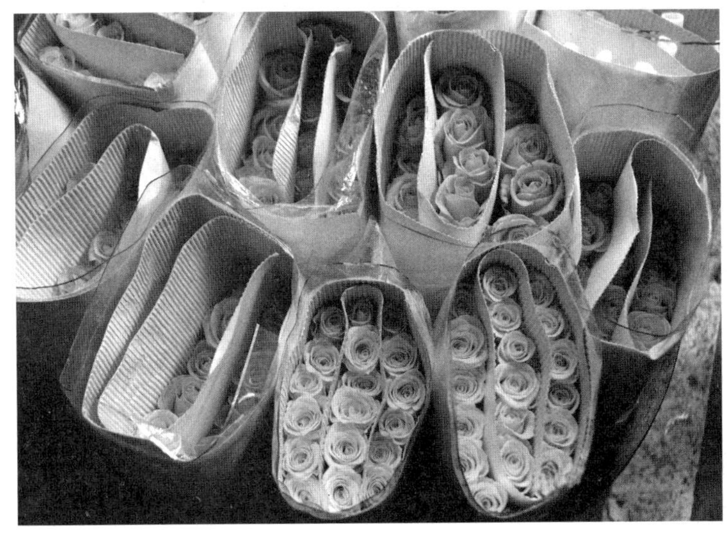

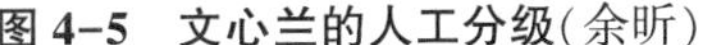

图 4-5　文心兰的人工分级(余昕)

图 4-6　月季的自动分级

计能保护花头的包装纤维板箱用于非洲菊和火鹤花的包装，支撑花茎保持垂直。单生的兰花(如蝴蝶兰)可用聚乙烯膜包装，将其茎端放入盛满花卉保鲜液的玻璃小瓶中。

鲜切花包装的好坏对鲜切花的运输质量及售后品质有非常重要的影响，因此，在包装时需要注意以下几点：

切花在包装前表面应是干的，不能进行湿包装。

避免装卸鲜切花产品过程中的粗暴动作，运输过程中的振动和冲击，以及上方容器对下方容器可能产生的挤压，注意鲜切花产品预冷、贮藏和运输期间的湿度情况。

根据切花装箱标准或消费者的需求，装箱时采用不同的捆扎单位。成束包装通常以10枝、12枝、15枝或更多枝捆扎成一束。大部分鲜切花如香石竹、月季等一般20枝为一束，百合和石斛兰一般10枝为一束，菊花和马蹄莲一般以12枝为一束进行捆扎。在美国，香石竹和月季通常25枝一束，而唐菖蒲、金鱼草、水仙、郁金香以及大多数切花10枝一束。大丽花一束包装是按重量确定的，一般225g为一束，通常每束花茎的长度为76cm，茎数不少于5枝。花束捆扎不能太紧，以防止滋生霉菌和损伤花茎。捆扎包装可采用专用的捆扎包装机辅助完成(图4-9、图4-10)。

为保持箱内高湿度和免受冲击，装箱前应用耐湿纸、塑料套、湿报纸或聚乙烯膜包裹。切花散装数量因购买者订货和包装箱大小而定。

应把切花交替分层小心放满于包装箱内，花朵靠近两头，各层之间放纸衬垫，注意不要压伤切花。所有包装箱应装满以防止冲击和摩擦，但不可装过紧。

一些切花包装和贮运均需垂直放置，以防由重力引起的尖部弯曲。若在贮运过程中水平放置，花茎则会向上弯曲，降低切花质量。一些对向地性弯曲敏感的切花(如金盏

图4-7 蝴蝶兰的内包装

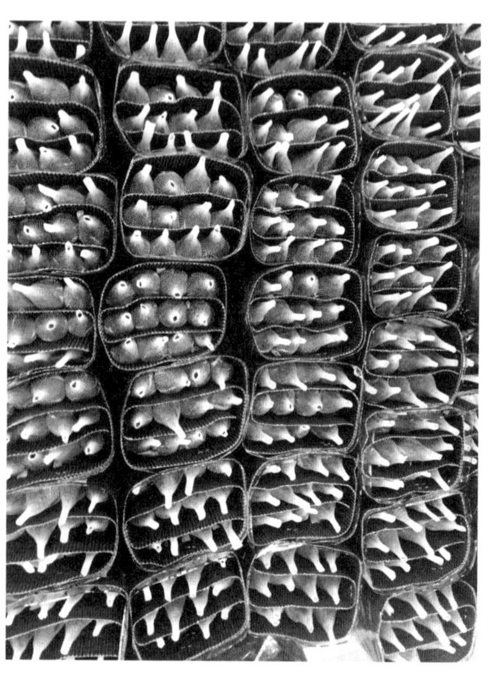

图4-8 用塑料套保护月季花头

图 4-9 多头小菊自动化包装

图 4-10 文心兰切花的捆扎成束(余昕)

花、银莲花、唐菖蒲、水仙、飞燕草、小苍兰、金鱼草、花毛茛等)，在包装时需垂直放置于专门设计的包装箱中。

热带切花对低温低湿伤害很敏感，应插在水中运输。可在花茎基部置于盛水的球形橡胶容器或塑料小瓶中，把花茎与盛水容器固定起来。也可将花茎末端放于饱和的吸水棉中，再用聚乙烯膜或蜡纸包好捆牢。现花卉业界已研制一类内有盛水容器的包装箱，可以让切花在包装箱里进行垂直排列。

一些对乙烯高度敏感的切花(如兰花)，在包装时可放入含有 $KMnO_4$ 的涤气瓶，以清除箱内乙烯。还有其他一些用浸渍的商品性袋来吸收乙烯。由于切花与 $KMnO_4$ 接触会引起伤害，浸渍有 $KMnO_4$ 的材料应另外包装，与切花隔开。

包装后要贴好包装标识，标识上必须明确注明切花种类、品种名、花色、级别、装箱容量、生产单位、产地和采切时间。

4.4 鲜切花贮藏

4.4.1 切花贮藏意义

贮藏可逐步积累大量植物材料，便于批量出售，这样做简化了管理过程，减少采后处理损失；切花的生产可以不受市场远近的限制；某些鲜切花(如香石竹)的长期贮藏可帮助生产者减少冬季温室切花生产以节省能源；还可把夏季或其他季节的切花品种保存到冬季或其他非正常种植季节进行反季节销售；可以调节切花的上市时间和供应，延长切花的供应时间；对出口的切花有利于安排卡车或船舶的长途运输。

4.4.2 影响贮藏的因素

(1)种和品种

不同植物种和品种的耐贮性有差异。如唐菖蒲、百合、郁金香、水仙等切花贮藏后插于水中发育，开花良好。但菊花、香石竹、金鱼草、芍药和鹤望兰贮藏后直接插在水中开放不佳。如使用瓶插保持液或花蕾开放液处理，开花质量就好得多。

(2)贮藏切花的质量

贮藏的切花应是健康、无病虫害感染、未曾受到机械损伤的。切花应在最适宜的花蕾发育期采切。如切花过熟或花蕾太幼小，均会减少贮藏寿命。

(3)贮藏的环境条件

贮藏的环境条件包括温度、湿度、光照、空气、病虫害、清洁与环境净化等。

①温度　一般0℃左右的低温是切花的最适贮藏温度，大部分切花贮藏在接近0℃温度下，贮藏后的花可自然发育。温度过高将大大缩短其瓶插寿命，加速切花的衰老过程；温度过低就会产生冷害或冻害。

不同切花种类对温度的要求不同，应采用最适宜的贮藏方法，贮藏在最适宜该种或该品种的温度范围内，并与切花的发育阶段相适应。一般原产于热带和亚热带的切花，应贮藏在5~13℃的贮藏室内。低于这一范围易引起低温伤害，主要症状为花瓣和叶片上出现坏死浸斑，花瓣褪色，贮藏后花蕾发育延迟或不开放。大部分温带气候起源的切花可贮藏在稍高于植物组织冻结点的温度下，这类切花大多贮藏在接近0℃温度下，贮藏期较长，但在如此低的贮藏温度下，要避免一切可能的温度波动，因温度很容易降至0℃以下，引起组织内水分结冰，造成贮藏材料的损失。原产于寒带的切花应贮藏在2~4℃的贮藏室内。除那些对低温敏感的种类外，其他切花通常贮藏在4℃。如果只有一个冷藏室，4℃对大多数切花种和品种是安全的。暴露时间长短、温度高低和切花成熟度等因子综合决定了低温伤害的严重性。

切花适宜的贮藏温度因贮藏方法和花的发育阶段不同而异，如在0℃下紧实花蕾阶段的香石竹贮藏良好，但绽开的花朵在此温度易遭受低温伤害，2周后花瓣上出现坏死浸斑和黑斑。3~4℃温度下已开放的香石竹可在花卉保鲜剂或水中良好贮藏3~4周。

多数切花最高冻结点变动在-2.2~0.6℃，所控制温度允许有0.5℃变幅，把温度调至0℃比-0.5℃更安全。4℃是批发商和零售商比生产者更常用的切花贮藏温度(除了热带起源的切花)。

贮藏中要求温度比较稳定，温度忽高忽低会增强切花的呼吸作用，把冷藏库温度波动降至最小的方法有：使用高性能的冷却装置；贮藏材料码垛方式有利于冷藏室内空气流动；冷藏室四周和顶部隔热良好；尽量少开启贮藏库的门；使用传感器和自动控制温度计置于库内多个位置，与贮藏材料在同一水平高度，从而测出和控制确切的温度。

总的来说，贮藏库冷却系统的有效性应与植物材料进出库的频度、预冷和贮藏植物材料数量相适应。只有冷藏室温度波动为最小时，切花的贮藏才会达到最佳效果。这对于“干贮”的切花尤为重要，因温度波动会使水蒸气凝结在包装纸或膜和植物材料上，增加切花感染病害(尤其是灰霉病)的概率。

②湿度　如果贮藏于干燥空气中，水分极易损失，鲜重迅速减少。当切花失水10%~15%时，常表现为卷曲、皱缩和萎蔫。通常通过增加贮藏环境中的空气相对湿度来减缓切花体内水分的丧失。一般贮藏室内的相对湿度为90%~95%。在同一湿度下水分的损失随温度升高而增加。

高湿环境容易滋生微生物，导致切花产品腐烂。大部分花卉产品采用85%~95%的空气相对湿度贮藏，蒸腾旺盛、极易失水的种类可采用98%的空气相对湿度，易腐烂的产品可采用60%的空气相对湿度，少数极易失水又耐腐烂的种类有时也采用100%的空气相对湿度。

如果切花湿贮于开放的容器中或者未紧密包裹在膜中的切花干贮，保持贮藏库内的高湿度非常关键。如紧密包裹在膜中的切花使用干贮法，则袋中的空气湿度极易饱和，因此对贮藏库内的相对湿度要求就会降低。

可用干湿球湿度计一天至少测定一次冷藏室中的空气湿度。相对湿度还可以用自动温湿度计或自动湿度计连续测量和记录，但应降低误差范围。

③光照　切花常在黑暗状态或低光照下贮藏和运输。采后贮藏运输过程中如果用含糖的保鲜剂处理过切花则切花寿命不会受到光照不足的明显影响。缺乏光照常加速菊花、六出花、唐菖蒲和大丽花等切花的叶片发黄。为了防止这一危害，可置于透明的包装袋或者容器盖中，菊花可用500~1000lx光照照明，百合、六出花等可用6-BA或GA处理。

在批发和零售商店切花陈设场，应每天保持1100~2200lx光照16h，有利于花的继续发育和叶片完好。处于花蕾阶段的切花开放时需要较高的光照强度，每日用日光灯定时照射补光即可。

④空气　在冷库内部的空气循环靠风扇或冷却通风机进行，可维持均匀的温度分布。应通过测定每个冷藏单元的入口和出口之间的温差来检查空气流动情况，如果温差大于1℃说明空气循环不太好，原因可能是冷却器过小或者通过每个冷藏单元的气流太小。冷却器范围应当大到足以保持冷室的温度和来自冷却器的温差不高于5℃，在一个空气循环有效的冷室中，室内各点测到的温度值均应维持在标准温度0.5℃。电风扇驱动的气流应到达冷室各处，使室内温度严格控制均匀。

在冷藏库中，包装材料和墙壁之间、贮藏植物材料之间应留有适当空间。当切花在薄膜袋或包装箱中干贮时，适当空间非常重要。包装箱保持5~10cm的距离，同时排列行向(沿墙纵向)应与气流方向一致，而不是与气流方向垂直。天花板和包装箱之间距离约50cm，包装箱与墙壁之间距离10~20cm，地板和包装箱之间距离5~10cm。冷空气出口应高置于贮藏材料上并保持2m左右距离，这样在保持良好气流的同时避免植物材料受冻。

为了保护切花免于受冻或脱水，应用塑料或帆布挡板遮拦气流出口。特别要注意不要把干包装材料靠近气流强的冷藏设备处。如果切花放在聚乙烯膜袋中或箱内长期贮藏，应将其置于架子上，袋子、纸箱或塑料箱之间距离保持在2~3cm。如果距离过小，会阻碍冷气流沿箱壁流动，引起袋内或无通风孔的箱内温度上升。另外，纸箱或塑料箱彼此之间及其与室壁的距离过大会造成对贮藏植物材料不利的不均匀气流。气流会寻找最少阻力的通道，因此，间距大的地方冷气流量较多，使各行包装箱之间气流量不均匀。

当切花湿贮于没有包装保护的容器内时，切花中间很容易进入冷空气，容器应当高出地面至少5cm，放在架子或推车上，以让气流在地面层畅通(图4-11)。各容器间距

图 4-11　锦海花卉多头月季包装后冷库短期贮藏(游林丽)

离应至少保持 5~10cm。湿贮切花的空气流速以每分钟 15~23m 为宜。如果空气流通不畅，贮藏植物材料会出现“冷点”或“热点”。

影响切花贮藏的 CO_2、O_2、乙烯等气体成分主要来源有两方面：一是来源于大气，如废气、燃气等；二是来源于所有植物器官代谢的产物。通常低 O_2、高 CO_2 的环境较有利于贮藏；乙烯是植物成熟和衰老激素，大部分花卉产品在乙烯气体中会加速衰老。在低温条件下，乙烯本身不太活跃，且切花自身产生的乙烯少，如香石竹对乙烯的敏感性随温度下降而显著减小，室温下的乙烯敏感性是-0.5℃时的 1000 倍。但如果大量切花贮藏在冷藏库中，则乙烯积累会引起植物受害，因此，对贮藏库中乙烯浓度进行监测非常重要。

贮藏库中乙烯来源如下：感病植株产生较多乙烯，如受葡萄球菌感染的菊花能产生大量乙烯；切花自身产生，尤其是处于衰老过程的切花，如金钟柏等某些切叶能释放大量乙烯；许多蔬菜和果品释放乙烯，切勿与切花一起贮藏。有害气体和乙烯其他来源包括汽车和内燃机排放废气、工厂废气等。因此，在以石油为燃料的加热设备或汽车、内燃机放出废气较多的场所旁从事包装分级时，应保持周围空气的流通。

切花在采收处理或贮藏的每个过程都应使乙烯保持在最低浓度。可采用乙烯过滤设备、适度的通风、移开生病或受伤的植物等方法降低乙烯浓度。

利用不间断换气通风法驱除贮藏库内的乙烯和其他有害气体非常有效，一般要求贮藏切花的冷库每小时更换一次全部空气。从冷库中除去乙烯的方法是用未被乙烯污染的空气进行换气，用气泵把库内空气打入涤气瓶中，涤气瓶中装有 $KMnO_4$ 溶液可以除去乙烯。要使此法有效，必须将 $KMnO_4$ 吸附在具有很大表面积的载体上，如硅藻土、氧化铝颗粒、珍珠岩、膨胀玻璃、蛙石或硅胶。只有将空气泵入涤气瓶，才能有效地去除乙烯。因此，在安装涤气瓶的同时也需要安装使空气进入冷藏室的气泵。涤气瓶的除乙烯效率可用肉眼观察，当 $KMnO_4$ 被还原为 $KMnO_2$ 时，瓶中液体颜色由紫色变为褐色。强迫空气循环法去除乙烯的效率比置于切花包装内或悬挂在贮室内含有 $KMnO_4$ 的乙烯涤气瓶高得多，因为涤气瓶中 $KMnO_4$ 必须经常更新才能提高吸收效果。X 射线或紫外线照射也可清除空气的乙烯，但尚未广泛使用。

乙烯的产生及其对切花的影响受到 CO_2 的抑制，因此增加冷库中 CO_2 浓度可防止乙烯的有害影响，但 CO_2 本身也会对一些切花产生伤害。也可用低压贮藏去除乙烯。还可使用 AVG、STA 和 AOA 一类乙烯合成抑制剂阻止乙烯危害，可在贮藏前用这些抑制剂短时间处理切花，也可在湿贮时用它们连续处理切花。

⑤病虫害　在贮藏期间喷药防治病虫害是很困难的，同时对贮藏库工作人员也有危害。应注意贮藏前植物的健康状况，收贮的植物材料最好是无病虫害的。如植物材料被病虫害感染，应使用在花圃里使用过的同一类化学制剂来防治。害虫和螨类可用内吸式杀螨剂或杀虫剂控制，把花茎端插入杀虫(螨)剂溶液中，农药被茎吸收，带入花朵和叶片中。应注意，有些内吸式杀虫剂对切花有危害，会引起叶片失绿。

溴甲烷熏蒸法是一种采后防虫方法，一般在 18～23℃ 下用 $30g/m^3$ 溴甲烷熏蒸 1.5h。这一处理可杀死鳞翅目幼虫和蓟马。大部分切花对溴甲烷熏蒸有良好抗性，但一些切花在较高温度下熏蒸可能引起伤害，包括花蕾不开放、叶片灼伤和缩短瓶插寿命。

在荷兰曾采用伽马射线处理切花，以杀死害虫和螨类。低剂量的伽马辐射量(10～15krad)可以杀死大部分害虫和螨类。切花对伽马射线的反应很不一致，一些切花可忍受高达 50krad 的剂量，而另一些在 5krad 时就受到伤害。伽马射线对切花的副作用是延缓花蕾和花的发育，使叶片和花瓣发亮，缩短瓶插寿命。伽马射线处理尚未广泛在花卉业采用，但一些花卉拍卖行有选择地对一些切花进行伽马射线处理。

真菌病害(尤其是葡萄孢霉属)感染常造成贮藏期间切花的巨大损失。灰霉病感染的最初症状是在幼叶和花瓣上出现小的灰色斑点，当水分凝结在花瓣和叶片上时，病菌加速生长，即使在 0℃ 下也继续生长，健康的植物材料在贮藏期很少被感染。如果置于冷室中的切花表面干燥，采后迅速顶冷，并贮藏于稳定的低温下，灰霉病的发展通常被抑制。防治灰霉病常用杀菌剂有杀菌利、异丙定、烯菌酮等，可采用药剂喷布或材料浸蘸的方法。

⑥清洁与环境净化　整个冷库一年应消毒几次。当贮藏库里无切花时，应予以彻底清扫。墙和地板应用水和洗涤剂洗刷，除去一切尘埃和霉菌。然后，整个冷藏库内壁应喷布 300mg/L 的次氯酸钠溶液，也可喷布氯胺或石灰水。洁扫之后，库房应预干燥。

用于湿贮的容器、贮藏架和水槽，应定期用洗涤剂或次氯酸钠溶液彻底清洗。消毒之后，所有容器应当用水冲洗，然后晾干备用。

在贮藏期间应经常检查和清除库内植物残渣和废弃物，移出乙烯产生源。库内空气应经常用 6～14 网目的活性炭空气净化装置或涤气瓶予以净化。

4.4.3 贮藏前预冷处理

高温会导致呼吸作用增强、刺激自身乙烯生成、体内碳水化合物消耗加快、促进病原真菌滋生等。因此，切花采后应尽快地放置到冷凉贮藏室内预冷，以快速去除切花带来的呼吸热和田间热，从而降低采收切花脱离母体造成的伤害。

除了热带切花之外，其余所有切花应在采切后尽快预冷，然后置于最适低温下贮藏或运输。切花采切后越快地放入理想温度进行贮藏，保存时期就越长。因此预冷应立即在切花采后0.5~2.0h内进行，如果超过2h预冷效果则大大降低。绝大部分切花可以在2~4℃温度下预冷，但一些热带花卉可在10~13℃下预冷，在10℃以下低温预冷时容易发生冷害。在切花转移到温度较高的地方时通常会表现出冷害症状，受害切花花瓣腐坏和褪色，或贮藏后花蕾不开放。预冷时相对湿度95%~98%，微小的湿度变化会损害切花质量。

切花所需的预冷时间通常取决于库温与切花温度的差异、切花种类、切花数量、通过包装箱的空气流速以及冷藏设备的效率等。用于切花预冷的冷藏室应有足够的冷藏能力，冷却系统应保持接近0℃。如果冷却能力差就不能保持最适冷却温度，并会延长冷却时间。植物材料的快速预冷也会引起空气湿度的急剧下降，因此预冷应在尽可能短的时间内完成。预冷后的切花在后续处理和运输过程中仍需继续制冷，才能保证预冷的良好效果。如果预冷后不能对切花进行低温保持，那么前面的预冷就失去了意义。

最简单的预冷方法是在田边设立冷室，冷室内不封闭包装箱或不包装花枝，使花枝散热到理想温度。预冷后，花枝应始终保持冷凉即恒定低温。随着预冷机械的发展，机械预冷已逐渐成为切花采后预冷的关键步骤之一。国内采用的预冷方式有接触预冷、冷水预冷、冷库冷却、强制通风预冷、压差通风预冷、真空预冷等。

①接触预冷　是一种简易古老的方法。使用人造冰或天然冰为冷源直接接触预冷切花，从而降低切花温度的技术措施称为接触预冷。要把植物材料从35℃降到2℃，试验证明需融化占产品重量38%的冰。常用方法是在切花容器中加上水与冰屑的混合物。20世纪80年代初所研制的液冰机可通过包装箱的通风孔，一次将托盘中的每箱花卉间隙都充满水与冰屑的混合物。但加冰效果较差，同时也增加了货载量，因此，此种方法仅适用于部分切花产品的预冷，作为一种预冷的辅助手段，冰块也可用于切花预冷之后在无冷藏设备的卡车上运输维持低温，应避免冰与切花直接接触，造成低温伤害。

②冷水预冷　采用流动冷水迅速降低切花温度，从而达到预冷目的的一种技术。多用于切叶类品种的预冷。采用冷水预冷一般20~50min就可以达到目标，其冷却速度与冷水流量呈正相关，可以根据需要进行相应调节，最好在水中加入杀菌剂。

③冷库预冷　该法是直接把未包装的鲜切花放在冷库中，使其温度降至要求范围。但不能用密闭包装箱进行冷却，否则达不到预冷目的。起初用于对花卉球根的处理，后来实验后对其他切花品种也适用。这一方法不需要安装额外设备，冷空气流速为每分钟60~120m时预冷效果较好。但要求冷库应有足够的制冷量，冷库预冷需花费几个小时。鲜切花预冷后应在阴凉的包装间中尽快包装，以防鲜切花温度回升。该法由于要求的设备简单，技术成熟且易于操作，是目前广泛应用的一种预冷方法，特别适合规模较小的集货商和生产者。但这种预冷方式主要靠热传递或空气的轻微流动进行预冷，因此预冷效率较低，达到预冷温度所需的时间较长，一般为数小时，且此法占据的空间较大。

④强制通风预冷　这是一种最常用的可使切花迅速预冷的方法，是在冷库空气预冷基础上发展起来的一项预冷技术。是指将鲜切花采收后放入一定规格的有孔塑料箱或打孔箱内，然后放入冷库进行预冷，简称强风预冷。在冷库中使用风机将接近0℃的空气吹入装有花材的箱内，冷空气可带走田间热，使鲜切花迅速冷却。要求包装箱的摆放与

鲜切花在箱内的排列要与冷空气流动方向一致。此法所需的预冷时间为冷库预冷法的1/10~1/4，但需要冷量较大的预冷库以及排风扇或抽流风机，并且由于强风预冷的风力较强，容易使切花脱水。因此，在使用强风预冷的同时必须于冷库中增加加湿设备，或地面喷水加湿。使用此法时，最好将切花采收后立即放入保鲜剂中处理。

⑤压差通风预冷　在强制通风预冷的基础上做了较大改进，即在包装容器上方增加差压板，阻断冷空气流向，使被预冷物与包装容器内空隙部分的气流阻力相匹配。与强制通风预冷相比，明显加大了预冷物的有效风量，提高了预冷速度。该方法克服了强制通风预冷时易造成花材大量失水的缺点，极大提高了预冷效率。

⑥真空预冷　将切花放在坚固气密的容器中，迅速抽出空气和水蒸气，使产品表面的水在真空负压下蒸发而冷却降温，从而快速排除切花的田间热。常用于叶菜类蔬菜的快速预冷。

真空冷却系统已正式被荷兰用于预冷切花。真空冷却达到的低温和冷却速度与产品表面积和体积之比(比表面积)，与容器抽真空速度和产品组织失水难易程度有关。切花与叶菜类蔬菜相似，水分易蒸发，面积大，所以适用于真空预冷。

在真空预冷前一般会在切花表面进行喷水，这样操作有助于迅速降温，同时避免切花的水分损失，操作时应用压力计测定真空罐中的绝对压力，并在真空罐外监测切花的温度。无论切花数量多少，预冷时间均很短，仅20min左右。切花可冷却至1~6℃。从开始的温度每降低6℃，切花水分损失不超过1%。产品预冷程度容易控制，预冷均匀，可以同时处理大量花材。

真空预冷所需时间最短、效果好，在国外已得到广泛的研究，但就目前来说，这种方式所需能源消耗多、设备费用高、预冷过程中产品容易失水萎蔫等，商业性应用还比较有限。在真空预冷的过程中，需要保证被冷却产品的各个部分等量失水，切花才不会出现萎蔫现象，因此真空预冷需结合补水，才能有效地减轻萎蔫并延长切花寿命，其中结合预处液的吸收进行补水效果更好。

4.4.4 贮藏方式

凡能够使切花生命活动降到最低程度同时保持其活力的方法都可使用。

(1)常温贮藏

常温贮藏就是在自然环境条件下进行切花产品的贮藏保鲜，即温度变化范围为5~25℃。这种贮藏方法投入很低，但常常要和保鲜剂协调使用。应根据每种切花的生长环境来确定其常温贮藏的温度值。一些常用的切花(如香石竹、月季、马蹄莲、菊花、肾蕨、红掌等)均可在短期内使用此贮藏方法而不影响其品质。

(2)低温贮藏

低温贮藏又称冷藏。低温贮藏是一种最有效的常用贮藏方法，它对延长切花的采后寿命效果非常明显。低温可使鲜切花能量消耗减少，呼吸缓慢，同时抑制乙烯的产生，从而延缓鲜切花的衰老过程。目前，各级批发商、零售商以及切花生产者多采用。

低温贮藏的注意事项：

①贮藏空间　在生产环节，一般要求较大的贮藏空间，可以是由众多空调所组成的

简易贮藏室以备临时周转之用，也可以是由专业人员设计的大型冷库。后者温度变化较大，可自行调节，内部一般分成许多小区，每一小区的温度均不同，以适应多种切花的长期贮藏需要。生产者要想获得巨额利润，降低生产成本和劳动力消耗量，这两种贮藏环境需同时具备。各级批发商所存切花的数量一般较少，对贮藏环境大小的要求不严格，一般都为简易贮藏室，贮藏温度1℃左右。花店老板所用设备更为简单，可以是直接从商店买的低温贮藏柜。

②温度条件　贮藏期间把温度调至接近最适贮藏温度，可以延长贮藏期，减缓切花的衰老过程。大多数切花的贮藏温度要求在0~4℃，因切花品种不同而有差别。

③湿度条件　高湿环境可以降低蒸发量使切花免于干燥而起到保鲜作用。一般所要求的空气相对湿度为90%~95%。如果降低5%~10%相对湿度，就会引起切花品质的大幅度下降。增加空气相对湿度的方法是使用空气加湿器。高湿环境是切花保鲜所必需的，但过湿则会导致病害的发生。

④气体环境条件　不管切花在哪个流通环节都要求环境通风状况良好。通常，切花所放置的位置尽量不要靠近墙体，即使在运输过程中也要离开车厢壁、船舷18~25cm，以保证气体畅通无阻。这种离开墙体的存放方式也会防止冷空气直接吹入而产生的冻害。在堆放高度上，最低限度也要离开天花板45~60cm。在贮藏容器内，尤其是塑料桶不应放置过满。相同的容器最好放置相同量的切花，容器与容器之间要留有一定的空隙。

⑤预冷技术　在切花贮藏前，首先要有一个预冷过程。切花的预处理是一个循序渐进的过程，要求温差有一定的梯度，但时间可以很短。比如，在大型贮藏室内设置一长廊，长廊内的温度变化从与外界气温相似开始，以5℃为差值递减至0℃左右，然后从长廊最低温处把切花送入贮藏架。随着预冷机械发展，目前机械预冷已逐渐成为采后切花预冷的关键步骤之一。通常将预冷技术分为接触冰预冷、冷库预冷、强制通风预冷、冷水预冷、真空预冷等。

⑥低温伤害　适宜的贮藏温度因切花品种的不同而有所变化，一些原产于热带的切花品种要求贮藏温度为7~15℃，如果低于这一范围就会引起冷害，进而导致花瓣褪色、坏死或者花蕾不再继续开放。一般切花的贮藏温度为4℃左右。贮藏时间长短、贮藏温度高低和切花成熟度共同决定了低温伤害的程度。

⑦结露　在贮藏过程中，除低温对切花有伤害之外，结露对切花贮藏也十分不利。结露是指切花在贮藏过程中，在切花表面或者包装膜内壁凝结水珠的现象。结露会迅速升高切花温度，并使切花严重失水，还会导致病害蔓延和细菌生长。为防止结露的发生，首先，入库前要做好切花的预冷处理；其次，防止库内温度波动过大；最后，切花所选用的包装材料要有通风孔，货架不要堆积得过于密实。

切花冷藏保鲜的效果与冷藏库的管理条件有很大的关系。冷藏库的管理主要包括冷藏库内温度、湿度、气体等条件的调控，经预冷包装的切花在冷藏库内的合理放置。应控制冷藏库的温度变化尽量小。可在冷藏库内安装鼓风装置，有利于维持冷藏库内均匀低温和库内空气流通，同时也能调节库内的空气和湿度。

低温贮藏的方式主要有干贮藏和湿贮藏两种。

①干贮藏 对需要较长时间贮藏的切花，可采用干贮藏方式，即不提供任何补水措施，把材料紧密包装在纸箱或塑料箱、纤维圆筒或聚乙烯膜袋中，以防水分丧失的一种贮藏方式。但并不是所有的切花品种都适合干贮藏，如大丽花、天门冬、非洲菊、小苍兰和丝石竹不宜干贮藏，宜湿贮藏。干贮藏的切花对质量要求较高，最好在上午具有较高细胞膨压时采切，采后立即预冷至所要求的贮藏温度，并用预处理液处理，擦干茎端，简易包装后方可贮藏。

干贮藏的最大优点是节省贮藏库空间，贮藏期较长。缺点是贮藏之前需对鲜切花进行包装，需要的包装材料、包装费用和劳动力费用高，且如何防止由于水分损失导致的切花品质下降是其难点所在。适宜干贮藏的切花有香石竹、火鹤花、剑兰、菊花、月季、百合、郁金香等。

在长期贮藏前应用杀菌剂喷布和浸沾，待晾干后再行包装。另外，在贮藏前应使用含有杀菌剂、糖和抗乙烯剂的保鲜液脉冲处理，以提高贮藏后切花质量，并延长贮期。

②湿贮藏 是一种广泛使用的贮藏方式，是指把切花置于盛有保鲜剂溶液或水的容器中贮藏，或者通过采取一定措施(如用湿棉球包扎茎基切口处等技术)以保持水分不断供给的贮藏方法。像大丽花、天门冬、非洲菊、小苍兰和满天星等均采用湿贮藏。如百合和金鱼草在贮藏温度为1℃时，最长贮藏期可以分别达到28d和56d；非洲菊和香石竹在贮藏温度为4℃时，最长贮藏期可以达到28d。

湿贮藏的优点是鲜切花产品不需要包装，且切花产品可以保持高的膨胀度，适合短时期的切花贮藏。缺点是占据冷库空间较大，与干贮藏相比贮藏期较短。在实践中，湿贮藏常与保鲜剂结合使用，并需注意水质对切花品质的影响和用水卫生。一般在湿贮藏期间，为防止叶片感染灰霉病，应使鲜切花保持干燥。

鲜切花采后应立即置于保鲜液或水中，若采切后切花产品在干燥空气中放置了一段时间，在湿贮藏前应将鲜切花置于水中将花茎下端2~3cm处剪去。容器内保鲜液或水深度以没过花茎10~15cm为宜。此外为避免叶片在水中腐烂，要把下部叶片除去。一般湿贮藏的保鲜液含有杀菌剂、糖、生长调节剂和乙烯抑制剂。

水质是影响鲜切花湿贮效果的重要因素。最好用蒸馏水或去离子水而避免用自来水。如月季在蒸馏水中可保持9.8d，但在自来水中仅可保持4.2d。另外，鲜切花和水常带有真菌、细菌等，真菌细菌繁殖会堵塞花茎，造成切花吸水困难。通常使用消毒剂(如800~1000mg/L的硫酸铝和50mg/L的次氯酸钠)对其消毒。在非洲菊的贮藏中，具有强烈杀菌作用的次氯酸钠非常有效。但它的使用时间不应超过数小时，且1周必须换水1次，否则花茎会变褐。硫酸铝的杀菌效果比次氯酸钠差一些，但也应3~4d换水1次。

(3)减压贮藏(低压贮藏)

减压贮藏是1960年美国S. P. Burg创立开发的低压低温环境下的一种贮藏方法。该方法是把植物材料置于相对于周围大气正常气压降低了的气压、低温的贮藏室中连续湿空气流供应环境下的贮藏方法。减压贮藏在20世纪60年代产生时只是单独降压，20世纪70年代此方法发展成降压气流式贮藏系统。在密闭容器内，用真空泵连续抽气，同时不断输入用水蒸气饱和的新鲜空气，使容器保持恒定的低温、低压、高湿(85%~100%)，使切花在整个贮藏期间始终处于新鲜湿润的气流和低压中。

减压贮藏降低了贮藏材料周围的氧气分压，从而抑制了切花的呼吸和代谢，加速了切花内源乙烯及其他挥发性产物的向外扩散，避免有害气体(如乙烯)积累，减少呼吸消耗，抑制了微生物的活动，也有利于控制病害的发生，从而极大地延长了贮藏时间，提高了切花品质。如月季在夏季常温常压条件下只能存放4d，在0℃、5332.88Pa(40mmHg)条件下则可保鲜42d；唐菖蒲在常压0℃下可存放7~8d，而贮藏在-2~1.7℃、7999.32Pa(60mmHg)条件下可存放30d；香石竹在常压0℃时贮藏3周，在低压下可贮藏8周，其鲜度不减。

气压下降容易造成水分丧失，所以必须用加湿设备进行加湿来维持95%以上空气相对湿度。也可通过及时向叶面上喷洒高分子(蜡、醇)膜阻止植株气孔全部张开，减少水分蒸腾，达到延长贮藏时间的目的。还应与消毒防腐剂配合来避免高湿引起的微生物病害。

一般而言，减压贮藏法整套设备包括真空缸、真空泵、真空调节器、真空计、加湿器等，安装低压贮藏系统价格高，需不断输送湿空气以防止切花脱水，管理困难，因此，一直未能在花卉采后保鲜中投入规模化的商业性运营。但其在切花迅速预冷和长距离运输方面有潜在应用价值。

(4)气调贮藏

气调贮藏又称CA贮藏或气体调节贮藏，是通过精确控制气体成分浓度来保证贮藏品质的一种方式。主要是降低气调袋中的O_2含量，提高并保持一定的CO_2浓度，从而抑制切花的呼吸、降低酶的活性，达到控制切花衰老，延长贮藏寿命的目的。

早在20世纪30年代就开始试验切花气调贮藏的可能性，发现月季切花贮藏于含有CO_2浓度为5%~30%的气体中，3~10℃温度下可达到10d，可延长瓶插寿命。气调贮藏的效果因切花种类而异，月季贮藏于加有CO_2的气体中常发生花瓣泛蓝现象。

气调贮藏要注意以下三点：

①在长期贮藏中，必须精确控制O_2和CO_2的浓度，因为不同切花种类对O_2和CO_2所需最适浓度均不同。

②切花适宜的O_2和CO_2浓度范围很狭窄，当O_2浓度低于0.4%时，常引起无氧呼吸和发酵，导致切花伤害，而CO_2浓度高于4%，花朵易受害，花瓣颜色泛蓝。因此，如何监测贮藏环境中的CO_2和O_2浓度，维持气体间的平衡，是气调贮藏法实施的关键技术环节。

③低温下CO_2比高温下更容易伤害切花。

切花的气调贮藏与常规冷藏不同，需要精确测定湿度和温度的最适范围，以及不同种类切花对气体成分含量的最适要求。气调冷藏库必须密闭且具有冷藏和控制气体成分的设施，这种设施成本较高，而且不同切花在同一冷室中有不同的处理方法，因而操作不方便，这些因素都限制了气调贮藏法在花卉业中的推广应用。

需要注意的是，气调贮藏法不仅抑制了切花正常的新陈代谢活动，对人体也有巨大的伤害，在贮藏期内，勿让工作人员随便出入，需要进出时必须有一定的保护措施。

气调贮藏法可分为以下3种：

①快速降氧法　将塑料袋中的空气抽出并充入氮气，调节1%含氧量，2%~5%CO_2

含量；也可采用往塑料袋中充入 CO_2 的方法，使塑料袋内的 CO_2 很快达到所需值，降氧速度很快。后者方法简单且成本低。

②硅窗气调法 就是利用硅橡胶对 CO_2 和 O_2 具有选择透过性的特点（通常硅橡胶对 CO_2 的透过率是 O_2 的 5~6 倍，是 N_2 的 8~12 倍），将硅橡胶嵌在包裹切花的聚乙烯薄膜袋上，形成硅窗气调袋，抑制 CO_2 的释放，有效提高切花的贮藏时间，延长瓶插寿命。

③自然降氧法 将切花经过保鲜剂、杀菌剂等的处理后，置于密闭的塑料袋或其他容器中，由于鲜切花会消耗袋内的 O_2，增加 CO_2 浓度，因而可以抑制切花的呼吸作用，从而便于贮藏。此法虽简便易行，但所需时间较长，影响贮藏效果。

CA 装置包括气调库和气调设备。气调库必须具备良好的气密性和隔热性。气调库的保温设施与一般冷藏库相同，不同的是需要设立气密层加强与库外空气相隔。目前常用的材料是发泡聚氨酯。气调设备是创造气调环境条件的主要手段，用于维持适宜比例的 O_2 和 CO_2 浓度。

气调贮藏的关键环节是及时调整气调库内的气压值，以保证 O_2 和 CO_2 的比值稳定、气压稳定；也要保证气调库内充分密封，不与外界进行气体交换。气调贮藏常采用气调贮藏库和硅胶窗气调贮藏袋（帐）两类。气调贮藏库是在密闭条件较好的贮藏库内，通过分子吸附或燃烧来降低 O_2 的含量，增加 CO_2 含量。对环境中的乙烯可用 $KMnO_4$ 等吸附祛除，而当 CO_2 含量过高时可用一些化学物质（消石灰、活性炭、碳酸钾等）进行吸附祛除，进行切花的保鲜。保鲜所需最适气体条件与温度有关。气调贮藏若与化学保鲜技术或冷藏相结合，保鲜效果更佳。硅胶窗气调贮藏袋是利用硅橡胶对 O_2、CO_2 等气体透性的选择性，在贮藏袋（帐）上嵌上一定面积的硅橡胶，来调节贮藏袋内的气体成分，达到保鲜作用。

也有通过注入氮气来达到气调贮藏的目的。这种方法通过控制鲜切花贮藏室内 O_2 及 CO_2 的含量，达到减少养分消耗，降低呼吸速率，抑制乙烯产生，延长鲜切花寿命的目的。不同种类的鲜切花，一般 O_2 含量控制在 0.5%~1%，CO_2 含量控制在 0.35%~10%。此外，输入氮气也可起到保鲜作用。水仙花在温度 4.5℃，含氮 10%条件下，贮藏 3 周后枝叶挺拔，花色依然艳丽。此法效果很好，但需人工调节气体发生器、呼吸袋、空气净化器、加湿和 CO_2 洗涤，以及密闭装置等，设备投资大。

(5) 薄膜包装贮藏（自发气调贮藏、限气贮藏）

薄膜包装贮藏是指利用薄膜密封包装并通过贮藏产品本身的呼吸所形成的气体条件进行贮藏的技术措施。其原理是根据产品的生理特性，选用一定渗透系数的薄膜将贮藏产品密封包装，通过产品的呼吸形成高 CO_2 低 O_2 的条件，通过薄膜的渗透作用和产品的呼吸作用最后达到相对稳定的动态平衡，产品的气调贮藏条件就是此动态平衡状态下的气体浓度。

高俊平等（1995）选用高气密性的聚乙烯膜包装切花月季，能有效降低呼吸强度和乙烯的生成量，使切花瓶插寿命明显延长，且发现 15℃下厚膜包装与 8℃下薄膜包装的效果相近，这种靠自身呼吸作用产生高浓度 CO_2 代替低温的方法，为切花运输中节约能耗、降低成本提供了有益启示，同时也为气调法的应用开辟了一条较经济的途径。且薄膜包装贮藏使用方便，成本低，也可用于运输中。

(6) 辐射贮藏

用一定剂量的辐射处理鲜切花，改变其生理活性，延迟细胞衰老，抑制其蒸腾作用，从而延长鲜切花寿命的方法。丁增成等(2003)用200戈瑞的^{60}Co伽马射线处理月季切花，发现其花色、冠径、叶色等都发生了有利于提高观赏价值的变化，且花期延长至29d。通常情况下，300戈瑞的^{60}Co伽马射线可有效控制病虫害，10戈瑞的^{60}Co伽马射线可使月季、大丽花和菊花的保鲜延长7~10d，20~30戈瑞的^{60}Co伽马射线能提高香石竹的开花率、延长花期。不同切花甚至不同品种所能忍受的辐射剂量不同，过量会造成损伤，一般≥1000戈瑞的^{60}Co伽马射线不仅不能防止月季病菌的感染，还会损伤花瓣，形成坏死斑并缩短寿命。正是由于不同切花甚至不同品种所能忍受的辐射剂量不同，保鲜的辐射剂量难以确定，且辐射使用过量易对切花造成损伤，目前该方法多处于研究阶段，在生产实践中较少应用。

4.5 鲜切花运输

运输是切花采后商品化过程的一个重要环节，是生产与消费之间的桥梁和纽带。切花在长途运输中产生的损耗是整个流通过程中的主要损耗部分。因此，应将综合保鲜技术与长途运输进行有效结合，以降低切花的损耗。

4.5.1 运输过程对切花的主要影响

(1) 物理损伤

遭受物理损伤是切花运输过程存在的主要问题，由此会导致切花腐烂变质，保鲜性能下降，丧失商品价值。野蛮装卸和操作不当是引起运输过程中物理损伤的主要因素。物理损伤的另一因素是超载。由于包装箱堆码过高而使底部压力过大，加上运输途中的颠簸晃动，将使底层的包装部分或全部损坏，使切花遭受机械损伤。短途运输不使用包装箱时，应使用有一定承载力的硬纸板以防止上方花材对下方花材的挤压(图4-12)。

图4-12 月季短途运输包装方式

(2) 聚热

切花采收后仍保持着较旺盛的生理代谢。在运输过程中，由于切花强烈的呼吸作用，会产生大量的热量，如果呼吸热不能及时排除，就有可能造成热量积累、温度剧增，产生聚热现象而出现热害。特别是外界环境温度较高的季节或呼吸作用比较强烈的观叶类切花，聚热现象更为严重。冷藏运输是解决聚热问题的最佳办法。但目前我国的运输条件还难以达到大规模冷藏运输的要求，所以在实际运输工作中常常通过促进空气流动、避免阳光直射等措施，减轻聚热所造成的高温伤害。

(3) 失水

切花在采后运输途中，由于空气在器官表面的流动，或者聚热所造成高温环境，都会引起切花大量的蒸腾失水，导致萎蔫和衰老。

4.5.2 运输中环境因子控制

影响切花产品运输质量的环境因子主要有温度、湿度、在运输途中不同程度的振动和冲击，以及运输空间的微环境气体组成等。理想的运输模式是运输中环境条件的设定能够提高运输质量，降低切花的生理活性，减少水分损失。

(1) 温度

运输时应尽可能保持植物处于稳定的冷环境中。除去对低温敏感的热带切花之外，其余切花采后都应及时预冷并在适宜低温下运输。不同切花对运输的温度要求不同，温带切花产品运输适温常在5℃以下，相对较低；热带切花产品通常在13℃左右，相对较高；而亚热带起源的花卉则介于两者之间。

另外，同一切花的运输适温还随着运输距离长短、栽培条件不同而变化。露地花卉的运输适温比保护地栽培的低，长距离运输比近距离运输的温度相对要低。总的来说，同一切花运输适温要低于其贮藏适温。

(2) 湿度

鲜切花通常要求运输环境相对湿度为85%~90%。

在干运情况下，环境温度和包装材料共同影响花材周围相对湿度的大小。采用瓦楞纸箱包装，密封不是很严时，产品蒸腾失水往往很旺盛。有条件时可用车厢内洒水、加湿装置或包装箱内加碎冰等保持高湿。采用有聚乙烯薄膜作内衬或作内包装的纸箱包装时，由于花材的蒸腾作用，周围会形成饱和的水分微环境，相对湿度易于满足要求，但是要避免过湿。在相同绝对湿度条件下，相对湿度随着环境温度的下降而上升，反之随着环境温度的上升而下降。因此，运输途中的温度变化会通过相对湿度而间接影响切花的蒸腾作用。

(3) 振动和冲击

振动引起的生理伤害和机械损伤会影响切花产品的质量。振动强度以重力加速度 g (9.8m/s)来表示。不同振幅和频率对产品的影响不同，一般1g就会使切花遭受损伤。铁路运输振动通常为0.1~0.6g，海路运输0.1~0.15g，公路运输一般为0.1~2.4g，有时为0.4~4.6g，比铁路运输和海路运输的振动强度都大。不同的运输工具、运输途径、行驶速度等都影响振动频率和强度。在同一种运输工具中产品所处部位不同，受到的振动不同。以卡车为例，车厢前端下部振动最小，后部上端的振动最大。同一运输工具的行驶速度越快，振动越大。

运输中应尽量减少振动。从采收后到预冷前的短途运输虽然运输时间短，但由于花材含水量大、环境温度高、包装材料简易，且多采用公路运输，容易引起振动，因此，需要特别注意减轻振动，保持切花产品质量。从产地到消费地的远距离运输，整个过程振动的累加效应对切花产品影响非常严重，需要从包装材料选择等各个方面来减轻振动。在运输中除振动外，还有挤压，应当设法减轻运输前后搬运过程中对产品的冲击等。目前可通过选择防震包装材料等来减轻振动和冲击对切花产品的损伤。

(4)运输空间的微环境气体组成

影响切花运输质量的微环境气体主要是 O_2、CO_2 及乙烯等。高浓度 CO_2 和低浓度 O_2 对减少运输中的损耗、降低产品的生理代谢活性是有效的。

以月季切花为例介绍模拟运输条件时塑料薄膜包装自发气调的运输效果。将月季切花分别设有 8℃、15℃和 22℃(相当于空调火车室温)的温度处理，每一个温度下都设置无包装、0.02mm 和 0.35mm 的塑料膜包装，存放时间为 72h。在存放期间追踪测定包装袋内的 O_2 及 CO_2 浓度变化，存放结束后对切花进行瓶插观察。结果发现，在 22℃，0.35mm 塑料膜包装条件下切花瓶插寿命长于 8℃未经包装的切花，这与 8℃下 0.02mm 塑料膜包装的结果近似。各种包装中 O_2 含量百分比最高达到 16%，由此可见，高浓度的 CO_2 有部分代替低温的效果，在理论和实践中通过调节气体微环境达到节能运输非常有意义。

当切花在运输过程中置于无通气孔箱内和拥挤环境或周围温度过高时，乙烯常会造成严重的切花产品损失。一般运输过程中保持适当的通风和低温环境，在很大程度上可以抑制切花本身产生的乙烯所导致的损失。授过粉的花朵要避免贮藏在包装箱中。例如，在一个包装箱中装有 2 朵授过粉的香石竹切花，就会降低全箱未授过粉的切花寿命。兰花也存在类似现象，它对乙烯非常敏感。另外，切花不要与蔬菜和水果一起运输，如杏、苹果、香蕉、芹菜、花椰菜、番木瓜和杧果这类产品，会产生大量乙烯气体，使切花受到伤害。腐烂的蔬菜、水果和切花都将产生大量的乙烯，因此，应对运输车辆中腐烂的植物材料及时进行清除。一般在运输前用 STS 处理切花可有效抑制乙烯产生的危害。另一个替代办法是把装有 $KMnO_4$ 或溴化处理活性炭的乙烯涤气瓶放在包装箱中，但是乙烯涤气瓶会增加包装箱的重量，而且处理效果不如 STS 好。

高俊平(2003)研究表明，其开发的在预冷及预处液处理的基础上的远距离综合运输保鲜技术非常有效，综合应用了有害气体吸收剂、聚乙烯膜保湿限气包装、聚苯乙烯保冷隔板与蓄冷剂等技术，在常温下实现了远距离保鲜运输，是目前国内较先进且实用的鲜切花远距离运输综合保鲜技术，可使原来 40%的远距离运输损耗降到 20%以内。

4.5.3 切花运输方式

保证切花运输品质最重要的就是选择合适的运输工具及途径。目前常见的切花运输有陆路运输(公路和铁路)、水路运输和空中运输三种方式。不同国家之间的切花产品贸易多采用远距离空中运输，一些技术发达国家近距离和中距离运输多采用公路或者铁路运输。

(1)陆路运输

陆路运输包括公路(汽车)运输和铁路(火车)运输。

①公路(汽车)运输　是陆路运输中的重要方式。根据运输车辆的用途和性质，可以划分为冷却车、常温车、冷藏车、保冷车以及特殊功能冷藏车等。对于运输时间不超过 20h 的切花，可使用无冷藏设备但有隔热性能的货车。运输前需要对切花进行预冷使

其达到适宜低温，预冷之后马上关闭包装箱上的通气孔，同时使包装箱紧密排列在车内，防止其在运输途中移动。对于运输时间超过 20h 的切花，应使用有冷藏设备的卡车，这是陆路运输主要的运载方式。运输前打开包装箱上的通气孔，让冷气流入箱内。此时需要将包装箱采用利于空气循环的方式摆放，控制运输过程中对切花温度的影响，以保持切花稳定的低温。

②铁路(火车)运输　对于运输时间超过 20h 或数天的切花，采用火车运输。火车运输中用到冷藏集装箱和隔热车厢两类保温形式。冷藏集装箱具有空气循环、机械制冷的功能，可以取得理想的运输效果；隔热车厢利用客车车厢或棚车改造而成。在切花充分预冷的前提下，采用聚苯乙烯等隔热性能较好的材料作外包装材料，箱内放置预先制好的蓄冷剂(冰或干冰)，一般为了节约运输空间，少用或不用蓄冷剂，而是用聚乙烯膜包装来增加保温效果。采用冷藏集装箱运输，除运输中不可避免的振动外，湿度和温度相对稳定，理想的运输效果主要取决于较好的冷藏集装箱调控性能。

汽车运输与火车运输相比有损耗低，搬运次数少，且在距离较近、运输量较小时，运输成本相对较低等优点；汽车运输的缺点是在远距离运输时运输量相对有限，所需时间相对较长，运输成本比火车运输高。

火车运输的优点是振动比汽车小，运输量大，物理损伤小，运输成本低，运输距离长。但火车运输突出的缺点是通常需要汽车做接应、发货时间不灵活等，需要多次搬运，难免产生更多损耗。

美国及其他一些发达国家运输园艺产品有标准化冷藏拖车。冷藏拖车用于公路、铁路运输，冷藏搬运箱用于铁路、海运和公路运输。拖车、集装箱以及包装箱内产品都应先彻底预冷至运输适宜温度。集装箱保留开口用于产品通气和冷却之用。货物装箱时应避免紧贴侧壁出口，切叶类通常用冷藏集装箱运输，在适当条件下可长途运输 2~3 周。铁路运输通常和大型搬运集装箱或冷藏拖车相联系。

集装箱是一种运输货物的标准化容器，又称货箱。近十几年集装箱运输迅猛发展，形成了较为完善的集装箱规格体系，每一种箱型的长宽高和最大总重量均不一样。使用拖车和集装箱时，先把拖车或集装箱预冷至所要求的运输温度再进行装货，如果装载区域无空调，在装货时关掉冷却器。包装箱内产品先彻底预冷，集装箱应有开口用于产品冷却和通气之用。采用整体装载方式，装载时应避免货物紧贴侧壁，留 30~50cm 的间隔。

批量生产的鲜切花通常用冷藏集装箱装载进行中、长途运输。切花盛放纸箱的规格，应根据切花种类特点和冷藏集装箱的标准规格进行设计，以求充分利用集装箱内的空间，降低运输成本和方便装卸。

冷藏集装箱运输时要注意产品混装的问题，同一类群的植物一般可以混装同运。但是，切花和切叶不能与乙烯释放量较高的蔬菜和水果混装同运。切叶类最好与切花分开装运，因切花易产生少量乙烯气体，影响乙烯敏感型切叶类产品质量。产品混装时，包装箱大小应一致或接近一致，以利于装载方便和堆垛的稳定性。为便于到达目的地时的抽样检查，货样箱应放在后门处。

运输之前，需要检查包装箱上的通气孔是否打开，以及冷却系统的性能等。装箱时应采用有利于空气循环的包装箱码垛方式。冷藏货柜装载时，首先要考虑纸箱摆放(排列)方式，需要满足下列条件：必须有适当的风道以利于冷风循环；在运输途中及到达时，必须能维持排列方式；需能预防纸箱变形压伤货物；应简单可行并且装卸迅速；应有可适用于各种形状的货柜。

(2)水路运输

水路运输多采用冷藏集装箱。海水表面温度和湿度都相对稳定，船在海里航行几乎不会有引起产品生理反应的大的振动，如果有性能良好的冷藏集装箱时，最为理想的运输方式是海运。海运成本最低，适合于附加值较低、重量型产品的远距离运输。如目前由中国出口日本的菊花多采用海运。

真空集装箱运输抑制了切花花蕾和花的发育，因此，当切花到达目的地后，用真空集装箱运输的切花与用普通集装箱运输的切花比较处于较早的发育阶段。但真空集装箱运输会引起菊花品种'Whitehorim'叶片出现坏死斑点以及月季品种'Motrea'的花托变黑。同时真空运输的主要缺点在于导致切花水分损失严重。据荷兰 H. Harkema 研究，同样的花材海运，采用真空集装箱的切花失水10%~16%，采用冷藏集装箱或常规隔热的切花失水约7%，而空运切花仅失水4%左右。

采切后切花应尽快用适当的花卉保鲜剂进行硬化处理(水合)并快速预冷，然后装入冷藏集装箱内，再转运至海港口。在到达目的地后应将切花置于合适的保鲜液中予以恢复，贮藏于低温之下，直至出售。

(3)空中运输

空运可把切花以最快速度提供给消费者，多不需要专门的冷藏设施设备。航空运输的最大优点是运输速度快，可以节省用于特殊包装、保险、保管和库存等的费用，但缺点是运输成本高。运输量比火车和轮船小，同样存在以公路运输作为辅助运输手段的问题。由于飞机上乙烯浓度高，所以空运前切花应用 STS 脉冲处理。因飞机无冷藏条件，所以切花运输前应预冷，包装箱上所有通气孔应关闭。空运中切花包装箱一般用托盘整体装卸，最好先使用塑料宽条带环绕整体包装，再用托盘网固定。一些切花也使用空运集装箱。目前，云南生产的切花不少通过空运外销。

以上各种运输工具在温湿度变化、振动以及微环境空气组成等方面的情况不尽相同，各有优缺点。选择运输方式时，需要以提高经济效益为目的，具体问题具体分析。

4.5.4 运输前处理

运输前进行一些药剂处理可以防止运输过程中切花腐败或品质下降。对灰霉病敏感的切花应在采前或采后立即喷杀菌剂，防止贮运过程中感染。

运输前用含有杀菌剂、糖、生长调节剂和抗乙烯剂的保鲜剂做短期脉冲处理，在切花包装尤其是在长途运输或越洋运输中大有益处。荷兰海关常用分光光度计检测乙烯敏感型切花的 Ag^+ 浓度，如果发现未进行 STS 脉冲处理的切花，则不允许出境。

4.5.5 贮运中遇到的主要问题及解决方法

运输时应考虑最经济、最优的运输方法。对较长期运输，遇到的主要问题是花器脱落、叶片褪绿变色、向地性弯曲等。

(1) 花器脱落

由于摇动、高温、创伤以及有害气体等的影响，月季、羽扇豆、金鱼草、飞燕草、香豌豆以及兰花等切花，在贮运中常发生花瓣或花芽脱落的现象。

在贮运中产生的乙烯也会增加花的畸形，诱导花苞、叶的脱落。乙烯的危害大小取决于其浓度高低、温度高低及暴露期长短。运输温度的下降(在冻害点之上)，可减少叶、花的脱落。在长期运输前，用 1-MCP 或 STS 处理植物，可减少乙烯的危害并减少花芽或花瓣脱落。如用 0.5mmol 的 STS 预处理花茎基部，可减少飞燕草、金鱼草等切花的花芽或花瓣脱落。

一些药剂也可防止花器脱落。如用 30~50mg/L 的 NAA 喷洒或浸花枝基部，可抑制三角花、牡丹、石斛兰和香豌豆等切花的花芽或花瓣脱落；用 50~100mg/L 的 6-BA 可较好地控制月季的花瓣或花芽脱落；用氨基乙氯基乙烯甘氨酸(AVG)可抑制乙烯合成，减少金鱼草落花。用 10~30mg/L 的 2,4-D 处理也能阻止金鱼草、飞燕草、花菱草花瓣或花芽脱落，但有时会引起花穗脱落。IAA 也能防止一品红的苞片脱落。但是生长素种类与使用浓度对不同切花防止落花效果不同，需慎重对待。

(2) 叶片褪绿变色

切花在贮运过程中叶片变色有两种，即变黑和变黄。

①变黑　叶片变黑(变褐或变黑)在一些山龙眼科花卉中是一个严重问题。不同种(品种)之间叶片褐变的快慢有较大差异，有的采后几天叶片就全部变黑，有的种(品种)则要一个月以上。叶片变黑是酚类化合物氧化作用的结果，主要是无色花色素苷与细胞的其他成分反应生成许多黑色凝聚产物。高温黑暗促进变黑，只要在 400lx 低光强下叶片变黑就被抑制。另外，花枝插在保鲜液中可以推迟叶片变黑，用 2%~3%的 S 加 200mg/L 的 8-HQC 的溶液即可获得较好效果。

②变黄　叶片发黄是唐菖蒲、菊花、百合等的严重问题。叶片发黄标志着叶片内蛋白质、核酸、叶绿素的分解和破坏。切花放在高温黑暗处，变黄更快。细胞分裂素能有效延迟叶片衰老变黄，在切花贮运前用高浓度细胞分裂素(250mg/L)喷叶面或低浓度浸叶片都能明显抑制补血草、菊花、唐菖蒲、山丹花等多种切花叶片变黄和维持叶片膨压；用低浓度 BA(50mg/L)浸叶片比喷布更为有效。由于 BA 可抑制花的发育和开放，用 BA 处理叶时勿触及花芽。一品红的花枝基部浸于 CA 中 1h，也可抑制叶片变黄；GA 能防止百合叶片黄化；细胞激动素(KT 等)能防止六出花、菊花、雏菊和补血草叶片黄化。

(3) 向地性弯曲

在贮运时，由于受地心引力的影响，水平放置的切花花茎或花穗会发生弯曲，影响切花的品质，其中，具有穗状花序的切花更为明显，如金鱼草、唐菖蒲、羽扇豆、飞燕草、非洲菊、郁金香等。为避免这一现象发生，这些切花应垂直贮放，以垂直状态运输。在特制的容器内对切花做垂直处理，对唐菖蒲来说，这种操作是极为普遍的：剪去花穗顶端 2~3 芽；在贮运前垂直放置冷藏 1d，可减少唐菖蒲、月季的向地性；生长抑制剂也可以防止唐菖蒲和金鱼草的向地性弯曲。

小　结

本章介绍了切花采收的适期、放置的环境要求及采后的溶液处理；切花分级的概念及质量标准；切花包装的作用、方式及注意事项；切花贮藏的意义、影响贮藏效果的因素及贮藏方法；切花运输中对环境因子的要求、运输前预冷方式及运输方式。通过本章的学习，可以对切花的采收、分级、包装、运输和贮藏等切花产业链各个环节的技术要求有比较清晰的了解，同时加强对行业相关标准的认识。

思考题

1. 切花分级的概念及分级的质量标准是什么？
2. 切花包装的作用和方式有哪些？
3. 切花包装中有哪些注意事项？
4. 简述鲜切花贮藏的意义和影响贮藏效果的因素。
5. 简述目前常用的鲜切花贮存的方法及其优缺点。
6. 切花在运输过程中对环境因子有什么要求？
7. 切花运输前进行预冷的方式有哪些？
8. 目前切花运输的方式有哪些？

推荐阅读书目

1. 鲜切花生产、分级包装技术手册．丁元明．中国农业出版社，1999.
2. 花卉产品采收保鲜．韦三立．中国农业出版社，2002.
3. 鲜切花栽培与保鲜技术．王诚吉，马惠玲．西北农林科技大学出版社，2004.
4. 切花生产理论与技术(第 3 版)．郑成淑．中国林业出版社，2022.
5. 鲜切花生产技术．赵冰．西北农林科技大学出版社，2018.

5 鲜切花应用

鲜切花具有较高的观赏价值，可用于装饰美化环境，给人以美的感受，使人心情愉悦。人们将这种美丽的自然产物应用于各种生活空间和各项社交活动中，在欣赏美景的同时，更传递着美好心愿。鲜切花常以花束、花篮和装饰花等形式用于各种节日场合和社交礼仪中。此外，鲜切花在插花艺术作品创作和干花制作中也有非常重要的作用。本章主要针对不同节日、不同社交礼仪、不同插花艺术风格及不同作品形式，对鲜切花的应用进行概括。

按照鲜切花的使用场合和用途，可分为鲜切花的节日应用、鲜切花的社交礼仪应用。

5.1 鲜切花的节日应用

无论我国还是国外，都有自己的节庆习俗，如我国的元旦、春节、端午节、教师节，国外的情人节、母亲节、父亲节、圣诞节以及国际劳动妇女节等。在节日里以花相赠，以花会友，以花传情，非常具有仪式感。由于各节庆含义不同，节庆用插花装饰时往往在花材选择、应用上有所区别，以突出或象征其主要内涵。

(1) 元旦

元旦用花无特定的习俗，表示喜庆的花都可在元旦馈赠亲朋好友。送花可送百合、唐菖蒲等。百合意味着“百事合意”，是喜庆节日馈赠亲友之佳品；也寓意“百年好合”，是新人结婚常用花材。唐菖蒲意取其形，节节开花、步步高，一年更比一年好。

(2) 春节

自古以来，中国人就有春节插花庆贺的习惯，在古代称为“岁朝插花”(见彩图 9)。岁朝插花始于隋唐，其形式一为盘花，二为瓶花。宋代有了形体硕大、取材丰富的隆盛型篮花。明代岁朝插花有了明确的风格，如以“十全”表现的瓶花；以松、梅、山茶等配以百合、柿子等插作的朴实自然的“文人花”，显示“岁寒三友”“事事如意”的情趣。到了清代又有了排列巧妙、色泽鲜丽的蔬果供盘，称为“岁朝清供”。古典岁朝插花主要以松、菊、梅、柏、山茶、百合、兰花、水仙、金橘等为主要花材，花器多用瓶、盘等，常搭配如意、年画、花生、春联、中国结、古钱、荔枝、柿子、佛手、荸荠等象征吉祥的饰物。

春节多选用红色的花，如用牡丹、红掌、北美冬青等红色的切花和切果组成的插花，寓意“生活红红火火”；用玉兰、海棠花、迎春花和牡丹花组成的插花，寓意“玉堂春富贵”的吉运祥和；用石榴切果，象征“榴开百子，人丁兴旺”；用红色的朱顶红搭配中国结和橙黄色的果实，表现春节的喜气洋洋；用红色银芽柳做成放射的爆竹状，搭配月季和黄色的果实，春节的气氛扑面而来。此外，唐菖蒲乃至促成栽培的牡丹、郁金香、风信子等在春节期间都深受欢迎。

(3) 端午节

端午节常将艾、菖蒲用红纸绑成一束，插悬在门上。菖蒲因叶片呈剑形，称为“水剑”，象征祛除不祥的宝剑，插在门口用以避邪。后引申为“蒲剑”可以斩千邪。根据这些习俗，端午节插花可用菖蒲叶、箬叶、粽子作陪衬，表现节日气氛(见彩图10)。

(4) 教师节

教师节没有特定含义用花。一般以由向日葵、月季、香石竹、非洲菊、多头小菊、栀子叶、一枝黄花、银叶桉等组合的花束相送。

(5) 情人节

情人节是西方的传统节日之一。男女在这一天互送礼物表达爱意或友好。在中国，传统节日之一的七夕节称为中国的情人节。在设计情人节花礼时，都尽可能表现出热烈、优美的情调。花盒、花束等是常见的表现形式。

(6) 母亲节

阳历每年5月的第二个星期日为母亲节，现已被世界许多国家采用。一般以粉色的香石竹作为母亲节的用花，粉色是女性的颜色，香石竹的层层花瓣代表母亲对子女绵绵不断的感情。送花时可送单枝，也可送数枝组成的花束，或插成造型优美的插花。在欧美习俗中，母亲节这一天习惯把红色的香石竹献给健在的母亲，并在自己胸前佩戴一朵香石竹，表示把母爱牢记在心。把白色香石竹献给已故母亲，在自己胸前佩戴上一朵白色香石竹以示哀悼，寄托哀思。在中国，萱草花被称为母亲花，因为在中国古代有很多诗歌都用它来代指母亲，表达母亲对游子的担忧，现常被用来对母亲表达感激之情。

(7) 父亲节

阳历每年6月的第三个星期日为父亲节。通常以送黄色的月季花为主。有的国家把黄色视为男性的颜色。在日本，父亲节必须送白色的月季花，枝数和造型不限。也可送红莲花、石斛兰。

(8) 圣诞节

每年的12月25日是欧美一些国家一年中最喜庆的节日之一。人们送花主要为一品红(又名圣诞花)，此外，还有圣诞辣椒(五色椒)、圣诞樱桃(冬珊瑚)、圣诞仙人掌(蟹爪兰)、圣诞秋海棠、圣诞艺兰(卡特兰等洋兰)、圣诞树(松树、柏树、南洋杉)、圣诞冬青(北美冬青)。圣诞常用的鲜切花应用形式有圣诞树、花篮、花束、花环、圣诞花盒等，常把鲜切花与具有圣诞特色的装饰物相结合用于插花中，如红色的蜡烛、圣诞老人、圣诞帽、小鹿、五角星、小铃铛、金黄色的缎带、糖果等。

(9)国际劳动妇女节

在国际劳动妇女节，可以用花束向妇女表示祝贺，但没有特定意义的种类。一般送花有月季、百合、萱草、香石竹、小苍兰等组成的花束。

5.2 鲜切花的社交礼仪应用

花是人类从大自然中获得的最好礼物之一，它给人带来幸福、美好、健康与希望，因此鲜切花常用于各种社交活动中，如迎送宾客、探亲访友、庆贺节日、庆典、颁奖、馈赠情侣、探视病人等，已成为表示感情、增进友谊的媒介。如乔迁新居时，常送花束或者瓶插花；祝寿贺寿的时候，常送带有造型的插花作品如花篮，既表达情谊，又使人心情愉悦。

鲜切花也常用于各种庆典仪式、大型会议、婚丧嫁娶等社交礼仪活动中，表达祝贺、庄重、喜悦、思念和喜庆之意。鲜切花在礼仪场合应用时，应先考虑馈赠对象或拟装饰的场所，以此决定花材、构图形式及色彩配置。若是插花作品，要求造型整齐简洁，花色鲜丽明快，通常体形较大，花材较多，插作繁密。花材的花型也要较为规整，不宜过于硕大粗厚，也不宜过于碎小，切忌采用有异味或有毒汁等刺激、污染环境的植物，若用则须加以处理。如百合很美，但花粉多，沾染在衣物上不易清洗掉；万寿菊虽花色明亮，但有异味，俗称臭芙蓉，不宜选用；一些天南星科及大戟科植物多有毒汁，加以处理后方可应用。另外，还需了解各国、各地、各民族用花爱好和忌讳等习俗，以便选用适宜的花材与花型。

(1)探望长辈

我国民间常以一品红赠送老人，以示“老当益壮，返老还童”，也含有“热诚不灭”的意思，赠一品红花枝还有“红得耐久”之意。也可送寓意长寿的龟背竹，寓意长寿、家庭快乐的长寿花。或送高雅圣洁的梅花以表达对长辈的仰慕之情，或根据长辈的爱好而选定适宜种类。

探病送花要注意防止误会，尽可能根据病人喜好送花。不可送白色、蓝色或颜色太深的花卉。在欧洲探望病人时，常送上一束野百合，祝病人早日康复。港台人探视病人送花，一般选少花粉、无浓香味的花，以免引起病人敏感或不良反应。若病人喜爱花香，可送中国兰、米兰等具有清幽香气的花。总之，慰问探视病人时送花的种类应依病人脾气秉性而异。性格欢快的，可选用唐菖蒲、月季、文竹等组成的花束；性格恬静的，宜选用清新怡静又具有幽香的兰花、茉莉、米兰等花束。

(2)生日祝贺

生日祝贺除了花束外，也常以花篮的形式进行赠送，多为小型桌饰花篮，造型比较活泼多变。在花材选择上，凡是喜庆的花都可相赠，但应根据生日者的喜好、要求而定，花材选用应有一定的针对性。送给母亲的生日花篮，一般以粉色香石竹为主；送给女朋友的生日花篮，可全部用月季花插作(花枝数与年龄相同)；亲朋好友小孩满月或周岁祝贺，最好送各种鲜艳的时令花卉和香花，也可送万年青、君子兰等；祝贺青年生日，宜送象征火红年华、前程似锦的一品红、红色月季等；祝贺中年亲友生日，可送石榴花、水仙、百合等；青年人互赠生日礼花常选用粉红色香石竹，或寓意友谊的月季花，或代表圣洁、美好、长寿的莲花等，以示情谊长存、生命常青；给老人祝寿常用松枝、鹤望兰、唐菖蒲，寓意松鹤延年、健康长寿，送百合花表示百年安康、百事合意。红掌也是老年人喜爱的花卉。赠送老人一般送红色、黄色等喜庆的花色，不要送冷凉的花色，以免引起老年人寂寥悲伤的心情。老人祝寿一般做成礼品花篮的形式，以示尊重，见彩图 11 所示。

另外，还可根据过生日者的喜好、特点，选用恰当的花材插作。同时，可选购一些小礼品、小饰物和贺卡，与生日花篮配合赠送。

(3)祝贺成功

同事朋友之间祝贺成功时，常送以下花材：红色金鱼草，代表“鸿运当头”；红色大丽花，象征热诚而有能力；金黄色大丽花，表示有福；此外还有马蹄莲、唐菖蒲等。

(4)道歉

向对方表示歉意时送几枝月季，忌送 11 枝(11 枝表示分别)。也可用紫色风信子表示道歉。

(5)送别

送别时可以用柳枝、百日草组成的花束；或送补血草表达永不忘记之意。在欧洲，朋友外出时，常以鸟不宿、红丁香、菟丝子组成花束相赠，寓意祝君努力，必能成功。

(6)乔迁

祝贺乔迁之喜可以送时令花卉，如大丽花、菊花、月季、唐菖蒲、香石竹、百合、君子兰、山茶花、四季橘等，以象征事业飞黄腾达，万事如意。

(7)开业典礼

在商店、公司等举办开业庆典时，一般送繁花似锦的庆典花篮以祝贺生意兴隆、财源广进。主花材应选择鲜艳夺目、花期较长的。不同季节搭配一些时令花材；衬叶主要选用苏铁叶、棕榈叶、鱼尾葵或软叶刺葵叶，也可用肾蕨叶等。

开业花篮一般送一对，寓意好事成双，常选用的高档花材有帝王花、鹤望兰、蝴蝶兰、火鹤花等；一般花材有非洲菊、石斛、香石竹、百合、月季、唐菖蒲等。过去常以红色、黄色、橙色等喜庆的颜色为主，现在随着人们用花的多样化，也可使用白色、蓝色、绿色等典雅的切花颜色，常和气球结合使用(见彩图 12)。

(8)宴会或会议

常用桌饰点缀，桌饰是指用于大型宴会餐桌中心装饰的桌花。花材一般没有特别的限制，多用时令大宗切花加一定的配花。在一些会议装饰中常有迎宾桌花(见彩图 13)、会议桌花(见彩图 14)、演讲台花(见彩图 15)等桌饰类型。迎宾桌花用于比较大型的迎宾活动，可以用大型的插花或花篮，有喜庆之意的花材都可使用。会议桌花一般置于桌中央，常采用独立式和组合式两种形式，会议主席台、演讲台等常结合桌的立面进行整体装饰。造型上有单面观、四面观，构图形式有圆形、球形、椭圆形等对称的几何构图，也有新月形、下垂形等各种不规则式构图，主要取决于桌的形状、摆放的位置及需要营造的气氛。

(9)祭奠和哀悼

花圈主要用于哀悼祭奠礼仪，选用的花材一般以花色素雅的白色、黄色、蓝色为宜，如菊花、月季、香石竹以及龙柏、松枝等。扫墓时应以白色、黄色为主搭配其他时令花卉，如白菊花、黄菊花、百合花、马蹄莲等。

(10)婚礼

为了增加婚礼或热烈欢快或温馨浪漫的气氛，用鲜花进行各种装饰是不可或缺的。在婚礼中最常用到装饰花，新人和宾客将其佩戴在身上，形式简单，只需要简单的配饰和一朵花搭配即可。婚礼花饰主要包括新娘全身的花卉装饰，如头花、腕花、肩花、腰花、新娘捧花等；新郎与宾客胸前佩戴的胸花；花车以及婚礼不同场合的各种装饰，如入口处、接待处、宴会餐桌、餐具，甚至于蛋糕等食品上的鲜花装饰。

婚礼花饰是各种礼仪插花中从花材选择、造型设计到制作都最为讲究的一种综合的花艺设计。婚礼用花要求具备花大、新鲜、耐脱水、寓意好四个特点。从形式上除了小型的胸花、头花、肩花、腕花等，还有花束、花篮、桌花等各种礼仪用花，新娘用花的花色和造型要根据新娘的身材、脸型、发型、肤色、婚纱的色彩及造型等进行设计，新郎及宾客的花饰、花车用花也都要与新娘用花协调，达到整体上主次分明，形式优美，相得益彰。

①胸花 它是用细铁丝(铜丝)编成各式骨架，然后将花朵和衬叶插入或捆扎于骨架上，再用缎带遮盖缠扎部位，主要是用来装饰衣襟的小型切花装饰。主要款式有星点式、三点式、放射式、飘洒式、S形、扇形等(见彩图16)。胸花一般选用一朵焦点花，如香石竹、雏菊、非洲菊等，再搭配一些小花或叶材，整体花束小型。

②腕花 是佩戴在手腕上的花饰(见彩图17)，将花材固定好后绕在金属环上，缚在手上。所用花材要选择坚挺厚实的花材，如小菊花、万代兰、小月季、蝴蝶兰等，而且花体与手腕之间要保持适当的距离，防止花体影响手部的活动。

③新娘捧花 指用手来捧的花束，在婚礼中最常用的是球形、半球形(见彩图18)、水滴形和瀑布形。近年来，在花店的经营中，出现了许多造型浪漫飘逸的艺术感极强的婚礼花束。

④婚车 用鲜花装饰新娘的车辆成为婚礼中不可或缺的一种时尚，花车装饰通常有普通型和豪华型，形式可以是规则式也可以是自由式。规则式的以心形(见彩图19)、“V”字形和对角线最为常见。

⑤婚礼现场 婚礼仪式区一般包括花门、路引和舞台背景三个主要的区域。花门是仪式区的第一设施，新人从这里走向未来。花门造型大多呈拱形和方形，也有自由式造型(见彩图20)；婚礼上的路引，寓意着新人在未来的人生路上能携手共享人生的鲜花与雨露(见彩图21)；舞台背景是新人举行仪式的地方，常将鲜花、气球与电子屏相结合，烘托气氛(见彩图22)。

根据鲜切花的应用形式，可以分为在花束花篮中的应用、在插花艺术中的应用、干花应用和在现代工艺花中的应用等几种形式。

5.3 鲜切花在花束花篮中的应用

(1)鲜切花在花束中的应用

花束是鲜切花社交应用的主要形式。花束又叫手花，是把切花相聚成束，并衬以配叶精心装饰而成。一般采用包装纸和丝带等材料与鲜切花搭配，可以制作成普通送礼的花束或者新娘捧花，大小适中，可以单握，也可以手捧，是大部分花店的主打产品。制作花束要根据不同用途选择花色。例如，祝贺祝福的花束要鲜艳热烈；致哀的花束要淡泊素净；探视病人的花束要悦目恬雅。花束可以主要选用同一种花材按图案制作(见彩图23)，也可以使用多种不同花材插制而成(见彩图24)，还可以直接用染色切花简单捆扎成束(见彩图25)。

赠送花束，需要懂得各种花的寓意。如梅的傲雪凌霜、兰的高洁自如、竹的高风亮节；如桃花、石榴、红色月季象征爱情；万年青、吉祥草、常春藤表示友谊长存；香石竹表达真挚、无私的母爱；唐菖蒲的花语是高雅、长寿、高升；非洲菊代表意志坚强，相互扶持，追求美好前程；百合的花语是百年好合；马蹄莲表示永结同心、吉祥如意、圣洁虔诚；一品红的花语是普天同庆、共祝新生；晚香玉有素雅、温馨的寓意；满天星表达素雅、圣洁，象征清纯及思念；勿忘我代表浓情厚谊，永恒的爱，真挚的爱。栀子花意味着纯洁与贞洁。因此，在社交应用时，一定要对各种鲜切花的花语有所了解，以更好地表情达意。如2008年北京奥运会的颁奖花束“红红火火”，每束颁奖花束由9枝“中国红”月季组成，代表凝聚力和长长久久之意；配花配叶包括6枝火龙珠、6枝假龙头、6片芒叶、6片玉簪叶和6片书带草等，取一帆风顺之意。

(2)鲜切花在花篮中的应用

花篮是将鲜切花放置在竹篮内与配饰组合，可以创作出不同的风格，一般分为礼品花篮、庆典花篮、装饰花篮等类型。

花篮是切花礼仪应用的主要形式之一，除了庆贺商店、宾馆、餐厅等营业场所“开张大吉”时在门口摆上两排“花篮阵”外，在婚嫁喜庆、纪念活动、大厦落成和丧事悼念等场合都可应用。制作花篮宜选用花型丰满、颜色鲜艳的花朵，并使之花色浓淡相宜，花姿优美典雅，布局新颖别致，以充分体现花篮的整体美。按照习俗，凡是办理喜庆事宜，应尽量选用五彩纷呈的艳色花卉，并用红色金字的飘带加以装饰。办理丧事的则选用白、蓝、黄、紫等素色花卉，用黑色或白色飘带以表哀思。

5.4 鲜切花在插花艺术中的应用

插花就是把切花插入含有水或花泥的花瓶、水盆等容器中，并运用切花艺术技巧，按照作品主题和环境布置的要求，巧妙地进行立意构思，把选定的花材进行艺术加工(修、截、弯、接、造型等)，并选择适宜的容器、几架、摆件，经过精心插作和陈设等艺术创造过程而产生的精美的花卉艺术品。它对烘托和渲染环境气氛有着特殊的作用。插花因其无与伦比的装饰性、观赏性与随意性，所表达的丰富多彩的文化内涵，以及创作时所融入的艺术创造性而显示出其独特的魅力。

现代插花有广义和狭义之分。狭义的插花，是指用有生命的植物素材切花和切叶创作的饰品。广义的插花，还包括用无生命的植物素材，一般指干花或非植物素材(如人造仿真花)创作的饰品及它们的结合，有时加以其他材料，如金属、玻璃、石材、有机物、织物等的插花作品。

插花艺术是将大自然的植物与当代的新型材料通过修剪、编制等艺术手法创造出的艺术品。通过对花材的整理、构思，创造出一种独特的艺术语言，或用于空间装饰，或用于商业宣传，或传递情感。创造形式、表现手法、情感表达都多样，可以与容器完美结合组织语言，也可以脱离容器去创造新的表达方式。但无论以何种形式创作，都是赋予花一种独特的语言，让花变得更赏心悦目，供观赏者在空间中欣赏、解读、沉思。插花艺术不仅是自然之美与人造手法美的结合，更是技术与艺术的结合，是物质和精神的融合。它以高雅的艺术魅力营造赏心悦目的氛围，满足人们对于美的追求，丰富人们的精神生活。

插花作品的制作包括插花花材的准备(采集、选购、剪切、预处理)、插花花材的加工(对于枝材，需要剪裁修枝或整形弯枝；对于花材，可用金属丝缠绕法、金属丝穿茎法、花托法、花梗捋弯法等进行加工造型；对于叶材，可通过卷叶、圈叶、磨叶、修叶或折叶等方法进行加工造型)和造型三个过程，具体方法参考《插花艺术》教材，此处不再赘述。

插花是一门造型艺术，由于文化艺术及审美习惯的差异，根据插花造型特点和艺术风格可将其分为中国传统式插花、西方传统式插花和现代自由式插花三大类。中国传统式插花简洁、朴实、富有韵味，可以寄托创作者深厚的感情，是艺术插花比赛中不可缺少的形式；西方传统式插花，造型整齐端庄，是西方及各国现代礼仪交往中应用最多的种类；现代自由式插花则结合了东西方插花造型的优点，所用的材料和形式更加广泛，特别能表现现代文化气息。下面分述鲜切花在各种插花类型中的应用。

(1)鲜切花在中国传统插花中的应用

中国传统插花受古代“天人合一”哲学思想影响，崇尚自然，表现生命；受古代书画影响，重视线条，表现生动；受古代文人插花影响，注重内涵，讲究意境。

常采用木本枝条做骨架，如枯藤屈曲多姿，经加工，在插花中可用来活跃气氛或构成作品的轮廓；珍珠梅枝条富有诗情画意；连翘弓形，很生动；玉兰小短枝如毛笔，很易造型；梅花枝条虬曲多姿，典雅古朴。目前常见的切枝主要有山茱萸(见彩图26)、龙枣(见彩图27)、南天竹(见彩图28)、龙柳、雪柳和红瑞木等。常用的切花主要以中国原产花卉为主，如牡丹(见彩图29)、荷花、菊花、月季、芍药和百合等。中国传统插花也常用一些具有线条感的草质藤本，营造独特的格调，如常春藤的叶形变化多姿、枝条匍匐下垂，枝端上翘，甚有力度，可用作下垂形插花作品的造型；南蛇藤的叶互生，绿色，可用于下垂或缠绕的构图。

制作中国传统插花时常采用剑山、撒和铁丝网等物理的方法固定花枝，有利于花材的保鲜，延长观赏期。插花作品造型简洁，花材用量少，插花的基本造型有直立型、直上型、倾斜型、平展(平卧)型、下垂型和写景式等。

(2)鲜切花在西方传统插花中的应用

西方式插花以欧美的插花为代表，其起源于古埃及，传入欧洲后，受西方建筑学、雕塑学以及色彩学、解剖学、透视学的影响，强调色彩和理性，以规则的几何形为基础，讲究花团锦簇，色彩浓艳热烈，富有装饰性和人工美。

西方式插花常根据造型来选择花材的种类、形状，多选用花大、色艳、外形整齐的草本花卉，较少使用弯折的木本花材。如果作品外形为直线型强的三角形、扇形等可用直线花材按形状插作；如果作品是弧线的弯月形，可用弯线形花材或直线花材插成弧线形；应特别注意整个花型的面要整齐，避免不规则弯弯曲曲。西方式插花的基本造型主要有三角形(见彩图 30)、L 形、S 形、新月形、圆球形、半椭圆形、放射形(见彩图 31)等类型。具体构图方式见插花艺术教材。

在西方插花中，把花材按照形状分为四个类型：团块状、线条状、散点状和异型。

①团块状花材　是指主要观赏部位的外形呈团状或块状的花材。这类花材多为花冠较大、花色鲜艳，有一定独立的色块效果，既可单独观赏，又可以和线性花材配合使用的头状花序、总状花序、伞房花序、大型单花等，常作为骨架花或焦点花应用。常见种类有鸡冠花、福禄考、天竺葵、八仙花、月季、菊花、香石竹、牡丹、芍药、非洲菊、百合、花毛茛、向日葵、郁金香、朱顶红、草原龙胆(桔梗)、大花葱、大丽花、金槌花、麦秆菊、睡莲等。这一类花材比较多，在作品中常作为构图中的主要花材。

②线条状花材　是指外观形状呈线条状，并具有明显线状感的花材。包括线条状的花序、切叶、木本枝条。它是构成插花作品轮廓和基本构架的主要花材。线性花材的线性根据外形不同又可分为直线、曲线、粗线、细线、刚线、柔线等。不同的线形在作品中的表现力各不相同，如直线表现端庄、刚毅和旺盛的生命力；曲线表现优雅、抒情、潇洒飘逸和富有动感；粗线条雄壮粗犷，表现阳刚之美；细线条温柔秀丽，优雅清馨。

常见的枝干型线形花材有银芽柳、红瑞木、迎春花、连翘、龙游桑、龙游柳、竹、水葱等；花序为线形的花材有唐菖蒲、蛇鞭菊、金鱼草、紫罗兰、飞燕草、蝴蝶兰、大花蕙兰、文心兰、石斛、万代兰、千屈菜、香蒲、芦苇、鸢尾、钢草、熊草、木贼、贝壳花、落新妇、姜荷花、蜡梅、香雪兰、假龙头、麻叶绣线菊、铃兰、多叶羽扇豆等。线形花材一般起着决定插花比例和高度的作用，还可以活跃插花的构图布局。

③散点状(填充)花材　这类花材枝茎多而纤细，花叶细小而繁密，整体形状呈轻盈蓬松的大而散的花序，所以适宜用来填充空间。如一枝黄花、香豌豆、补血草、二色补血草(水晶草)、情人草、深波叶补血草(勿忘我)、多头月季、多头小菊、多头香石竹、六出花、须苞石竹、圆锥石头花(满天星)、千日红、澳蜡花、刺芹、青厢等。

④异型花材　这类花材外形不规则，花型奇特，形体较大，造型别致，容易吸引人的注意力，1~2 朵就足以达到突出的效果。适宜插在作品的突出位置作焦点花，如鹤望兰、卡特兰、蝎尾蕉、红掌、兜兰类、马蹄莲、帝王花、针垫花、嘉兰、白鹤芋、水烛(蒲棒)等。为了突出其独特的造型，常与其他花材之间保持一定距离。

在西方传统插花中，根据花材在整体造型中的作用可以将花材分为四大类：骨架花材、焦点花材、主体花材和填充花材。

①骨架花材　是西方规则式插花造型中最基本的元素之一，它勾画插花作品的整体外轮廓，确定造型的基本形状、大小、方向，即搭骨架。一般选线状花材或造型挺拔的花材，也可用茎长的团状花材，如唐菖蒲、金鱼草、紫罗兰、晚香玉、蛇鞭菊、一叶兰、香石竹、月季等。

②焦点花材　一般处于造型的中心位置，是视觉的集中点，又称中心花。一般用特殊形状的花材或和周围花色、花形不同的种类。常用的花材有团块状花材或特殊形状花

材，如百合、花烛、马蹄莲、鹤望兰、洋兰、郁金香、非洲菊等。西方式插花有时也可无焦点，全部用一两种花材，均匀插成一个完整的形状。

③主体花材　是整个作品的主要部分，一般采用花头不太大的团状花材充当。

④填充花材　西方传统插花的一个特点是花型丰满，整个作品是一个立体几何形，空隙很小，需要用一些花型细小、花枝蓬松的填充花材连接线条状花材和焦点花，形成过渡，使整个造型更丰满、和谐。常用的花材有满天星、补血草、天门冬、小菊等。例如，彩图 30 所示的三角形插花，以线条状的新西兰麻叶、蛇鞭菊和紫罗兰为骨架花材，决定作品的高度和宽度，以团块状的百合花作焦点花材，以散点状的澳洲蜡梅作填充花材；彩图 31 所示的放射状插花则是以线状花材作骨架，大的团块状花材作焦点，小的花朵作点缀和填充。

(3)鲜切花在现代花艺设计中的应用

现代花艺设计是从西方插花艺术基础上衍生出来的现代插花花艺类型，从广义上讲，属于西方现代插花的类型。在现代花艺设计中，植物材料的选择更加广泛，包括植物的根、茎、花、叶、果等。为了使现代插花别具一格，形式新颖，常常采用更加丰富的处理方法。包括铺陈(见彩图 32)、粘贴(见彩图 33)、分解、重组、折曲、串联、层叠(见彩图 34)、重叠、编织等。现代自由式插花不受具体形式的限制，创作风格更加自由随意(见彩图 35)。

5.5　鲜切花的干花应用

干燥花，是将植物的花、叶、根、茎等组织或者整体，通过物理或化学的方法进行脱水干燥、定形和护色处理，制作成具有永久观赏性的植物制品。包括立体干花和平面干花两类。

(1)鲜切花的立体干花应用

干花插花可以依据造型形式的不同进行分类，根据主枝在容器中的构图不同，可以分为直立式、水平式、倾斜式、下垂式；根据造型风格的不同可以分为自然式、抽象式以及几何图案式，也可分为西方式干花插花及东方式干花插花。另外，根据装饰品造型形式的不同，可以分为花束、花索、花环、花球、容器、花篮等。

①花束　是干花饰品中最常见的一种，就是用花材插制绑扎而成的一种具有一定造型的束把状的插花形式。

②花索　也称为花辫，造型为带状，先用纤维材料编成辫状框架，再将准备好的小花束插在框架上。花索可用于会场的桌花、门廊装饰等。

③花环　一般是用花朵、花叶、枝条、谷物的茎和一些组织材料裹在一起扎成环状。多用于门饰、墙饰或桌饰。

④花球　制作时用塑料泡沫或干花泥制成球形，再在上面插上花材，做成花球。常可以用来装饰茶几、餐桌、门把手等。

⑤容器　是在干花外加罩密闭的透明容器，用这种方法制作的容器式干花能够很好地避免灰尘污染，可使用的花材种类更多，且保色、保形效果更好，观赏寿命更长。包

括钟罩花、画框花以及壁挂等。

⑥花篮　花篮常用藤条、柳条、塑料、陶器等材料制作而成，造型、色彩各式各样。在花篮中放入花泥，将干花花材插入花泥中，创造出不同风格的插花。

(2)鲜切花的平面压花应用

压花艺术又称平面干燥花艺术，是将压制好的平面花材，按花的色彩、形态、质感、韵律等特点适宜搭配，经设计构思后粘贴在各种衬物上制成精美的具有绘画风格的艺术品。植物压花技术的实现，使人们把花卉进行永久保存的梦想成为现实。压花艺术融合了绘画与花艺设计，因其自然的花色，丰富的花材，真实、质朴的画面，保存时间长久而深受人们喜爱。

压花艺术所用花材须选择立体度和水分较低的。压花材料的制作，首先要对花材进行压制和干燥，压制后可以给花材上色，也可以保持原色彩。最后，将压好的平面干燥的花材，按照一定的艺术手法进行自由创作，形成压花艺术装饰品。制作工艺主要包括植物材料的选择和采集、护色和染色、压制和干燥、收纳和保存以及构思和创作等，详细制作过程参考《干花艺术》教材，此处不再赘述。

压花艺术的应用范围很广，生活中许多饰品和用品(如书签、名片、贺卡、餐垫、餐具以及灯罩等)都可以用压花来装饰，此外，压花也可以制成大型的压花画。压花的应用主要可以归纳为装饰画类压花、封面类压花、卡片类压花、首饰类压花以及其他生活日用品类压花。

①装饰画类压花　又称压花装饰画，包括压花挂画、压花屏风等形式。以彩色卡纸、绒布、丝绸、木板等为底衬，在其上构图、粘贴花材制成压花画，也可加以泡沫、蕾丝、网纱等材料进行辅助，增加画面的层次性。

②封面类压花　主要是指以干花材料装饰生活中各类物品封面的应用形式。包括信封、日记本、礼品盒等。

③卡片类压花　是指以干花花材装饰点缀各种卡片物品的压花应用形式。包括书签、贺卡、名片、请柬等。

④首饰类压花　是指以压花材料装饰点缀各类首饰的压花应用形式。包括压花吊坠、压花手链、发夹等。这类压花以金属、水晶或树脂为载体，将花材嵌入其中，可以更好地体现压花作品的立体度。

⑤其他生活日用品类压花　最常见的有压花布艺和压花器具，包括压花窗帘、压花桌布、压花靠垫、压花扇、压花杯垫、压花灯罩和压花蜡烛等。

5.6 鲜切花在现代工艺花中的应用

工艺鲜花是指根据特殊需求将鲜切花按照一定的工艺技术进行化学加工制作，使之更具独特个性。

(1)香花

首先可把鲜花干制，然后将花、香味剂(香精，医用或食用香料)、保持剂(松香和安息香等)混合后置于密封容器中，载体材料逐渐将香味剂吸附并由保持剂加以维护，经过一定时间的吸附和保持作用，可以制成形色香味俱佳的香花。

(2) 染色花

目前染色切花比较流行，它可以弥补鲜切花颜色不鲜艳或者是颜色不足的缺点。如将石竹、百合、菊花等浅色品种插入专门的着色液中，2~4h 花瓣就会变成人们所喜爱的颜色，如白菊变成绿菊、白百合变成蓝百合等。如 2018 年在北京举行的第二十届中国国际花卉园艺展览会上，厄瓜多尔参展商展示了色彩丰富的染色满天星(见彩图 36)、月季(见彩图 37)等；其他公司也展示了一些染色花，如非洲菊、金槌花、八仙花(见彩图 38)、落新妇、染色菊和香石竹(见彩图 39)等。

(3) 永生花

永生花也叫保鲜花、生态花，国外又叫“永不凋谢的鲜花”。永生花是使用月季、香石竹、蝴蝶兰、八仙花等品类的鲜切花，经过脱水、脱色、烘干、染色等一系列复杂工序加工而成的干花。永生花无论是色泽、形状、手感几乎与鲜花无异，它保持了鲜花的特质，且颜色更为丰富、用途更广、保存时间至少 3 年，是花艺设计、居家装饰、庆典活动最为理想的花卉深加工产品，深受广大客户喜爱，发展前景较好。目前以月季的永生花产品最多，主要做成永生花礼盒(见彩图 40)或钟罩花(见彩图 41)产品销售。

小　结

本章主要介绍了鲜切花的节日应用、礼仪应用、社交应用、在花束和插花艺术中的应用、在干花和现代工艺花中的应用。通过本章的学习，学生能对鲜切花的各种应用形式及各种应用场合会有充分全面的了解，增强了其对鲜切花学习的兴趣和从事鲜切花生产的愿望，培养学生热爱生活、热爱花卉的情操。

思考题

1. 鲜切花的应用形式有哪些？
2. 鲜切花的节日应用表现在哪些方面？
3. 鲜切花的社交应用表现在哪些方面？
4. 鲜切花的礼仪应用表现在哪些方面？
5. 在花束和花篮制作中有哪些花语知识？
6. 西方式插花中按花材的作用主要分为哪几类？并举例说明。
7. 西方式插花中按花材的形状主要分为哪几类？并举例说明。
8. 鲜切花的干花应用形式有哪些？
9. 鲜切花的工艺花应用形式有哪些？

推荐阅读书目

1. 压花与干花技艺．应锦凯．中国农业出版社，1999.
2. 干花与人造花家庭装饰．谢明．浙江科学技术出版社，2000.
3. 插花与花艺设计．谢利娟．中国农业出版社，2007.
4. 干花艺术．赵冰．中国林业出版社，2022.
5. 鲜切花生产技术．赵冰．西北农林科技大学出版社，2018.

6 鲜切花销售

鲜切花只有到达消费者手中才能实现其作为切花的功用。那么怎样进行鲜切花的销售？有哪些销售渠道？如何进行鲜切花的促销和定价？有哪些品牌营销策略？鲜切花消费的影响因素有哪些？鲜切花消费的现状和存在问题是什么？这些问题都将在本章进行论述。

6.1 鲜切花销售概况

6.1.1 鲜切花的销售渠道

由于切花产品有时效性强、易损耗、不易贮藏的特点，在进行切花销售时要有良好的流通渠道来缩短花卉商品的流通时间，以满足市场的及时需要。鲜切花产品的流通渠道是指花卉产品从生产地到消费者手中的流通路线。目前鲜切花的销售渠道主要有花卉市场、花展、花店、超市、鲜花自助售卖、电话或手机小程序订花、网络订花等。

(1) 花卉市场

城市的大型花卉市场对切花的需求量非常大，它兼有批发和零售双重功能，对切花的品种数量不太苛求，多少均可，但对切花品质要求严格，是当今最重要的销售渠道之一。

销售主要有对手交易与电子拍卖交易两种交易形式。其中，对手交易是买家可在市场内查看鲜切花现货，与卖家面对面商定价格，并现场交货完成交易。该种销售方式具有直接把最新鲜的高质量切花产品卖给消费者的好处，且消费者可根据需要自行选择。对手交易因具有“现场、现货、现价”的特点，其交易量在我国目前的花卉市场中所占比重较高。如昆明斗南花卉批发市场和北京莱太花卉批发市场(见彩图 42、彩图 43)主要通过对手交易进行销售。

电子拍卖交易通常是拍卖大厅 LED 屏上实时显示鲜花品种、等级等信息。拍卖一般是晚上进行，采购商面对降价式的鲜花拍卖模式，必须敏锐地按下购买键，一旦拍下这批鲜花，那么位于待拍区的鲜切花(见彩图 44)会立即装车或装机运输，一般几个小时就会将鲜花送到国内的各个城市。目前昆明国际花卉拍卖交易中心(简称 KIFA)、斗南花卉批发市场两大市场鲜切花年交易总量和交易总额位居亚洲第一，云南省已成为国内及亚洲鲜切花价格的风向标。

(2)花展

花卉展销会、展览会、花卉品种展示会、博览会等都为鲜切花销售提供了一个直观有效的展示平台，成为鲜切花展销的主要途径。具有品类齐全、新优品种优先展示给大众、信息交流便捷、成交率高等特点。如每年的国际花卉园艺博览会，育种者或生产商都会展示时下流行的鲜切花品种，从而促进该种(品种)鲜切花的销售。展示时一般将该种鲜切花的品种进行集中放置，如 2018 年国际花卉园艺博览会上集中展示了郁金香、月季、安祖花、八仙花、百合、香石竹、菊花、马蹄莲、唐菖蒲等畅销切花的品类，有时候也可通过花艺布置或几种切花集中放置货架摆放的方式进行品种的展示(见彩图 45~彩图 59)。

(3)花店

传统的鲜切花流通渠道主要是花店，也是消费者日常最常用的购买鲜切花的渠道(见彩图 60)。专业花店可以满足消费者的社交需要和情感需要，因此在品种、质量、设计等方面占有竞争优势，从而花卉的价格较高，利润较为丰厚。一般花店的花量不大，当天销售不出去的切花会放入冷柜进行短期贮藏(见彩图 61)。对于花店销售而言，除常见切花品种外，一些花店还拥有本店特色切花品种，如新品种切花、进口切花品种、名贵切花品种等，有的花店会将滞销鲜切花做成干花并再次出售。专业花店除了传统的鲜切花销售外，还通过举办花艺展示、开设花艺培训班、设置网红打卡点等方式刺激消费。

花店的切花销售形式主要是单一花束、组合花束、胸花和头花等婚礼及宴会用花、礼品花篮、迎宾花篮和散装鲜切花。很多鲜花专营店除了具有实体店以外也开设网店，同时采用线上销售和线下销售两种切花销售方式，很多花店支持的切花订购方式主要包括上门订购、微信订购和电话订购。切花种类的丰富程度、切花产品的品质以及销售形式的多样化是花店的切花经营中最重要、最核心的竞争力。

(4)超市

和花店相比，超市的鲜切花销售和服务更趋向标准化，在花材的采购、运输、包装等方面有一定的制度和标准，可以节约消费者选购鲜切花的时间和精力。在美国，超市与园艺中心是两大花卉零售形式，不少大型超市设立了专门的鲜切花销售专柜(见彩图 62、彩图 63)，甚至提供自助式购花设备，顾客可便捷自由挑选、自助购买切花，且所售的切花品种十分丰富，一家超市往往可以提供多达 200 个在售的切花品种任人挑选。在荷兰，超市也是常见的切花售卖形式(见彩图 64)。在中国，目前大中城市的超市有切花售卖。

(5)鲜花自助售卖

常见如地铁站的鲜花售卖机或者大学校园里的鲜花自助售卖角(见彩图 65)。地铁站的鲜花机中包装好的鲜花价格亲民，从几元到几十元不等，鲜切花品种多样，以多头月季、香石竹、紫罗兰、桔梗等为主。地铁站中布置的鲜花自助售卖机，操作流程简单，只需扫描鲜花机上的二维码，门会自动解锁，待消费者取走想要的鲜花后，关门后进行手机扣款，整个消费流程仅需几分钟，方便市民在上下班途中购买鲜花。在一些小型超市或者读书角，摆放好鲜花和收款码，供大家自主选择和自助付款，这种方法简单便捷，节省了人力物力。

(6) 电话或手机小程序订花

电话订花是一种传统的订花方式，消费者通过电话联系鲜切花企业在传单、网站等地的联系方式，进行鲜切花的预订和采购。花卉商家通过和快递公司合作，由快递公司进行配送，将鲜切花送到消费者手中。

(7) 网络订花

网络订花是在互联网背景下出现的，消费者通过淘宝网、51880 鲜花网等互联网订花平台，在网络上进行花卉的选购。这种订花方式有较为完善的订花系统，点击增加产品的数量，选择多种产品，加入购物车，统一下单，在节约消费者时间成本的同时，也充分满足花卉消费的个性需求，同时也扩大了花卉销售的市场范围，提高了花卉流通效率。如 Flowerplus 于 2015 年成立，创造了“线上订阅+产地直送+增值服务”的日常鲜花订阅模式，推出 99 元鲜花包月套餐(每周送 1 次，一个月送 4 次)。Flowerplus 从鲜花供应链的下游做起，逐步渗透到中游的分拣、上游的采购种植等环节，并自建花田，鲜花的质量和价格有了可靠的保障。

另外，如果销售对象离产地近，可选择以下三种方式：

(1) 产地销售

不需要交通工具，可节省劳动力、运输费，消费者也容易买到比市场上更为新鲜的切花。在产地直接销售的缺点是必须保证在任何时间和条件下都有货。

(2) 路边搭架销售

路边搭架销售也是一种很基本的销售手段，“货架”可以是临时简单的桌面，一般设在靠近产地的路边，交通量相对较大，也可是一个永久性建筑物。要求有固定人员，可以准备一些花篮、花束等插花作品同时进行效果展示与销售，也可结合其他产品进行销售，如水果、蔬菜等。但在路边搭架销售前，首先要分析行人数量及欣赏水平等。

(3) 农贸市场售卖

农贸市场的鲜切花经营规模小，根据市场行情进行当日花材的采购，及时进行定价的调整，并且一般当日清货。但农贸市场的鲜切花销售面临着标准化缺乏、采购零散的局限。

在全球范围内，切花行业市场竞争激烈，切花销售渠道日益广泛多样，不同渠道的销售占比也在不断发生变化。欧盟、美国和日本均表现出相似的特点——传统花店减少、销售鲜切花的超市增加。鲜花专营店和流动花摊作为欧洲鲜切花的传统销售渠道，其所占市场份额正在逐年减少，而花卉销售中心和超市的切花销量则随之增加。随着科技的发展、现代化进程的推进，实体花店的切花消费占比不断缩小，网络切花消费所占比例持续扩大，近十年来兴起的线上购花这一新型切花消费形式越来越受到广大消费者的喜爱。

6.1.2 鲜切花的定价和促销策略

6.1.2.1 定价

(1)定价策略

产品成本、定价目标、市场需求状况、批发数量等诸多因素都会影响产品的价格。

①产品成本　对于鲜切花来说，品种和产地是影响鲜切花价格的主要因素。不同的鲜切花品种对于养护方式的要求不同，对土肥水等养护要求较高的花卉成本也较高，销售价格也较高。而产地对于成本的影响主要在于运输成本，距离产地较远的花卉不仅运输费较高，在运输途中因缺水等原因造成的产品损耗也会进一步提高产品成本。

②定价目标　不同档次的鲜切花有着不同的定价目标。难以种植成活、不方便管理的、珍贵的花卉品种的定价目标高于易于栽植成活的花卉品种。

③市场需求状况　鲜切花的市场有着明显的节日性特点。春节、情人节、教师节、父亲节、母亲节、毕业季等节日对于鲜切花的需求量增加，而在这些节日前后一段时间的鲜切花销售价格会呈现一定的涨幅。

④批发数量　鲜切花的销售价格可以分为花材批发、花材零售、花材加工后销售三种价格。花材批发的价格最低，其次为花材零售价格，花材加工后销售价格最高。批发量越小，鲜切花价格越接近零售价格；批发量越大，花材价格越低。

⑤连带产品定价　将鲜切花和花瓶等产品进行组合售卖，将鲜切花的价格适当降低，适当增加花瓶的售价，通过低价促进鲜切花的销售，依靠花瓶的高价来获取利润，同时，低价的鲜切花也可以刺激消费者的购买欲望，达到促进消费的目的。

(2)时间、地区定价策略

根据花卉生长的季节和产地调整定价，在盛花季节销售的切花定价可以适当下调，反季节开花的切花定价上调。鲜切花在异地销售面临着运输、装卸、仓储、保险等费用的支出，应根据花卉的产地不同来调整定价，如国外进口鲜切花价格比国内鲜切花价格高。另外，根据当地的消费水平和收入水平来确定花卉价格，如沿海发达地区同种鲜切花价格会比内陆地区普遍高出3~5元。

(3)心理定价

人的心理复杂多变，只要在销售时迎合消费者的心理，可能会有利于销售的效果。大多数商家会采用非整数定价法，如9.9元、19.9元、99元等，让消费者从心理上觉得商品价格没有那么高，从而引导消费者购买。

6.1.2.2 促销策略

(1)宣传策略

宣传策略包括实地宣传和网络宣传。

①实地宣传　在大学、社区、广场等人流量大的地段通过组织抽奖送鲜花、发放优惠券等方式，打开品牌知名度。在花店通过张贴横幅海报、散发宣传单、播放宣传音乐等进行宣传。

②网络宣传　在微博、小红书、微信等平台上通过图片、三维立体、文字等方式对鲜切花产品进行全方位的介绍，让消费者对产品有一个更详细的认识，以促进消费。

(2)服务策略

服务策略包括强化店铺设计和完善花艺服务。

①强化店铺设计　店面形象是消费者对花店的最初印象，从门脸设计、橱窗设计、产品陈列、墙体颜色质感、灯光布置到背景音乐，都要营造一个轻松舒适的氛围。

②完善花艺服务　吸引消费者购买鲜切花的不仅是花卉的优良品质，还有花束包装的技巧、创意以及完善的售后服务。鲜切花商家不仅需要提高自身审美，包装符合消费者需求的花卉，更需要重视客户的意见和投诉，解答消费者的疑惑，及时解决售后问题，在对消费者有纪念意义的日子送出祝福，争取将一般客户发展成忠实客户。

6.1.3 鲜切花消费的影响因素

(1)主要影响因素

①社会背景和收入水平　不同社会背景影响着居民的收入水平，进而制约居民的消费水平。目前，在我国切花产品不是居民生活必需品，而是居民在满足个人基本生活需要(如住房、饮食等)的前提下才会考虑进行切花消费以追求生活品质。因此，提高居民的收入水平能有效促进切花消费市场的发展。

②消费喜好和个人因素　切花产品作为居民的非生活必需品，购买切花大多是在居民经济条件允许的情况下自发的消费行为，其所购产品与消费喜好有着密不可分的关系。如消费者对于切花种类、产品特点等都有个人的消费偏好。同时，消费者的年龄、性别、职业等客观个人因素同样影响切花消费行为。

③购买渠道和产品价格　很多城市居民切花消费的主要渠道是鲜花专营店。不同的购买渠道所供应的切花种类丰富程度、切花产品质量优劣以及价格均有所差异。鲜花专营店所售切花产品形式多样、包装精美，大多支持私人定制花篮或花束，且分布在居民日常生活和工作的区域内；花卉批发市场所售的切花种类丰富、价格低廉，但通常距离居民区较远；网络订购快捷便利，不受花店位置和店面大小的限制，但缺少亲自进店挑选切花的乐趣。因此，不同的消费者出于各自对不同购花渠道的综合考虑，也会产生不同的切花消费行为。此外，切花价格也是消费者购买切花时的主要考虑因素，产品价格也影响人们的切花消费行为。

(2)次要影响因素

①居民对于切花养护技术了解较少　部分居民有购买切花的意愿，却因为不懂养护而放弃购买。切花保鲜及养护技术的推广受限也是制约居民切花消费行为的因素之一。

②居民获得花卉知识的渠道单一　目前很多城市居民主要依靠网络信息、商家介绍和亲友交流获取花卉知识，很多居民对于花卉知识的了解程度很低，切花经营者对于切花产品的知识宣传不到位。调查表明，很多居民对于花卉文化和花卉知识的兴趣较为浓厚，对于各类花事活动的热情也较高，但目前花事活动尚未广泛开展，对于花文化的传播非常不利，同时，由于居民对花卉知识的了解较少，影响购买切花的意愿。

6.1.4 鲜切花品牌营销

近年来，越来越多的花卉品牌开始进入消费者视野，包括 THEBEAST 野兽派、诺誓 reseonly、花点时间、爱尚鲜花等。品牌不仅是名称，是符号，更是商家给消费者提供的产品保障和服务保障。

在范围广大的消费者市场，品牌有助于进一步确定市场定位，找准目标消费群，特定的品牌服务于细分的市场，为特定的消费者提供一定标准的产品和服务。当前的花卉市场面临着同质化现象，越来越多的同质同类的花卉产品也期待品牌带动来进一步突出产品优势，强调品牌个性，以形成产品的差异性，满足消费者不断提高的审美眼光和购买需求。品牌营销有着漫长、复杂、艰巨等特点，可以通过优化品牌定位、提高品牌产品品质的方式来进行品牌营销。

(1)优化品牌定位

优化品牌定位是指根据品牌的目标市场、目标消费者的收入水平和消费档次，利用包装、服务等形式，突出自身产品的个性化，凸显品牌的特色。在品牌定位过程中，要注重品牌的形象设计，做到品牌形象鲜明突出，易于消费者识别，让消费者乐于接受。

(2)提高品牌产品品质

自 1980 年起我国开始进行鲜花的商品化生产，种植面积和产量在逐年增长，2017 年我国的鲜切花出口额已居世界第 6 位。鲜切花数量的增加也进一步要求提高产品品质，但目前我国切花产品品质和国际标准差距较大，需要通过加强科技创新等方法进一步提高产品品质。同时，产品作为品牌的载体，成功的品牌要求优质的产品作为保障。

6.2 鲜切花销售现状、存在问题及对策

6.2.1 鲜切花销售现状

随着经济的发展和人民生活水平的提高，人们的消费观念逐渐转变，对鲜切花的需求也不断上升，我国花卉消费正在走向大众消费，由节庆消费、阶段性消费向日常消费、周年消费转变。花卉消费成为生活新常态，国内市场潜力巨大。2020 年，即使受到上半年雪灾和疫情的影响，我国鲜切花产业仍然经受住挑战，鲜切花类花卉销售额达到 318 亿元，鲜切花出口额依然保持 0.29% 的微增长，达到 1.57 亿美元(张力，2021)。根据昆明国际花卉拍卖交易中心的数据，2021 年，鲜切花产业产销形势持续稳步向好，华东片区、西南片区、华北片区是购买力最强的鲜切花区域市场。与 2020 年同期相比，各片区总体需求均有不同程度提高。近两年由于疫情原因花卉电商板块迅速崛起，多元的线上销售渠道对传统线下鲜花批发市场、实体花店产生了较大的冲击。我国进口花卉受到物流、海关影响，目前国内高品质高性价比的切花产品有机会抢占进口切花市场份额。

近两年来，国内疫情催生的鲜花电商迅速发展，花农直播带货蓬勃兴起，生产商进入零售领域吸引了大量新消费者，极大刺激了花卉销售；部分实体花店积极创新产品，还将买卖做到外卖平台上，实体花店在外卖平台上的收入已经成为主流业务收入。电商

最大的优势在于消费者可以随时随地进行购买，而且生产者可以获得消费者的反馈，以便进一步提升产品质量以及为消费者提供个性化定制服务。电商搭建了生产者和最终消费者之间沟通的桥梁，没有中间商赚取差价，消费者购买的价格更实惠，而生产者则可以获得更大的收益。电商最终无疑会成为连接终端消费者、小型花店和鲜切花生产者的纽带。根据国家林业和草原局及中国花卉协会官方公布的数据，截至 2021 年年底，花卉零售市场规模达 2205 亿元，比上年大幅增长 17.5%。高速增长成为 2021 年我国花卉零售最显著的特征。

鲜切花出口产品的品种结构较之前也有了很大的提高，以前出口以唐菖蒲、菊花为主，现在几乎实现涵盖国内生产的所有品类。未来 10 年，随着国内鲜切花整体生产水平和周边国家花卉消费水平的提升，我国鲜切花针对周边国家的出口优势会越来越强，鲜切花出口贸易依然会保持一种强劲的增长态势。

6.2.2 鲜切花销售存在的问题

(1) 冷链运输普及程度较低

我国专业从事切花物流的企业中，只有极少数使用冷链手段保持切花的新鲜程度，绝大多数企业基本都在常温下进行切花运输，因此导致运输途中切花所处环境的温度失衡，切花品质受到损伤，严重影响切花产品的质量，与发达国家的鲜切花行业相比，我国的鲜切花冷链物流系统亟待改善升级。

(2) 电子商务的兴起对于传统销售形式产生一定冲击

随着信息时代的到来，人们的消费方式也随之转变，越来越多的人通过线上购买的形式，足不出户地了解、咨询、进行消费。根据调查，目前很多鲜花专营店的线上销售普及率并不高，仅不足六成的切花经营者在开设实体花店的同时设有网店，而对于其他因为线上销售平台的管理费用等原因而未开设网店的切花经营者而言，则从一定程度上受到了网店的冲击。随着科技的进步，选择从网店线上购买鲜切花的消费者越来越多，电子商务的兴起为切花消费者提供了极大便利，同时也对传统的切花销售形式造成了不小的冲击，对于切花经营者是个相当大的挑战。

(3) 切花经营者受教育程度和专业水平有待提高

切花经营者的受教育程度对于其个人的综合素质有着很大的影响。切花经营者的知识水平较低，会导致部分经营者不能很好地把握切花行业的市场发展动向、缺乏一定的市场话语权等诸多问题，长远来看不利于该行业的蓬勃发展。把握市场发展方向对于切花经营者来说尤为重要，自 2008 年全球经济危机以后，尤其是 2020 年新冠疫情暴发之后，我国鲜切花产业所面临的经济环境也受到影响，不容乐观。切花经营者提高自身综合素质、提升把握市场发展动向的能力，在切花行业的竞争中显得尤为重要。

发达国家的鲜切花行业发展成熟，切花经营者的专业水平也普遍较高。以美国为例，其花卉企业十分看重专业性极强的人力资源，常会有具备专业栽培知识和管理经验的大学生为企业提供技术指导与理论支撑。目前我国切花经营者的专业水平仍有很大提升空间，而且缺乏互联网、电商等新模式、新技术专业运营人才。调查显示，很多切花经营者并没有相关专业学习背景，接受花艺培训的方式、时长也没有规范统一的行业标准，其中拥有专业花艺师资格证书的切花经营者很少，很多切花经营者对于花语、切花保鲜等基本专业知识的了解程度也有待提高。而切花消费者在选择花店时，对于切花经营者的专业度有一定的期待和要求，因此，为了迎合市场需求、提升竞争能力，切花经营者还需努力提升自身的专业素养。

(4) 切花经营者对于消费人群的消费行为了解程度不足

大部分花店的切花产品形式单调、花艺设计中规中矩、切花包装风格单一，切花经营者缺乏对于不同消费群体的不同消费需求和切花产品偏好的调查和思考，因此导致消费者在进行切花消费时的选择余地十分有限。切花经营者要想取得更好的经营效益，对不同消费群体的消费行为及习惯偏好的研究十分必要。如果为不同的消费群体均提供风格、款式、档次等几乎一致的切花产品，那么将在切花经营的行业竞争中毫无优势可言。

此外，鲜切花行业从产品、渠道到服务等缺乏品牌定位、建设和推广；随着新业态的发展，产业信息化支撑力度较薄弱；产业缺乏健全的产业服务支撑保障体系；专业、规模、高品质、品牌化的产业龙头企业数量不足等都是鲜切花销售中存在的问题。

6.2.3 鲜切花销售的对策措施

(1) 丰富供应方式，拓宽购买渠道

居民购买切花的渠道较为单一，大多数居民选择鲜花专营店，部分选择花卉批发市场，较少有通过其他渠道购买切花的居民。基于此，可充分发挥不同切花销售渠道的自身优势，吸引其潜在的特定消费人群，实现多种渠道同步发展。

随着电子商务的发展与普及，方便快捷的线上购花方式将成为越来越多消费者的选择。加之鲜切花的消费群体以青年人为主，此类人群对于生活的品质和仪式感有着一定的追求，且大多具有线上购物的习惯。因此，发展线上切花经营时应当主要考虑此类潜在顾客的群体特征和消费习惯。

流动花摊虽然不易巩固回头客，但其不受时间和地点的限制，可以最大限度地吸引居民的目光，使其临时起意购买切花，加之其物美价廉的优势，受到工薪阶层的青睐。

在商场、超市的收银台附近设置切花销售专柜，甚至可以将自助购花设施投入使用，激发居民的购花兴趣。同时，还可将切花产品与商场、超市的促销活动进行捆绑，或在居民购物消费达到一定金额时赠送切花产品。

此外，切花经营者可以根据自身特长、市场需求和本店定位，发展“切花+烘焙店”“切花+咖啡店”“切花+书店”等切花经营新模式，吸引特定人群，打造自身优势，同时，提高居民在进行其他消费行为时购买切花的可能性，促使居民将切花消费与日常生活消费紧密联系在一起，提高居民购买切花的频率。

(2) 规范经营者入行资格，提高经营者专业素养

鲜花专营店切花经营者的学历水平整体偏低、专业素质良莠不齐。针对这一情况，可以大力推广专业花艺培训，制定花艺技能规范标准，对新入行的店长及店员进行严格的专业考核和技能测试，达到一定标准才可以正式入行。对于已经入职的切花经营者，可以定期进行前沿花卉知识学习和专业水平考核，或者培训新型的花艺技巧及包装手法等，促使切花经营者不断更新知识、提高技能。

此外，切花经营者对于不同消费群体的消费行为和特征也应该有一定的掌握，应加强与消费者的沟通交流，以有针对性的服务对待不同特点的消费群体，从而提升服务品质。

(3) 创新经营理念，改善经营模式

除了销售切花产品，鲜花专营店还可以提供与切花相关的一些连带服务，从而促进居民的切花消费行为。例如，花店可以兼售花卉书籍和切花养护产品，激发居民对于花卉知识的兴趣，并且为消费者后期的切花养护提供帮助。此外，对于缺乏切花保鲜和养护技术相关知识的消费者而言，花店可以在消费者购买花卉时赠送养护手册。

花店在售卖切花的同时，可以开展 DIY 花艺体验项目，对于体验过后有兴趣的消费者，进一步开设 DIY 花艺课堂。如上海不少花店专门开设传统插花课程，以迎合消费者的品位和需求。此外，花店还可以定期举办切花促销活动，挖掘潜在消费者。

(4) 结合乡村振兴，完善产销研运

目前，我国鲜切花产业的产销模式存在较为单一的问题。在乡村振兴的大背景下，应当结合当前时代热点，为我国鲜切花产业的发展探索新路径、开辟新模式，以实现高质量发展和可持续发展，将切花产业振兴和乡村振兴相统一。例如，积极探索我国传统花卉作为鲜切花品种的可能性，在提升本土花卉竞争力的同时，弘扬我国传统花文化；引进技术人才，培养专业花农，实现鲜切花专业化种植、规模化生产；联动高校合作，研发新型品种，根据消费者的消费偏好，培育观赏价值高、瓶插寿命长的鲜切花品种。根据切花销售的淡旺季，适时调控花期，满足消费需求；利用大数据和科学算法，搭建功能完善的花卉物流平台，普及规范冷链运输，提高鲜切花的运输效率；充分探索“互联网+”“物联网+”等信息技术对鲜切花产业的潜在价值。

(5) 探索切花功效，激发消费潜力

在部分消费者眼中，切花是仅具有观赏价值的一次性消费品，性价比并不高。因此，挖掘探索切花的其他功效，将有助于居民转变消费观念，促进切花消费。具体可以通过以下方式实施：

①开展“朝花夕食”活动　现今，高品质的食用切花越来越多地出现在全球各国人民的餐桌上。因此，可以通过鲜花美食品鉴活动和厨艺大赛，让人们参与其中，共同品尝或烹饪以鲜花为主要食材的美食，进而了解鲜花的食用方法及作用。如在“切花+烘焙店”开展鲜花甜点制作活动，可以为此类新型的切花进行推广与宣传。

②开展“花容月貌”活动　征集人们在日常生活中积累的用鲜花进行养生保健、美容护肤的 DIY 配方，吸引广大爱美人士参与，相互交流与探讨切花在护肤养生方面发挥的功效。如将花文化与茶文化统一结合，在“切花+茶馆”开展花茶品鉴交流会，对于不同花卉作为花茶的养生功效进行科普教育，加强居民对于花卉知识的了解。

③开展“花饰我家”活动　征集人们运用切花装饰家居环境的插花作品照片，并在公共网络平台进行心得交流和投票评选，调动居民参与的热情，促进居民购买切花进行家居装饰。

总之，举办各类民众喜闻乐见的花事活动，旨在通过营造浓厚的花文化氛围，向民众普及切花在日常生活中的多种实用功效，转变其对切花消费的固有印象，鼓励居民将切花消费纳入日常消费之中。

(6)宣传花卉文化，普及养护知识

部分民众因为缺乏切花保鲜及养护知识而放弃购买切花，针对这一现状，可通过以下渠道为民众大力普及切花保鲜养护知识：

①运用新媒体宣传鲜花养护知识　利用抖音、快手、微信公众号及视频号等新媒介，发布关于鲜切花种类介绍、养护技巧普及、花束搭配示范的文章或短视频，在粉丝量达到一定数量后，还可以通过直播教学与观众实时互动，吸引广大居民自发积极地学习花卉知识，进而挖掘潜在切花消费者，在普及切花养护知识的同时激发购买兴趣。

②开设线下花卉知识公益讲座　在公园、广场等人流量大的地点开设讲座，为居民传授切花保鲜、养护的知识，并现场演示如何运用不同花材进行花艺创作、装饰家居环境，使居民深切体会到切花在美化生活环境方面的作用，进而培养切花审美情趣，提升生活幸福感。

除以上促进切花消费的对策外，还需要继续推动花卉线上线下立体交易体系建设，同时精耕细作提升花卉供应链体系支撑能力；通过数字交易、供应链信息化，逐步构建切花数字产业链；强化产品品牌，注重品牌建设及宣传推广；整合资源，培育一批品牌化、专业化、规模化花卉产业化龙头企业，从而引领鲜切花销售体系健康快速发展。

小　结

本章介绍了鲜切花的销售渠道、鲜切花的定价和促销策略、鲜切花消费的影响因素、鲜切花的品牌营销、鲜切花销售现状，存在问题及对策建议。通过本章内容，学生能对鲜切花产业有更深入全面的了解，从而对鲜切花产业链形成一个系统的认识。

思考题

1. 鲜切花销售的渠道有哪些？
2. 试述如何进行鲜切花的定价、促销和品牌营销。
3. 试述鲜切花消费的影响因素。
4. 试述鲜切花销售现状。
5. 试述鲜切花销售存在的问题以及对策和措施。

推荐阅读书目

鲜切花生产与保鲜技术．程冉，赵燕燕．中国农业出版社，2015.

7 切花生产技术

本章所提及的切花是指狭义的切花，即从植株上剪取的以花为主体供插花和其他花卉装饰的主要花材。

7.1 菊花

[学名] *Chrysanthemum morifolium*

[英文名] Florist's Chrysanthemum

[别名] 秋菊、九月菊、甘菊、九华、金蕊、寿客、黄华、金英、隐逸花

7.1.1 简介

菊花是菊科菊属多年生宿根花卉，我国十大名花之一，因其花色丰富、保鲜期长，耐长距离运输等特点而成为世界五大切花之一。目前经过各国园艺学家的杂交选育，培养出许多新的品种与类型。18 世纪中叶欧洲开始利用温室进行菊花的切花生产；1920 年通过光周期试验发现，利用电照和遮光栽培基本上做到了周年生产；1940 年确立切花菊的周年生产体系。切花菊生产已形成高度的专业化分工，有专业化的种苗公司负责切花菊插条或扦插生根苗供应。我国切花菊的起步较晚，但发展迅速。目前菊花是北京、开封、太原、南通、芜湖、湘潭、中山和德州等市的市花，每年菊花盛开之时，在当地都会举行盛大的菊展活动。

(1) 形态特征

作为切花栽培的品种，一般株高 80~150cm。单叶互生，其大小与长宽比、叶缘的锯齿与缺刻深浅、叶基与叶尖的形状等都是区分品种的主要特征。头状花序由许多无柄小花着生在花序轴的托盘上。小花常有两种形态，在头状花序周围的是舌状花，俗称为花瓣；在花序中心部位的为筒状花，通称中盘花。舌状花是雌花，筒状花是两性花。舌状花花瓣有平瓣、管瓣、匙瓣和畸瓣，花色十分丰富，有白、黄、绿、紫红、雪青、浅绿、复色、间色等。中心花为管状花，多为黄绿色，两性。切花菊一般舌状花厚实且排

列整齐、规则，分重瓣与单瓣，花瓣有一至数轮，舌状花只有一轮为单瓣花，舌状花有多轮为重瓣花(见彩图66)。

(2)生态习性

①温度 菊花喜温和冷凉的气候，具有一定的耐寒性，忌酷暑炎热。植株营养生长的适温为白天18~25℃，夜间15~21℃。菊花地下部一般能耐-5~10℃的低温，地上部5℃时开始萌芽。菊花的花部最不耐寒，遇严霜即枯。菊花花芽分化适温为15~20℃，25℃以上高温抑制花芽分化。绝大多数秋菊在15℃以上形成花芽，花芽发育要求的温度低于花芽分化温度。

②光照 菊花喜光，稍耐阴。此外，光照强弱对菊花的花期与花色也有较大影响，一般深色花的品种在较强的光照比在弱光下花色更为鲜艳，但太强的光照与较高的温度，会使花期缩短。尤其一些绿色品种，在强光下容易褪色，在开花期间适当遮阳，更能保持鲜嫩的绿色。菊花在长日照下营养生长，花芽分化与花芽发育对日长的要求因不同品种而异。

夏菊：自然花期为4月下旬~6月下旬，冷凉地区为5月上旬~7月。花芽分化对日照长度不敏感。但较短的日长有利于花芽分化，长日照有利于花芽发育和促进开花。因此，又称为相对(量性)短日植物。夏菊的花芽分化对温度十分敏感，许多品种只要夜温10℃左右花芽就能分化，某些早熟品种5℃时花芽分化。高温抑制夏菊花芽发育，常使顶芽出现柳叶芽，成为盲花。夏菊由于从花芽分化到开花时间短，适合春季或初夏切花的栽培。

夏秋菊：自然花期为7~9月。对光周期反应多数为中性，少数品种在花蕾肥大期需要一定的短日照条件。在长日照或短日照条件下，都能花芽分化。花芽分化之后继续处于长日条件下会造成花蕾败育。夏秋菊的花芽分化适温比夏菊高，一般要求在15℃以上，但少数晚生品种高温抑制花芽发育，易形成柳叶芽。从花芽分化到开花需7~9周。夏秋菊比秋菊更耐高温，可作夏季切花栽培。

秋菊：自然花期10月上旬~11月下旬，秋菊对光周期反应明显为短日照的特征。花芽分化临界日照长度为13h，花芽开始分化的夜温要求达到15℃左右。少数品种夜温10℃时才开始分化。早生品种比较耐高温，适宜夏秋季遮光栽培，晚生品种高温抑制花芽发育和开花。由于秋菊花芽分化临界温度范围较大，在切花生产中除了季节性栽培以外，还可通过遮光促成栽培或补光抑制栽培等调控采收时期。

寒菊：自然花期在12月以后，属于短日照植物，花芽分化的临界日长比秋菊更短，必须少于11h，花芽分化的临界温度与秋菊基本相同，但高温抑制花芽发育和开花。寒菊的花芽从分化到开花的时间较长，需要90~105d。花芽分化适温为6~12℃。寒菊除进行季节性栽培之外，也可以用于补光抑制栽培，使花期推迟到3~4月。

③水分 菊花为浅根系植物，生长发育既需要适当的水分供应，忌干旱，又忌太湿，更忌雨涝积水，否则造成根腐株枯。

④土壤 以土层深厚、肥沃、富含腐殖质、排水通畅、通透性好、疏松且保水的砂壤土为宜，土壤pH 5.5~6.8为宜，碱性土壤不宜栽培。菊花忌连作。

(3)生物学特性

菊花在栽培过程中经常会发生柳叶芽、脚芽和莲座化等现象。

①柳叶芽(或称盲花芽、柳芽、柳叶头、柳蕾) 是指菊花的主茎受品种特性与环境条件影响，生长到一定阶段，菊株顶端长出一丛柳叶状的小叶，不能再进行花芽分化和开花的现象。它是菊花发育不正常的假蕾。是由于植株生长到一定叶片数达到了生理成熟具备了花芽形成的能力，而此时环境条件(主要是日长)未能满足花芽发育的诱导所致。

柳叶芽产生的原因：栽植的品种与季节不相适应；人工光周期诱导被打断；栽培中定植过早；肥水供应充足、生长过盛而没有采取摘心换头或摘心过早；菊花生长发育与环境条件不协调，如无法满足短日照的要求。

防止柳叶芽产生的方法：按时定植、摘心，使植株在营养生长中生理成熟的时机与环境(符合花芽分化、发育要求的日长)相一致；栽培中遇到柳叶芽，可在初期将假蕾摘除，选择营养性的次顶芽代替主枝延长。

②脚芽和莲座化 菊花的茎有地上茎与地下茎两种生长形态。地下茎匍匐状横向分布在表土层10~15cm以内，茎节明显，节节生根，通称宿根。菊花在开花后，地下匍匐茎的顶芽往往会伸出土面，长出幼芽，俗称“脚芽”。

初秋发生的脚芽可以伸长，如果环境适宜(如夜温10℃)可以开花。秋菊开花后在晚秋或初冬发生的脚芽又称“冬芽”，冬芽若不经过低温条件的影响，其节间不能伸长，幼株的发育呈莲座状，这种莲座状芽无论在温暖地区的露地，还是在夜温为10℃的温度下栽培，都不能正常伸长和开花，菊花的这一特性称为莲座化。

莲座化不仅发生在脚芽，地上部生长的顶芽以及除去顶芽后由侧芽抽出的侧枝也会进入莲座化，称为高位莲座。进入莲座化的植株，经过一定时间的低温后，在适宜温度下能够恢复生长活性，正常伸长，即莲座化解除。高温、长日照是莲座化的诱导条件，低温、短日照是莲座化的形成条件，单因子独立作用不能使植物体进入莲座化。

自然条件下，经过冬季的低温期能自动解除莲座化。一般解除莲座化的有效温度在10℃以下，实际生产中用5℃以下日最低气温的日数来表示，一般在1~3℃下需40d以上。

(4)主要品种

①按生态类型分类 主要依据菊花品种的自然花期划分。国内分为夏菊(花期4月下旬~9月)、秋菊(花期9~11月)、寒菊(花期12月至翌年2月)三类。秋菊品种最多，是菊花栽培的主流。切花菊的生态分类，目前主要参照日本的菊花分类系统，大体根据光周期反应与温度反应分为夏菊、夏秋菊、秋菊和寒菊四大品系。

②按光周期反应分类 欧美切花菊的栽培多数选用秋菊与寒菊的品系。这两个品系中对光周期的反应虽然都属于短日照植物类型，但各品种对花芽开始分化到开花的反应期长短依然有较大区别。这个反应期的长短常用周数来表示。通常从植株处于短日条件后，从花芽开始分化到花序小花展开，所需时间最少为6周，最长约15周。因此，在欧美国家，切花菊的栽培品种常按光周期反应长短进行分类，形成光周期反应品种系列。最早开花的是6周品种系列，依次又有7、8、9…15周等品种系列。这种分类方法

为菊花周年生产时进行品种选择提供了方便，并有利于人工控制光照长度，有计划地安排促成或抑制栽培。欧洲切花菊苗的出售均有光周期周数的说明。多数品种为 8、9、10 周品种系列，也有 7.5、8.5 周品种系列。

③按菊花的花型、花径和瓣型分类　根据花头多少，通常分为单花型(独本菊)与多花型(多本菊)两类，一个茎秆上只留一个花蕾的为单花型，一个茎秆上有多个花蕾的为多花型。大多数品种为独头大花型或称单枝大花型。目前在欧美还盛行多头小花型，花径在 5cm 左右，一枝多花。按花径的大小，可分为大菊(头状花序直径在 10cm 以上)、中菊(头状花序直径 6~10cm)、小菊(头状花序直径在 6cm 以下)。按花瓣的瓣型，可分为平瓣类、匙瓣类、管瓣类、桂瓣类和畸形瓣类。

④按人工控制光照长度方法分类　为利用菊花对光照长度反应的特性，进行人工加光或遮光处理，以达到提早或抑制切花花期的目的，生产上在正常自然花期栽培的同时，还有补光栽培与遮光栽培两种生产类型。补光栽培又称电照栽培，生产的菊花称为“灯光菊”。

目前，我国进行规模化生产的菊花类型主要是单头切花菊，颜色以黄色和白色为主，少量紫色和红色品种。多头小菊的生产也于近年流行。

(5)应用

菊花的应用比较广泛，可观赏，也可作茶用和药用。作为观赏植物，既可用作露地栽培，也可用作盆栽菊和造型艺菊栽培，如常见的大立菊、塔菊和悬崖菊均属于造型艺菊的栽培形式。此外，菊花的切花栽培和应用也非常广泛。目前，切花菊是高档花束、高档婚礼及瓶插鲜花的主要材料，可单独插作，也可与线状花材配合用作焦点花。

7.1.2 繁殖和育苗

切花菊种苗繁殖首先要根据市场需求、不同生产季节、露地或设施栽培的特点等因素，选定主栽品种，然后按照生产规模确定种苗繁育计划，建立配套设施。切花菊种苗繁育以扦插繁殖为主，也可利用组织培养繁殖脱毒苗作为原种，再进行扩繁。

7.1.3 栽培管理

(1)整地、作畦及基肥施用

菊花为喜肥植物，种植前务必施足充分腐熟的有机肥料作基肥。在施用基肥的同时，可拌入 3%呋喃丹颗粒剂以防地下害虫及线虫危害。菊花连作易发生病害和养分缺乏症。为克服连作障碍，除轮作外可采取以下措施：将表土 5cm 左右土层刨取，与秸秆、枯枝、杂草等堆烧焦泥灰后还田；5 年一次翻土地(深度 30~50cm)；严格土壤消毒；增施有机肥料；使用无病健壮苗等。

(2)定植

菊花栽培可分为独本型和多本型。独本型生育周期较短，但用苗量多、工作量大。因而在大面积栽培时，都结合多本栽培，多本型花径虽稍小，生育周期延长，但可合理安排种源、劳力，延长供花时间。

定植时间因品种而异。夏菊露地栽培在3月上中旬；秋菊栽培一般在5月中下旬~6月上旬；秋菊电照栽培在7月下旬~8月上旬；寒菊在6月中下旬~7月上旬。以上均为多本菊栽培种植期。若是独本菊栽培，夏菊宜早不宜迟，既可提早上市又可避免一般夏菊品种高温时开花不良的现象。秋菊、寒菊的独本种植可稍推迟。而且每类群之中的品种还有早、中、晚花期之别，可适当加以调整，以求合理产出。

(3)中耕及肥水管理

苗期需及时中耕除草，以利于菊苗根系生长。种植后，应视苗情每隔10~15d进行1次追肥。植株封行后，可停止根部追肥。孕蕾期应进行叶面施肥，每隔10d喷1次0.2%的KH_2PO_4溶液，一般喷施2~3次；并视植株叶色酌情添加0.1%~0.2%的尿素溶液，使叶色、花朵鲜艳有光泽。

菊花虽是喜肥植物，也并非越肥越好。若过肥，会使菊株营养生长过旺而影响花芽正常形成。尤其是秋菊，因生长过快，完成了营养生长阶段而未得到短日照条件，此时菊株会产生“柳叶头”，从而影响切花产量。

小苗期控制浇水以利于发根；生长旺盛期，进而进入初花、盛花期，应给予充足的水分。

(4)使用生长调节物质

对高度不易达到要求的品种可使用赤霉素(GA)。一般在菊株开始进入营养生长旺盛期喷洒，浓度40~50mg/L，每周1次，共用2~3次，以促进茎秆增高。对于花茎过长的品种，待主蕾0.5cm时用1000mg/L的B_9溶液喷施株顶，以控制花茎长度。

切花菊应用的生长调节剂还有细胞分裂素与乙烯利。细胞分裂素可以抑制顶芽生长优势，促进腋芽发生。这对一些摘心后侧枝不易萌发的品种具有促进作用。乙烯利可以促进脚芽发生和抑制花芽分化，在夏菊种苗生产时，对母株喷洒1000mg/L乙烯利能生产优良插穗，低浓度的乙烯利还可以防止夏菊母株早春开花。

(5)摘心、整枝、抹芽及抹蕾

多本菊的种植，应在10d后进行摘心，留3~4枚叶，待侧枝发生后，留强去弱，合理整枝，一般以每株留3~4枝为宜；2次摘心，可酌情留5枝左右。随后还应及时抹去侧枝上的腋芽。独本菊同样要抹去腋芽，使营养集中于开花枝。现蕾期应及早抹蕾，仅留顶端花蕾，其余侧蕾都应及时抹去。抹蕾工作宜在主蕾豌豆大时开始进行，且需多次作业，操作要仔细，尤其在植株水分充足时，更应注意不要碰伤主蕾。如花蕾生长密集，可待花梗稍长大后剥除，使养分集中供给主蕾。

在栽培过程中如出现“柳叶头”现象，可及早摘心换头来补救。其方法是将枝条顶梢的柳叶部分连同下方1~2片正常叶摘除，待其下部萌发的侧枝长成枝条后扶正，代替主茎继续生长，以后在短日照条件下进行花芽分化和孕蕾开花。

(6)立柱、张网

为确保切花菊茎干挺拔，生长均匀，必须立柱张网。柱高1~1.5m，采用尼龙细绳编织网，网眼15~20cm。当植株长至30cm高时，就将网张在菊株顶端，日后随菊株长高而调整网的高度，日常作业须注意按网格对菊株做相对调整，使其均匀、直立。

(7) 花期调控

①园艺措施调控　采取摘心、修剪、摘蕾、剥芽、肥水管理等园艺栽培措施，可调节菊花的生长速度。

菊花各栽培时期大约经历天数：扦插至定植 20~25d，定植至摘心 10~20d，摘心至采收 90~120d。周年生产中可根据切花上市的时间来调整扦插、定植和摘心的时间。

对当年生枝条，在其生长季节内早修剪则早长枝早开花，晚修剪则晚开花。如希望菊花国庆节前上市，晚花品种 7 月 1~5 日、早花品种 7 月 15~20 日修剪即可；剥去侧芽、侧蕾，有利于主芽开花。

土壤水分的多少，对菊花花芽发育和开花关系很大。可根据开花预期，通过调节土壤湿度来调节开花期。花蕾发育迟缓时可加大浇水量和叶面喷水；花蕾发育过早时则控制浇水，保持土壤适当干燥。

施肥也是有效的促控措施，在现蕾前一般以氮肥为主，适当增施磷、钾肥；在孕蕾和开花阶段以磷、钾肥为主。应薄肥勤施，菊株转向生殖生长时可暂停施肥，以利于花芽分化，待现蕾后露色前，重施追肥。

②生长调节物质调控　激动素(KT)可推迟菊花花期，对菊花‘紫玉’品种用浓度 50mg/L 的 KT 在菊花上盆定头以后进行全株喷雾处理(18：00~19：00 进行)，每隔 4d 喷一次，共喷 10 次后，开花时间推迟 7d。100~500mg/kg 的 GA 处理菊花可延迟开花。叶面喷 NAA 和 NAA+IBA 都可推迟秋菊在正常日照条件下的开花时间，在 NAA 浓度为 50~400mg/L 推迟开花时间随浓度提高而延后，NAA+IBA 组合处理对花期延迟的效果比二者单用的好。

③光照调控　秋菊在长日照下可延迟开花，短日照下可提前开花，即补光可以明显延迟花期，遮光可以提早花期。在菊花的周年生产中，常利用秋菊、寒菊的短日性进行电照补光栽培，以期获得元旦、春节用花。也可遮光进行促成栽培。

补光：通过补光调控花期需提前确定定植与摘心时间。秋菊调节至元旦产花的电照摘心栽培，一般在 7 月下旬定植；以春节为产花目标的电照摘心栽培在 8 月上旬定植，同时又以一回摘心、二回摘心来调节花期，为保证切花质量，对最终摘心期应有控制，生育期较短的品种为 8 月 25 日；生育期较长的为 8 月 15~20 日；若是独本菊，可适当推迟定植，但最终不迟于 8 月底。

秋菊、寒菊在经过较为充分的营养生长后，在短于 14.5h 日照的条件下开始花芽分化，进而在短于 13.5h 的日照条件下正常发育至开花。电照栽培则以补光来抑制花芽分化，达到延期开花的目的。

通过人工补充光照使光照时间延长至 14h 以上，以延长菊花的营养生长期，抑制其生殖生长，不让其过早地进行花芽分化。补光开始时期应在菊株摘心后 10~15d、侧芽长至 10~12cm、花芽尚未分化时，若花芽已分化时进行补光，会促进柳叶形成。

终止补光时间视产花期而定。消灯后，菊株即进入短日照状态。若夜温在 10~15℃左右，停止补光后到花芽分化需 10~15d，花芽分化至开花需 50~55d，共计 60~70d，因此，补光结束期应掌握在开花前 60~70d。以此推算，12 月下旬到元旦上市的切花，一般可安排在 10 月中旬终止补光；而在 1~2 月上市的切花，因气温较低，从停光至开花需 70~80d，可在 10 月下旬终止补光。对于无加温设施的电照栽培，停光宁早勿迟，以免延误花期。

进行补光处理时应注意：利用电照栽培将花期延迟，应尽量选用晚花品种，并且必须选择在较低温度下仍能较好地进行花芽分化和发育，且在低温下仍能开花齐全的品种；补光以深夜照明法效果为好，应用电子定时器，自动控制在 23：00 至翌日 1：00~2：00，给予 2~3h 照明(可从 8 月开始每隔半个月递增 15min 照明)，补光常采用白炽灯，也可用 150~200W 的高压金属钠灯，可把灯安装在距植株 60~80cm 以上位置，不可过高；加光的敏感部位是菊花的顶部叶片，抑制菊花花芽分化的照度至少 40lx，为保险起见，在生产上一般须高于 50~100lx(用照度计调整)，以确保补光成功；冬季的促成栽培应注意保温和加温，保持棚内温度白天 20℃左右，夜间最低温 10℃，若只满足光照要求而达不到植物开花所需的温度，很容易造成盲花现象(莲座状叶)。

遮光：遮光处理可使菊花提早开放，一般正常花期在 10 月下旬~11 月的菊花，如欲提早于国庆节开放，利用其短日照的生理特性，当菊花嫩枝长到 9~12cm 时，可于立秋开始遮光，从 7 月上旬开始，每日下午将黑布放下，使之完全断光。翌日 8：00 将黑布卷起使之照光，遮光 14h，光照 10h。在遮光过程中，为防止棚内温度过高而引起徒长，可在 22：00 左右将黑布卷起通风，天亮前再将黑布放下。自遮光之日起经 25d 左右大部分花蕾形成，以后可去罩，并加强肥水管理，45d 左右大部分开花。若现蕾后每天再将光照缩短为 8~9h，可进一步促其提前开花。光照阶段的遮光处理应连续进行，不能间断。遮光处理的天数因品种而异。

进行遮光处理时应注意：常在菊花植株枝条长至 16~20cm 或 7 片叶时进行遮光处理，因为必须要有一定的营养生长阶段。由于真正影响成花诱导的不是光合叶面积，而是特定的节数，因而目前广泛采用真叶数目来代表特定的营养阶段(特定的节数)，作为幼期结束并向成熟期转变的量化指标；尽量选用耐高温的早花品种，因提早开花正值高温季节；短日照的有效感应部位在植株顶端，故遮光时不能漏光，保证上部叶的光强小于 10lx；为降温需要，在栽植地须保证通风良好，可于傍晚浇水并在 22：00 以后掀开黑布让底层透风，或移至山地等冷凉地栽培。此外，虽然理论上菊花的花芽分化需短日照，而花芽的发育可在长日照条件下完成，但生产上加光应至花苞显色为止。

切花菊的周年生产，首先是利用不同品种对光周期的不同反应而使花期错开，其次是用人工延长或缩短日照时数控制花期，最后是利用设施栽培延长菊花生产季节。从目前我国生产现状出发，切花菊的周年生产主要是用不同时期开花的品种配套，尽量利用自然花期的先后与相应的不加温、不补光的简易大棚栽培排开供花期。在条件成熟、能源成本降低的情况下进行加温、补光栽培，可更自由地调节花期。

(8)病虫害防治

菊花的病害很多，比较严重的有白锈病、褐斑病、霜霉病、黑斑病、白粉病、白绢病、枯萎病、立枯病、线虫病等。其中最常见的有白锈病、褐斑病和霜霉病等。

危害菊花的害虫主要有蚜虫、粉虱、蓟马、潜叶蝇、棉铃虫、菜青虫、红蜘蛛、菊瘿蚊等，以蚜虫危害最重。防治方法详见本教材 2.3.7 病虫害防治相关内容。

7.1.4 采收、分级、包装、贮藏、运输及保鲜

(1)采收

①采收标准　独头菊(也称独本菊)的采收，根据我国农业部颁发的《主要花卉产品等级　第一部分：鲜切花》(GB/T 18247.1—2000)中按菊花花朵的开放程度分四级指数，即：

开花一级指数：舌状花紧抱，其中有1~2个外层瓣开始伸出，适宜远距离运输。

开花二级指数：舌状花外层开始松散，可以兼作远距离和近距离运输。

开花三级指数：舌状花最外两层都已开展，适宜就近批发出售。

开花四级指数：舌状花大部开展，必须就近很快出售。

多头菊采收适期为顶花蕾已满开，其周围有2~3朵半开时。

②采收时间　如果就近供应，可在花开50%至盛开时采收；远途运输的可在花开20%~30%时采收。

③采收方法　用锋利的剪刀在距离地面10cm以上的部位剪断，以避免剪到木质化的部位并预留一定数量的叶片。

(2)分级

采收后，对切口以上10cm范围内叶片全部摘除，或按花枝长度摘除下部1/4~1/3的叶片。我国农业农村部于2020年8月26日发布，2021年1月1日实施了中华人民共和国农业行业标准《菊花切花等级规格》(NY/T 323—2020)，该标准规定了单头型、多头型和乒乓型菊花切花产品的等级规格要求，从整体感、花形、花的色泽、花枝、叶、病虫害、缺陷及冻害、整齐度8个方面将3种类型的菊花各划分为3级。

(3)包装

摘除枝条基部15cm内的叶片，每10~12枝扎成1束，外罩以低密度聚乙烯薄膜以防止损伤且便于包装。多头菊花朵之间应填以薄纸，以防止舌状花瓣相互卷缠。将捆扎好的花束尽快放入20mg/L的$AgNO_3$溶液中脉冲处理10s或2~3min后，在6~8℃条件下清水中吸水6~8h。然后进行装箱，包装箱可采用菊花专用包装箱。

(4)贮藏和运输

切花菊采收后，自然花期的维持时间较长，一般为2周或更久。切花菊可采用干藏或湿藏的方法，干藏温度为-0.5~1℃，低于-0.5℃时花枝易受冻害，空气相对湿度为90%~95%，可贮藏6~8周；湿藏温度为4℃，空气相对湿度为90%，可贮藏3周。因此，长期贮藏以干藏方式为好。运输一般需保持2~4℃低温，不得高于8℃，空气相对湿度以85%~95%为宜。

(5)保鲜

采收后不同时期所使用的切花菊保鲜液配方有一定的差异。如预处理液常用配方：3%蔗糖(S) + 5.4mg/L STS；2% S + 200mg/L 8-HQC + 超声波(20min)。催花液常用配方：2% S + 150mg/L 8-HQC + 60mg/L SA。瓶插液常用配方：3% S + 200mg/L 8-HQS + 2g/L $CaCl_2$；5% S + 100mg/L 8-HQ + 25mg/L $AgNO_3$。不同栽培类型的切花菊品种所使用的保鲜液也会有差异，如独头菊常用保鲜液为3% S + 250mg/L 8-HQC + 0.5mmol/L

$AgNO_3$+2mmol/L $Na_2S_2O_3$；多本菊常用保鲜液为 3.5% S + 250mg/L $AgNO_3$+ 750mg/L CA。

7.2 非洲菊

[学名] *Gerbera jamesonii*

[英文名] Gerbera

[别名] 扶郎花、灯盏花、大丁草、太阳花

7.2.1 简介

非洲菊是菊科非洲菊属多年生宿根草本花卉，原产于南非。非洲菊花色丰富、花型多样，适应性强，单位面积切花产量高，管理省工，温暖地区可周年开花，因而在国际切花市场发展很快。我国栽培非洲菊的历史不长，20 世纪 20 年代在上海郊区已作商品切花栽培，但品种退化现象严重，限制了非洲菊的发展。20 世纪 80 年代后国内解决了非洲菊组织培养脱毒与快速繁殖技术，克服了品种退化问题，栽培发展迅速，目前已成为国内切花市场上的重要组成部分。

(1) 形态特征

植株高 20~60cm。基生叶呈莲座状，具长柄，叶矩圆状匙形，叶缘羽状浅裂或深裂。头状花序单生于花莛顶端，花莛高出叶丛。外轮花为雌性舌状花，色彩艳丽；中部是雄性管状花，即所谓的花心。花色丰富，有白、粉、浅黄到金黄、浅橙到深橙、浅红到深红等多种，以橙红色为主(见彩图 67)。

(2) 生态习性

喜冬季温和、夏季凉爽的气候条件。最适生长昼温为 22~26℃，夜温为 20~24℃，日平均温度为 23℃。低于 5℃时花蕾停止发育，且根部容易发生病害；低于 0℃时植株会受冻；当温度高于 40℃时生长受阻、开花减少。生长最佳湿度为 70%~85%。若气温适宜，四季皆可开花。在自然条件下栽培时，4~5 月与 9~10 月为盛花期。喜阳光充足的环境，但忌夏季强光。对光周期的反应不敏感。因非洲菊根系对土壤中的缺氧环境敏感，所以土壤要求疏松透气、排水良好、微酸性的砂质壤土，pH 5.5~6.0。

(3) 主要品种

根据花瓣的宽窄可将非洲菊的品种分为窄瓣型、宽瓣型、重瓣花型与托桂型四类，其中，窄花瓣型的分蘖能力、产量都要比后 3 种花型高些，但花梗易弯曲。宽瓣型因观赏价值高、耐运输、保鲜期长成为目前切花栽培的主要品种群。根据花色不同常分为红色系、桃红色系、粉色系、橘色系、黄色系、白色系、复色系 7 个类型。我国目前切花栽培的大部分非洲菊栽培品种多数由荷兰引进，其中很大一部分为“Terra”系列。

(4) 应用

非洲菊花茎直立而长，头状花序较大，花色丰富艳丽，花姿优美，富装饰性，水养较持久，在插花和花束中可作焦点花。因其别名和美好的花语，近年来在婚庆市场上应用较多，如婚礼花车的装饰、新娘捧花和胸花等。此外，也可作干燥花和染色切花。因非洲菊对室内有毒气体有很强的吸附能力，还可作为室内环保植物和盆栽植物。

7.2.2 繁殖和育苗

非洲菊的繁殖方法有播种、分株、扦插和组织培养等。非洲菊虽为雌雄同株，但却是异花授粉植物，自交不孕，其种子后代常发生变异。因此，常采用分株、扦插和组织培养等方法进行育苗。因分株只适宜分蘖力强的品种，且繁殖速度慢；扦插苗的生长势及产量不够理想，不易操作，故生产上基本以组织培养苗为主。

非洲菊的组织培养育苗常用花托作为外植体。组织培养苗 45d 苗龄可移植，90d 苗龄移植成活率更高。虽然非洲菊可多年栽种，但由于第二年后切花的质量、产量有所下降，有必要更换种苗。最经济的种植周期为 2 年。

7.2.3 栽培管理

在设施栽培条件下，只要保证合适的温度等环境条件，非洲菊很易做到周年供花。

(1) 土壤要求

非洲菊属深根系，因此深层土下不能有硬土层。栽培土最好是配制的培养土，用泥炭、珍珠岩、稻壳等混合，增加通透性，以保证根系生长有足够的氧气。土壤盐类浓度不能太高，高浓度的钠和氯对非洲菊植株尤其是幼苗危害极大，因此，定植前应对土壤进行清洗。同时，在定植前需对土壤进行消毒。非洲菊忌水湿，即使短时期的地下高水位也会导致烂根，在保护地栽培中应注意基质须排水良好。

非洲菊是最适宜无土栽培的切花种类，基质栽培能最大限度满足其对土壤的各项要求，可床栽或盆栽生产，切花的质量、产量均佳。

(2) 定植

宜作高畦或堆砌种植床，高度 30~40cm。采用窄畦法种植，畦上种 2 行，既利于排水，又能使叶片展开，使植株中心充分受光，还便于操作。标准塑料大棚可作 4 畦或 3 畦。

非洲菊适宜种在潮湿土上，一般可在幼苗充分吸水后再下种，注意不能种得太深，苗的根颈部应露出土面 1~1.5cm，因为非洲菊具有一种粗壮的老根，称为“收缩根”，能通过其收缩性质将植株往下拉，在生长过程中会有下沉现象，若生长点被埋于土中，生长发育会受阻。定植后立即浇水。苗期避免温度过高和光照过强。定植最初的一个月内，温度不应低于 15℃，以 20~22℃ 为宜，光强不宜超过 45 000lx。

(3) 温度管理

非洲菊切花的高产栽培应保持 16℃ 以上的常年温度，且避免昼夜温差过大，夜温通常比昼温低 2~3℃。如温差过大，会造成畸形花序。此外，适宜的土温会促进根系生长，并有利于水分和养分的吸收。

(4) 肥水管理

由于非洲菊忌土壤高盐，通常不宜大量施用基肥。因非洲菊四季开花不断，所以必须在整个生育期不断追肥，追肥的最佳模式为营养液滴灌。非洲菊生长量大，须经常浇水以保证植株需求。浇水时要特别注意叶丛中心不能积水，以防烂花芽。非洲菊对水中的含盐度(尤其是 Na 和 Cl)很敏感，浓度越低越好。

在非洲菊的切花栽培中，用 CO_2 施肥能够获得较好效果。在适宜的光照强度和温度条件下，当保护地内的 CO_2 浓度为 600~800mg/L 时，对非洲菊的生长有积极的促进作用。

(5) 整形修剪

非洲菊在生长过程中的整形修剪，主要是对其进行剥叶与疏蕾。

①剥叶　非洲菊除幼苗期外，整个生长期为营养生长与生殖生长同时进行，即一边长叶，一边开花。如叶片过于旺盛，花数减少，甚至只长叶而不开花；叶片过少过小，开花也会减少，且因营养不足导致花梗变矮、花朵变小。因此，协调好营养生长与生殖生长的矛盾，是提高非洲菊出花率及品质的关键所在。其中重要的措施就是在整个生育期要经常不断地合理剥叶。

剥叶可以减少老叶对养分的消耗，促使新叶萌发；加强植株的通风透光，减少病虫害的发生，让生长于叶丛中的小花蕾得到充足的阳光；抑制过旺的营养生长，促使植株由营养生长及时转向生殖生长。

剥叶操作不能仅简单地剥去外层老叶。若只是一味地剥去外层老叶，使植株只留下集聚在一起的小叶叶丛，正常功能叶减少，从而破坏了植株本身应有的平衡，造成花小、花少。正确的剥叶方法如下：剥去植株的病叶与发黄的老叶；剥去已被剪去花的那片老叶(从理论上讲，非洲菊的每张功能叶均能开一枝花)；根据该植株分株上的叶数来决定是否还需剥叶。一般 1 年以上的植株有 3~4 个分株，每分株应留 3~4 片功能叶，整株就是 12~14 片功能叶；多余的叶片要在逐个分株上剥叶，不能在同一分株上剥；将重叠于同一方向的多余叶片剥去，使叶片均匀分布，以更好地进行光合作用；如植株中间长有许多密集丛生的新生小叶，功能叶相对较少时，应适当摘去中间部分小叶，保留功能叶，以控制过旺的营养生长，同时让中间的幼蕾充分采光。

②疏蕾　当同一时期植株上具有 3 个以上发育程度相当的花蕾时，为避免养分分散，将多余的花蕾摘除，保证主花蕾开好花。此外，在幼苗刚进入初花期时，未达到 5 片以上的功能叶或叶片很小，应将花蕾摘除，不让其开花，以保证足够的营养体发育，所谓“大叶大花”。

(6) 花期调控

非洲菊的花期调控比较容易，只要室温保持在 12℃以上，植株就不进入休眠，一年四季均可开花。

非洲菊一般定植后 5~6 个月开花。各地应根据当地的气候条件及用花需要，调整定植时间，同时结合防寒、防暑等措施，即可做到周年供花。一般 8~9 月定植，翌年 1~2 月开花；10~11 月定植，翌年 4~5 月开花；1~2 月定植，5~6 月开花，经摘叶和摘蕾处理后，开花季节可延续到冬季；对于一些分蘖力较强的非洲菊品种，可在 3~5 月分株，经 4~5 个月栽培，10~11 月开花。要想非洲菊在国庆节达到盛花期，可在 4~5 月定植；如要春节开花，则在 9~10 月定植，冬季加温。

(7) 病虫害防治

非洲菊常见的生理性病害一般表现为老叶的叶肉部分出现花叶，叶片基部形成一个倒“V”形的绿色部分或者小叶弯曲，变厚变脆，生长点枯死，花蕾败育或产生畸形花序，可能是缺镁或硼等微量元素引起的，应定期追肥以补充微量元素。非洲菊常见的病理性病害有非洲菊疫霉病(根茎腐烂病)、细菌性斑点病和菌核病等，可通过土壤消毒、降低空气湿度和定期喷施杀菌剂等进行防治。

非洲菊虫害较多，主要有红蜘蛛、白粉虱、蚜虫、蓟马、潜叶蛾、潜叶蝇、线虫等，最为突出的是跗线螨。防治方法详见本教材 2.3.7 病虫害防治相关内容。

7.2.4 采收、分级、包装、贮藏及保鲜

(1)采收

非洲菊后续开花能力不强，因此要待花盘充分展开后才能采花。适宜在外围舌状花瓣平展，中部花心外围的管状花有 2~3 轮开放，雄蕊出现花粉时采收。由于非洲菊的茎基部离层易折断，采收非洲菊不用刀剪，一般用手握花茎基部，左右或前后来回对折几下，即可将茎折断拔出。

(2)分级

我国农业农村部于2020年8月26日发布，2021年1月1日实施了中华人民共和国农业行业标准《非洲菊切花等级规格》(NY/T 3707—2020)，该标准从整体感、花形、花的色泽、花莛、病虫害、缺损及冻害、整齐度7个方面将非洲菊划分为3级。具体分级情况参考标准规定。

(3)包装

为避免包装时损伤花瓣，可用塑料或纸固定花头。最理想的包装是用纸板固定法，即在纸板上设置孔洞，让花茎穿过孔洞，而使每个花朵平铺地留在纸板上。最后，用一定规格的包装盒包装，并在盒中放置硬泡沫长条，以防在运输、搬运过程中折断盒中的花枝。

(4)贮藏

非洲菊采切后不能缺水，采收后在最短时间内将花茎基部剪去 2~3cm，并插入保鲜液或清水中进行吸水处理。通常在温度 2~4℃、空气相对湿度为 90%的条件下能湿贮 4~7d，干贮 2~3d。干贮时保留切花茎干基部不剪，防止气体入侵而堵塞花茎导管。

非洲菊切花易感染灰霉病，使花莛弯曲，故在贮藏前应喷洒或浸蘸杀菌剂。非洲菊切花木质化程度低，采后贮运和瓶插过程中易出现花头下垂、花茎弯曲现象(通常称为弯颈)，这对非洲菊切花的观赏价值有很大的影响。可通过在瓶插液中加入能够改善水分状况的 K^+ 和减缓蛋白质破坏的 Ca^{2+} 减少其弯茎现象。

(5)保鲜

利用物理保鲜技术，如适宜的热空气及热水处理、真空预冷技术对非洲菊切花都具有明显的保鲜效果。非洲菊化学保鲜的参考配方有：25g/L S + 150mg/L 8-HQ + 200mg/L KCl；20g/L S + 200mg/L 8-HQ + 25mg/L $AgNO_3$；30g/L S + 200mg/L 8-HQ + 150mg/L CA + 75mg/L $K_2HPO_4 \cdot H_2O$。

除了上述化学保鲜技术外，也有一些生物保鲜技术，如用从蝴蝶兰茎组织提取出来的解淀粉芽孢杆菌发酵液、羧甲基壳聚糖溶液和蔗糖溶液配制的保鲜液在非洲菊切花保鲜上可达到很好的效果。同时，研究显示，低浓度一氧化氮(NO)处理能够延长非洲菊

的瓶插寿命。此外，纳米银(Nano-silver，NS)也能够使非洲菊切花延缓衰老。

7.3 香石竹

[学名]*Dianthus caryophyllus*

[英文名]Carnation

[别名]康乃馨、母亲花、麝香石竹、狮头石竹、大花石竹

7.3.1 简介

香石竹是石竹科石竹属多年生宿根草本花卉。野生种只在春季开花，1840 年法国人达尔梅将香石竹改良为连续开花类型。香石竹的闻名得益于 1934 年 5 月美国首次发行母亲节邮票，邮票图案是一位母亲正凝视着花瓶中的香石竹，于是西方人也就约定俗成地把香石竹定为母亲节的节花。由于其观赏效果好，瓶插期长，深受消费者欢迎，是世界著名鲜切花之一。又因其单位面积产量高，易于包装、贮藏和运输，因此，也备受栽培者青睐。近年来，随着国外优良品种的引进和栽培技术的成熟，香石竹在中国广泛栽培。因其英文名 carnation 的音译，商品名多用康乃馨。

(1)形态特征

茎丛生直立，有膨大节间。全株被蜡状白粉，单叶对生，叶呈灰绿色，线状披针形，全缘，叶质较厚，基部抱茎。花单生或 2~3 朵簇生或成聚伞花序。萼片 5，相连成筒状。花瓣具不规则缺刻，单瓣或重瓣，花色多样，常见的有红、粉、黄或白等色(见彩图 68)。

(2)生态习性

香石竹是一种日中性花卉(积累性长日照植物)，喜凉爽干燥、通风良好、日照充足，忌高温多湿。耐寒性较好，耐热性较差，最适生长气温为 19~21℃，夏季高于 35℃、冬季低于 9℃时，生长缓慢甚至停止。0℃以下花蕾及花瓣易受冻害。喜保肥、透气、排水性能好，富含腐殖质的土壤，最适 pH 6~6.5，耐旱、耐盐碱，忌水涝和连作。

(3)主要品种

切花香石竹品种众多，依据不同的分类标准有不同的分类。

按照着花方式分类：可分为单头香石竹和多花香石竹(聚花香石竹)。其中，单头香石竹花色众多，常见的有红色(如‘马斯特’‘洪福’)、粉色(如‘理想’‘粉钻’‘粉佳人’‘粉黛’)、绿色(如‘海贝’)、白色(如‘白雪公主’)、黄色(如‘自由’‘佳农’‘得利’)、紫色(如‘紫水晶’)、复色(如‘欢乐时光’‘伊人’‘平凡’‘火焰’‘神采’)等。多花香石竹常见品种有‘绿茶’‘想象’‘多瑙河’和‘蝴蝶’等。

按照来源分类：可分为美国种和地中海种。其中，美国香石竹起源于美洲，其适应性强，生长旺盛，叶密长，但耐寒性差，宜温室种植；地中海香石竹原产于意大利、法国等地，叶窄节短，不易裂苞，耐低温。二者杂交后，表现出生长势强、花色艳丽、茎秆粗壮、抗病性强，产量高。

按花色分类：可分为大红类品种(花色有大红、粉红和混色)、紫色类品种(花色紫色)和肉色类品种(花色玛瑙色、淡黄、黄)等。

按生态类型分类：可以分为两类。一类是适夏性品种，以'罗马''肯迪''坦哥''帕来丝'等为主要代表，能在夏季高温和较长日照的条件下表现出良好的性状；另一类为适冬性品种，以'西姆''特来西尔''白西姆''凯丽帕索''皮尔姆''威尔赛姆'等为代表，对日照长短、温度等要求较低。

(4)应用

香石竹可用于园林花境，也可做盆花栽培，但以切花应用为主，广泛用作插花、花束、花篮。不同的花色有不同的花语，如红色香石竹用来祝愿母亲健康长寿；黄色香石竹代表对母亲的感激之情；粉色香石竹祈祝母亲永远美丽年轻；白色香石竹表达对母亲的怀念；几种颜色组成的香石竹表达热烈的爱。

7.3.2 繁殖和育苗

香石竹的繁殖以扦插法为主，也可采用组织培养技术。

香石竹的扦插一年四季均可进行，但是在生产中多以1~3月为宜，尤其是1月下旬~2月上旬扦插效果最好。常选择母本茎中部叶腋间生长出的长7~8cm的侧枝插穗，采插穗时手拿侧枝顺主枝向下掰取，使插穗基部带有节痕，较易扦插成活。一般扦插14~15d开始生根，25~30d可起苗移植。

7.3.3 栽培管理

(1)环境选择及基地建设

栽培环境应选择地势平坦、排灌方便、土壤含盐量低的熟壤土为好。20cm表土含盐量在0.1%以下，含盐量过高、碱性过重的土壤必须经雨水充分淋溶或深水淹灌，降低盐分含量后才可作为香石竹种植基地。周年生产时可采用设施栽培。

香石竹不能连作，规划建设香石竹基地时，必须安排好轮作作物和土地休闲，香石竹的前茬以浅根系作物为好。水稻土病原菌少、含盐量低，是较为理想的前茬作物，但应在冬季深翻、风冻以改良土体结构。

(2)选择合适的品种与种苗

选择的品种应具备抗病性强、生长快、产量高(特别是冬花产量)、裂苞少、品质好、市场商品性强等条件。优质种苗是香石竹生产成败的关键。优质种苗首先应具备原品种的优良特性，直接从国外引进的母本上打头扦插的一代苗或经脱毒的组织培养苗都能达到上述要求。其次是选择根系好、茎粗、叶厚、节间短、无病斑、苗期和苗龄适中的扦插苗。

(3)翻耕、整地、消毒

香石竹的翻耕、整地应在种植前2个月进行，在香石竹的前茬收获后，至少有1个月的休闲期，使土壤充分翻耕矿化、雨淋、降低土壤盐分，提高土壤熟化程度。一般每栋塑料大棚作3条畦，畦宽1m，高30cm。栽苗前应施足基肥，并用0.1%~0.3%的甲醛溶液对土壤进行消毒处理。

(4)定植

定植密度通常为35~50株/m²，分枝能力弱、种植时间较迟的密度可高一些。栽苗尽可能以浅植为原则。浅植既有利于根系生长，又可以防止种植过深而感染茎腐病。栽后立即在行间浇水，喷一次百菌清或多菌灵。

依据定植时间，可以分为以下几种类型(以长江流域为例)：

10~11月定植型：是以采穗为主、切花为辅的定植模式。定植后20d即可进行第一次摘心采穗，5月中旬便可进入盛花期。

2~3月初定植型：多采用适夏性品种，一般不进行摘心，使第一次盛花期在5月下旬~6月。

4~5月定植型：这是江浙一带广泛采用的定植模式，因为在此期间气候适宜，种苗价格较低，而且经2~3次摘心，即可在12月进入盛花期，花价较高。

6月上旬定植型：目标是为元旦、圣诞、春节供花，定植后做2次摘心处理，或提高种植密度，摘心一次。

9月上旬定植型：若定植后不再进行掐心处理，元旦即可有第一批花上市；若经一次摘心，则于翌年4~5月达到产花高峰，并延至母亲节。

(5)肥水管理

香石竹的生育期较长，在施足基肥的基础上还要施足够的追肥，追肥的原则是少量多次。在不同生育期还应根据生长量调整施肥次数和施肥量。

第一阶段：4月~6月中旬，香石竹生长量约占全年生长量的25%；6~9月高温期，生长缓慢甚至停止生长，其生长量仅为全年生长量的10%~15%。

第二阶段：9月下旬~12月上旬，气温适宜香石竹的生长，其生长量占全年生长量的50%~60%。

第三阶段：12月~翌年2月，完成其余15%~20%的生长量。

根据上述生长规律追肥，第一阶段每隔2~3周1次，第二阶段3~4周1次，第三阶段2周1次。铵态氮不利于香石竹生长，尽可能使用硝态氮。

香石竹的浇水，苗期要干干湿湿，缓苗期保持土壤湿润，缓苗后要适度“蹲苗”，使根向下扎，形成强壮的根系。香石竹不能垂直叶面浇水，叶面湿度过高时很容易引起茎叶病害。只能采用横向对根部浇水。可采用滴灌浇水。

(6)张网

在摘心结束、苗高15cm时进行。张网是为了使香石竹的茎能正常伸直生长，网一般使用尼龙绳编织而成，网格为10cm×10cm。每畦同时张3层网，最低一层固定在15cm处，其余两层随植株伸长，逐渐升高网格，每层相距20cm左右。

(7)摘心、疏芽

香石竹一经摘心就会从节上发生侧枝，通过摘心可以决定开花枝数和调节花期。因此，合理摘心是香石竹栽培的重要技术环节。摘心通常是从基部上第五节处用手摘去茎尖，摘心后要及时喷药防病。

摘心通常有单摘心、半单摘心、双摘心等不同方式。

单摘心：是只摘1次茎尖，打顶后生长的侧枝让其生长开花，这种方法从定植到开花的时间较短，而采取相应的管理措施后，第二批花产量较高。

半单摘心：也叫一次半摘心，即在单摘心后发出的侧枝，一半继续摘心，另一半留作开花。

双摘心：即单摘心后发生的侧枝，待长到一定高度后全部摘除，这种摘心方式使第一次收花数量较多，时间又比较集中，常用于4~5月定植，11月进入收花高峰的冬季花。

利用摘心方法可决定香石竹的开花数并能调节开花时期和生育状态，可摘心1~3次，最后一次摘心称为“定头”。

第一次摘心：在定植后约30d，即幼苗在6~7节时进行。

第二次摘心：通常在第一次摘心后发生的侧枝长到5~6个节时进行。

最后一次摘心：根据不同的品种和供花时期而定，如需在12月至翌年1月开花，一般在7月中旬定头，而要求“五一”为盛花期时，摘心务必在1月初结束。为保证切花品质，摘心一般不超过3次，一般每株香石竹植株保留3~6个侧枝即可，将其余侧枝从基部剪除。

由于香石竹各品种间的分枝能力和生长速度差异很大。因此，对不同品种应采取不同的摘心方式和摘心时间，从而使摘心达到预期效果。

疏芽也叫抹蕾。单花型品种，除留顶端一个花蕾和基部侧枝以外，其余侧枝和花蕾全部抹掉，以使其养分集中供应顶花，提高开花质量；多花型品种需要除去中心花芽，使侧枝均衡发育。疏芽是一项连续性的工作，一般3~5d进行1次。

(8)光照管理

香石竹是一种积累性长日照植物，日照累积的时间越长，越能促进花芽分化，使花期提早，开花整齐度和产量明显提高。周年生产时，冬季栽培应适当加光，可以每天补光2~4h加速其营养生长，并提早开花。

(9)花期调控

定植型与相应的摘心方法直接影响香石竹的开花期和经济效益。可根据切花的上市时间选择不同的定植型：10~11月定植型、2~3月初定植型、4~5月定植型、6月上旬定植型、9月上旬定植型。

在香石竹的切花栽培中，摘心处理是与定植型密切相关的。不同生长季节，由于积温的不同，停止摘心后的开花期也不同。通常在4~6月最后一次摘心(“定头”)的其盛花期经80~95d后开始；7月中旬停止摘心的盛花期约在120d形成；在8月中旬“定头”的则约在180d后达到盛花期。

(10)病虫害等防治

香石竹病害很多，其中危害较大、发生较为普遍的有真菌性叶斑病、灰霉病、丝菌核立枯病(根腐病)、镰刀菌枯萎病。香石竹常见的虫害有蚜虫、红蜘蛛、斜纹夜蛾、根结线虫及其他地下害虫等。防治方法详见本教材2.3.7病虫害防治相关内容。

在香石竹的栽培中，还常出现花萼破裂和花头弯曲等生理性病害。花萼破裂是指香石竹的一些大花品种在开花时花萼破裂(通称裂苞)的现象。其主要原因是在成花阶段昼夜温差较大，低温期浇水施肥过多，氮、磷、钾三要素不均衡，尤其是磷肥过多，使花瓣生长迅速超过花萼生长，过多的花瓣挤破花萼，造成花萼破裂。为防止花萼破裂，须提高夜间温度，白天充分换气，使昼夜温差缩小；适当浇水，避免土壤从过干急剧地变成过湿；同时应尽量选择不易裂苞的品种。对容易裂苞的品种，可以在即将开花的1~2周内，用塑料袋在花萼部位抱卷成钵状，或用30~50mg/L的GA处理黄豆大小的花蕾，也有减少花萼破裂的效果。

花头弯曲是指香石竹花芽分化期化肥用量过多或日照时间短、温度低造成的花头弯曲现象。

7.3.4 采收、分级、包装、贮藏、运输及保鲜

(1)采收

香石竹的后续开花能力较强，采收期取决于花蕾成熟度。采收适期是花瓣刚露出，略高于花萼或与花萼张开度同等大。采花时，如果不让植株再产花，可将茎秆切长一些；反之，应留足基部芽，以利于生长形成新一茬花。在高温期开花四成时即可采收，低温期开花五六成时采收。当地销售可以晚一些，准备低温贮藏或运往外地的可以早一些。

(2)分级

香石竹分级的基本要求是切花无病虫害，花、叶上无污点，花朵有光泽，茎秆挺拔，花蕾发育正常，花瓣无褪色现象。

中国国家标准《香石竹切花等级》(GB/T 41202—2021)于2021年12月31日发布实施。该标准规定了单头与多头香石竹切花的质量要求。按照花形、花色、枝、叶、病虫害和整齐度6个方面把单头香石竹和多头香石竹都分为一级、二级和三级3个等级，其中单头香石竹按花枝长度进行规格划分，分为040~100共7个规格；多头月季按花枝长度和花蕾数进行规格划分，其中花蕾数分为5~10共6个规格，具体规定详见标准具体内容。

(3)包装

采收后剔除不合格切花，将花头排放在一个平面上，然后将花茎末端剪平。将相同等级、品种的香石竹按20枝或25枝捆扎成一束，套上专用塑料袋，即可上市。包装材料通常采用75cm×30cm×25cm的衬膜瓦楞纸箱。注意要在衬膜、瓦楞纸箱上设置透气孔。

(4)贮藏

暂时不出售的鲜花，可将茎下部2~3对叶片除去，更新切口，然后立即插入水中吸足水，置于相对湿度90%~95%，温度1~2℃的冷藏室中贮藏。

香石竹的贮藏，需在花蕾期采收，先用杀菌剂处理，再在1mmol的STS溶液中浸渍1~2h，可冷藏4周左右；如需达到10~12周的长期贮藏，需在贮藏前(或在贮藏箱内同时进行)在0.3mmol的STS中浸渍17h，并在STS中加入10%的蔗糖以补给养分。

香石竹的采后贮藏可分为干藏法和湿藏法两种。

干藏法：在早晨将花枝剪下，包装在聚乙烯薄膜袋或箱中，放冷室预冷后转入贮藏室，室温控制在0~1℃，贮藏期可达2~3个月。

湿藏法：将花枝插入水中或保鲜液中，置于1~4℃条件下贮藏，控制相对湿度在90%~95%及以上。一般作短期贮藏使用，贮藏3~5d，也可用于1个月左右的长时间贮藏。

(5)运输

运输温度宜在2~4℃，不得高于8℃；空气相对湿度保持在85%~95%。一般采用干运(切花的茎基不给予任何补水措施)。

(6)保鲜

常见的香石竹保鲜液的配方可以选用如下几种：0.5g/L $CaCl_2$ + 3% S + 0.1g/L NH_4NO_3 溶液+ 0.045g/L SA 溶液；3%乙醇 + 3% S + 200mg/L 8-HQ + 200mg/L $Ca(NO_3)_2$ 保鲜液；3% S + 250mg/L CA + 50mg/L 6-BA + 100mg/L $AgNO_3$；200mg/L 8-HQC + 3g/L S；300mg/L 8-HQC + 100mg/L 苯甲酸钠 + 5g/L S；400mg/L 8-HQC + 500mg/L B_9 + 5g/L S。

7.4 唐菖蒲

[学名] *Gladiolus×gandavensis*

[英文名] Sword Lily Gladiolus

[别名] 菖兰、剑兰、扁竹莲、十样锦、十三太保、流星花、福兰等

7.4.1 简介

唐菖蒲是鸢尾科唐菖蒲属的植物，原产于热带非洲和地中海沿岸。野生原种约250种，其中大部分起源于非洲南部，只有10种起源于地中海地区、西亚及欧洲。现在常见栽培的唐菖蒲品种主要是原产于南非、地中海的野生原种，经过漫长的杂交、选择而形成的。唐菖蒲从19世纪末引入我国，然而我国对唐菖蒲的育种工作于20世纪50年代才开始。近年来，我国唐菖蒲的生产发展迅速，基本可满足国内夏季露地切花市场。

(1)形态特征

唐菖蒲为多年生球根花卉，叶基生或在花茎基部互生，剑形，有数条纵脉及突出中脉，基部鞘状，先端渐尖，嵌叠状二列；花茎直立不分枝，苞片绿色，聚伞形花序，花扁漏斗状，花色多样(见彩图69)。

(2)生态习性

喜冬季温暖、夏季凉爽的气候，耐寒力较差。对高温的抗性较强，但温度过高时生长速度变慢，花色减褪，花瓣易遭灼伤。喜阳光充足、温暖湿润的条件，保持空气湿度65%~75%。生长期需充足的水分，但不耐涝。

(3)主要品种

唐菖蒲现有栽培品种很多，逾1万种。

①按生态习性分类

春花类：植株矮小，茎叶纤细，花小型，有香气。耐寒性较强，在温暖地区秋植春花。

夏花类：植株高大，花多数，大而美丽。花型、花色、花径、香气、花期等均富于变化。耐寒力弱，春植夏花。

②按花型分类

大花型：花大，排列紧凑，花期较晚，新球、子球发育较缓慢。

小蝶型：花稍小，花瓣有褶皱，常有彩斑。

报春花型：花形似报春，花少，排列稀疏。

鸢尾型：花序短，花少而密集，花冠向上开展，辐射对称，子球增殖能力强。

③按生育期长短分类

早花类：种球种植后60~65d，有6~7片叶时即可开花。

中花类：种球种植后70~75d后即可开花。

晚花类：生长期较长，80~90d，需8~9片叶时才能开花。

④按花朵大小分类　按花径大小(x)将唐菖蒲分为五类：$x<6.4$cm为微型花，6.4cm$\leqslant x \leqslant$8.9cm为小型花，8.9cm$\leqslant x \leqslant$11.4cm为中型花，11.4cm$\leqslant x \leqslant$14.0cm为大型花(标准型)，$x \geqslant$14.0cm为特大型花。

⑤按花色分类　大致可以分为白色系、粉色系、黄色系、橙色系、红色系、浅紫色系、蓝色系、紫色系、烟色系及复色系10个色系。

目前我国栽植的唐菖蒲种球绝大多数是进口的，主要来自荷兰、日本、美国等地，品种主要有白色系的‘白友谊’‘白雪公主’‘白花女神’等；粉色系的‘魅力’‘粉友谊’‘夏威夷人’等；黄色系的‘金色原野’‘荷兰黄’‘豪华’‘黄金’等；红色系的‘红美人’‘红光’‘奥斯卡’‘胜利’‘火焰商标’‘欢呼’‘乐天’‘钻石红’等；紫色系的‘长尾玉’‘施普里姆’；蓝色系的‘康凯拉’；烟色系的‘巧克力’；复色系的‘小丑’。

(4)应用

唐菖蒲花型丰富，花色繁多艳丽，瓶插寿命长，为世界著名切花，广泛应用于花篮、花束和艺术插花，也可用于庭院丛植。在插花中可作线状花材或剪短作焦点花材，也可作为插花中的陪衬花材，起到点缀作用。

7.4.2　繁殖和育苗

通常以自然分球法繁殖。小球茎经栽种1~2年后可开花。一般采用周径0.75cm或0.5cm的优质子球，选择冷凉地或海拔500m以上的山地，施入基肥，春季条播，播后及时喷施除草剂或以稻草覆盖。立秋后种球膨大发育迅速，注意追施复合肥2~3次。通常在10月下旬~11月中旬，即当叶片1/3~1/2枯萎时开始收获地下球茎。

唐菖蒲还可采用球茎切割法和组培法繁殖。球茎切割繁殖是将能开花的成年球茎纵向切割成2~3块，每块带一个以上芽眼和一部分根盘，每个切块可作为一个开花球应用。组培繁殖用植株幼嫩部分作外植体。在试管中培育成直径0.3~1.0cm的休眠小球茎，经栽培一季后可得到3cm以上的开花种球。茎尖组培脱毒苗是唐菖蒲球根复壮的重要手段。

7.4.3　栽培管理

(1)土壤要求

生长期要求土壤水分充足，忌旱、忌涝。以土层深厚、土质疏松、排水通畅、富含有机质、pH 为 5.6~6.8 的微酸性砂质壤土最为适宜。生长期对缺水敏感，尤其是 4~7 叶期，如遇水分不足将明显减少花朵数量，降低切花品质。同时，唐菖蒲应避免连作，若前作是鸢尾科植物，则种植前必须对土壤进行消毒。整地作畦前施入一定量的农家肥作基肥，或施以复合肥(N：P：K 为 2：2：3)。唐菖蒲对肥料要求不高，生长前期主要耗用球茎贮藏的养分，三叶期后可依靠追肥。

(2)定植

唐菖蒲大部分品种自下种到开花约需 3 个月，但真正的栽培周期根据品种、球茎大小和平均温度而定。一般来说，早花种需 60~65d，中花种需 65~70d，晚花种需 75~90d。可根据供花时间分批种植。露地春植，定植时间 3~8 月均可，常分期下种，可错开花期。但由于长江流域夏季往往高温多雨，唐菖蒲夏季开花不良，因此 6~7 月常不能正常种植。此时可利用冷凉地或海拔 500m 以上山地进行唐菖蒲的夏花生产，特别是供应 8 月至国庆节前后的鲜切花，能够在低成本条件下获得较好的经济效益，近年来浙江省进行异地栽培已有成功范例。唐菖蒲属积温型开花植物，在适宜生长温度范围内，随气温高低影响栽培时间。同时，种植大规格的球茎可缩短栽培周期。如周径 12~14cm 的唐菖蒲球茎，可比 8~10cm 的球茎提早开花 2 周左右。

栽植时沿植床横向开条沟，将球茎芽眼朝上排于沟内，覆土 8~10cm，栽植完毕浇透水。选用周径 8~10cm、10~12cm 或直径 2.5~4cm 的种球，定植前用托布津或 $KMnO_4$ 浸泡消毒 10~15min。种植深度一般为春植 5~10cm，秋植 10~15cm；种植密度依球茎大小及土壤性质而定，一般周径 8~10cm 的种球种植 70~80 个/m^2，周径 10~12cm 的种球种植 60~70 个/m^2。

(3)温度管理

球茎在 4~5℃萌芽，昼温 20~25℃、夜温 12~18℃为生育最适温。唐菖蒲不耐低温，因此冬春栽培必须充分保温或加温。根系生长的临界温度为 7~9℃，低于此温度则根系停止生长。因此当保护地内的气温低于 10℃时，就应开始加温；若气温低到 0℃，会发生霜害，甚至植株会枯萎。此外，种植球茎的最高温平均 27℃，不可高于 40℃。炎夏花蕾易枯萎或开花不盛，常使种球退化；在生长季气候凉爽地区，株高健壮，花色鲜明，种球不易退化，即使球径 1.5cm 的小球也能开花。

此外，唐菖蒲的生长发育周期分为萌芽期、花芽分化和新球形成期、准备开花期、开花期、新球成熟与休眠 5 个阶段，不同生育期对温度的要求也不同。唐菖蒲种植后 15~20d 出苗，隔 3~4d 见第二片基生叶，此期温度以昼温 10~20℃、夜温 5~10℃即可；第 2~3 片叶完全展开时，生长点开始花芽分化，经 40 余天，雌雄蕊分化完全，此期温度以昼温 20~25℃、夜温 10~15℃为宜；5~7 片叶完全展开时，花序分化基本完成，花茎开始伸长，茎基部明显形成新球；当植株达到 7~9 片叶时，进入开花期，单株花期持续 15~20d；开花后地下球茎迅速膨大，子球数也增多、增大，花后一个月地上部分茎叶开始枯黄，地下新球和子球达到成熟，进入休眠。

花芽分化期(2~5 片叶期)，如长时间的遇到较低温度则易造成盲花。唐菖蒲对高温的抗性较强，在空气湿度较大、土壤水分充足时，植株可忍受 50℃的高温，但生长速度变慢，花色减褪，花瓣易遭受灼伤，在高温干燥条件下则会出现不开花、每枝花数减少和花序受害现象。

(4) 光照管理

唐菖蒲为典型的喜光植物，对光强度、光周期要求高，14h 以上的长日照有利于花芽分化。冬季室内栽培，人工加光可提高成花率。花芽分化后，短日照条件能促进花的发育，使其提前开放，花后还可促进新球茎成熟。

从出苗到 5~6 片叶，应保持每天 14~16h 的光照。冬季光照时数不足 14h 时应进行人工辅助补光。唐菖蒲元旦以后开花的冬花栽培，应在 11 月起采用电照补光，22：00 至翌日 2：00 加光，每天补光 4~5h。

(5) 肥水管理

唐菖蒲整个生长季节一般需追肥 3 次，分别在二叶期、四叶期、七叶期。二叶期是唐菖蒲花芽分化期，营养不足会影响花芽分化及小花形成数量；四叶期为幼穗形成期，此时营养不良对花的发育不利；七叶期花穗从叶丛抽出，此时新球开始发育，增加营养有利于促进花枝健壮生长与花朵发育。前期追肥以氮肥为主，中后期应增加磷肥、钾肥，磷肥可提高花朵质量，钾肥对提高种球质量及数量有促进作用，避免施用含氯氟的肥料。唐菖蒲浇水以保持湿润为原则。在 30℃ 以上高温时避免浇灌。

(6) 花期调控

①调节开花的一般方法

品种选择：春季开花宜选春花品种，夏秋季开花宜选夏花品种。

球茎大小：大球茎花期早，中球茎次之，小球茎较迟。促花宜用周径 14~16cm 的球，一般可用 12~14cm 的球。

温度：唐菖蒲生长期的长短与温度密切相关，气温在 12~25℃，温度愈高，花期愈短，反之则愈长。早春平均气温 12~15℃，从种植到始花需 90~120d；夏季平均气温 20~25℃，从种植到始花仅需 60~80d。

日照长度：光照长度达 14h 以上时，可促进开花，特别在萌芽后长出 2~3 片叶时，光照长度影响较大，长日照可促进花芽分化。

②促成栽培　指初秋(或其他季节)提早收获种球，应用人工打破休眠和提前种植的技术调节开花期。人工打破休眠的方法有低温冷藏、人工高低变温处理、化学药剂处理。

③抑制栽培　即通过冷藏种球延迟种植期而达到延迟开花的要求。如 5~6 月露地种植，8~9 月温室种植，12 月~翌年 1 月开花；10~11 月种植，翌年 2~4 月开花。

抑制栽培的主要技术环节：一是种球贮藏在 2~4℃ 库中，防止萌芽与霉烂。二是选用早花、抗病品种，缩短冬季育花周期。三是选用健壮大球，在低温冷藏后保存营养多，有利于提高花枝品质。四是栽植后初期保持 10℃ 以上，旺盛生长期保持夜温 12~18℃、昼温 20~25℃ 为宜。冬季光照不足应加光。温度过低、光照不足会导致盲枝。

(7) 病虫害防治

唐菖蒲的病害主要是由真菌类引起的，如灰霉病、干腐病、茎腐病、根腐病、锈病等。防治措施是避免连作；进行土壤和种球消毒；保证种植地排水良好、空气通畅；及时拔除病株并销毁之；定期喷施克菌丹、代森锰锌、百菌清等。对于病毒病，采用脱毒种球种植，及早发现并销毁病株。

唐菖蒲受线虫危害严重。虫害还有红棕灰夜蛾、蓟马、尺蠖、叶蝉、蚜虫、蛴螬、地老虎、螟蛾等，必须采取土壤的完全消毒措施，做好除草等田间卫生工作，定期喷洒敌百虫等杀虫剂加以有效防治。

7.4.4　采收、分级、包装、贮藏及保鲜

(1)采收

就地销售的切花在花穗基部2~3朵花半开时剪切。远途运输或贮藏者宜在基部1~2朵小花花蕾显色前采收。注意在剪切部位以下保留4~5片叶，以作为后期新球、子球发育的营养来源。剪下的花枝应立即插于清水中。

(2)分级

切花按长度分级，各国所定长度标准不同，有的国家还规定每枝必需的花朵数。我国农业部颁布的唐菖蒲切花标准中对花茎长度和小花数量的要求如下：一级花花茎长130cm以上，小花20朵以上；二级花花茎长100~130cm，小花16朵以上；三级花花茎长85~100cm，小花14朵以上；四级花花茎长70cm以上，小花不少于12朵。

(3)包装

以10~12枝为一束，直立存放于4~6℃冷库中做临时性贮藏，一般不超过24h。要长期贮藏或远途运输的花枝需干藏于包装箱中，箱内有塑料膜衬里保湿。在4℃下可贮藏3~7d。运输与冷藏中仍需注意花枝直立，以防弯曲。

(4)贮藏

切花冷藏的最适温度一般为4℃，常温贮藏很易衰败。

(5)保鲜

唐菖蒲切花参考保鲜液：100mg/L苯甲酸钾 + 4g/L S + 600mg/L 8-HQC；40g/L S+600mg/L 8-HQS；40g/L S + 100mg/L $CaCl_2$+ 150mg/L H_3BO_3(pH为5.4)。

7.5　月季

[学名]*Rosa chinensis*

[英文名]Modern Rose

[别名]长春花、月月红、四季花、胜春、斗雪红、瘦客

7.5.1　简介

月季由于四季开花、色彩艳丽、品种繁多、瓶插期长等优点，与菊花、香石竹、唐菖蒲、非洲菊被列为世界五大鲜切花。在1800年以前月季品种多是一季花或一季半开花，花色花型单调。1867年法国人Guillot培育出第一个茶香月季系(Hvbrida Tea Rose，简称HT系)新品种‘法兰西’，这是对月季育种划时代的贡献。‘法兰西’成为古典月季品种与现代月季品种的分割线。现代月季主要是由中国原产的香水月季、蔷薇和欧洲(法国等)、西亚原产的蔷薇等，经反复杂交培育而成，目前全球的月季品种已逾2万个。切花月季是指以茶香月季为主的现代月季切花。

中国月季栽培历史悠久，种质资源丰富，其中蔷薇属物种约占全球总数的1/2，为现代月季的育种贡献了连续开花和茶香等优异性状，可以说，没有连续开花的中国古老月季品种，就没有全球蓬勃发展的切花月季产业。

(1)形态特征

月季属于常绿或半常绿的多年生木本花卉，灌木或呈蔓状、攀缘、匍匐状植物；枝条粗壮，大多具钩状皮刺；叶互生，奇数羽状复叶，小叶多数，托叶大部分附生于叶柄；花单生或簇生于枝条顶端，花色多样(见彩图70)。

(2)生态习性

月季性喜温暖，但又不耐高温；喜阳光充足，却不耐阴，忌高温强光或冷湿气候。土壤pH 5.5~6.5为宜。适温为白天18~25℃，夜温10~15℃；5℃以上虽能继续生长但影响开花，5℃以下则停止生长，处于休眠状态。

(3)生物学特性

月季有四季不断开花的习性，以长江流域的自然条件为例，2月下旬~3月绽出新芽，从萌芽到开花需50~70d，5月上旬为第一次开花高峰，如管理得当，可反复开花至7月初；7~8月的高温期，月季处于半休眠状态，9月温度下降，月季再次形成大量的花蕾，10月上旬出现第二次开花高峰，花期可持续至初霜；12月温度下降到5℃以下，月季进入半休眠状态。经修剪后，从发芽开始至嫩芽长到3cm左右时，就开始进行花芽分化。从发芽到开花的天数因品种而异，一般夏季开花需32~42d，冬季在保护地内栽培，开花需50~60d。

(4)主要品种

现代月季品种众多，为便于研究和利用，园艺工作者将其大致分为以下六大类型：

①杂种香水月季　又称杂种茶香月季。枝条挺拔，花梗直立粗壮，多数单朵着花，花大形美，花色艳丽，能连续反复开花，温度适宜则能周年开花。如‘绿萼’‘红双喜’。

②丰花月季　又称聚花月季。植株健壮，株型稍矮，分枝多。花中型，花密，量大，花有单朵着生，也有多花群生，色彩丰富。如‘蜂蜜焦糖’。

③壮花月季　植株高大，枝条粗壮直立，刺少而大，生长强健，抗性强。

④藤本月季　长势旺盛，枝条粗壮，有蔓性型和藤本型两种。如‘龙沙宝石’。

⑤微型月季　植株矮小，分枝多，花朵小。如‘小伊甸园’。

⑥现代灌木月季　几乎包括前五类所不能列入的各种月季，有半栽培种和老月季品种，也有近代育成的灌木月季新品种。大部分非常耐寒，生长繁茂，花色多样。

用于切花栽培的月季绝大部分属于杂种香水月季和丰花月季，尤其以前者为主，约占当今栽培月季的3/4。

切花月季的品种按花色又可分为红花系、朱红花系、粉花系、黄花系、白花系和其他色系品种(主要包括蓝紫色系和复色系)等；按花头数量可分为单头切花月季(一个花枝有一个花朵)和多头月季(一个花枝有2个以上的花朵)。

2004年之前，我国的月季品种主要靠国外引进。此后，我国的月季育种工作取得长足的进步，如昆明杨月季园艺有限责任公司目前培育了很多具有自主知识产权的月季新品种。

(5) 应用

月季栽培历史悠久，具有丰富的文化内涵、极高的观赏价值和经济价值，应用非常广泛。可用作园林绿化或专类园，也盆花栽培。作为切花，可在花束、花篮和插花中作主花材使用。此外，部分月季品种还可茶用和药用。

7.5.2 繁殖和育苗

可采用扦插、嫁接和组培进行无性繁殖，一般多采用扦插和嫁接进行育苗。

扦插法只适用于发根容易的品种，如小花型月季等，大多数大花型和中花型的品种扦插不易生根，黄色系和白色系的品种尤难生根。丰花月季和微型月季适合于扦插，一般红色、深色花系根系发达，扦插易成活。

嫁接法的优点是发育快，若管理得当，当年即能育成开花大苗。嫁接法又有枝接和芽接之分，现多用芽接苗，尤其以休眠芽苗为佳。芽接苗抗逆性强，成活率高，切花产量高、品质好，且产花寿命长。切花月季的嫁接以蔷薇为砧木。常规法是取蔷薇的徒长枝，按照扦插月季的方法育苗，生根移栽后作为砧木。休眠芽苗的生产需采用实生苗砧木，选用无刺多花蔷薇，由于其抗病力和耐寒性好，加之无刺和根系旺盛的特性，芽接操作速度快、成苗率高。如‘龙沙宝石’即为直接从国外进口的根部嫁接苗，根为强壮的蔷薇根，枝为美丽的龙沙枝。

利用植物组织培养技术，可获得大批整齐一致的切花月季。

7.5.3 栽培管理

(1) 选地、整地及作畦

月季栽培的适宜环境为阳光充足，地势高，排水良好，土壤条件以通气性好、具有团粒结构的黏壤土为佳。栽培土要掺入一定量的砻糠灰以改良土壤物理性质，并可有效防止月季根癌病的发生。切花月季栽培一般长达 5 年之久，因此须施足基肥。切花月季的周年生产，需在保护地进行，国内常以单栋或连栋的塑料大棚为主。

(2) 小苗定植

月季定植在 12 月~翌年 2 月和 5~6 月这两个时期，如 12 月~翌年 2 月定植成活率高，当年 5 月下旬~6 月上旬即可产花。5~6 月定植的成活率比冬季定植低，9~10 月可产花，此时月季价格已开始升高。

切花月季小苗定植有两种形式：一种是在标准大棚内作 4 条畦，每畦栽植 2 行；另一种是作 3 条畦，呈 3 行栽植。通常以单畦双行的种植为好，因 2 行式通风透光，可使种苗的生长全部处于边行优势之中，栽培操作方便，且病虫害发生较少，合格切花率高、品质好，还便于安装滴灌设施。

定植时扦插苗密度宜密，嫁接苗宜稀。嫁接苗定植时，嫁接点要高于地面 1cm，并朝向植畦内侧；扦插苗在不掩埋叶片的前提下，尽可能深些。

(3) 主枝留养

切花月季小苗定植后的 3~4 个月内为营养体养护阶段，在此期间及时摘除花蕾(见蕾就摘，不要让花蕾大于 0.5cm)，控制生殖生长，最大限度地维持营养生长，养足营养体，迫使它从基部抽出粗壮的新枝条(又称“徒长枝”)。新枝条直径在 0.6cm 以上的可留作主枝，即开花母枝。当徒长枝上花蕾即将露色时可将新枝条的上部剪去，下部留 50cm 左右作为主枝，以后从这主枝上长出来的枝条，就是产花枝，每株切花月季应养成 3~5 条主枝。注意从嫁接部位以下萌蘖出来的往往是砧木野蔷薇的脚芽，应及时铲除。

切花月季在培养主枝时，有时会发生顶端生长优势，即只有一根徒长枝萌发出来，既粗又长，其会抑制其他新枝的萌发。须用封顶技术在强枝一出现花蕾时，就将其上部剪掉，下部留 40cm 左右，以便长出新枝，培养数个开花主枝。

(4)肥水管理

切花月季的需肥量较大，肥料需求属氮、钾型。因此在定植前除了施足基肥外，在植株进入产花期后，应随每次灌水和每次剪花后施追肥。通常采用有机肥和无机肥相结合的方法。

切花月季平时不能缺水，应“见干则浇”，特别在产花高峰期更不能缺水。只有 7 月高温季节市场花价较低时可停止产花，通过控制浇水让植株进入夏季半休眠，并对植株进行中度修剪，出现花蕾立即摘掉，让植株休养生息，为秋季产花高峰打好基础。此外，还应根据月季生长的生理特点来进行浇水。在修剪后的腋芽萌动前，适当控制浇水，若浇水过多反而会造成新芽细长无力；腋芽萌动到发新梢时需水量日趋增多，尤其当新梢长到 3~5cm 时，更要肥、水双管齐下，以促进发枝；剪花后水分要求又逐渐减少。

在冬季管理中，由于保护地内 CO_2 浓度降低，不利于月季植株进行光合作用，可采用 CO_2 施肥法，通过 CO_2 发生器使保护地内的 CO_2 浓度达到 1000~1500mL/m^3。或在畦面铺一层厚 6~8cm 的稻草，不但可保湿、提高地温，稻草还能逐渐分解放出 CO_2，增加大棚内的气肥。同时，畦面所铺的稻草能在浇水时起到缓冲作用而使土壤的团粒结构不被破坏。

(5)整枝修剪

整枝修剪是切花月季栽培管理中十分重要的环节，其主要目的是控制高度、促进更新枝条，还能决定产量、控制花期。

①修剪　可分为轻度修剪、中度修剪和低位重剪 3 种。

平时剪切鲜花，实际上是一种轻度修剪，当产花枝的花蕾有中等大小时，要把不合格的短枝、弱枝、病枝剪掉，把内膛短枝剪空，但外围的短枝只摘花蕾而不剪枝叶，以保持植株的营养面积，这样可使树势强健、生长旺盛。

中度修剪一般在立秋前后，7~8 月高温期间，多不修剪，只需摘蕾，保留叶片，立秋后将上部剪掉，壮枝留 2~3 枚叶片，到 9 月下旬就可进入盛花期。

低位重剪，就是把植株回剪到离地面 60cm 左右的高度，但时间必须在 12 月中下旬，争取在清明节产出早春花，此时花价较高，到“五一”可进入盛花期，如此可产生较高的经济效益。如果延至翌年 1 月再整枝回剪，就无法赶在清明节出早春花，且到 12 月中旬气温已很低，普通大棚内的产花量很少，再让植株开花得不偿失。一般新定植的月季，在前 2~3 年都要进行低位重剪。

②抹芽与剥蕾 抹芽是月季整枝的重要手段。小苗期的修剪主要就是去蕾，通过反复去蕾，以增强花枝向上生长的能力。月季的萌芽能力较强，在经修剪后，当新芽的第一片真叶完全展开时进行疏芽。根据主干的长势和方向，留下产花枝条2~3倍的芽。抹芽的基本原则是留强去弱、留外去内。为保证主蕾的顺利开花，在产花期掰除副芽、副蕾，几乎是每天必须进行的工作。

(6)大棚生产管理

①土壤管理 国内目前切花月季的周年生产一般都采用塑料大棚栽培。大棚管理的关键是有效控制栽培地土壤的EC值。如EC值超过2，可在4月中旬拆除大棚塑料膜，使植株在露地条件下接受雨淋、日晒。而玻璃温室在早春后不能拆除顶部，只能靠更换客土或者淋水洗盐来降低土壤EC值。

②温度管理 在切花月季的温度管理中，注意5℃是其生长与休眠的临界温度，5℃以下呈休眠状态；而30℃以上的高温和潮湿气候下易发生病虫害和开花不良，在高温干燥条件下则会出现落叶和强迫休眠。因此，应根据切花生产的需要进行温度调节。通常在10月下旬大棚盖膜保温，至11月下旬大棚内再覆盖双层膜保温过冬。注意大棚下部的裙膜要用2层塑料膜，并在四周挖深沟，防止大棚内的热量散发。由于塑料大棚内的夜间导热(水平导热比垂直导热快15倍)，2层膜能提高棚内地温2~4℃。

③光照管理 在实际生产中，早春所抽生的产花枝，有40%左右是盲枝，不上蕾，其主要原因是早春光照不足和地温低。可在3月中旬于大棚内安装补光系统，自22：00以后补光，每天补光4~5h，对防止盲花、提高产量和切花品质有很好的效果。

④空气湿度 在露地栽培条件下环境的相对湿度以85%为宜，但大棚栽培的湿度不得高于75%，否则容易引起白粉病、黑斑病。

(7)花期调控

月季可通过修剪或施用生长调节剂来调节花期。

大多数品种一般夏季开花需35~42d，冬季在保护地内栽培，开花天数需50~60d。因此可根据切花上市的时间选择适宜修剪的时期。以长江流域为例，如要求“五一”开花，在2月10~15日修剪为宜；“七一”开花可在5月25日左右修剪；国庆供花，则应于8月25日左右开始修剪；元旦至春节供花，常于10月10~20日修剪，采用2层薄膜覆盖保温，使花蕾在11月上中旬形成，在花蕾形成后，可通过温度调节来控制开花期。

另外，可通过喷施生长调节物质，如GA_3、B_9等调控花期。研究表明用B_9 10g兑水6g喷于叶面，喷一次可推迟花期2~3d，用GA_3 1g兑水15kg喷于叶面，喷一次可提前花期2d。

(8)病虫害防治

常见的病害有月季白粉病、月季黑斑病、月季根腐病等。月季白粉病可用15%粉锈宁可湿性粉剂500~1000倍液并加入少量的杀毒矾混合使用，效果极佳，发病严重的5d左右喷药1次，连续喷3~4次；月季黑斑病可用50%多菌灵、百菌清800倍液或用等量波尔多液喷雾防治，发病严重的用扑海因或杜邦福星高效药物防治；月季根腐病可采取轮作，种植地选择排水良好的地块，种植前在土壤中加入一定量的砻糠灰进行预防。一旦发现有根腐病植株应立即拔除销毁。

月季虫害主要有蚜虫、叶蜂、红蜘蛛和青虫等。可结合植株整枝修剪，将有虫害的部位修剪并集中烧毁。蚜虫、红蜘蛛可喷施三氯杀螨醇、尼索郎等防治；叶蜂可喷洒溴氰菊酯乳油或40%氧化乐果乳油或杀螟松乳油；青虫可用百事达、抑太保等防治。

7.5.4 采收、分级、包装、贮藏、运输及保鲜

(1)采收

首先应注意适时剪切采收。春秋两季气温适中，切花的剪切标准一般以萼片全部展开，并有2~3个花瓣刚松开为度；夏季高温时，务必在早晨或傍晚无强烈阳光时剪切，切花的成熟度尽可能低些；冬季气温低，切勿在蕾期采收过早，最好在萼片和花瓣呈90°直角时剪切。一般粉红色或红色品种，以花蕾有1~2片萼片反卷时采收。

剪切时，枝条长度在5片叶以上。为使月季在连续生长中不断产花，应在产花枝下部保留二档以上的5枚小叶，如此可由这5片叶腋间萌出的芽成为下一次的产花枝。

(2)分级

中华人民共和国国家标准《月季切花等级》(GB/T 41201—2021)规定了月季切花生产贸易中的等级评定。该标准规定了单头与多头月季切花的质量要求，按照花形、花色、枝、叶、病虫害和整齐度6个方面把单头月季和多头月季都分为一级、二级和三级3个等级，其中单头月季按花枝长度进行规格划分，分为050~100共6个规格；多头月季按花枝长度和花蕾数进行规格划分，其中花蕾数分为3~10共8个规格，具体规定详见标准具体内容。

(3)包装

每20枝或25枝捆扎成一束，每束切花用瓦楞纸包裹，以免损伤花瓣。包装时各层切花反向叠放箱中，花朵朝外，离箱边5cm；装箱时，中间需捆绑固定。通常采用75cm×30cm×30cm的衬膜瓦楞纸箱进行包装。注意衬膜、瓦楞纸箱上要设置透气孔。

(4)贮藏

采收后的切花若暂不上市，应立即置于低温冷库中贮藏，可插入保鲜液中进行湿贮，温度为1~2℃，相对湿度为90%~95%，可贮藏2周左右。需要贮藏两周以上时，最好干藏在保湿容器中，温度要求-0.5~0℃，相对湿度要求85%~95%。可选用0.04~0.06mm的聚乙烯薄膜包装。为减少弯颈现象和延长切花寿命，月季应在黑暗中贮藏。

(5)运输

温度要求2~8℃，空气相对湿度要求85%~95%。近距离运输可采用湿运，远距离运输可以采用薄膜保湿包装。

(6)保鲜

切花月季瓶插时出现的“弯头”“蓝变”(红花品种)、“褐变”(黄花品种)以及不正常开放等是保鲜难题，保鲜技术贯穿于采前、采中和采后的多个生产环节。就采后保鲜而言，应在初包装完成后及时送入冷库预冷，去除田间热。保鲜液可以选用：200mg/L 8-HQS + 50mg/L 乙酸银 + 5g/L S；300mg/L 8-HQC + 100mg/L 苯甲酸钠 + 3g/L S；3g/L S+150mg/L SA + 75mg/L $K_2HPO_4 \cdot 7H_2O$。

7.6 百合

[学名]*Lilium brownii*
[英文名]Lily
[别名]夜百合、番韭、山丹、中庭

7.6.1 简介

百合是百合科百合属多年生球根草本植物，原产于中国。百合在我国已有1300多年的栽培历史，早期可追溯至公元4世纪(唐代)，当时栽培目的主要为生产食用和药用百合，兼具观赏。我国从20世纪90年代开始进行百合切花生产，目前常见栽培品种有100多个，是继世界五大切花之后的一支新秀。

(1)形态特征

茎直立，无毛，绿色。叶片互生，无柄，披针形至椭圆状披针形，全缘，叶脉弧形。花漏斗形，单生于茎顶。花色有白、黄、粉、橙等色(见彩图71)。

(2)生态习性

百合喜凉爽，较耐寒，耐热性差，高温地区生长不良。百合是长日照植物，喜干燥、光照、怕水涝、喜微酸性土壤。对土壤要求不严，但在土层深厚、肥沃疏松的砂质壤土中，鳞茎色泽洁白、肉质较厚。黏重的土壤不宜栽培。

(3)主要品种

国际百合学会根据亲本的产地、亲缘关系、花色和花形姿态等特征，将百合分为以下9个类型：原种、亚洲百合杂种系、东方百合杂种系、麝香百合杂种系、白花百合杂种系、美洲百合杂种系、喇叭形百合杂种系、星叶百合杂种系、其他类型。目前在切花生产中栽培的主要是亚洲百合(A)、东方(香水)百合(O)、铁炮(麝香)百合(L)、喇叭百合(T)、OT百合(东方百合和喇叭百合的杂交)和LA百合(亚洲百合和铁炮百合的杂交)。常见亚洲百合品种有‘普瑞头’‘精英’‘底特律’；常见东方百合品种有‘索邦’‘西伯利亚’‘残星’‘马可波罗’‘马龙’；常见的OT百合品种有‘木门’‘耶罗林’‘罗宾娜’；常见的麝香百合品种有‘雪皇后’‘白狐’‘白天堂’；常见的LA百合品种有‘优势’‘博击’‘布赛托’。

(4)应用

百合具有食用价值、药用价值，此外，百合有百年好合的美好寓意，是婚宴等喜庆及团圆节日中不可缺少的重要花卉，主要作为焦点花材用于插花、花束、手捧花等。

7.6.2 繁殖和育苗

百合的繁殖方法很多，有播种繁殖、分球繁殖、珠芽繁殖、叶插繁殖、鳞片扦插繁殖、组织培养繁殖等。播种繁殖主要应用在杂交育种上，利用百合成熟的种子播种可在短期内获得大量的百合子球，供鳞茎生产和鲜切花培育用，但种子的出苗率不高，生长速度较慢；珠芽繁殖仅适用于少数种类；鳞片扦插繁殖可用于中等数量的繁殖；组织培养繁殖速度快，生产周期短，可满足现代化种球生产的需要，实现迅速脱毒，使品种复壮。

百合的组织培养常采用鳞片作为外植体，50~65d 后即可移栽入土，经过 120~150d 即可培育出不带病毒的植株。

7.6.3 栽培管理

(1)土壤要求

百合喜干燥怕水涝，最宜选择地势较高、排水和抗旱比较方便的砂质土壤种植。无隔水层，半天阳光照射半天荫蔽的地方适合种植百合。土层过浅的砂质土壤及地下水位过高的黏质土壤未经改良前不宜种植百合，否则产量不高。土壤适宜 pH 6.0~7.0 的微酸性土。百合忌连作，易发生立枯病，应 3~4 年轮作一次。

百合也可采用无土栽培，通常采用基质槽栽方式，以有机生态型无土栽培更为适宜。栽培基质可选用泥炭：沙(8：2)、泥炭：蛭石(1：1)、泥炭：腐熟牛粪(3：1)混合，也可选用炉渣、蘑菇渣、蚯蚓粪等加有机固态肥配合成理想的复合基质。

(2)定植

土壤栽植时常采用沟植；基质栽培多采用穴植。种植未经催芽的种球，要求有足够的种植深度，一般周径 10~12cm 球的种植深度为 6~10cm，周径 14~16cm 球的种植深度为 8~12cm。为防止表土板结，种植后覆盖稻草或泥炭土。栽植后要充分浇水，使根系与土壤紧密结合，生长期保持土壤湿润。定植 3~4 周后，植株自出芽至高度为 10~15cm，此阶段为营养生长期，需加强光照和肥水管理，每周浇 1~2 次营养液或喷 1 次叶面肥，促进叶片的分化与生长。

切花生产上除采取分期定植外，还可利用叶片展开速度调节生长开花期，即在基本叶片形成的基础上，利用温度来控制叶片伸长速度，达到适当调节花期的目的。

(3)温度管理

百合的生长温度是 12~18℃，栽植后的 4 周，控制土温和气温是生产技术的关键，白天气温 20~22℃，最高不超过 25℃，夜间温度最好保持在 15℃，最低不能低于 8℃。土壤温度保持在 9~13℃以促进生根。土温高于 15℃时根系发育不良。气温若超过 22℃，容易延迟开花或开花质量下降。一般气温低于 5℃或高于 30℃时，百合停止生长。如果冬季夜间温度低于 5℃，并且持续 5~7d，百合花芽分化、花蕾发育会受到严重影响。

(4)光照管理

百合喜半阴，也能忍受短时间强光照射。萌芽期和营养生长期要遮去 70%~80%的光照，花蕾发育期要遮去 50%~70%的光照。若长期阴雨、光照低于 6000lx，植株易徒长，造成“盲花”率高或花蕾脱落。夏季光照强烈时，百合需要遮光 80%，同时避免中午的强光直射。春秋季百合生根时也需要遮光，降低土壤温度。冬季每天光照时间 14~16h，可促进开花和增加花朵数目。

(5)肥水管理

百合栽培土壤过于潮湿、积水或排水不畅，都会使百合鳞茎腐烂死亡。百合生长的前期需水较多，土壤湿度以田间持水量的60%~70%为宜，开花期应适当减少水分。

肥料采取"薄肥勤施"的方法，切忌一次性施用高浓度肥料。若肥力过高，则养分供应足，百合生长前期的营养生长过旺，茎叶生长过快过大，消耗了大量养分，影响后期生殖生长，导致产量低、品质差。百合对氟较敏感，氟多易造成烧叶，因此不能施用含氟量较高的肥料。土壤缺钙易造成百合叶尖枯黄。百合鲜切花栽培忌用鸡粪。

通过组织培养技术栽植的百合子球，应在入土前过渡期 1~2 周分别施用 1/4 倍和 1/3 倍营养液效果最佳，入土后施用 1/2 倍营养液可以提高试管苗的成活率。

(6) 整形修剪

开花后，需及时剪去残花。百合花蕾中的大部分都不能完全正常开放，需要在花蕾发育 4~5cm 时进行疏蕾，以确保花序中下层的花蕾有充足的养分供应。疏蕾时仅保留花枝的主蕾，其余侧蕾可摘除，以保留 8~10 个花蕾为宜。

(7) 花期调控

百合的发育主要受温度控制，低温可促使枝条伸长、花的发生和花的发育，控制温度是百合花期调控的主要方式。百合一般在 5~6 月开花，若种球先在 13℃ 处理 2 周，再在 3℃ 下处理 4~5 周，这样可在 11~12 月开花。如要求 1~2 月开花，可先在 13℃ 处理 2 周，在 8℃ 处理 4~5 周，这时定植后夜间温度较低，应加温保持在 15℃ 左右即可。

调节定植时间也可以调控花期。百合一般定植后 2~3 个月开花，百合若在 10 月前后开花，必须在 7 月下旬~8 月中下旬定植。若在 11 月~翌年 1 月开花，需取冷藏种球于 8 月下旬~9 月上旬定植。

(8) 病虫害防治

百合病害有细菌性病害、真菌性病害、病毒性病害、线虫病害、生理性病害等。细菌性病害可通过土壤消毒、避免产生伤口，发现病株立即清除并焚毁、发病期间喷洒 0.2%的 $KMnO_4$ 进行防治；真菌性病害包括百合叶枯病、百合茎腐病、百合疫病、百合炭疽病、百合白绢病、百合鳞茎青霉病等，可通过土壤消毒、通风、科学施肥、保护鳞茎、发病后喷洒相应杀菌剂等方式进行防治；病毒性病害包括百合无症病毒、郁金香碎花病毒、黄瓜花叶病毒、百合 X 病毒、百合斑驳病毒、百合丛簇病毒等，可以通过清除感病植株、及时清除杂草、铲除蚜虫栖息处、药剂去蕾、喷洒药剂等方式进行防治。

百合常见虫害有根螨、蚜虫、蓟马、非洲蝼蛄、蛴螬等。常见虫害防治方法详见本教材 2.3.7 病虫害防治相关内容。

7.6.4 采收、分级、包装、贮藏及保鲜

(1) 采收

切花百合应在 2~3 个花蕾显色以后再采收。过早采收，花蕾开放不佳，有的花蕾甚至不开放。但过迟采收，花朵已开放，花粉易散出而污染花瓣，会降低花枝质量；且已开放的花瓣，采收包装时易受损伤，也会大大降低花枝的售价。采收时用锋利的刀子切割，为了使鳞茎在土壤中继续生长一段时间，切割位置不要过低，保留 5~6 片叶，离地约 15cm。切下的花枝应立即插入水桶中。

(2)分级

百合切花根据花茎长短、花苞数量、茎的硬度及叶片与花蕾正常程度分级。分级后，捆扎花茎，先将基部10cm内的叶片去除，捆扎后用刀将枝切齐，放入水中。亚洲百合、东方百合和麝香百合等不同品种群的分级标准不一样。我国于2021年12月31日发布实施了中华人民共和国国家标准《东方百合切花产品等级》(GB/T 41200—2021)。

(3)包装

百合切花不耐贮运，一般用软棉纸包裹花头，花枝部分用高密度聚乙烯塑料薄膜包裹。包装时一般每10枝捆为一扎，每扎中切花最长与最短的差别不超过1cm(一级品)、3cm(二级品)和5cm(三级品)。百合一般使用干式包装。

(4)贮藏

包装后放入2~4℃库内保存。库内贮藏时间最短为4h，最长为48h。

(5)保鲜

百合切花的物理保鲜主要是进行冷藏保鲜。百合的化学保鲜可使用的保鲜液因具体品种不同而有差异，有数据证明，在水溶液中加入3%的S、150mg/L的8-HQ、0.6mg/L的没食子酸丙酯、50mmol/L的SA、1000mg/L的GA有利于百合切花的保鲜。

7.7 洋桔梗

[学名]*Eustoma grandiflorum*

[英文名]Prairie Gentian

[别名]草原龙胆、土耳其桔梗、丽钵花、大花桔梗

7.7.1 简介

洋桔梗是龙胆科草原龙胆属的多年生宿根花卉，常作一、二年生栽培。原产于墨西哥北部至美国中南部的石灰岩地带，1835年传入欧洲，1877年日本引种。20世纪70年代后期，洋桔梗切花栽培开始在日本、欧洲、美国流行，我国于21世纪初期引入。2020年，我国云南洋桔梗种植规模约为900hm^2，是继月季、百合、香石竹和非洲菊之后又一个异军突起的大宗切花种类，发展潜力巨大。在插花和花束中作为焦点花材，因其典雅明快的花色、别致可爱的花型和相对较长的花期而成为国际切花市场中排名前十的切花种类之一。

(1)形态特征

茎粗壮直立，灰绿色。叶卵形至椭圆形，先端尖，基部楔形，具波状齿；对生或轮生。伞房花序，花瓣5，钟状，花色丰富，有蓝、紫、玫瑰红、粉红、黄、白等色(见彩图72)。

(2)生态习性

洋桔梗较耐干旱，忌水湿。较耐寒，生长适温为15~28℃，冬季可短期耐受0℃低温，但生长期间夜温不宜低于12℃，在5℃以下低温时，叶丛呈莲座状，不开花，高温和长日照可促进花芽分化和开花。要求疏松肥沃、排水良好、pH 6.5~6.8的土壤，忌

连作。正常生长的空气湿度宜保持在 70%~80%。

(3) 主要品种

洋桔梗的切花品种丰富。栽培生产中洋桔梗的常规分类标签有生育期、花型、花瓣瓣型和花色 4 个。按生育期分为早生型、早中生型、中生型、中晚生型和晚生型 5 类；按花型分为杯型、漏斗型、钟型和平碗型 4 类；按花瓣瓣型可分为单瓣型、半重瓣型和重瓣型 3 类；按花色分为单色和复色 2 类，单色有白色、绿色、香槟色、紫色、粉红色、玫红色等，复色包括白底紫边、白底粉边、白底玫红边等。目前洋桔梗白色品种在我国的种植比例最大，约占 25%，绿色、粉色、香槟色和紫色品种的种植比例合计约占 50%，玫瑰红色品种和各种复色品种的种植比例合计约占 25%。

在实际生产和销售中，洋桔梗按照花型和花瓣瓣型常分为 6 种类型，分别为玫瑰型、重瓣型、半重瓣型、单瓣型、皱瓣型和亮瓣型。近 3 年在我国销售的品种主要包括“短笛”系列、“露茜塔”系列、“欧博”系列、“蕾娜”系列和“波浪”系列。

(4) 应用

洋桔梗花色丰富，多数为冷色调，也有活泼的黄色、粉红色和玫瑰红色，高雅的香槟色，花型美观大方，吸水性好、瓶插寿命长，在花束、插花、花篮等切花应用形式中备受推崇，玫瑰花型、皱瓣型和重瓣品种也是婚庆用花的首选材料。

7.7.2 繁殖和育苗

洋桔梗可采用播种、扦插、组培的方法进行繁殖，但扦插或组培繁殖的幼苗常长势较弱，商品生产仍以种子繁殖为主。由于种子萌发后幼苗生长速度慢，且对环境因子极其敏感，尤其在生长至 2~3 对叶片时如遇高温，会导致花芽过早分化，切花品质较差。因此，实际生产中也可直接购买专业种苗，成活率和整齐度均较好。

洋桔梗的切花生产主要采用 F_1 代种子播种，不能留种。但洋桔梗的种子细小，千粒重 0.04~0.05g，丸粒化种子千粒重 1.1~1.3g。种子发芽适温为 15~25℃，在有光条件下经 10~20d 出芽。播种前可拌沙后均匀撒播，不覆土。出苗后，生长至 1~2 对叶片时移栽。

7.7.3 栽培管理

洋桔梗的栽培难度相对较大，露天栽培产品品质较差，且易遭受病虫害。在保护地条件下通过严格的技术控制可生产出高品质的切花，满足市场需求。

(1) 定植

当幼苗第二对真叶完全展开，第三对真叶尚未完全伸展时为最适定植期，定植间距为 15cm×15cm。定植前浇足水分，定植初期适当遮阴以利于幼苗恢复生长。

(2) 光照管理

洋桔梗喜光照充足，长日照可促进生长和开花，荫蔽会导致花期延迟或开花量减少，因此，栽培期间除夏季外不需进行遮阳，其他季节光照不足时应注意补光。

(3) 肥水管理

洋桔梗对水分要求严格，水分过多不利于根系生长。定植后的 30d 内需保持土壤湿润，待花蕾形成后应注意避免高温高湿情况发生。

洋桔梗栽培生产需保证营养供应，定植初期如营养不足，会导致花茎节位减少，影响切花品质，一般在定植30d后开始追肥，每两周施用一次复合肥液(N：P：K为2.5：2：2.5)。实践发现，洋桔梗缺P时上部叶片颜色发暗，叶间稍向下弯；缺K时嫩叶叶脉间褪绿，老叶尖端坏死；缺Ca时植株矮小，根系发育不良；缺Mg时叶脉间褪绿，叶间卷缩；缺Fe时嫩叶叶脉间褪；缺B会出现茎秆易折断或出现纵裂。在缺Ca和B时，可分别用4000倍硝酸钙、氯化钙、硼酸进行叶面喷洒。

(4)整形修剪和植株固定

洋桔梗定植后可根据上市要求决定是否采取摘心措施，摘心后可延迟花期15~30d，并提高产花量，但切花的长度与品质会有所下降。此外，摘心后侧芽的萌发率在不同品种间的表现也有较大差异，在大规模生产前需进行预实验。

洋桔梗在生长过程中需拉网支撑，防止花茎倒伏。生育后期如温度过高会导致生长过快，影响切花品质，温度急剧变化或水分供给失调均对生长不利。

(5)花期调控

主要通过调节光照时间来实现，长日照处理可提前开花，遮光处理会推迟开花。需提前开花的洋桔梗小苗在生长至第六对叶片时进行补光，保持16h长日照处理，温度(25±2)℃。如9月初播种，11月初定植并进行长日照处理，则1月初花茎迅速生长，2月底前后现蕾，可结束长日照处理，3月进入花期。需推迟开花的洋桔梗在预期开花前180~200d播种，在预期开花前50~60d进行遮光处理，可达到推迟开花的目的。

(6)病虫害防治

洋桔梗易患根腐病，造成根部腐烂。防治措施是进行轮作，定植前对基质消毒，避免施用未充分发酵的有机肥，发病初期每周向植株基部喷施多菌灵或百菌清1000倍液进行预防。

蚜虫、潜叶蝇、鳞翅目幼虫、蓟马和白粉虱是降低洋桔梗切花品质和产量的常见虫害，可在发病初期每周喷施10%吡虫啉溶液，连续用药3~5次。

7.7.4 采收、分级和保鲜

(1)采收

洋桔梗的花序中有2~3朵花开放时为最适采收期，短距离运输可在有5~6朵开放时采切，采收过早会导致部分品种的花不能完全开放。采收时基部保留3~4个节，以利于腋芽萌发，在60~90d后采收下一茬花。

(2)分级

目前我国已发布实施了中华人民共和国国家标准《洋桔梗切花产品等级》(GB/T 28685—2012)，从切花的整体效果、花枝、茎秆、叶片、病虫害及缺损5个方面将洋桔梗分为3级。同时要求单枝切花能开放的有效花蕾数不少于3个，总花蕾数不少于6个。具体规定详见标准具体内容。

(3)保鲜

用200mg/L硫酸铝+50mg/L次氯酸钠的预处理液或20~30mg/L STS处理12~24h，可有效延长洋桔梗的瓶插寿命。

7.8 八仙花

[学名]*Hydrangea macrophylla*

[英文名]Hydrangea

[别名]绣球、斗球、草绣球、紫绣球、紫阳花

7.8.1 简介

八仙花是虎耳草科绣球属植物的总称，绣球属原名八仙花属，是虎耳草科中最大的属，原产于我国长江流域，日本也有分布。八仙花在全世界约有73种，我国有46种，10个变种，中国是绣球属的资源分布中心，占全世界绣球属资源的73%。八仙花早在明清两代建造的江南园林中就有栽植，1789年由Joseph Banks从中国引入英国栽培后，备受世界欢迎。

(1)形态特性

叶对生，呈椭圆形或倒卵形，边缘具钝锯齿。花球顶生，有总梗。有球形和蕾丝边两种花型，球形花几乎全部由不孕花组成，蕾丝边花型中央为可孕的两性花，外围为不孕花，每朵具有扩大的苞片4枚，呈花瓣状。花色以红色、蓝色为主(见彩图73)。

(2)生态习性

喜温暖湿润，不耐干旱，也忌水涝，喜半阴环境，不耐寒，适宜在肥沃、排水良好的酸性土壤中生长。土壤的酸碱度对八仙花的花色影响非常明显，土壤为酸性时，花呈蓝色；土壤呈碱性时，花呈红色。八仙花以栽培于酸性(pH 4.0~4.5)土壤中为好。萌芽力强。在寒冷地区，地上部分冬季枯死，翌年春天从根颈萌发新梢后再开花。

(3)主要品种

全球绣球属已逾400个品种。八仙花的品种分类包括大叶绣球(大花绣球)、粗齿绣球、圆锥绣球、重瓣绣球、耐寒绣球(乔木绣球)、藤本绣球、栎叶绣球等类型。其中以大叶绣球类的品种最多，该类常见品种有‘无尽夏’‘经典红’‘易多’‘花手鞠’‘早安’‘艾薇塔’‘爱莎’‘纱织小姐’等；圆锥绣球类常见品种有‘香草草莓’‘石灰灯’‘夏日青柠’‘霹雳贝贝’‘北极熊’等；耐寒绣球类常见品种有‘贝拉安娜’‘无敌贝拉安娜’‘粉色贝拉安娜’等；栎叶绣球类常见品种有‘雪花’‘和声’等。

(4)应用

八仙花叶片翠绿，花开时色彩艳丽、花朵硕大而美丽，花期长而观赏性强。早期常作为园林绿化与盆花栽培，近年来逐渐应用于鲜切花。由于八仙花的花球硕大，在花艺应用上效果佳，以往需要用10枝甚至20枝月季等花材来布置的空间，用一两枝八仙花即可，花艺布置速度明显加快。因此，八仙花切花的需求量正逐年增加，在婚庆市场用花中有异军突起之势。可室内瓶插，或作为花束的主体花材，也可用于制作手捧花、花篮、压花画等。八仙花的干燥花、永生花和染色花也逐渐在市场上崭露头角。此外，大面积花海景观的营造也大量使用八仙花，如浙江、重庆和昆明的大面积八仙花花海景观，开花时节游人如织，场面十分震撼。

7.8.2 繁殖和育苗

八仙花的花多为不孕花，极少结实，因此，目前主要繁殖方法为无性繁殖，利用八仙花的枝叶，采用扦插、压条、嫁接、分株、组培等方法进行繁殖，其中以扦插繁殖应用最广。

扦插宜在春夏进行，用当年生半木质化枝条，长度以每个插穗有2~3节为宜，直径大于5mm，留1~2片叶。研究表明，蔗糖、特效生根粉(ABT)和NAA皆有助于八仙花扦插成活，以1000mg/L的ABT溶液浸蘸5s成活率最高，以150mg/L的NAA处理的八仙花插穗生根效果最好。

7.8.3 栽培管理

(1)土壤准备

土壤以疏松、肥沃和排水良好的砂质土壤为好，通常可用腐叶土：园土：有机肥按照2：2：1比例配制，规模生产宜用草炭：珍珠岩：有机肥按3：1：1比例配制，用前彻底消毒。

(2)定植

3月扦插的苗，生根后移入7cm盆中，5月上旬换入10cm盆中，6月中旬定植于17cm盆中。种植时盆不宜过小或过大，盆过小根系无法伸展，盆过大则盆土干湿周期延长，不利于根系生长。移栽后马上浇透水并适当遮阴，隔2~3d浇一次定根水，利于缓苗。

(3)温度管理

喜温暖和半阴环境，生长适温18~28℃，冬季温度不低于5℃，寒冷地区难以露地越冬，可盆栽于5℃以上的室内越冬。高温使植株矮小，花色变淡，降低品质，所以在炎热夏季要通过遮阴、加强通风、叶面喷水等措施进行降温。花蕾显色后，温度应保持在10~22℃。

(4)光照管理

八仙花为短日照植物，每天暗处理10h以上，45~50d形成花芽。忌阳光直射，平时遮阴60%~70%最为理想，光照过强易造成叶片褪绿发白，严重时造成叶片灼伤焦枯。

(5)肥水管理

八仙花喜肥。生长期间每10~15d施一次腐熟的矾肥水(水400~500L、豆饼10~20kg、猪粪20~30kg、硫酸亚铁5~6kg)，每15d叶面喷施一次0.1%的尿素或0.1%~0.2%的硫酸亚铁。花芽分化和花蕾形成期向叶面喷施2~3次0.1%~0.2%的KH_2PO_4，能使花大色艳。

八仙花叶片肥大，枝叶繁茂，需水量较多，因此必须及时浇水，即使短时间的缺水也可能造成叶缘干枯、花朵坏死。在生长季的春、夏、秋季，要浇足水分使盆土经常保持湿润。夏天炎热，蒸发量大，除浇足水分外，还要每天向叶片喷水，降低水分蒸腾速度。八仙花的根为肉质根，浇水不能过多，忌盆中积水，否则会烂根。天气转凉后要逐渐减少浇水量。冬季浇水以见干见湿为原则，休眠期间控制浇水。现蕾前后需水量显著增加，每天浇1~2次。另外，八仙花花色受土壤pH影响，因此，要根据花色确定水的pH。

(6)整形修剪

八仙花生长旺盛，耐修剪。一般从幼苗长至8~10cm高时，即做摘心处理，使下部腋芽能萌发。然后选萌发后的4个中上部新枝，将下部的腋芽全部摘除。新枝长至8~10cm时，进行第二次摘心。八仙花一般在2年生的壮枝上开花，开花后应将老枝剪短，保留2~3个芽，以限制植株长得过高。秋后剪去新梢顶部，使枝条停止生长，以利越冬。

(7)花期调控

根据八仙花的花芽分化机理和开花习性，花期控制主要有赤霉素调控法、控水控肥调控法和光照温度调控法等。

①赤霉素调控法 八仙花花芽分化需要通过一段时间的低温处理，若低温积累不够则促成栽培期生长缓慢且花序形态异常或小花畸形，而GA_3有部分代替低温解除休眠并有促进生长和开花的作用，故而可以调节花期。在八仙花促成期，叶面喷施5~10mg/kg GA_3，经过20d左右即能开花(从见花芽时起计算)，可使促成栽培八仙花花期提前7~9d，并显著促进其株高、冠幅、花序直径和当年新生枝增长。

②控水控肥调控法 八仙花促成栽培期间每周追肥一次，以氮磷钾(N：P：K=10：30：20)浓缩肥和硝酸钾肥各1000倍液混合，同时增加土壤钙质，可用硝酸钙水溶液浇灌。花芽分化期间适量喷施磷钾肥，保证水分供应。花芽分化后逐渐减少浇水量，促进枝条充分成熟。10月底或11月初摘去叶片移入冷室(5~8℃)，控制浇水施肥，维持半干状态，促使其充分休眠，经过6~8周后，方可进行促成栽培，时间选择在12月至翌年1月。

③光照温度调控法 八仙花在低温(13~18℃)及短日照(10h)下花芽分化快，20℃以上花芽不易分化，可结合此特点进行花期调控。将八仙花每日黑暗处理10h以上，约6周形成花芽，经过6~8周冷凉(5~7℃)期后，将植株置于20℃下催花。见花芽后，将温度降至16℃，降低空气湿度，2周后即可开花。

为使八仙花春节开放，也可选3~5年生健壮植株，经2~4℃低温处理后，移入温室内加温，保持10~20℃，50~60d即可开花。注意经常通风，保持良好光照条件及较高空气湿度，每半月施一次有机肥直至开花。

(8)病虫害防治

常见病害主要有叶斑病、灰霉病、锈病、褐斑病、立枯病和白粉病。叶斑病一般在发病初期喷洒65%代森锌可湿性粉剂500倍液或波尔多液；灰霉病使用10%多抗霉素800倍液喷雾；锈病每10d喷洒15%粉锈宁可湿性粉剂800倍液，连喷3次；褐斑病使用36%甲基硫菌灵1000倍液喷雾；立枯病在发病初期用咯菌·噻霉酮或芽孢杆菌的微生物菌剂1000~1500倍液灌根；白粉病发病初期使用30%嘧菌酯2000倍液喷雾防治。

常见虫害有红蜘蛛、白粉虱、螨类、蚜虫、介壳虫、盲蝽、花蓟马和蛴螬等。主要虫害防治方法详见本教材2.3.7病虫害防治相关内容。

7.8.4 采收、分级、运输和保鲜

(1)采收

采收应于每天清晨和傍晚气温低时进行，采收过程中应避免伤及花序及顶部叶片，以采收盛开程度90%的花枝为宜。

(2)分级

常以花枝长度、花球直径和单枝切花重量3个指标表示八仙花切花的分级。花枝长度以5cm为一个规格计量单位来确定花枝长度范围，如55~60表示花枝长度为55~60cm；花球直径以2cm为一个规格计量单位来确定花球直径的范围，如10~12表示花球直径为10~12cm；单枝切花重量以50g为一个规格计量单位来确定单枝切花重量的范围，如50~100表示单枝切花重量为50~100g。

(3)运输

八仙花切花一般带保鲜管运输。如果运输到目的地仍不取下保鲜管，当管内保鲜液只余1/3时会在管内形成真空，枝条不能继续吸收水分，会造成花枝脱水萎蔫，所以到达目的地后应及时取下保鲜管，对枝条进行二次剪切，形成新的剪切口后插入保鲜液，剪切口宜大，剪切位置宜在两节中间，不要剪在节上。八仙花在湿度大的密闭条件下极易感染灰霉病，在花瓣上形成褐色斑块，影响观赏价值。所以八仙花在运输过程中，要保证花头干爽，同时装箱运输过程中宜少量多件，装箱宜松，以免过度挤压导致损坏花瓣或折断小花梗，影响鲜花品质。

(4)保鲜

采收后的鲜花要及时插入盛有保鲜剂的容器中，并及时入库预冷，预冷温度5℃，预冷时间4~6h。预处理保鲜剂可采用立可鲜专业2号5g/L或专业3号10g/L，注意使用桶装水或纯净水兑制，pH 4.5。经过5~7d后要更换新鲜的保鲜液。经妥善采后处理的八仙花，瓶插期可达20~30d。

7.9 马蹄莲

[学名]*Zantedeschia aethiopica*

[英文名]Calla Lily

[别名]慈姑花、水芋、埃塞俄比亚水芋、观音莲

7.9.1 简介

马蹄莲是天南星科马蹄莲属的多年生球根花卉，马蹄莲的属名*Zantedeschia*是为了纪念意大利植物学家Giovanni Zantedeschi(1733—1846)。全世界马蹄莲属植物8~9种，均原产于非洲东北部至南部河流与沼泽地带。马蹄莲是该属植物中最先被引种栽培的植物，种加词*aethiopica*的意思为埃塞俄比亚，因此，马蹄莲也称作埃塞俄比亚水芋。欧洲1761年即有关于马蹄莲引种栽培的记载，日本1843年引种栽培，我国于20世纪30年代引入，在章君瑜的《花卉园艺》(1933年)中称为水芋，后在黄岳渊的《花经》(1949

年)中称为慈姑花。

(1)形态特征

地下部具块茎。叶基生，叶柄长，海绵质；叶披针形，鲜绿色，箭形或戟形。黄色圆柱状肉穗花序，上部着生雄花，下部着生雌花，顶生外围有白色的佛焰苞，下部卷成筒状，上部开张，先端长尖反卷，状如马蹄，故名马蹄莲(见彩图74)。

(2)生态习性

喜温暖湿润和半阴环境，花期要求光照充足，光照不足会导致佛焰苞发绿，夏季生产需遮阴。不耐寒，生长适温为10~20℃，能耐短期4℃低温，冬季温度过低或夏季温度过高时，植株会枯萎进入休眠状态。空气湿度以不低于85%为宜。

(3)主要品种和类型

马蹄莲的切花品种主要包括青梗、白梗和红梗3个类型。青梗类型生长势旺盛，植株高大，叶柄基部绿色，花梗粗壮，佛焰苞长大于宽，基部有明显的皱褶，花期晚，块茎大；白梗类型生长缓慢，植株较小，叶柄基部白色，佛焰苞先端阔而圆，平展，花期早，花量多，块茎较小；红梗类型植株健壮，叶片基部有红晕，佛焰苞较大，圆形，长和宽相近，基部稍有皱褶，花期居中。

马蹄莲的同属花卉中有多个佛焰苞呈彩色的种，这些种及其杂交品种常统称为彩色马蹄莲(*Z. hybrida*)，品种众多，其中多个是优秀的切花和盆栽品种。原种主要包括黄花马蹄莲(*Z. elliotiana*)、红花马蹄莲(*Z. rehmannii*)、银星马蹄莲(*Z. albo-maculata*)、黑喉马蹄莲(*Z. tropialis*)等。彩色马蹄莲原种均为陆生种，习性与马蹄莲差异较大，栽培生产需严格控制水分，切忌积水。

(4)应用

马蹄莲以洁白的佛焰苞和修长的花枝取胜，观赏时间长，是花束、插花等室内切花装饰的高档花材。叶深绿色，具长柄，常用作衬叶。彩色马蹄莲的佛焰苞花色多数鲜艳、明媚，常用于营造活泼的气氛，黑色品种常点缀应用，可为切花作品增添神秘感和高级感。

7.9.2 繁殖和育苗

马蹄莲可采用分球、播种或组培的方法进行繁殖，目前主要采用分球繁殖。

(1)分球

马蹄莲商品球的周径分为5个规格，分别为12~14cm、14~16cm、16~20cm、20~24cm、24cm以上。不同品种开花球的规格差异较大，白梗类型的种球周径达4~8cm即可开花，但规格越大的球茎产量更高，青梗类型和红梗类型的开花球规格常大于白梗类型。

分球繁殖一般在花期过后或休眠期进行，多在9月初进行。将块茎从基质中挖出，剥取周围小球，然后分级栽植。小块茎以5cm×20cm的株行距重新种植，以进一步培育开花新球。

(2)播种繁殖

自然条件下马蹄莲的结实量较小，需要留种可在花苞开放后2d内进行1~2次辅助授粉，两个月后果实成熟时采收，随采随播。马蹄莲种子的发芽适温为18~24℃，20~30d出土，2年后可长成开花球。

(3)组培繁殖

选择健康块茎为外植体，诱导培养基可用MS + 2.0mg/L 6-BA + 0.1mg/L NAA，继代培养基可用MS + 1.0mg/L 6-BA + 0.1mg/L NAA；生根培养基可用MS + 0.1mg/L IBA。组培苗生长1年后可长出块茎，继续培养1年后可开花。

7.9.3 栽培管理

(1)种球选择和土壤要求

按照马蹄莲不同品种类型开花球的规格要求，选择健壮无病、色泽光亮、芽眼饱满的种球，直径一般为4~6cm。种球过小会导致开花减少或出现盲花，降低切花产量和品质。马蹄莲忌干旱，栽培生产需选择富含腐殖质、保水性好的土壤，pH以5.5~7.0为宜。

(2)种植

马蹄莲在我国南方冬季无严寒地区可露地栽培，长江流域及以北地区需采用保护地栽培。一般8月下旬~9月上旬种植，种植密度需根据种球大小而定，一般4~5cm的种球株行距为20cm×25cm；5~6cm的种球株行距为25cm×30cm。种植后覆土5~6cm，并浇足水分，以利于生根发芽。

(3)温度管理

马蹄莲为不耐寒花卉，温度是制约其开花的重要因子。长江流域及以北地区保护地栽培保持温度为15~25℃，可周年开花，以春季开花最多。生长发育期温度高于25℃或低于5℃时会导致植株被迫休眠，0℃以下时会引发冻害。夏季高温会出现盲花或花芽不分化现象。

(4)肥水管理

马蹄莲喜肥，在生长期每10~14d进行一次追肥，花期重视磷肥、钾肥的补给，肥水供应宜采用滴管或喷灌，不能直接灌入叶鞘，否则容易引发叶片发黄和腐烂。栽培期间增施2%的硫酸亚铁有利于叶片生长，并可使之厚实、有光泽，为抽生高品质花枝打下基础。

马蹄莲生长需水量大，充足的水分供应有利于叶片和花枝生长，有“浇不死的马蹄莲”之说。花后进入休眠期，应逐渐减少供水。

(5)整形修剪

生长发育良好的马蹄莲，在主茎上每长出一枚叶片就可分化两个花芽，通常一个块茎每年可开花6~8朵。在生长过程中应及时摘芽与疏叶，促进开花。栽植后每年分株一次，栽植2年以上的植株要摘除过多小芽，以防止营养生长过旺，降低切花产量。夏季马蹄莲生长旺盛，要及时剪除外部老叶和枯叶，保持良好通风环境，促进抽生新的花枝，提高切花产量。

(6)花期调控

我国南方地区露地栽培的马蹄莲，只要冬季温度维持在20℃左右，可全年开花。

保护地栽培的马蹄莲，为使植株生长健壮充实，种植第一年不掰芽，5~6月盛花期过后也不收球，而采用遮阴通风、降低环境温度、少浇水等措施迫使提早打破休眠。种植后第二年开始掰芽，使植株间保持良好的通风条件。如植株营养生长过旺，需摘掉外部老叶，抑制营养生长，促进开花。

种球冷藏可促进马蹄莲提前开花，冷藏后8月在保护地种植，可在10月开花；9月种植，可在12月开花。马蹄莲冬季促成栽培需注意保温或加温，保持温度20~25℃。

(7)病虫害防治

马蹄莲常见的病害有病毒病、灰霉病、根腐病、细菌性软腐病。细菌性软腐病是马蹄莲常见病害之一，最先在叶柄部分发病，之后迅速蔓延至叶片和块茎，危害极大。叶片受病菌侵染后先端变暗绿色，再转为水浸状黑色，然后全叶失绿、脱落，块茎受侵染后颜色发褐，后腐烂、软化。因此，种植马蹄莲前应严格进行土壤和种球消毒，并防止种球机械损伤。此外，轮作也可有效降低马蹄莲细菌性软腐病的发病率。

马蹄莲常见虫害有蚜虫、红蜘蛛、介壳虫等。防治方法详见本教材2.3.7病虫害防治相关内容。

7.9.4 采收、分级、贮藏及运输

(1)采收

当马蹄莲的佛焰苞初绽，尖端向下倾，色泽由绿转白时，为远距离运输采收适期；近距离销售可在佛焰苞展开时采收。采切后的佛焰苞一般很难开放，因此，采收期不宜过早。采收时宜用双手紧握花茎基部，用力从叶丛中拔出，用剪刀剪切会导致第二茬花花期延迟。采切后每10枝为一捆，立即插入清水或保鲜液中，以防失水，引起花茎弯曲。

(2)分级

我国尚未出台马蹄莲切花的国家或行业标准，国际上马蹄莲切花出口处于领先地位的是新西兰，其产品等级主要根据花枝长度进行划分：90cm以上为特级花，70~89cm为AAA级花，55~69cm为AA级花，40~54cm为A级花，小型花和超小型花的花枝长度分别应达到30~39cm和20~29cm。

(3)贮藏和运输

马蹄莲切花需湿藏，14℃条件下可贮存7d。切花运输采用低温冷藏车干运，并将切花充分固定，防止损耗。

7.10 蝴蝶兰

[学名]*Phalaenopsis aphrodite*

[英文名]Moth Orchid

[别名]蝶兰、台湾蝴蝶兰

7.10.1 简介

蝴蝶兰为兰科多年生附生草本，原产于热带和亚热带地区。常生长在热带湿地、低

海拔山林或滨海岛屿森林中。蝴蝶兰的属名 *Phalaenopsis* 希腊文原意为"好似蝴蝶般的兰花"。蝴蝶兰因其花期长、花色丰富且艳丽多姿，深受世界各国人民的喜爱。既可盆栽观赏，又是名贵切花，是热带兰中的珍品，素有"兰中之王""洋兰皇后"的美誉。

(1)形态特征

蝴蝶兰为附生兰类，根系丛状、发达、圆柱形，在叶片脱落的干旱季节可进行光合作用制造养分。茎短，叶大肥厚，互生，叶腋生有2个上下排列的芽，上部较大的芽为花原体，下部较小的是叶原体。腋芽生长到一定程度进入休眠状态，当环境条件适合时，花原体抽出花梗，此时花芽并未形成，当花梗伸长至5cm左右时，第一、第二小花原体才开始分化，蝴蝶兰花茎1至数枝，拱形，通常每枝着生6~10朵花，花大，蝶形(见彩图75)。

(2)生态习性

蝴蝶兰多生长在高温多湿的雨林内。性喜高温、高湿、郁蔽度大、通风良好的半阴环境，畏惧寒冷、干燥，适宜生长温度为15~20℃。忌强烈阳光直射。通常幼龄植株适宜的光照强度为10 000lx，开花植株为20 000~30 000lx，夏季遮阴应达到60%以上，秋季遮阴达到40%左右。原生境中花期为4~6月，温室栽培可全年供花。

(3)主要种及品种

蝴蝶兰常用于观赏的近缘种主要有美丽蝴蝶兰(*P. amabilis*)、菲律宾蝴蝶兰(*P. philippionensis*)、苏拉蝴蝶兰(*P. celebensis*)、桃红蝴蝶兰(*P. equestsis*)、华西蝴蝶兰(*P. wilsonii*)、羊角蝴蝶兰(*P. cornu-cervi*)、贝壳蝴蝶兰(*P. cochlearis*)、绿蝴蝶兰(*P. viridis*)、象耳蝴蝶兰(*P. gigantean*)、巴氏蝴蝶兰(*P. bastianii*)、横纹蝴蝶兰(*P. fasciata*)等。蝴蝶兰由于种间杂交，栽培品种非常复杂，按花色大体可分为点花系、条花系、粉红色花系、黄色花系、白色花系5类。

点花系品种：萼片与花瓣有大小疏密不等的红色或紫色斑点。唇瓣为鲜红色。多为中型花或大型花，花径8~10cm。花茎有分枝。常见品种有'完美'('Perfection')、'琼丽皇后'('Jungele Queen')等。

条花系品种：花萼与花瓣的底色为白色或黄色、红色，在上面布满枝丫状或珊瑚状的红色脉纹。许多品种为大型花，花径达9~11cm。常见品种有'塞布朵丽蝶兰'('Hanabusa')、'冬天的狂欢节'('Winter Carnival')等。

粉红色花系品种：栽培较易。花色粉红或红。常见品种有'桃姬'('Tokki')、'粉流'('Flowde Mate')等。

黄色花系品种：多数花瓣与萼片的底色为黄色，上面有红色或暗红色的斑点或条纹。常见品种有'金丝雀''麦阿密''外交家''森林娇兰''浪花'等。

白色花系品种：舌苔及两侧瓣洁白，无任何斑点与条纹，唇瓣白色，上有黄色或红色斑点及条纹，也有品种唇瓣为红色。常见品种有'多里士'('Doris')、'卡拉山'('Mount Kaala')和'冬至'('Winter Down')。

我国大陆地区目前切花栽培的主要为Phalaenopsis Sogo Yukidian'V3'这个品种，俗称'大白'或'V3'(单枝花梗可开花6~30朵，单花直径可达10cm左右)，此外，我国台湾地区还主栽Phalaenopsis Tai Lin Red Angel'V31'品种(花色为粉红色)。

(4)应用

蝴蝶兰因花色柔美，花姿别致绰约，花期甚长(有的品种花期可长约6个月)，既可作盆栽室内观赏，也可用作切花。因其线条细长，线条上均匀或不均匀地分布着花朵，在花艺作品中，用于展现线条美、灵动美。常作插花的主材，是贵宾胸花、新娘捧花、花篮插花的高档素材，同时可用于兰花专类园及热带地区园林栽培观赏。

7.10.2 繁殖和育苗

蝴蝶兰通常采用组织培养的方法进行繁殖。利用幼嫩的花梗作为外植体进行组培快繁，主要是利用花梗上的潜伏芽。无菌体系建立后进行丛生芽诱导，培养3个月后进行第一次转接。之后40~60d转接一次，丛生芽增殖倍数为2~3倍/次。经过3个阶段，即增殖—假植—定植，可进入炼苗阶段，条件允许的情况下转入定植培养基后立即日光温室或智能温室中培养，边生根边炼苗，培养4个月之后即可出瓶栽培。

7.10.3 栽培管理

蝴蝶兰切花的栽培可分为两个阶段：生长阶段——自小苗至成熟株；开花阶段——进行催花与切花出售。在现代保护地条件下，只要保证合适的温度、湿度等环境条件，蝴蝶兰切花很容易周年生产供花。

(1)蝴蝶兰的生活史

将出瓶的组培苗根部的培养基冲洗干净后，用灭菌后的水苔包裹根系栽培到1.5寸*透明营养钵中，使用透明营养钵栽培的目的是可检查根系是否保持活力而且均匀分布。过4~5个月从营养钵中取出被水苔包裹的根系，在其外层包裹新的水苔栽培入2.5寸营养钵中；再过4~5个月换入3.5寸营养钵中。再培养4~5个月换入5寸营养钵中进行低温催花处理，经过1~1.5个月进入抽梗期。经过3~4个月花发育后即可开花。

(2)温度管理

原生蝴蝶兰主要分布在热带低海拔地区。目前大量栽培的优良品种，主要是用原产热带地区的原种杂交培育出来的，温度要求较高，耐寒力差，5℃以下即死亡，15℃以下停止生长，越冬温度保持在10℃以上较好，最适温度为白天25~28℃，夜间18~20℃。32℃以上高温对蝴蝶兰生长不利，会促使其进入半休眠状态，影响将来的花芽分化。花芽分化需在18℃以下，分化后温度提高至20~25℃，此为诱发花茎生长的最佳温度。夏季应注意通风透气。

(3)湿度管理

蝴蝶兰原产地多在具有较高湿度的森林中，因此栽培环境要求保持较高的空气相对湿度。一般宜保持70%~80%的相对湿度。可通过定时定量喷雾达到保持适度的效果。

(4)肥水管理

蝴蝶兰生长迅速，需肥量较大。一般应掌握淡肥勤施的原则。开花期停施，开花后

---

* 1寸≈3.33cm。

新根与新芽迅速生长期要勤施，通常每周施肥一次。以液体肥料为主，施肥结合浇水，采用水溶肥的形式。蝴蝶兰浇水一般要求生长旺盛期多浇，休眠期少浇，高温期多浇，低温时少浇，气温在15℃以下时更要严格控制浇水。蝴蝶兰根部切忌积水，水分过多易发生烂根。一般浇水5~6h后，栽培基质内湿度仍很高，极易引起烂根。

(5)花期调控

要获得优质的开花株，可选用2年以上株龄的植株(5~8片成熟叶片)进行催花处理。在植株足够成熟而且历经一个转换时期即自然抽出花梗。在秋天的自然催花于翌年2月或3月即可出售。利用温度与光量调节可控制花期。

花梗上所有花苞除最后一朵未开放外而其他花苞已全部开放时即可切下销售。切下花梗时通常已具有3个花芽。第二株花梗即自其余花芽抽出，而且自顶芽开始。然而催出这种新花梗所需要的时间更久，因此，是否采用此项先自然开花再抽出第二花梗的方式应由所需花梗品质与销售计划来决定。除了第一花梗，只要植株健康，第二次可有双花梗生成，可以当作切花出售，因此，每年平均可售出2.5枝花梗。一株切花用蝴蝶兰品种‘V3’从开始切花到淘汰大约需要2年时间。

蝴蝶兰经低温18~25℃处理或8~10℃昼夜温差时会产生花芽。花芽分化率与每日低温处理的时间长短有关。每天低温处理8h的植株，花芽分化率达100%，每日低温处理的时间越短，花芽分化率越低。蝴蝶兰催花技术非常严格，一般要求白天温度不超过25℃，温度高于28℃则植株黄化，夜间温度维持在16℃，温度低于15℃则植株停止生长甚至死亡。光照则维持在20 000lx，不足20 000lx的环境需要补光；经过1~1.5个月的处理，花芽就能形成，4个月左右可开花出售。当下部的花蕾开始膨胀时要用支柱或吊索将花梗固定起来。

在蝴蝶兰的栽培设施中，通常设高温室(25~30℃)和低温室(18~25℃)，通过空调和暖气实现温度控制。前者作为蝴蝶兰的营养生长温室，后者作蝴蝶兰的生殖生长温室。蝴蝶兰开花株在低温室处理一个半月后可形成花芽。此后夜间温度保持在18~20℃，再经3~4个月便可开花。花梗长到10~15cm时，可结束低温处理，否则会延迟开花。

(6)病虫害防治

蝴蝶兰主要病害有灰霉病、软腐病、腐烂病、黄叶病、炭疽病等。其中腐烂病是栽培蝴蝶兰最常见的病害，多发生在根部。主要是浇水过多，基质长期积水或温度过低引起，可通过栽培技术预防，如控制浇水和均衡施肥，浇水时要避免水直接浇到叶片上，若叶子上有水，也应使其尽快蒸发，一旦发病就要及时喷药。用50%的甲基硫菌灵与50%的福美双(1∶1)混合药剂600~700倍液喷洒盆土或苗床、土壤，可达到杀菌效果。发病初期可喷施50%的加瑞农可湿粉剂或75%的十三吗琳乳剂1000倍液，隔10d喷1次，连喷3次可控制病害发生和蔓延。也可用65%的代森锌300倍液浸根10~15min。

蝴蝶兰虫害有粉介壳虫、红蜘蛛、小蜗牛、蛞蝓等。防治方法详见本教材2.3.7病虫害防治相关内容。

7.10.4 采收、分级、包装及保鲜

(1)采收

一般包括蕾期到充分开放、充分开放到成熟衰老两个阶段。蝴蝶兰切花采收宜在花梗上所有花苞除最后一朵外而其他花苞已全部开放时或花蕾开放后3~4d进行。离市场近的采收时间可以稍微晚点采收，离市场远些的采收时间应稍微早一些。

(2)分级

蝴蝶兰切花特级品要求花枝粗壮坚挺，花朵不下垂，有花约10朵以上；一级品花枝要坚挺，有花8朵以上；二级品花枝稍软，有花5~8朵。

(3)包装

将剪切后的花枝贮于清水或装有保鲜液(40~45℃热水中加入可利鲜保鲜剂)的保鲜管中，放入包装盒内(包装盒的尺寸为100cm×15cm×11.5cm；通常一盒内放25~30枝花)，盒内装吸过水的保鲜棉，将包装好的盒子贮存于7~10℃的冷室内，等待运输和销售。

(4)保鲜

蝴蝶兰切花在贮藏和运输过程中对乙烯非常敏感，本身老化或是外来伤害均会产生乙烯，引发花朵快速老化，应特别注意，采后须有抑制老化的处理。此外，切花保鲜还应重视茎腐的预防，以硝酸银溶液在采收前日喷施于花茎及叶片有良好的效果。

7.11 文心兰

[学名]*Oncidium sphacelatum*

[英文名]Dancing Lady

[别名]舞女兰、金蝶兰、瘤瓣兰、跳舞兰、吉祥兰

7.11.1 概述

文心兰属绝大多数种为附生，只有少数几个种为石生或地生。分布于中、南美洲的热带和亚热带地区，以巴西、哥伦比亚、厄瓜多尔和秘鲁为最多。全属有340余种，商业上多用杂交种。许多杂交品种用于切花，是世界上重要的切花品种之一。

(1)形态特征

文心兰的形态变化比较大，按是否具有假鳞茎可分为具假鳞茎种和不具假鳞茎种两类。叶片1~3枚，顶生，叶条形至长卵形，或薄或厚，通常可分为薄叶种、厚叶种和剑叶种三种。每个假鳞茎上一般只长出一枝花梗。有的花梗很短，只开1~2朵花；有的花梗很长，单梗或分枝，上面能开数百朵花。花瓣边缘多皱波状，侧萼向上弯曲，唇瓣具有多变的斑纹，呈手风琴状，基部有鸡冠状的瘤状突起。花色以黄色为主，还有棕色、白色、绿色、红色或洋红色。花型生动，似跳舞女郎或金蝴蝶(见彩图76)。花期因种(品种)而异，有些种(品种)的花朵连续不断开放，花期长达1~2个月。

(2)生态习性

文心兰的栽培条件因种和品种不同而有很大的差异。在栽种文心兰时，必须先了解其原产地的生长条件，是属于热带低海拔的热带种，还是热带高海拔或亚热带或暖温带喜冷凉的品种，根据其原生地的条件，创造不同温度的生长环境。如薄叶种，叶较薄，稍革质，多数植株生长势强健，适宜栽培于中温温室；厚叶种，耐干旱能力强，在冬季温室内栽培，几十天不浇水也不至于因干旱而死亡；剑叶种，株形较小，适宜家庭栽培。

一般文心兰需要充足的光照，夏季可适当给予遮阴，约遮光40%，冬季不必遮阴。文心兰喜温暖的生长环境，耐寒性较差，有些品种要放入15℃以上的温室内过冬，10℃以下会影响生长，生长温度在13~18℃。文心兰夏季需水量较多，生长期需保持空气湿度60%，环境要求通风良好，施肥量宜多。花后有4~8周的休眠期。

(3)主要种及品种

园艺上常用的种有宽唇文心兰(*O. ampliatum*)、皱波文心兰(*O. crispum*)、霍氏文心兰(*O. forbesii*)、蝶花文心兰(*O. papilio*)、金黄文心兰(*O. varicosum*)等。园艺上常依据花色分成红花系列和黄花系列。切花常用的主要品种有'红樱桃''紫罗兰''咖啡毛''香水'文心兰等。

(4)应用

文心兰植株轻巧、潇洒，花序轻盈下垂，花型奇异可爱，形似飞舞的金蝶，极富动感，是一类既美丽又有巨大经济价值的兰花，因多姿繁花的文心兰特别能营造热闹繁华的氛围而深受广大切花爱好者青睐，常用于大型花艺制作，营造飘逸的动感，也可作花束。

7.11.2 繁殖和育苗

无菌播种繁殖通常用于新品种培育，文心兰育苗主要通过组培和分株繁殖。

(1)组培繁殖

繁殖选取文心兰假鳞茎基部萌发的幼嫩花梗(外形呈笋状，花苞和分叉始露出花梗苞片)为外植体，用70%乙醇进行表面消毒，灭菌后用无菌水洗净，以中部节位花梗上的隐藏芽作为生长中心切成小的茎段，接种在准备好的初代诱导培养基上，保持温度(25±2)℃，光照强度由最初的500lx可以升高至10 000lx，照射时间10~12h/d，经过20~40d花梗芽转变为营养芽并形成丛生芽和原球茎。将形成的原球茎和丛生芽继续在继代增殖培养基中培养，增殖苗达到既定数量后将其转入壮苗和生根培养基中。待植株长出2~3片叶，具有健壮的根系后即可进行炼苗移栽。将组培苗带着瓶子放入移栽温室内培养15~20d进行炼苗，后洗净根部的培养基进行移栽。

组培苗炼苗移栽后栽培2~2.5年，即可进入切花生产阶段。炼苗移栽后的文心兰会经历出苗芽—营养生长—形成成熟假球茎—出花芽—开花—成熟切花—长2个新苗芽等一系列过程，一个苗芽一年可产花2枝。切花生产4年左右即可进行分株繁殖。

(2)分株繁殖

文心兰为复茎类兰花，成株后老假鳞茎侧边会长出新芽，即子株，待子株基部假鳞茎膨大后即可进行分株。通常情况下，切花用文心兰每盆每年保留8个左右的苗芽较利于其对光、温、水、肥和空间的利用，超过则考虑分株。

将最少3个假鳞茎带至少2个芽作为一组进行切分，将假鳞茎、根系和叶片作为一个整体从大的株丛上切分下来，剪掉腐烂、死掉的老根，用新的基质培育在新的营养钵内，浇透水后保持较高的空气湿度，分株后的新植株可以很快萌发新芽和长出新根。分株繁殖一般在开花后或春秋季进行，以在春季新芽萌发前结合换盆进行分株最好。分株后复壮植株当年或次年可切花。

7.11.3 栽培管理

(1)基质准备

栽培基质需选用排水良好、洒水后容易干的材料。组培苗移栽时用水苔，之后的各阶段可用腐熟松树皮和石块按照不同比例的混合基质，海南地区多采用椰子壳和树皮、石块混合作为基质。水苔使用前需要高温灭菌、用水充分浸泡并适当脱水。腐熟松树皮也需要充分吸水，清洗掉细小的粉尘。同许多附生兰花一样，文心兰的根系为肉质根，一般较为粗壮，要求透水和排水良好，所以应当根据栽培环境来调配基质中树皮和石块的比例，并据此来选择合适的浇水频率。

(2)定植方式

一般采用2.5寸(下口径5cm×上口径8cm×高8cm)透明或黑色营养钵作为定植盆。瓶苗移栽时，先将水苔抖松，垫1~2块泡沫塑料于杯底，再放少量水苔于根系底下，然后将小苗根部用水苔包住，谨防折断根系，植后水苔应低于盆沿约1cm处，用手捏软盆以结实有弹性为宜。种植后喷一次广谱性杀菌药。

(3)肥水管理

文心兰花芽分化及花梗发育需要较多的养分，特别是P、K元素。现蕾前叶片继续生长，但生长较缓慢，因此，抽梗期可用10-30-20速效肥1500~2000倍液浇灌，花芽萌发期还应适当喷施1000倍的KH_2PO_4。

文心兰喜较高的空气湿度，但由于不同种类的文心兰株型相差大，对干旱的抵抗能力也不一样。没有假鳞茎的品种抗旱能力差，因此，要经常保持盆内的植料湿润，植料一干就要补充水分。冬季减少水分有利于开花，气温在10℃以下时要停止浇水。在炎热的夏季应在植株周围和植株上喷水，以增加空气湿度，同时保持良好的通风，否则容易导致生长不良，也易发生腐烂病。

(4)小苗期管理

定植后适当控制水分。待盆中水苔较干时，浇少量清水，使水苔呈湿润状态。定植后2周开始有新根长出，此时可开始施肥，多用液肥、缓释肥，以少量勤施为原则。施用浓度3000倍的肥料(N∶P∶K为20∶20∶20)，并结合喷雾施用叶面肥，有助于株高的增长、新芽的增加和假球茎的成熟；缓释肥可选有效期为3个月的肥料。一般冬春及阴雨天气可每隔7~10d施肥1次．夏秋季节及晴朗天气每隔5~8d施肥1次。

(5)中、大苗期管理

小苗栽培1年后换入3.5寸黑色营养钵中，采用树皮和石块体积比2∶1或树皮含量更多的配比作为栽培基质；中苗栽培1年后换入5.5寸黑色营养钵中，也可跳过3.5寸直接换入5.5寸营养钵中培养。中、大苗生长期间施用浓度4000倍的叶面肥(N∶P∶K为20∶20∶20)，每周1次，同时选用有效期为6个月的控释肥。一般冬春季节及阴雨天气减少施肥次数，夏秋季节的晴朗天气增加施肥次数。换盆后3~4个月内，为促进假球茎饱满，肥料改为高钾配方肥(N∶P∶K为1∶22∶49)。温度在15℃以下时停止浇水和施肥。

(6)花期控制

文心兰属于不定花期植物，即只要养护得当，环境适宜，随时都可能开花，一年之内可多次开花，但大多数时候花期集中在秋季。不同品种文心兰的开花习性既有共性又有一定差异，各品种均相对集中在1个月左右开花，盛花期与销售旺季(春节和中秋节等)不相吻合。因此，有必要把文心兰的花期人为调控到销售旺季，并提高预订季节的开花率。

文心兰不同品种切花花期调控主要通过施肥和温度调控措施来实现。

增加P和K元素的施肥比例有利于提高抽花率，以N∶P∶K按10∶30∶20处理能明显促进文心兰的花芽分化。另外，在光照调节花期的试验中，大部分文心兰品种经过强于普通光照(15 000lx)处理后均显著地提高了抽花率，以19 000lx的处理效果最好。

文心兰最佳的生长环境温度在18~25℃。夏季温度高于28℃时，植株难以分化花芽，高于35℃时植株生长缓慢。适宜的温差也是影响文心兰开花的重要因素，只有在温差达到(8±2)℃时，文心兰才最易分化花芽。

(7)病虫害防治

文心兰病害主要有软腐病和叶斑病、疫病、灰霉病等，在防治上预防重于治疗，一旦发现有病株必须加以清除或烧毁。叶斑病危害文心兰的叶片，软腐病会使植株整株死亡，可采用50%的百菌清可湿性粉剂500倍液、50%的甲基托布津可湿性粉剂800倍液或春雷霉素370~750倍液等防治。

文心兰虫害主要有蝗虫类、蓟马、蚜虫、红蜘蛛、介壳虫、白粉虱、斜纹夜蛾、蜗牛和蛞蝓等。防治方法详见本教材2.3.7病虫害防治相关内容。

7.11.4 采收、分级与包装

(1)采收

在主枝花朵达60%~70%开放，或主枝上未开花苞有3~4个时可采收。冬季温度低时应适当晚些采收，夏季温度高时应提前采收。采收人员随身携带一个内盛杀菌药液的小容器，可将切刀置于此容器内消毒，每人至少应配置数把锋利切刀轮换使用。从基部2~3cm处切断。采收后，以20~30枝不等用报纸简单包住花朵后，置于清水或保鲜液中处理。

(2)分级

文心兰切花要求整个花序无斑点、无畸形花朵；整个花序具有5个以上的分枝且排列整齐；采切后至交易前花枝需带保鲜剂。文心兰切花特级品花枝长度应在50cm以上，分枝要求在8个以上；一级品的花枝长度应在40~50cm，分枝要求5~8个；二级品花枝长度应在 40cm 以下，分枝要求在 5 个以下。分级后，将花梗基部用吸满保鲜液的棉花包裹，以延长瓶插寿命。

(3) 包装

用 110cm×40cm×40cm 开孔纸箱包装，每箱 80 扎，每扎 10 枝，每扎用薄膜包住花朵，以免其摩擦受损。

7.12 睡莲

[学名] *Nymphaea tetragona*

[英文名] Water Lily

[别名] 水百合、水浮莲、子午莲

7.12.1 简介

睡莲是睡莲科睡莲属多年生浮水花卉，大部分原产于北非和东南亚热带地区，少数原产于南非、欧洲和亚洲的温带和寒带地区。

我国栽培睡莲历史最早可追溯到 2000 多年前，但对睡莲的研究远落后于国外。最早进行睡莲杂交育种的是英国人 Joseph Paxton，但最具成就的是被誉为"世界耐寒睡莲之父"的法国人 Joseph Bory Lartour-Marliac，他先后培育出了 100 多个耐寒睡莲品种。20 世纪后，睡莲的育种中心逐渐转移到美国。21 世纪以来，泰国的睡莲育种飞速发展，以 Nopchai N. Chansilpa 博士为代表，培育出'Wanvisa''Siam Blue Hardy'等一批优秀品种。中国的睡莲育种研究起步较晚，代表人物有"中国睡莲之父"黄国振先生及李子俊等。我国于 20 世纪 70 年代末开始从国外引种睡莲。21 世纪初睡莲作为切花进入市场，对睡莲切花的种植密度、保鲜等方面的研究逐渐增多。目前云南、海南、广西、江苏等地都有较大面积的睡莲切花种植，如云南某公司拥有可年产 3 亿枝睡莲的切花基地。

(1) 形态特征

叶丛生，具细长叶柄，大多浮于水面，心状卵形或卵状椭圆形，有"V"字形缺刻；叶表面绿色，背面暗紫红色。花单朵顶生，浮于或伸出水面；花瓣宽披针形、长圆形或倒卵形，花色有红、黄、白、蓝紫等色(见彩图 77)。

(2) 生态习性

喜温暖潮湿、阳光充足、通风良好的环境。空气湿度控制在 50% 以上较好。当温度高于 35℃时，植株生长开花受到抑制；部分耐寒睡莲可忍受 0℃左右的低温。对土质要求不严，但喜富含有机质的壤土，生长季节水深以不超过 80cm 为宜。

(3) 主要品种

按照生态类型不同，可将睡莲品种分为耐寒睡莲和热带睡莲品种群。其中，耐寒睡莲属于广温带亚属，热带睡莲分属于 4 个亚属(广热带亚属、澳洲亚属、新热带亚属、古热带亚属)。只有广热带亚属和澳洲亚属能开出蓝色花朵，所以热带睡莲跨亚属杂交往往将这两类睡莲作为亲本，可获得花色艳丽的新品种。根据花色不同常将睡莲分为红色系、黄色系、白色系、黑色系、蓝紫色系、奶油色系、复色系、洒金色系八种类型。

近年来，我国睡莲育种机构及爱好者所培育的新品种也频频在国际比赛中获奖并获国际登录，如青年才俊李子俊培育‘侦探艾丽卡’‘金平糖’等；睡莲产业联盟副秘书长韦家隆选育的‘丽文霓裳’‘踏雪寻梅’等；浙江人文园林股份有限公司培育的“人文”系列等；宝翠香莲有限公司拥有9个花色23个品种的睡莲切花。

(4)应用

睡莲花梗长而直立，花大色艳，花色丰富，观赏期长，适应性和抗逆性较强，用途较为广泛。睡莲的根、茎和叶对水中富营养物和有害物质(铅、汞、苯酚等)具有较强的吸附能力，是园林水景、水体净化中不可或缺的重要植物，也适用于庭院、屋顶等处筑池美化。此外，睡莲还可用作切花进行瓶插、花束或做成干花等。由于不太容易开放，采用睡莲的花束较少，但其气质典雅高冷，色彩明快，单枝花束、纯睡莲花束、睡莲与银叶桉叶或白、黄配花组合均有独特的高贵感。睡莲中的微型品种可栽植于用料考究的小盆中，用以点缀、美化居室环境。

7.12.2 繁殖和育苗

睡莲栽培品种一般杂合程度较高，且有些睡莲品种不具备结实能力，不能进行有性繁殖。睡莲无性繁殖包括胎生繁殖、扦插繁殖、分株繁殖等。胎生繁殖是睡莲的一种特殊的繁殖方式，生产上不常用；睡莲的少部分品种可以利用叶片上的不定芽进行扦插繁殖；分株繁殖适用于大多睡莲种类，因此生产上基本以分株繁殖为主。

耐寒睡莲的分株繁殖在3~4月进行，热带睡莲分株繁殖于5~6月水较暖时进行。繁殖时将睡莲的根茎挖出，选取具有饱满新芽的根茎，用刀切7~10cm长的茎段，将顶芽朝上埋于表土中，保证芽与土面齐平。分株一般1~2年一次即可。

7.12.3 栽培管理

睡莲是一种高产的花卉，病虫害少，栽培管理比其他花卉简易。在温度光照合适时可周年种植。

(1)土壤要求

种植的土壤应是富含腐殖质、结构良好的园土或池塘淤泥。较贫瘠的砂质土可与一定比例充分腐熟的厩肥拌和，松软肥沃的栽培基质有利于睡莲根系生长。睡莲适合中性壤土，pH为6~8均可正常生长。

睡莲可进行干栽或水种。干栽时要把栽培土粉碎成碎末，种植时埋入块茎后，把盆土充分压实，尽可能排出土中空气，以免放盆入水时倾覆。水种则应在装土后入水浸泡，然后充分拌和，静置待土澄清后再栽入块茎。

(2)定植

睡莲定植可分为容器定植和无容器定植。要求定植地无食草鱼类。

容器定植：应选择底部无孔、大小适中的容器，直径以40~70cm为宜。种植密度根据睡莲大小而定，以保证睡莲叶片之间不相互覆盖为宜。睡莲的栽种深度要求与土面齐平，不宜深埋。块茎类睡莲沿容器边、头向中心种植；球茎类睡莲在容器的中心种植，种植后生长点与泥平面持平。水深保持生长点至水面20cm，以后逐步加深至50~

80cm，应常换水，保持容器中水体清洁。

无容器定植：在大田或池塘种植时，需提前整好地块，一般地垄的高度为50~60cm，种植层土壤厚度以≥30cm为宜；栽植前将水排尽，翻耕耙平，按照150kg/hm^2的用量撒熟石灰消毒，晒田至土层表面发白开裂后灌水，并及时采用茶籽饼或杀螺剂等清除田内的螺、食草鱼等。睡莲切花种植密度依品种而定，不宜种植过密，小型品种4株/m^2，中型品种1株/m^2，大型睡莲每株至少须有1.5m^2的水面生长空间，这样能保证睡莲切花的品质。

睡莲种植时将球根(苗)下种，填土至芽端，堆置小卵石满穴面，以防球根浮动，并防池水混浊。灌水高出池底3cm的程度，以后根据叶的伸长情况随时增加水深。

(3)温度管理

睡莲生长适宜温度18~35℃，最适宜睡莲开花的温度为20℃。在高温条件下，部分耐寒睡莲会生长不良，有的甚至被迫停止生长和减少开花。在睡莲开花期间，应避免昼夜温差过大，否则花朵提前凋谢。若冬季控制水温在15℃以上，热带睡莲可每年开花。

(4)光照管理

睡莲喜光，大多数睡莲属于喜强光植物，需要12h的直射光照，光照不足时生长发育不良，开花少或不开花。睡莲中少数较耐阴品种须保持8h以上光照才能正常开花。因此，睡莲种植时应尽量选择光照条件好的水域，避开有树木等遮阴的位置。

(5)肥水管理

睡莲是喜肥植物，栽培时不仅要施足基肥，还要根据生长状况及时追肥。骨粉是最常用的基肥，在植物种植前与培养土混合后使用。溶解快或分解快的肥料不宜用作基肥，因为这类肥料容易引起水体污染；此外，不能使用酸性肥料，否则植物生长不良。施肥时将肥料与泥土按1∶1比例混合成泥块，然后将含有肥料的泥块均匀投入水里，生长季每月施肥一次。

在种苗生长初期，水深10~20cm即可，水过深不利于其生长萌发。然后根据幼苗生长情况逐步增加水位，水深在40~60cm有利于花梗伸长，保证切花品质；但也不宜太深，否则会造成睡莲死亡。另外，水的流动性对睡莲的生长也有影响，应以静水栽培为宜。睡莲对水质的要求不高，但以中性及微酸性的水质为佳。冬季应保持水温，避免低温损坏根茎。

(6)花期调控

自然条件栽培时，6~8月为盛花期。若目标花期是“五一”前后，则在1月中下旬或2月上旬将栽培好的睡莲按品种放入温室催芽，合理控制昼夜温度、水温；并开始每天早、晚及阴天补充光照，使每天光照达10~12h至现蕾。现蕾后再提高室温，一周左右促成其开花。在整个催花过程中加强肥水管理，防病、注意通风，保持空气新鲜和适宜湿度(80%~90%)。若在9月中下旬进行定植，同时控制水体深度、温度、光照、水体含氧量等条件，可使睡莲在冬季开花。调控睡莲的花期，要求定植时间不迟于开花前的50d，并且要保证肥料充足。此外，睡莲所在水体的含氧量可以影响睡莲的花期，含氧量越高，睡莲越容易开花。

(7)病虫害等防治

睡莲的病害包括睡莲斑腐病、睡莲叶腐病和睡莲炭疽病等，可以通过定期喷洒多菌灵、百菌清等药剂，及时清除病叶，加强管理，合理施肥等进行防治。

睡莲虫害较多，常见的有蚜虫、斜纹夜蛾、水螟、摇蚊及螺蛳类。最有效的方法是在睡莲种植地放养食蚊鱼，也可在种植地加盖纱网，人工清除幼虫与病叶或者采用药物防治。

水苔对睡莲生长危害严重，可用硫酸铜防治。此外，水生杂草和浮萍也对睡莲生长有影响，可采用人工拔除和捞出的方法进行控制。藻类大量繁殖会造成水体浑浊、水质变差，影响睡莲生长。可采取适当密植、合理施肥、喷洒药剂、放养食藻鱼等措施进行防治。

7.12.4 采收、包装、贮藏及保鲜

(1)采收

通常选择当天开放的睡莲，在外层花瓣初显色、含苞待放时进行采收。采收时用双手握住睡莲花梗下部，直接拔取即可；也可在水下将睡莲花枝用锋利的枝剪修剪成下端端面45°斜角，花枝长度为40cm左右的剪枝。

(2)包装

采收分级后以10枝或20枝为一扎，将花茎底部用蓄水棉进行包裹，以报纸或其他包装材料捆扎，然后放入标有品名、具透气孔衬膜的瓦楞纸箱中进行运输。

(3)贮藏

采收后先暂放在无日光直射之处，尽快进行预冷处理。通常在相对湿度为90%~95%，温度为5~6℃的环境中能贮藏1~2d。睡莲切花仅可短期干藏，开箱后需立刻放入水中。此外，在短期湿藏前用超声波进行预处理，可适当延长睡莲切花花期。

(4)保鲜

利用物理保鲜技术，如冷藏保鲜、超声波处理、气调贮藏可适当延长睡莲切花的保鲜。睡莲化学保鲜的参考配方有：

基础保鲜剂：(淀粉10g + $NaHCO_3$ 5g + 50mg/L GA) + 5mmol/L $Ca(NO_3)_2$ + 40mg/L GA；50ml/L 无水乙醇 + 10g/L CA + 8g/L S；5% S + 5mg/L 6-BA + 200mg/L 8-HQC。

除上述化学保鲜技术外，1%羧甲基壳聚糖或由15%新高脂膜粉剂母液配制的基础保鲜剂对睡莲切花也有一定的保鲜效果。此外，还可从切口处对睡莲切花的花茎进行注水，也可达到延长保鲜的效果。

7.13 向日葵

[学名] *Helianthus annuus*

[英文名] Sunflower

[别名] 丈菊、朝阳花、葵花等

7.13.1 简介

向日葵是菊科向日葵属一年生草本植物，原产于北美洲。产花量高，抗逆性强，管理简便，具有一定种植优势，在世界各地均有广泛栽培，是欧美和日本市场重要的商品切花花卉。我国栽培向日葵切花的历史不长，但发展很快。1998 年，上海市场开始切花向日葵销售，年销售量已达 300 万枝，主要用于插花。在其带动下，昆明农户陆续种植切花向日葵。21 世纪初，中国科学院植物研究所筛选出可培育无花粉观赏向日葵杂交种亲本材料的雄性不育系。福建省农业科学院利用自交、杂交、回交等育种技术也陆续培育出了多个观赏向日葵新品种。目前，切花向日葵已基本实现了本地化栽培，在昆明、西安、北京、三亚、河南和广东等地都有较大面积种植，成为国内切花市场上重要的组成部分。

(1)形态特征

茎直立，茎秆中空。上部叶互生，下部叶对生；叶片卵形，绿色。头状花序着生在茎顶，俗称花盘，花盘上有舌状花和管状花；舌状花 1~3 层，着生在花盘边缘；花色有黄、乳白、橙、红褐、紫黑色等；花瓣有单瓣与重瓣；管状花位于舌状花内侧(见彩图 78)。

(2)生态习性

切花向日葵对温度的适应性较强，是一种喜温又耐寒的植物，喜阳光充足、通风良好、长日照的环境，半阴环境对其生长不利。生长适温是昼温 21~27℃，夜温 10~16℃，昼夜温差 8~10℃时茎叶生长最优。在整个生长过程中，只要温度不低于 10℃，切花向日葵就能正常生长。空气湿度过高(大于 80%)时易引起锈病、菌核病等。切花向日葵耐贫瘠，耐盐碱，耐旱。

(3)主要品种

19 世纪 80 年代初，欧洲人最早进行观赏向日葵的品种改良，人们从单瓣向日葵中选育出矮生种、橙色重瓣种和分枝性强的小花类向日葵，使向日葵进入了切花和盆栽花卉市场。此后，育种家将选育方向转为多色方向，美国、日本、荷兰等国家也相继选育出了色彩丰富的杂种 F1 代观赏向日葵；我国也利用传统杂交育种技术育成了多种切花型向日葵与无花粉观赏型向日葵。目前，向日葵已成为国际切花市场上重要的组成部分。

用于观赏的向日葵品种主要分为矮秆分枝型、高秆分枝型、单秆切花型三大类型。其中，单秆切花型的显著特点是开花数为 1 个，花型较大，适合单独种植，成片种植，整齐一致，观赏效果极佳。我国目前用于切花的向日葵品种已基本实现了本土化栽培，典型品种有‘金色 08’‘金富贵’‘丽日’‘绿波仙子’‘三阳开泰’‘好运多’及‘红柠檬’等。

(4)应用

向日葵花色金黄，花朵硕大，花期长，瓶插时间较长，茎秆挺拔，常作为花束或插花的主体花材或焦点花材。用作花篮、花束插花，可与夏菊品种媲美，是值得推广的一种切花品种。此外，向日葵可栽植于小庭院的窗前、墙边旁，也可盆栽布置于阳台、光线充足的客厅、卧室等处，或用于摆放公共场所和布置景点，烘托出喜庆热闹的氛围。

7.13.2 繁殖和育苗

向日葵主要采用播种繁殖，因用途不同可选用苗床育苗、大田直播和穴盘播种育苗等方法。切花栽培生产时常用穴盘播种育苗。具体播种时间由供花时间决定，根据应用需要全年均可播种。采用穴盘播种育苗时，应播在较深的苗盘上，一般以泥炭、培养土和沙混合作为播种基质。播种后放至避光处至出苗。发芽温度为25℃，3~4d发芽。种间距2cm左右，不宜过密，否则容易“带壳”出苗。

出苗后注意通风降温，控制湿度，并逐步见光，种苗在播后2周长到5~6cm时即可移栽。将幼苗移入10cm×10cm的营养钵中养护至定植。

7.13.3 栽培管理

(1)土壤要求

栽植地应阳光充足，排水良好。露地栽培向日葵的地应在上一年秋整理好，土壤以疏松、肥沃、pH 5.8~6.5的砂壤土或壤土为宜。栽植土壤应适量施入腐熟的农家堆肥作基肥，另可追加一些速效化肥。种植忌土壤连作，也不宜在低洼易涝地块种植。露地栽培在种植1~2茬后需轮换用地。

(2)定植

移苗定植的最适土温为15℃。为保证切花质量，以稀植为主。种植的株行距也可根据土壤本身的土壤肥力和市场对茎秆粗度的要求进行相应的调整，如在肥力高的土壤条件下须提高种植密度，以限制植株生长过盛，花朵过大。8~10d的苗(即3~4片真叶)就可移植大田，防止幼苗过老，提前开花而达不到理想的株高和茎秆粗度。

(3)肥水管理

向日葵苗期以氮肥为主，以促使枝叶繁茂。孕蕾后则应多施磷钾肥，使花蕾健壮生长。也可采用肥水混合的滴灌系统施肥。但要避免多肥，出蕾后控制液态肥料的使用。做切花栽培时不可多施肥料，以免花头过大，茎秆过粗，不利于瓶插。

向日葵各生育阶段需水量差异较大。叶片含水量低于75%(呈萎蔫现象)可作为需水的生理指标。从播种到现蕾期，需水不多，现蕾期应适当控制水分。在光照强、气温高的条件下，应及时浇水，以防叶片萎蔫，影响植株正常生长，导致切花质量下降。现蕾到开花是需水高峰期，此期缺水会影响花的品质和产量。花朵盛开后，则需减少浇水的次数和浇水量。

(4)整形修剪

切花向日葵在生长过程中的整形修剪，主要是对其进行疏叶、疏蕾与摘心。需及时摘除底部叶片以利于通风；摘除每个节处长出的侧蕾以免消耗养分，影响主蕾生长；摘除顶端花苞以利于侧枝的生长。这样处理后，每株可采收7~10枝切花。

(5)花期调控

自然条件下栽培时，6月下旬~9月上旬为花期。采用整枝修剪或排开播种，可以适当延长花期。

①整枝修剪 若使花期延长1个月，可在5月末进行1次修剪、打尖，留2~3片

叶去顶梢，除去基部的蘖芽。促发侧枝；补充肥水，中耕松土1~2次，7~8月开花；若要使花期延长2个月，则可在6月中旬进行第二次抹头。具体方法是：在第一次摘梢后发出的新芽上3~5cm高处进行抹头。并去除基部蘖芽、弱枝及过密底叶，保留发育适当的粗壮枝条，每周增施1次液体肥，8~9月可开花。

利用修剪次数延长花期，可使向日葵切花供应期自6月下旬~9月上旬。根据植株的生长势，追施肥料，及时除去过密枝、弱枝、底叶及小花蕾、保留1花1蕾，可使花朵发育更大而丰满。

②排开播种 切花向日葵生长期的长短因品种、播期和栽培条件不同而有差异，可根据观赏时间确定播种期。一般由3月播种开始，每隔20d播种一次，最后一次在5月初播，可确保开花延续，且不影响整体效果。此外，遮阴50%和75%的处理也可延长向日葵花期。

(6)病虫害防治

切花向日葵病虫害发生率一般较低。其主要病害发生在叶片上，包括黑斑病、茎腐病、锈病(盛行于高湿期)、细菌性叶斑病、白粉病和菌核病等。可通过对基质消毒、合理浇水、增加空气流通、间歇喷洒保护性杀菌剂等方法进行预防。在发病初期，可用50%甲基托布津可湿性粉剂500倍液喷洒或用等量式波尔多液防治。

切花向日葵虫害主要有蚜虫、盲蝽、红蜘蛛和金龟子等，主要危害向日葵幼苗的根茎，造成缺苗、断垄，地下害虫可通过药剂拌种及出苗期田间撒施药剂拌诱饵进行防治，地上害虫可用药剂田间喷雾进行防治。

7.13.4 采收、包装、贮藏及保鲜

(1)采收

在花朵外层的舌状花瓣尚未开放，最大开放度在花瓣松开，花朵与花盘角度小于60°时即可采收；供应附近市场时舌状花瓣可以充分开放，与花盘达120°~180°。采收时一般选择剪取长60~80cm、茎秆粗1.5cm，叶片充盈饱满，无黄叶与萎蔫叶片的花枝采收。

(2)包装

小花型向日葵可10枝或12枝一捆进行捆扎，而大型花通常单独包装。花头用泡沫护网或软纸包裹；基端用含保鲜剂的海绵或脱脂棉捆扎，并外用塑料膜包裹。切花向日葵外包装箱为花卉专用长条形套箱纸箱，内包装一般选用内衬塑料或不透水的无纺布。

(3)贮藏

切取的花枝须放入阴凉处，并在采切后第一时间进行预处理。方法为将采收的花枝上的叶片去掉，留顶部一片叶子为宜，放入0.02%洗洁精配合杀菌剂进行预处理15~30min。此后，可将向日葵切花置于相对湿度为90%~95%、温度为0~1℃的环境中进行贮藏。当贮运时，向日葵仅可短期干藏，在开箱后需马上将其插入水中。有资料表示，切花向日葵对乙烯十分敏感，环境中极低的乙烯含量即造成舌形花瓣脱落，因此贮藏时需避免其与乙烯释放量大的水果、蔬菜置于同一环境中。

(4)保鲜

利用物理保鲜技术，如冷库预冷、真空预冷技术对向日葵切花具有明显的保鲜效果。向日葵化学保鲜的参考配方有：综合保鲜效果较好：2% S+200mg/L 8-HQ；增加花冠寿命：3.5% S+30mg/L $AgNO_3$+75mg/L SA；保鲜剂：5g/L S。

除上述化学保鲜技术外，在水中放两滴84消毒液也对延长向日葵插花时间有积极影响。此外，1000mg/L的$AgNO_3$预处理10min对保持花形有良好作用。

7.14 圆锥石头花

[学名]*Gypsophila paniculata*

[英文名]Babysbreath

[别名]满天星、锥花丝石竹、锥花霞草、丝石竹

7.14.1 简介

圆锥石头花是石竹科石头花属多年生宿根花卉，原产中国、哈萨克斯坦、蒙古国、欧洲和北美。1759年，英国园艺学家最先开始圆锥石头花的人工驯化栽培。19世纪初欧洲兴起插花热，圆锥石头花也风靡一时，在欧美国家被广泛栽培。1987年，我国引入圆锥石头花，陆续在上海、昆明、北京、青岛等地形成规模化的生产基地。切花市场中除圆锥石头花外，霞草(*G. elegans*)和香丝石竹(*G. oldhamiana*)等丝石竹属其他种或杂交品种也常被称作圆锥石头花，但生产栽培仍以圆锥石头花(*G. paniculata*)为主。圆锥石头花在国际花卉市场一直供销两旺，是世界著名切花，也是我国生产面积最大的配花种类。

(1)形态特征

茎单生，稀丛生，多分枝，铺散。叶对生，披针状或线状披针形。聚伞圆锥花序，多分枝；花梗纤细，无毛；苞片三角形；花萼宽钟形，具紫色宽脉；花瓣白或淡红色(见彩图79)。

(2)生态习性

喜凉爽、干燥、阳光充足的环境，性耐寒，稍耐热，但忌高温高湿。适宜的生长温度为15~25℃，10℃以下或30℃以上均易导致圆锥石头花生长受阻，并使植株呈现莲座状。圆锥石头花为长日照花卉，花芽分化的临界日长为13h，但不同品种间略有差异，一般大花品种比小花品种对长日照更敏感。圆锥石头花属肉质直根，不耐移栽，不宜露地栽培，以含石灰质的中性或偏碱性土壤为宜。

(3)主要品种

切花品种根据花朵直径分为大花型、中花型和小花型。2008年以前我国圆锥石头花切花品种几乎全部依赖进口，包括大花型品种'完美''雪球'，中花型品种'钻石''仙女'，小花型品种'塔沃''新容''百万星'等。2008年之后由我国云南省农业科学院花卉研究所培育的"云星"系列新品种逐渐占领国内市场，包括早熟系列品种'云星03'和'云星16'，中晚熟系列品种'云星17''云星23'和'千万星'，其中'云星17''云星

23'和'千万星'已成为近年来我国圆锥石头花切花的主栽品种。

(4) 应用

圆锥石头花分枝繁茂，富有立体感，着花量大，花小而洁白，常填充点缀在插花和花束中作为配花使用，丰富花束的层次；还可以用于手捧花、胸花、头花、花环、桌面装饰等。单纯欣赏圆锥石头花也极富特色，将其成束扎紧作为主花来插瓶，立刻能感受到轻松又热闹的气氛。圆锥石头花的花枝与花朵自然干燥后，可作优质干花。此外，圆锥石头花的染色技术已较为成熟，蓝色、粉色、红色、绿色、紫色等染色圆锥石头花花材均有生产和销售。

7.14.2 繁殖和育苗

圆锥石头花的繁殖方法有扦插和组织培养等，其中，扦插是生产中常用的繁殖方法，只要温度和湿度适宜，全年均可采集插穗。圆锥石头花的发根性能较弱，可用1000mg/L 的 IBA 浸蘸插条基部 5s，或用 150mg/L 的生根粉 ABT 浸泡 60min，促进生根。扦插基质宜选珍珠岩或蛭石，控制温度为 15~20℃，经 20~30d 生根。

组织培养是获得圆锥石头花优质种苗的重要途径，常选取健壮植株上顶芽及侧芽为外植体。培养温度为 20~22℃，光照强度 3000~3500lx，光照长度 14~16h，pH 7.0。诱导培养基可用 MS +1.0mg/L 6-BA + 0.1mg/L NAA，继代培养基可用 MS+1.5mg/L 6-BA + 0.1mg/L NAA；生根培养基可用 1/2 MS + 0.3mg/L NAA + 0.2mg/L IAA。

7.14.3 栽培管理

圆锥石头花忌高温高湿和土壤积水，因此，在我国大部分地区均采用设施栽培，栽培方式分为周年多次生产型和周年连续生产型两种。其中，周年多次生产型可在塑料大棚、防雨棚等设施中进行，而周年连续生产型需依赖现代化温室。

(1) 土壤要求

宜选择疏松、深厚且富含有机质的土壤，定植前深翻，暴晒或消毒后施入腐熟的有机肥，并适当施用草木灰、过磷酸钙等石灰质肥料，混合均匀。在标准大棚内栽培时作畦 3 条或 4 条，每条畦面宽 1m 左右，畦高 30~40cm。

(2) 定植

圆锥石头花夏秋季用花时定植密度株距以 50cm×50cm 为宜；冬春季用花时定植密度通常较大，以 40cm×50cm 为宜。一个标准塑料大棚可定植圆锥石头花小苗 900~1000 株。定植时不宜埋土过深，防止积水烂根。定植时间根据供花要求来确定。一般有以下几种定植方式：

4~6 月供花：10~12 月定植，塑料大棚条件下保温越冬。翌年 2 月底摘心、整枝，留 4 枝健壮的主枝，3 月底施追肥，以磷肥、钾肥为主，4 月底可开花，花期可延续至 6 月中下旬。其中 4 月上中旬供花需在 1 月整枝修剪，并采用电照补光，其他时间段供花不需加温或补光。

7~9 月供花：1~2 月定植，生长过程进行 1~2 次整枝，剪去莲座状枝和早生侧芽，留基部花茎，6~7 月陆续摘心，可满足 7~9 月供花需求。

10～12 月供花：3～4 月定植，不摘心，6 月剪去莲座状枝，使茎基部的隐芽重新萌发。9 月上旬采用电照补光，10 月上旬进入花期，可延续至 12 月底。

元旦至春节供花：6 月中下旬定植，至 8 月中下旬紧贴地面剪去地上部枝条，即"重修剪"或称"回剪"，9 月中下旬开始补光，元旦、春节期间可开花。

在以上 4 种栽培方式中，以元旦至春节的产品经济价值最高，但在冬季栽培中，保护地内温度不能低于 10℃，才能保证圆锥石头花正常开花。保持 15～25℃ 的温度有利于生产出高品质的圆锥石头花切花。

(3)肥水管理

施肥以基肥为主，基肥用量应占总用肥量的 60%～70%。追肥分 3 次进行，第一次在小苗定植成活后，以氮肥为主，促进叶片生长；第二次在摘心之后，氮肥和钾肥配合施用，促进分枝；第三次追肥在抽薹之后，钾肥和磷肥配合施用，促进开花。

圆锥石头花忌积水，水分管理的原则为"宜干不宜湿"。生长初期需水量较多，应保证水分供应，土壤干燥会产生莲座状花序。小苗定植后，应先浇一次透水，遮阴 15d 以确保成活，在此期间不宜多浇水。开花期应控制浇水，以防止花枝倒伏。

(4)整形修剪

圆锥石头花小苗生长至 7～8 对叶，腋芽开始萌发时需进行摘心。将主枝在 3～4 叶位处摘除。摘心后 2 周会长出多枝侧枝，当侧枝叶片展开时，保留 2～3 枝侧枝，其余抹去。进入花期之后，不同花枝上的小花次第开放，早开花的花枝被剪之后，会促进下部枝条萌发，应及时摘除，以免消耗营养，影响花枝的发育。

(5)薹期管理

圆锥石头花生长发育过程中由营养生长向生殖生长转变的重要标志是茎的伸长，即"抽薹"，这时期的管理应注意以下 3 个方面：

①立柱绑扎　在每根抽薹的花枝一侧插一根长约 60cm 的竹竿或木条，当花枝高度约为 25cm 时，及时绑扎在竹竿或木条上，当花枝高度约为 55cm 时进行第二次绑扎。

②肥水管理　抽薹前期应加强水肥供应，保证植株快速生长所需的水分和营养；抽薹中期逐渐减少氮肥比例，增加磷肥和钾肥的用量，同时补充硝酸钙、硝酸钾等速效肥；抽薹后期，开花前 45d 应停止施用氮肥，开花前 30d 开始控水，可用 0.2% 的 KH_2PO_4 进行追肥，每周喷 1 次，有利于提高花枝硬度。

③温度管理　夏季供花应避免持续高温，圆锥石头花如遇连续 10d 的 30℃ 以上高温，易产生莲座状花序；冬季开花必须保证夜温在 10℃ 以上，低温短日照条件下易产生莲座状花序。11～12 月形成的花蕾如温度过低，不能正常开放，可能延迟到翌年春季 3～5 月开放。

(6)花期调控

主要从光照、温度、生长调节剂等方面进行。

①光照调控法　圆锥石头花在短日照条件下完成营养生长，在长日照条件下完成生殖生长，长日照是其花芽分化的必要条件。每天日照若少于 13h，植株莲座丛生而难以开花。

促成栽培在 9 月上中旬开始补光，或在小苗摘心后 3 周开始补光，效果最佳。每隔

1.5~2m安装1只60~100W的白炽灯，在植株上方1~1.5m高处进行夜间补光，使光强达到50lx以上。补光时间从22：00持续至翌日2：00，连续1个月，可保证80%的植株花茎伸长开花。如通宵补光3个月，则100%的植株都能开花。长日照处理后还可使切花长度等商品性有所提高。

②温度调控法　实践表明，宿根冷藏也是促进开花的重要手段，结合补光和加温，可使圆锥石头花提前开花。将上半年已开过花的圆锥石头花老根于7月中旬挖起，洗净后用1000倍$KMnO_4$溶液处理并晾干，放入1~3℃的冷库中冷藏，至9月上中旬重新定植。经冷藏后的圆锥石头花发芽快而长势旺，在夜温不低于15℃的保护地内定植后60d即能开花，而且花枝高大整齐，切花品质优良。

圆锥石头花宿根冷藏措施的关键是要适时掘根，通常在6月花期过后的15~20d进行，此期间应严格控制浇水。挖掘后进行筛选，剔除烂根和弱根，保留健壮根系冷藏。

③生长调节剂调控法　除补光外，加温的同时配合使用GA_3也是促进圆锥石头花提前开花的常用方法。定植之后，如在10月末或11月初喷施200mg/L的GA_3，结合加温，也可满足冬季供花，而2月喷施200mg/L的GA_3溶液，也可在3月下旬开花。

(7)病虫害防治

根腐病、立枯病和灰霉病是圆锥石头花的主要病害。根腐病从苗期到开花期均可危害，首先从肉质宿根内侵入，沿输导组织向上发展，堵塞导管，造成植株失水枯萎。立枯病发生时下部叶片首先出现如暗绿斑块，直到全株腐烂而死，湿度大时，病叶上可见白色菌丝，而灰霉病发生时叶片上出现霉点，花朵变黑。

危害圆锥石头花的常见虫害有斜纹夜蛾、红蜘蛛等。常见虫害防治方法详见本教材2.3.7病虫害防治相关内容。

7.14.4 采收、分级、包装、运输、贮藏及保鲜

(1)采收

圆锥石头花花序中的小花由上往下逐渐开放，因此宜分批进行采收。50%左右的小花已开放，或以每3朵小花中有1朵盛花为最适采收期，过早或过迟采收都会影响切花品质。圆锥石头花的花枝纤细，保水性较弱，因此，采收时需带水桶到栽培地附近，剪切后立即插入水中，使其充分吸水。

(2)分级

依据《中华人民共和国农业行业标准(四)——圆锥石头花》执行。根据农业行业标准规定，当开花指数1(小花盛开率10%~15%)时，适合远距离运输；开花指数2(小花盛开率16%~25%)时，可以兼做远距离和近距离运输；开花指数3(小花盛开率26%~35%)时，适合就近批发出售；开花指数4(小花盛开率36%~45%)时，必须就近尽快出售。

(3)包装

为延长保鲜期，可将花枝在20mg/L $AgNO_3$+3% S溶液中浸泡一昼夜，再进行绑扎。圆锥石头花切花通常以5~25枝为一束，或按照重量进行捆扎。

(4)运输

每枝花枝下端用浸有保鲜液的脱脂棉花球裹住，或以直径1cm、长2cm的塑料管套

住，以保证在运输、贮藏期中水分和养分供给。

(5)贮藏

切花冷藏的最适温度为4~5℃。

(6)保鲜

常用的保鲜液配方为200mg/L 8-HQS + 2% S，或25mg/L $AgNO_3$ + 5% S。

7.15 深波叶补血草

[学名]*Limonium sinuatum*

[英文名]Waveleaf Sea Lavender

[别名]勿忘我、星辰花、不凋花、匙叶花、斯太菊、矶松

7.15.1 简介

深波叶补血草是蓝雪科补血草属多年生宿根花卉，常作一、二年生栽培，与紫草科勿忘草属的勿忘我(*Myosotis alpestris*)不是同一种类。原产地中海沿岸，我国东北、华北和东南沿海地区有野生。盛花时，星星点点的白色小花在蓝紫色萼檐的衬托下犹如夜幕初垂的星空，因此深波叶补血草有"星辰花"的别称。补血草的萼檐在小花枯萎后仍能长久地保持原有色泽，象征"永恒的爱"，因此在切花市场中常被称作"勿忘我""不凋花"等，是仅次于圆锥石头花的重要配花材料。

(1)形态特征

株具粗糙毛。叶宽羽裂。茎上纵生3~5片狭长翼形叶，使茎呈三棱状。花茎叉状分枝，顶端密生穗状花序，小花穗上有3~5朵花，偏生一侧；花瓣小，5枚，白色，基部合生，与5雄蕊相连，花柱5枚；花萼杯状，干膜质，向外延伸形成萼檐，是其主要观赏部位，有蓝、紫、黄、白、粉等色(见彩图80)。

(2)生态习性

喜干燥凉爽，忌潮湿闷热，喜强光，生长适温为20~25℃，发芽适温为15~25℃，生长期气温不能低于5℃，适宜在疏松肥沃、排水良好的微碱性土壤中生长。

(3)主要品种

同属的大叶补血草(*L. gmelinii*)、耳叶补血草(*L. otolepis*)、二色补血草(*L. bicolor*)等也有挺拔的花枝和艳丽的花色，具有开发前景，其中二色补血草的萼檐粉红色，小花黄色，色彩搭配温柔俏丽，具有较高的育种价值。

深波叶补血草的切花品种主要根据花期进行分类，极早花和早花品种有'早蓝''金岸''蓝珍珠'等，中花和晚花品种有'冰山''夜蓝''蓝丝绒'等。其中'蓝珍珠'和'蓝丝绒'是目前国内深波叶补血草的主栽品种。

(4)应用

深波叶补血草的穗状花序偏生一侧，着花方式奇特，萼檐颜色丰富，观赏期长，寓意美好，是深受大众喜爱的切花材料。可单独作为花束，也可与其他花材搭配使用。将切花倒置悬挂可制成干花，长时间观赏。

7.15.2 繁殖和育苗

深波叶补血草的繁殖方法有播种和组培等，其中，播种是常用的繁殖方法。切花生产常采用冷室育苗，将种子播于浅盘中，待胚芽萌动后放入 2～3℃的冷室中，30～40d 完成春化，然后在冷室中栽培，以防脱春化。种子萌发后生长至 1～2 片真叶时移植。

为了解决深波叶补血草结实量少的问题，部分企业也采用组培的方法进行繁殖。以茎尖为外植体，诱导培养基用 MS + 0.9mg/L 6-BA + 0.2mg/L NAA + 0.2mg/L KT，继代培养基用 1/2 MS + 0.4mg/L 6-BA + 0.2mg/L NAA + 0.2mg/L KT；生根培养基用 1/2 MS + 0.4mg/L NAA。也可以带腋芽的茎段为外植体，诱导培养基可用 MS + 0.5mg/L 6-BA + 0.5mg/L NAA，继代培养基可用 MS + 0.1mg/L 6-BA + 0.2mg/L NAA；生根培养基可用 MS + 1.2mg/L NAA。控制培养温度 22～24℃，相对湿度为 70%。

7.15.3 栽培管理

幼苗需经低温春化诱导才能开花，生产中作一年生栽培应选择经低温处理的种苗，4～6 月定植，秋季开花，可一直延续至翌年春季。作二年生栽培的种苗 10～12 月定植，不进行保温和加温，利用自然低温完成诱导，翌年春季开花，花期可延续到当年秋季。

(1) 土壤要求和定植

深波叶补血草耐旱、忌湿，对土壤无严格要求，以排水通畅的砂质壤土为宜。栽植前要深翻土壤，施入腐熟的农家肥，除氮肥、磷肥、钾肥外，还要施入一定比例的硼肥。小苗生长至 5 片真叶时定植，采用双行交叉种植，定植间距因不同品种的株型大小而异。一般株行距为 30cm ×(30～40) cm。埋土不要过深，高于根颈部 0.5cm 即可。定植后及时浇 1 次透水，搭遮阳网，并注意通风。

(2) 温度管理

深波叶补血草的种子在 2～3℃处理 30～40d 可完成春化作用。低温处理后的种子，在白天最高温度超过 30℃，夜温超过 20℃，或平均气温超过 25℃的条件下，经过 5d，春化效果会减弱或消失。因此，完成春化作用后的深波叶补血草种子在播种前应注意冷藏，或在冷室中进行播种。

深波叶补血草幼苗生长过程中，当莲座状植株中央的幼叶从水平伸展变为竖直向上生长时，即开始花芽分化。此时宜保持白天 16～18℃，夜间 10～13℃。生长周期为 90～150d，因品种与栽培环境差异较大，温度相对较低的冬、春季生长周期延长，可采取加温措施以促进切花产出。

(3) 光照管理

喜阳光充足环境，长日照条件下促进开花，荫蔽会导致花枝数量减少，因此，栽培期间除夏季外不需进行遮阴，其他季节光照不足时应注意补光，确保每天的光照时间不少于 4h。

(4) 肥水管理

深波叶补血草生长迅速，产花量大，定植后需加强肥水供应，前 2 个月 N∶P∶K 为 1∶1∶1，保证幼苗在入冬前根系发育充分，有利于越冬。抽薹期间结合浇水补充磷肥、钾肥，N：P：K为1：3：2，否则易造成花枝短小，花朵稀疏。盛花期N：P：K为1：1：2，有利于形成健壮花枝，提高产量和品质。

(5)整形修剪和植株固定

生长期间大苗每株保留4~5枝花枝使其继续生长开花，其余摘除；小苗可摘除过早出现的花枝，使其充分生长，待植株成型后再进入花期。深波叶补血草植株高大，且花序多集中在枝顶，栽培过程中应随植株高度拉网固定。一般植株生长至20~25cm高时设立第一层网，生长至40~45cm高时设立第二层网，网格规格为25cm×25cm或30cm×30cm。

(6)花期调控

深波叶补血草的花期调控技术已经较为成熟，可通过调节播种期、延长光照时间、施用GA_3和调节环境温度等方法实现周年生产或定时生产。

①调节播种期　通过调节播种期可达到使深波叶补血草提前开花的目的。例如，8~9月在冷室中育苗，保持白天25~28℃，夜间15~18℃，在幼苗生长至2~3片真叶时移植，10月定植，翌年1月后保持白天20~25℃，夜间8~10℃，可从1~4月陆续开花。如在6月育苗，8月定植，10月即可开花，一直延续到翌年3~4月。

②延长光照时间　深波叶补血草为长日照花卉，长日照可促进开花，秋、冬季生产可通过补光促进花芽分化和开花。

③GA_3处理　GA_3可代替低温诱导深波叶补血草提前开花，抽薹前用500mg/L的GA_3喷洒植株，并进行16h以上的光照处理，可提早开花。

④温度处理　补血草自开始抽薹，经花芽分化到开花所需要的温度和时间因品种不同而有差异，一般在10℃以上需要40d，不加温条件下则需要80~90d，因此，可通过调节环境温度达到调控花期的目的。

作二年生栽培的深波叶补血草露地栽培通常翌年6~7月开花，在保护地栽培可于5~6月开花，加温保护地可提前至3~4月开花，因此，可利用不同栽培环境的温度条件满足提前或延迟开花的要求。

(7)病虫害防治

保护地栽培条件下，如空气湿度大，深波叶补血草容易发生白粉病、灰霉病等病害，因此，要注意加强通风和除湿。栽培过程中不宜施用过多氮肥，宜适当补充钾肥和钙肥以增强植株抗病能力。

深波叶补血草的主要虫害有蚜虫、红蜘蛛、螨类等。主要虫害防治方法详见本教材2.3.7病虫害防治相关内容。

7.15.4 采收、包装及贮藏

(1)采收

花枝小花开放达到全枝25%~30%时为最适采收期。采收时留一片叶切取，有利于下部节位的腋芽早日萌发，继续抽生花枝。深波叶补血草高产品种每株可采收25~30枝花，重量2~3kg。

(2)包装

上市时每扎为200g，用软纸包裹，切花瓶插可维持2~3周。

(3)贮藏

采收后需立即浸入清水或保鲜液中，并在2~5℃下冷藏，可贮藏2~3周。

7.16 情人草

[学名]*Limonium hybrida*

[英文名]German Statice

[别名]杂种补血草

7.16.1 简介

情人草是蓝雪科补血草属多年生宿根花卉。情人草是网纹补血草(*L. reticulata*)和宽叶补血草(*L. latifolium*)的种间杂交种，具有网纹补血草四季开花的性状，形态特征与宽叶补血草相近。情人草与深波叶补血草同属，也有花萼向外延伸形成萼檐，含水量低，在花朵枯萎后能长久地保持原有色泽。花细小密集，色彩清新雅致，观赏期长，是重要的配花材料。

(1)形态特征

全株被短星状毛。叶片椭圆形，全缘，先端钝，叶基部狭窄，具长柄。花枝细长，光滑，无棱，分枝极多，每分枝着花1~2朵；花萼漏斗状，萼筒径约1mm，萼檐白色，径3.5~4.5mm，花淡青紫色(见彩图81)。

(2)生态习性

性喜干燥、凉爽气候，有一定耐寒性，忌炎热、多湿环境。喜阳光充足，环境荫蔽则生长缓慢，分枝较少。耐旱，喜含石灰质的微碱性土壤。

(3)主要品种

情人草的切花品种主要有：‘蓝雾’(花青紫色)、‘白雾’(花纯白，由‘蓝雾’的枝条突变选育)、‘粉雾’(花浅紫红色，枝条挺直，花序开展度大，由‘蓝雾’的枝条突变选育)、‘蓝海洋’(花青紫色，小花，直径小于3.5mm，密布于小枝上，植株比‘蓝雾’矮，但花茎和花枝硬度较高)。

(4)应用

情人草分枝多，小花细碎朦胧，色彩素雅，是优秀的配花材料，在国内外花卉市场中占有重要地位，可作为干花持久观赏，加上美好的寓意，广泛应用于多种类型的切花装饰和婚庆用花场合，深受人们的喜爱。此外，情人草的染色技术已较为成熟，红色、绿色、蓝色、橘色等染色情人草花材均有生产和销售，可满足不同人群的需求。

7.16.2 繁殖和育苗

情人草的繁殖方法有播种和组织培养等。播种宜选用腐叶土或泥炭∶珍珠岩为1∶1的混合基质等疏松透气物料，播种前进行消毒。播种后淋透水，18~21℃条件下5~10d

发芽，幼苗生长出第一片真叶时移苗。由于播种的情人草出苗率和整齐度均较低，且对栽培设施和技术要求较高，因此实际生产中应用比例较小。

组织培养可提高情人草幼苗的整齐度，有利于提高切花品质。取情人草的幼嫩茎段为外植体，诱导培养基用 MS + 0.4~0.8mg/L 6-BA + 0.01mg/L NAA，每个茎段可诱导出 1.98~3.02 个新生芽；继代培养基用 MS + 0.5~2.0mg/L 6-BA + 0.1mg/L NAA，增殖系数可达 3.83~6.45；生根培养基用 MS+1%活性炭，生根率为 100%。控制培养温度为 22~25℃，相对湿度为 35%~40%，光照强度 2500~3000lx，光照时间为每天 12h。

7.16.3 栽培管理

情人草在我国长江以南地区可露地越冬，长江以北地区需保护地栽培。一般在春季或秋季定植，春季定植，当年夏、秋季开花；秋季定植，翌年春、夏开花。花后保留母株，继续加强管理，可连续产花 4~5 年，但通常 3 年以上的植株切花品质下降，应及时更新。

(1) 土壤要求

选择疏松肥沃、排水良好的微碱性土壤，土壤消毒后施入腐熟的农家肥作基肥，同时按照 $3kg/hm^2$的比例施入硼酸。在土壤偏酸的地区，可按照 $750kg/hm^2$ 的比例拌入生石灰。将有机肥深翻入地后，整地作畦。

(2) 定植

播种繁殖的情人草幼苗生长至 5~6 片真叶时定植，组织培养繁殖的幼苗出瓶后 45~60d 后定植。定植时采用双行交错栽植，株行距因品种株型大小和栽培年限而定，一般为(40~50)cm×(60~90)cm，以利于通风透光。定植后浇 1 次透水，切忌向根颈部浇水，以防引起腐烂，并适当遮阴以利缓苗。

(3) 温度管理

情人草的种子或幼苗需经低温春化诱导才能抽薹、开花，不同品种对低温的强度和持续时间要求不同，多数品种在 11~15℃条件下经过 45~60d 即可完成春化，以子叶期至五叶期的幼苗效果最好。

已完成春化的情人草小苗如遇 25℃及以上的温度，容易“脱春化”，植株呈莲座状，不抽生花枝，因此，已完成诱导的种子或幼苗须持续一段时间的低温才能进入正常生长阶段，以昼温 18~20℃，夜温 10~15℃为宜。

情人草营养生长阶段总体喜凉爽、忌高温，花枝发育阶段对温度的要求有所提高，此阶段昼温需保持在 20~25℃，夜温不低于 10℃，温度过低会导致开花量减少，不开花甚至花枝变黄。

(4) 肥水管理

情人草定植 10~15d 后小苗开始生长，宜保持土壤湿润，适当控制浇水。每 10d 施用 1 次稀薄豆饼水，或浓度为 200mg/L 的氮、钾复合肥液。60~70d 后开始抽生花枝，此时需保证肥水供应。除继续按照上述用量进行施肥外，还可每周用 0.1%的 KH_2PO_4 和 0.01%硼酸的混合液喷施叶面 1 次，以提高情人草切花的产量和品质。

(5)整形修剪和植株固定

情人草进入花期后需定期摘除新抽生的细弱花枝，以及下部老叶和黄叶，有利于通风透光，减少盲花数量，提高单枝花枝的品质。研究表明，单株保留9枝花枝时，花枝的长度和粗均表现优异，单株产量最高，而单株保留的花枝数量少会降低切花产量，单株保留的花枝数量多则会导致花枝品质下降。

当情人草的花量达到50%时，应为下一茬花枝生长做好准备。此时注意保留少量新抽生的花枝，待上一茬切花采切完之后，保留的花枝已生长到一定高度，从而有效缩短前后两茬花的时间间隔，使情人草切花连续不断地供应市场。

露地栽培的情人草入冬后需清除枯萎枝叶，防止发生病虫害。保护地栽培的情人草在花期过后应拔除病株、弱株，并进行修剪，促进新枝条的萌发。

情人草分枝多，生长速度快，花期容易倒伏，栽培过程中需根据植株的高度拉网固定。一般植株生长至20~25cm高时设立第一层网，生长至45~50cm高时设立第二层网，网格尺寸可为35cm×35cm或40cm×40cm。

(6)花期调控

主要通过温度调节来实现。组培苗低温冷藏可使情人草提前开花。在气候适宜的地区，情人草定植后约2个月可抽生花枝。3月将经过低温冷藏处理的组培苗(6~7片叶)定植于保护地中，保持温度不高于25℃，一般可于5~6月开花。露地栽培可延迟情人草开花。前一茬切花采收后及时整理植株，入冬前进行覆盖，保证越冬温度不低于10℃，可于翌年2~3月返青，7~10月开花。因此，可利用不同栽培环境的温度条件满足情人草提前或延迟开花的需求。

(7)病虫害防治

病害主要有白粉病、炭疽病、叶斑病、茎腐病及疫病等。白粉病和茎腐病可喷洒50%多菌灵可湿性粉剂800倍液、75%百菌清500溶液持续防治；炭疽病可喷50%退菌特1000倍液或70%甲基托布津1000倍液持续防治；叶斑病可用38%恶霜灵嘧菌酯800~1000倍液或4%氟硅唑1000倍液，每隔一周喷洒一次，延续喷洒3次；疫病用代森锌500倍液防治较佳。

主要虫害有地老虎、蓟马、螨类等，主要虫害防治方法详见本教材2.3.7病虫害防治相关内容。

7.16.4 采收、包装、贮藏及保鲜

(1)采收

花枝上的小花开放程度达到30%~50%，花序显色时为最适采收期。采收时在花枝基部的第一枚叶片以上的位置进行剪切，以促进腋芽早日萌动，继续抽生新的花枝。情人草单株第一茬可采收7~8枝，第二茬可采收10枝左右。

(2)包装

包装时每10枝扎成1束，以软纸包裹。

(3)贮藏

在2℃的条件下可贮藏2~3周。

(4)保鲜

情人草的花枝纤细，吸水性较弱，采收后应立即浸入清水或保鲜剂中进行保鲜，并尽快上市或放入冷库中贮藏。

7.17 麦秆菊

[学名]*Helichrysum bracteatum*

[英文名]Strawflower

[别名]蜡菊、贝细工

7.17.1 简介

麦秆菊是菊科蜡菊属多年生草本植物，常作一、二年生栽培。苞片纸质坚硬，表面似涂上一层蜡质故又得名“蜡菊”。原产澳大利亚，现在世界各国多有栽培，特别是在东南亚和欧美。我国于1994年从澳大利亚引种，在吉林长春露地栽培成功，此后在全国推广。

(1)形态特征

全株被茸毛，茎粗硬直立。叶互生，长椭圆状披针形。头状花序单生于茎顶，总苞苞片多层，外层椭圆形，中层长椭圆形，覆瓦状排列，内含硅酸而呈膜质，干燥具有光泽，形如花瓣，色彩绚丽光亮，有白、黄、橙、褐、粉红及暗红等色；聚生在中心花盘上的黄色管状小花才是真正的花瓣(见彩图82)；花期7~9月。

(2)生态习性

喜温暖，不耐寒，忌酷暑。最适宜的生长温度为15~25℃。夏季气温高于34℃时，生长缓慢开花少。喜阳光充足，光照不足则生长不良。为长日照植物，长日照条件下抽薹开花。不喜强光直射，春夏秋中午需适当遮阴，冬季可以全日照。对水分敏感，排水不畅时植株极易萎蔫死亡。如果高温和光照不足，不仅生长不良，且开花少，质量差。

(3)主要品种

麦秆菊的栽培品种较多，目前世界上栽培最广泛的品种是‘帝王贝细工’，花头稍长，花瓣状苞片较多，有高型(90~150cm)、中型(50~80cm)、矮型(30~40cm)等品种，另外，还有大花型、特大花型四倍体品种及小花型品种等，切花栽培多用高型品种。

(4)应用

麦秆菊可以用于花坛、花境，也可盆栽种植。麦秆菊的头状花序含水量极低，加上色彩丰富，不会腐烂，不易褪色的特点，是著名的干花材料，可加工成花束、花环、花篮和工艺画，绚丽夺目，富有质感，也突出了麦秆菊“将永恒记忆在心”的寓意。

7.17.2 繁殖和育苗

麦秆菊主要用种子繁殖。从播种至开花需120~140d。可于春季4月露地床播，浸种后撒播。种子喜光，覆土宜薄，发芽适温15~20℃，播后10d左右出苗，3~6片真叶时进行间苗，至苗高15~20cm时定植。

7.17.3 栽培管理

(1)土壤选择和定植

露地栽植的麦秆菊在湿润、肥沃、疏松又排水良好的土壤中生长良好。盆栽可用肥沃园土、腐叶土和沙的混合土。6月初苗高15~20cm时进行定植。定植前需施足基肥，整地后作60cm宽的平畦，单行栽植，株距20cm。

(2)肥水管理

麦秆菊在生长期需保持盆土湿润。浇水应适量，切勿过湿，以免徒长。

苗期每月施肥1次，但施肥不能过量，否则植株易徒长倒伏，叶片变薄，花朵变小，花色变淡；花期增施一次磷钾肥，对总苞的色彩和硬度极为有利。

(3)整形修剪

麦秆菊自然分枝性较强，一般矮秆品种不需摘心，高秆品种需生长期摘心1~2次，促使萌发更多的开花枝条。当麦秆菊株高75~120cm时要在株间插杆，设立支架，以防倒伏。

(4)花期调控

可通过选择适宜的播种时间来控制开花时间。一般播种后3~4月便可开花。若花期在春、夏季需要进行适度遮阴处理。若在冬季，应进行补光和适度增温以促进花芽形成。开花前不宜过度追肥，否则会降低开花质量。

(5)病虫害防治

常见病虫害主要是立枯病和蚜虫。立枯病可用70%百菌清可湿性粉剂700倍液喷施，10~15d喷施1次，连续喷3~4次；蚜虫可用50%马拉松乳剂1000倍液防治。

7.17.4 采收、包装、贮藏和保鲜

(1)采收

当1~2层花瓣开放时即可采收。若盛开后采收，花瓣反折，观赏价值下降。

(2)包装

采下的花材，去除叶片和病弱枝，保留枝长60~80cm，顶部放齐，每10枝捆扎成一束，用纸箱盛装。

(3)贮藏

可在环境温度2~5℃、相对湿度90%~95%的条件下贮藏。

(4)保鲜

采后保鲜期为7~10d。此外，麦秆菊在瓶插时需要经常换水；在养护期间不可对花朵进行喷水，否则易造成花头发霉。

7.18 一枝黄花

[学名]*Solidago decurrens*

[英文名]Common Goldenrod

[别名]酒金花、满山黄、百根草、黄莺、麒麟草、野黄菊、一枝香、金柴胡等

7.18.1 简介

一枝黄花是菊科一枝黄花属多年生草本植物。原产于中国华东、中南及西南等地。一枝黄花属植物在全球有120多种，主要分布于北美洲，少数分布于欧洲和亚洲，中国有少数几种。一枝黄花商品名为黄莺，在花市上也叫“麒麟草”。因花序小巧玲珑，栽培管理容易且价格低廉，受到人们的欢迎。在广东、云南等地作为观赏植物广泛栽培。在昆明斗南花卉市场，每天进入市场的鲜切花约为4t。

(1)形态特征

茎直立，通常细弱，单生或少数簇生。中部茎叶椭圆形，长椭圆形、卵形或宽披针形。叶质地较厚，互生。头状花序由千百个直径约3mm的金黄色小头状花组成，呈火炬状，顶端最先开放并偏向一侧(见彩图83)。

(2)生态习性

原生种生于海拔565~2850m的山坡、阔叶林缘、林下、路旁及草丛之中。喜光照充足、凉爽湿润气候(湿度70%~90%)。耐寒耐旱，播种适温10~20℃，10~25℃可正常开花，温度低于10℃时生长相对缓慢，株形变小，开花延迟。对土壤要求不严，具有较强的生命力和适应性。

(3)主要品种

原产于我国的一枝黄花属植物共3种1变种，即一枝黄花(*S. decurrens*)、钝苞一枝黄花(*S. pacifica*)、毛果一枝黄花(*S. virgaurea*)及毛果一枝黄花的寡毛变种兴安一枝黄花(*S. virgaurea* var. *dahurica*)。

(4)应用

一枝黄花花序小巧玲珑，色彩鲜艳，其金黄色的花朵尤为夺目，常作为配花进行点缀填充使用。此外，一枝黄花是一种天然纤维植物，无毒、无害且具有消炎抗癌等药用效果。还可用于部分颜料的生产及提炼精油，作为蜜源和饲料。

7.18.2 繁殖和育苗

一枝黄花可通过播种和分株进行繁殖，但在生产时一般使用种子繁殖方法。3月开始播种育苗。一般播种10~15d即可出苗，当小苗生长到3cm时，要及时除草、松土，还要追施肥料。在5月定植。

7.18.3 栽培管理

(1)土壤选择和肥水管理

以疏松肥沃、排水良好、富含腐殖质的砂壤土为宜。要求地块两年以上未种植过大蒜或洋葱等作物。

施肥在定苗或移栽成活后进行。分别在新叶期、抽茎期、孕蕾期和结实期追施硫酸铵或人畜粪肥。在每次收割后要追施有机肥。

(2)整形修剪

在生产中必须摘心一次，摘心后应立即喷洒一次杀菌剂，在之后保持每7d喷3次，采收前10d停止打药。

(3)花期调控

一枝黄花可控制花期，5~10月均能产花。露地栽培的可于第二年春节后就地扎棚覆膜，5月始花。未覆膜的始花迟近一个月，移植的又迟近一个月。每亩产花可持续一个月，中间会有一周明显的高峰期。

(4)病虫害防治

病害有根腐病、花叶病、粉锈病，其中粉锈病一般在下部叶片发生，发病叶面淡黄色，叶背着生黄色粉粒，发病后叶片干燥枯死。可通过秋季防涝，排除田间积水，注意通风透光进行预防。发病初期，可用70%的粉锈宁(三唑酮)兑水喷雾。

虫害主要有蛴螬、地老虎、蝼蛄等地下害虫。防治方法详见本教材2.3.7病虫害防治相关内容。

7.18.4 采收、分级、包装、贮藏和保鲜

(1)采收

花朵在开放后即可采收，用剪刀从基部直接剪下即可。

(2)分级

在进行一枝黄花外在品质评定时，对花、茎、叶、成熟度要求如下：花头的花苞硕大且饱满，分枝枝形呈锥形且均匀，花序无明显损伤，花序长度在10cm以上；花茎强健且均匀，无弯曲，有足够的韧度足以支撑花头；叶片无脱水萎蔫，无病虫害，无明显叶片损伤；成熟度在2度最为适宜，确保交易后的鲜切花仍有较长时间的观赏价值。各级成熟度标准如下：1度——花苞50%以上饱满且不显色；2度——花苞呈黄色，饱满但无开放现象；3度——10%以内花苞呈开放现象；4度——50%以内花苞呈开放现象；5度——50%以上花苞呈开放现象。

(3)包装

包装前须去除基部10~15cm的叶片，基部剪齐并捆扎；每20枝为一扎。

(4)贮藏

采摘后须经过预处理，浸泡入水中。干燥后入库，防潮贮藏。

(5)保鲜

一枝黄花易脱水，采收后应及时进行保鲜液处理。建议使用可利鲜RVB进行处理，可有效防止脱水且延长花期。

7.19 铃兰

[学名] *Convallaria majalis*

[英文名] Lily of the Valley

[别名] 草玉铃、香水花、铃铛花、君影草、香水花、小芦铃、草寸香

7.19.1 简介

铃兰为百合科铃兰属多年生草本植物。在我国主要分布于东北、华北地区及山东、陕西、甘肃等地，朝鲜、日本、俄罗斯及北美洲也有分布。花朵似一串美丽的风铃，花味清香，观赏效果极佳，是一种很好的香料、药用与观赏植物。

(1)形态特征

叶片椭圆形，先端近急尖，基部楔形，背面带白霜。花莛稍拱起；苞片披针形，远短于花梗；花梗稍弯曲，顶部有节，果熟时从关节处脱落；花被白色，裂片卵形正三角形(见彩图84)。浆果成熟时红色，球状。花期5~6月，果期7~9月。

(2)生态习性

喜半阴、凉爽湿润的环境，耐严寒，忌干旱、炎热干燥。气温30℃以上时叶片会过早枯黄，在南方需栽植在较高海拔、无酷暑的地方。在排水良好、腐殖质含量较高的微酸性壤土及砂壤土中生长发育最好，在中性和微碱性土壤中也能正常生长。夏季休眠。

(3)主要品种

铃兰属属于单种属，仅仅有铃兰1种，有3个亚种和诸多变种，分布于我国和日本是铃兰，分布于北美是蒙大拿铃兰，原产欧洲的是大花铃兰。除了三个亚种外，还有不少变种，变种有红花铃兰、大花铃兰、粉花铃兰、白边铃兰、白纹铃兰、白花重瓣铃兰、粉花重瓣铃兰等，此外，还有园艺品种'斑叶'铃兰。

(4)应用

铃兰姿态清秀，花香四溢，常在园林中布置花镜，还可用作林下及林缘地被，点缀或镶嵌草坪，为著名的耐阴观赏花卉。此外，铃兰还可作为切花或盆栽装点室内，在婚礼手捧花中应用较多。其花朵可提取芳香油，铃兰还具有药用价值。

7.19.2 繁殖和育苗

铃兰可采用播种、分株或组培繁殖。生产上常采用分株繁殖。

种子繁殖可春播或秋播。秋播时期为土壤结冻前，春播于4月中下旬。播种出苗成活率低，约3年才能开花，实际生产中很少采用。而且铃兰种子形成困难，量少价格贵，繁殖时间长，幼苗生长缓慢。

铃兰分株繁殖在春、秋两季均可，秋季分株翌年正常开花，春季操作主要进行营养生长，当年不开花。春季分株在土壤化冻20cm至铃兰展叶前进行，秋季繁殖在植株枯黄至土壤封冻前进行。挖取铃兰根状茎，将根状茎切成若干节，每段各带2~3个芽，为促进伤口愈合在伤口涂抹一些草木灰或硫黄，栽植时根系要舒展，覆土厚度3cm左右。一般每3~4年分株一次，容器栽培采用肥厚嫩芽丛植，每年换盆一次。

目前部分企业采用铃兰不同外植体作为培养材料进行组培繁殖。

7.19.3 栽培管理

(1)土壤选择

选择土质疏松、肥沃、微酸性、水肥供应良好的腐殖质或砂质土壤，其生长最适宜

pH 5.5~7.5。生产上大面积栽培时与其他科植物 3~4 年后轮作以提高土壤肥力。

(2)温度和光照管理

铃兰较耐寒，冬季地上部分死亡，地下部分翌年仍可萌发形成新株。铃兰忌炎热，夏季高温时，叶片枯黄而进入休眠，生长期适当通风并进行遮阴。

铃兰喜阴，耐阴湿，忌强光直射。露地栽培铃兰可使用玉米植株进行间作，因玉米较高大紧凑，遮阴度适中，是铃兰较理想的遮阴作物，有利于提高耕地的经济效益。

(3)湿度管理

铃兰喜潮湿环境，移栽定植时特别注意保持环境湿度 70%~85%。空气湿度过低，铃兰容易萎蔫。而空气湿度过高则易引起各种锈病、菌核病等病害和蛴螬等虫害。因此，栽培环境需注意充分通风。

(4)肥水管理

铃兰为浅根系植物，喜肥，人工栽培每年于行间开沟追肥 2 次，以有机肥为主。第 1 次施肥在春季萌芽前，施用腐熟的粪肥或堆肥或施入尿素，促进茎叶生长。第 2 次施肥在秋季进入休眠期时，施入腐熟的饼肥、过磷酸钙和适量的草木灰。冬季可培土或覆盖腐叶以防冻害。

在春秋生长季隔 2~3d 浇一次水，夏季每天早晚给水一次，冬季休眠期少灌或不灌水。出苗前地温较低一般不灌水，生长旺期适当增加灌水次数，萌芽和分株繁殖前要一次性灌透水，以利出苗和提高繁殖成活率。

(5)花期调控

铃兰常作促成栽培，通过调节温度等措施实现提前或推迟开花。具体操作如下：秋末选择已形成花芽的健壮株丛，割取根茎(带 2~3 个芽)，置于 2~3℃的室内，经 2~3 周处理后取出盆栽。

为了提早开花，可于所需开花期前 5 周移入室内，适当浇水并置黑暗处，保持 12~14℃，经 10~15d 后移至阳光下养护，室温提高到 20~22℃，此时，每天浇水 1~2 次，每隔 10d 追施一次稀薄复合液肥，经过如此养护 3~4 周便可开花。待花朵刚开时将室温降至 12~15℃，可延长花期。开花后宜及早剪掉茎枝，以使养分集中供给根茎。

(6)病虫害防治

病害主要有紫轮病、猝倒病、斑枯病。可通过做好田间卫生、加强栽培管理、适当浇水、杀菌剂溶液喷洒、加强通风等进行防治，一旦发现病株应马上清除并集中烧毁。

虫害主要是蛴嘈(即金龟子幼虫)。防治方法是冬季清除杂草，深翻土地，消灭害虫越冬场所；施用腐熟的有机肥并覆土盖肥，减少成虫产卵；点灯诱杀成虫金龟子。

7.19.4 采收和包装

(1)采收

铃兰可在花序 1/2 小花开放，末端花蕾绿色已褪时进行采收。

(2)包装

铃兰切花一般以 10~15 枝或更多为一束进行捆扎，在切花的茎秆基部捆扎后放入不同的包装箱内。切花装箱时将相同质量等级的切花放入同一个包装箱内，每一扎内的切花达到相同的成熟阶段。

7.20 帝王花

[学名]*Protea cynaroides*

[英文名]Protea

[别名]普蒂亚花、菩提花、海神花

7.20.1 简介

帝王花是山龙眼科山龙眼属常绿灌木，其花朵硕大且艳丽，有"花中之王"之称，是南非共和国的国花。广泛用于切花生产的帝王花，花序形状似王冠，是该属最具代表性的种类。帝王花雍容华贵，作为鲜切花保存的周期长，被称为世界上最富贵华丽的鲜切花。我国云南部分地区近年开展了帝王花的引种工作，逐步形成规模化生产。

(1)形态特性

常绿乔木或灌木。其花有许多花蕊，并被巨大的、色彩丰富的苞叶所包围，是该属植物最易辨认的特征。花球直径 12~30cm。在一个生长季里，一株大而粗壮的帝王花植株能够开出 6~10 个花球，个别植株能够开出 40 个花球。花球苞叶的颜色呈现乳白色到深红色间的变化(见彩图 85)。帝王花具有粗壮的茎、有光泽的叶片。花期为秋季至翌年春末。

(2)生态习性

喜温暖、干燥凉爽气候，忌夏季潮湿。不耐寒，适宜生长温度为 27℃。冬季一般不低于 7℃，个别品种可耐 0℃左右低温。帝王花喜光，需充足的阳光照射，可全日照养护，每天至少保证帝王花 6h 光照。春秋冬三季，可以让其接受全日照，夏季炎热，则需适当遮阴。忌积水，要求疏松和排水良好的酸性土壤。

(3)主要品种

常见品种有'兰斯洛特''塞尔维亚''冰粉''王帝王花''绿冰''塔斯曼珍珠''冰粉公主''帝王''索菲亚''苏珊娜''帝王玫瑰''皇后'等。

(4)应用

帝王花枝叶茂盛，花朵大，苞叶和花瓣挺拔，色彩美丽，观赏期长，适合盆栽观赏，也可应用于庭院绿化，目前主要作为鲜切花销售，且是制作干花的理想材料。在插花和花束中常作为焦点花材使用。

7.20.2 繁殖和育苗

帝王花可采用播种、扦插和组培的方法进行繁殖，其中以扦插繁殖应用最广。

播种常在秋季进行，种子消毒后用 45℃水浸种约 24h，然后置于培养箱中催芽(昼温 20℃，夜温 10℃，各 12h)，发芽后，播种至黑色的营养钵或苗盘中，培养基质配比为红土：腐殖土：珍珠岩=7：2：1，苗期生长基质为珍珠岩：蛭石：椰糠 =1：3：6。

扦插常采用体积比 4：6 混合的泥炭和珍珠岩作基质，将 pH 调整为 5.5~6.5，EC 值小于 0.5，使用 500mg/L 的次氯酸钠溶液对育苗盘、苗床及温室地面消毒；在 1~3 年苗龄的健康植株上剪取半木质化位置以上的枝条作为插穗，同时要求枝条顶芽饱满膨大且未萌芽；扦插前使用 1000mg/L 的 IBA 溶液浸插穗基部。扦插后注意温度和湿度管理，待根从苗盘底长出后进行大田移栽。

组培繁殖时选取健壮的当年生半木质化枝条，选择其顶端的顶芽及周围几个侧芽作为外植体材料，消毒后的材料在无菌的抗氧化剂溶液(1500mg/L SA+100mg/L 抗坏血酸)中振荡预处理 30min 后再接种，可以有效控制褐化；最佳基本培养基为改良 MS 培养基；最适宜的生长调节物质组合为：2.0mg/L 6-BA + 0.5~1.0mg/L GA_3 + 0.5~1.0mg/L IBA 。

7.20.3 栽培管理

(1)土壤准备和定植

大多数帝王花需要生长在排水良好、pH 3.5~6.5 的砂砾质土壤中，少数生长在 pH 7.5 左右的微碱性的土壤中。在有霜冻的地区，春季晚霜过后定植较好，夏季和秋季的生长可以增强植株的抵抗力。在无霜冻的地区，最适宜的栽植时期是秋季和冬季。定植行距一般为 3.5~4.0m，株距为 0.8~1.0m，土层深度为 1m，种植密度为 2500~3560 株/hm^2。

(2)肥水管理

帝王花对水分的需求较大，但不耐积水，春秋需要每隔 3d 浇水一次，冬季半个月浇水一次，夏季炎热，一天浇水一次。在种植初期应经常浇水，以避免植株受旱。灌溉方式最好为滴灌。种苗栽植后 1 个月内每周灌溉 2 次，在第 2 个月根系初步发育后每 2 周灌溉 3 次，3 个月后植株的根系已经发育成熟，灌溉量可减少为每周 1 次。在帝王花蕾期应及时施肥，保证养分充足，在帝王花生长期需要施加氮磷钾复合肥，适合帝王花生长的氮磷钾比例为 1：(0.3~0.5)：(1~3)。在帝王花花期前一个月，需要施加腐熟的有机肥，促进花朵生长，增加开花率。

(3)整形修剪

一般在植株长至 15~20cm 时开始第 1 次修剪，便于植株形成良好的株形。生长缓慢的植株，每年修剪 1 次即可，生长较快的植株，在种植的前 2 年每年需要修剪 2~3 次。

(4)花期调控

帝王花养多久会开花是不确定的，因地域环境不同，开花时间各异。正常情况下，播种之后需要 3~5 年才可开花，生命期可达 100 年以上。帝王花在春末开花，一旦开花，花期比较长，长达 7 个月，通常从春季的 5 月一直持续到 12 月前后。养分和光照是帝王花能否开花的关键因素。

(5)病虫害管理

常发生叶斑病，虫害有介壳虫和粉虱危害。轮换喷施多种针对性药物，以免产生抗药性。可在药剂中添加新高脂膜增强防治效果。

7.20.4 采收、贮藏及保鲜

(1)采收

帝王花在花的顶部苞片微开时采收。采收时随修剪方式和株形进行采切，一般从分枝处10~15cm剪切。对采摘下来的鲜切花进行预处理是决定瓶插期的第一步也是很重要的一步。试验表明，未做预处理的切花瓶插期会比做过预处理的切花瓶插期短5~7d。采收后的帝王花要及时插入盛有保鲜剂的容器中，并及时入库预冷。

(2)贮藏

采后将切花插放在盛有保鲜剂的容器中置于遮阴处并快速放入冷库预冷，或加入保鲜剂放在5~8℃冷柜中贮藏，过程中需要持续保湿预冷。

(3)保鲜

采收后建议用SA和STS溶液进行处理，前者将水的pH调至3.5左右，后者则主要是为了去除乙烯。也可将其放在5%的硫酸铝溶液中进行保鲜。

7.21 澳蜡花

[学名] *Chamelaucium uncinatum*

[英文名] Geraldton Wax

[别名]西澳蜡花、澳洲蜡梅、淘金彩梅、风蜡花、蜡花、杰拉尔顿蜡花

7.21.1 简介

澳蜡花是桃金娘科澳蜡花属灌木。原产于澳大利亚西部地区，云南、重庆地区已有引进栽培。澳蜡花外形高雅，花色丰富而且花期较长，冬季花期长达2~3个月。由于澳蜡花不同品种的花期主要集中在9月至翌年3月，正值鲜切花的销售旺季，具有较好的经济效益，因此市场前景很广。如昆明杨月季园艺有限责任公司有600亩左右的澳蜡花生产基地，种植了'经典粉''欧菲尔'等10多个品种，产量占据国内75%左右的市场份额，大部分销往广州、北京、上海等大中城市。

(1)形态特征

茎幼嫩时淡绿色，后变灰色、或褐色。叶片为对生线形叶，似松针，常绿色，肉质，针状，叶柄极短或无。花茎上有许多短小的分枝；总状或圆锥花序，单花形似梅花，花瓣蜡质，5片，主要颜色有粉白、紫、红、粉红、白和淡黄等，配以紫色或金黄色的花心(见彩图86)。自然花期在秋冬和早春。

(2)生态习性

多年速生常绿灌木，耐旱，耐瘠薄，适应性强，-3~40℃均可适应。喜透水性好，干燥的砂质土壤，忌积水。

(3)主要品种

澳蜡花的品种按照花期可以分为早花、中花和晚花品种；依照花朵着生位置，可分为“珍珠”系列(花从顶端至枝中部)和“芭蕾舞演员”系列(花只在枝顶部)。澳蜡花常见

的品种有单瓣大花型如‘粉蜡花’(‘Cwa Pink’)、‘白珍珠’(‘White Pearl’)、‘经典粉’(‘Pale Pink’)等；单瓣中花型如‘华丽紫’(‘Purple Pride’)、‘尼尔’(‘Nir’)、‘紫罗兰’(‘Ecrly Violet’)等；单瓣小花型如‘迷你白’(‘Mini White’)，重瓣‘舞后’(‘Dancing Queen’)等。此外还有‘紫色自豪’(‘Purple Pride’)、‘粉色骄傲’(‘Pink Pride’)、‘深粉’(‘Deep Pink’)、‘阿克西拉’(‘Axillare’)、‘西里特木’(‘Ciliatum’)等。其中，粉白色品种是欧洲的主流，而‘紫色自豪’(‘Purple Pride’)在日本非常受欢迎。

(4)应用

澳蜡花品种新，瓶插期长，用途广泛，市场需求量大。在鲜切花、盆花、绿化景观、香精油萃取等方面有广阔的市场前景。澳蜡花生长速度快，当年生15cm高的小苗即可开花，栽培当年植株可高达1m以上，3年内最高可达3m，在园林景观中应用效果很好。澳蜡花能在冬季最冷时绽放出粉红花、白花，瓶插期长，这在现已上市的切花品种中是绝无仅有的，在鲜切花市场需求量大。还可做成各色染色切花进行售卖。

7.21.2 繁殖和育苗

澳蜡花主要采用扦插繁殖和组培繁殖进行规模化生产扩繁。

(1)扦插繁殖

要将插条经特殊处理后，插入苗床经1个月以上才能生根。以春秋季定植最佳。定植时穴内施足腐熟有机肥，填入新土约30cm后植入，种后淋透定根水。

(2)组培繁殖

外植体选择当年生健壮的半木质化嫩枝，取顶端的嫩芽(除去嫩芽上的部分叶片)作为外植体。用0.1%的$HgCl_2$进行外植体消毒，最佳时间7min；初代培养基为MS + 1.0mg/L 6-BA + 0.2mg/L IBA + 0.5mg/L KT；继代培养基为WPM + 0.5mg/L 6-BA + 0.2mg/L IBA + 2.5mg/L GA_3，生根培养基为1/2 MS +0.2mg/L IBA + 0.1mg/L GGR 。

7.21.3 栽培管理

(1)圃地选择与定植

应选择有一定坡度、干燥、通风良好的环境，若是平原土地，应选择地下水位低、排水良好的砂质壤土。也可在土壤中添加珍珠岩、粗砂和有机质以利于排水。忌深植，定植深度与原种苗基质齐平。定植时，一般株距60~80cm，行距80~100cm，密度800~1000株/亩。定植后，浇透水。

(2)温度和光照管理

苗期喜欢温暖湿润的环境，生长最适温为15~35℃，虽能耐更低的温度，但不能忍受霜冻，霜使花和花芽受冻，严霜还可能导致幼苗死亡。喜欢充足的光照。花芽分化需要短日照，要想开花较好，一般需要4周低于12h的短日照。短日照的天数越多，植株上的小花也越多。

(3)肥水管理

灌溉采用滴灌方式。定植第一周，1~2L/株/d；定植第2~3周，2~3L/株/2d；定植第4~8周，5L/株，每周2~3次；定植第九周，7.5~10L/株，每周2~3次。小苗定植4周后开始施肥，肥料比例N：P：K=4：1：2(%)，浓度0.1%。定植3个月后，肥料比例N：P：K=8：2：2(%)，浓度0.1%；生殖生长期，肥料比例N：P：K=4：3：8(%)，浓度0.1%。

(4)整形修剪

修剪能使采收量增加，并保证采收花枝具有合适的长度和粗度。“珍珠”系列生长速度快，在预定采收期的前3~4个月修剪，“芭蕾舞演员”系列生长速度慢，在预定采收期的前5~6个月修剪。修剪时，将侧枝用手拢起，剪平所有嫩梢，保留植株高度的2/3。修剪后喷施多菌灵800倍液，防切口感染。

(5)花期调控

澳蜡花是短日照低温开花植物，日照时数短于14h才能形成花芽。其花芽形成的温度要求白天25~30℃，夜间15~20℃。在温度适宜的条件下促成栽培时，可在每天16：00至次日8：00使用75%黑色遮阳网遮阴，以减少日照时数。现蕾后即可除去遮阳网。

(6)病虫害防治

常见病害有白粉病、灰霉病、褐斑病等。白粉病可喷洒50%多菌灵可湿性粉剂800倍液；灰排病可以喷施50%速克灵1500倍波进行防治；褐斑病可用波尔多液或50%多菌灵可湿性粉剂1000倍液喷洒。

常见虫害有白蚁、蛴螬、蚜虫、鳞翅目幼虫、根结线虫等。防治白蚁可在种植坑中和填土上喷洒5%毒杀酚粉、3%呋喃丹颗粒剂；鳞翅目幼虫可喷施40%辛硫磷乳油进行防治；根结线虫可用3%米乐尔或5%益舒宝等颗粒剂，按照每亩3~5kg撒施后翻耕入土进行防治，也可以用5%阿维菌素1000倍液浇根进行防治。

7.21.4 采收、分级、包装、贮藏、运输及保鲜

(1)采收

一般在早晚气温较低及花枝干爽时采收。‘珍珠’系列品种花蕾具有良好观赏效果，圆润显色至花枝上花蕾100%开放时均可采收。‘芭蕾舞演员’系列品种花枝上花蕾80%~100%开放时采收。

采收方法及过程要求：按采收要求，单枝型和多枝型剪切位置不同。单枝型紧贴该枝条基部采切，多枝型紧贴植株基部采切。采收时把切口处剪成斜面，避免切口沾泥，保持切口清洁。采收长度50cm、60cm、70cm、80cm、90cm和100cm。采收时按标准一次性分级。采收过程中应避免伤及花序。采收后须在15~20min内插入盛有预处理剂的专用花桶中，多枝的50枝/桶，单枝的100枝/桶，并用专用采收车运输至冷库及时预冷。每辆采收车的切花数量以采收车插满为标准，以便于准确掌握换水时间。

(2)分级

规格要求：澳蜡花规格只要求测量花枝长度这一个指标，但这个指标不是质量分级依据。花枝长度以10cm为一个规格范围。按枝条长度划分，规格有50cm、60cm、

70cm、80cm、90cm、100cm，每扎中花枝长度误差应小于5cm。

质量分级：质量分级标准分为A、B、C三级，对花、枝条、叶以及有无病虫害及损伤均有严格要求(表7-1)。按照质量等级分级标准表中的内容，每级必须完全符合该级所有条件，才说明达到标准。

表7-1 澳蜡花分级标准

等级	花	枝条	叶	病虫害	损伤
A	密集，成熟度一致	匀称，硬挺	绿，无黄化	无	无
B	密集，成熟度相近	匀称	绿，无黄化	无	无
C	较密集，成熟度有差别	较匀称	有轻微黄化	轻微	轻微

(3)包装

花枝经预处理后才能成束包装。去除花枝根部10cm内无花朵的侧芽，将每枝花顶端对齐，花的成熟度一致。成束时用橡皮筋捆扎，捆扎处距花枝切口10cm。单枝10枝/扎，多枝5枝/扎。长度为50cm、60cm、70cm、80cm、90cm时，相应每扎重量应为300g、350g、400g、450g、500g。每扎澳蜡花的品种、规格、成熟度、质量等级应相同。

(4)贮藏和运输

花枝经包装后插入10mL/L的可利鲜3号溶液中，贮藏温度5℃。装箱时使用95cm×35cm×20cm的纸箱。花束基部紧靠纸箱两端，水平摆放，20扎/箱，每箱中品种、等级、花枝长度应一致，并在箱上贴标签注明。运输温度5℃，要保证全程冷链。

(5)保鲜

预处理保鲜剂采用可利鲜AVB，浓度为1mL/L，使用纯净水兑制，使用3~4d。预冷温度5℃，预冷时间4h。注意预处理剂的废液要集中后使用可利鲜中和剂处理，禁止随意倾倒。100L水加一袋可利鲜中和剂处理剂，搅匀放置24h，上部4/5的澄清废液可以倾倒于排水沟，剩余1/5的沉淀物倒垃圾桶。

7.22 针垫花

[学名]*Leucospermum nutans*

[英文名]Pincushion Flower

[别名]风轮花、针包花、针包山龙眼、烟花菊

7.22.1 简介

针垫花属于山龙眼科针垫花属常绿灌木。全属植物50多种，主要分布在非洲的南非和津巴布韦等地，自然生于酸性、营养贫乏的砂岩上。它因花球像大头针插在球形的针垫上而得名“针垫花”，又因完全绽放的针垫花像漆黑夜空中尽情闪耀的烟火又称“烟花菊”。主要欣赏部位是其艳丽的花蕊。自然界植株数量有限，被列入《南非共和国红

色名录》(2019)和《世界自然保护联盟濒危物种红色名录》(2020)，是植物王国里不可多得的活化石树种。

(1)形态特性

叶互生，无柄，卵形，簇生，深绿色，基部心形，全缘，革质。头状花序具苞片，单生或少数聚生。小枝末端有1~3个花序，几乎垂直于分枝方向生长，呈扁平球形。花淡黄色，有细丝般的毛。小花冠筒状，裂片2~4枚，雄蕊花丝长，淡红色，顶端白色(见彩图87)。球果向上弯曲，黄色、橙色至红色。花期4~12月。

(2)生态习性

多生长于沙地，喜温暖、凉爽干燥和阳光充足的环境，怕干风，不耐寒，适宜温度为15~27℃，但是冬季温度不能低于10℃。喜阳，生长中需要保持全光照。忌积水，耐干旱贫瘠，土壤以肥沃、疏松和排水良好的酸性砂质壤土为宜。

(3)主要品种

常见栽培品种主要有：'黄鸟'针垫花(花序、雄蕊花丝均为黄色)，'火穗'针垫花(花序、雄蕊花丝均为红色)，'弗拉姆'针垫花(花序、雄蕊花丝均为橙色)。

(4)应用

针垫花木质茎干不易失水也不易腐坏，花期可长达1个月左右，花瓣有蜡质感、带光泽，像一枚枚弯曲的大头针一样簇拥成球，花蕊向内卷曲，造型奇异，可盆栽观赏，也可在热带地区的小庭园中栽植。目前广泛用作高档切花，是花店中畅销的品种。针垫花不能自花授粉，靠分泌一种花蜜吸引各种昆虫帮助其授粉，这些昆虫又吸引了无数小鸟前来猎食，所以针垫花还是一种引鸟植物。此外，还可以将其晾成干花，别有韵味。

7.22.2 繁殖和育苗

主要采用播种和扦插繁殖。

(1)播种繁殖

播种繁殖春、秋季均可进行。将种子播种在高温杀菌处理过的泥炭和砂的混合土中，发芽适温为16~20℃，播后25~30d发芽。出苗后不能过湿，稍干燥，待出现1对真叶时移栽上盆，放通风和光照充足处。

(2)扦插繁殖

扦插繁殖于春季选择生长健壮的植株，剪取其1年生枝条，剪成长6~10cm做插穗，将插穗插于细砂基质中，保持基质湿润，温度控制在25~30℃，待插穗生根后即可移栽。

7.22.3 栽培管理

(1)定植和肥水管理

一般进行地栽，株行距根据需要来定，行距一般为3~5m，株距为1.0~1.5m。土层深度为lm，栽后浇足水，保持充足光照。盆栽每隔3~4年换盆1次。针垫花对水分的需求不高，保持土壤湿润即可，切忌积水，否则根部腐烂。生长旺盛期每月施肥1次。

(2)整形修剪

一般在植株生长至15~20cm时开始第1次修剪。便于植株形成良好的株形。生长缓慢的植株，每年修剪1次即可，但对温暖地区生长较快的植株来说，在种植的前2年每年需修剪2~3次。花后及时剪掉残花、病枯枝、过密枝。对徒长枝进行适当短截。

(3)花期调控

针垫花的花期在4~12月，花期比较长。对在当年生枝条上开花的花木，在其生长季节内早修剪则早长枝、早开花，晚修剪则晚开花。

(4)病虫害防治

针垫花的病害主要是叶斑病，可用波尔多液或50%多菌灵可湿性粉剂1000倍液喷洒。虫害主要为介壳虫和粉虱，用40%吡丙呋虫胺喷杀。

7.22.4 采收、分级、包装和贮藏

(1)采收

切花采收时用锋利剪刀把花茎从母株剪下，应尽可能地靠近基部，以增加花茎长度，但要注意避免剪到基部木质化程度过高的部位，否则导致鲜切花吸水能力下降。

(2)分级

针垫花规格只要求测量花枝长度和花头数量这两个指标，但这两个指标不是质量分级依据。花枝长度以10cm为一个规格范围。按枝条长度划分，主要有55~60cm、60~65cm、65~70cm、70~75cm和75~80cm等级别，单枝两个花头以上。

(3)包装

包装时应包住花头避免损伤，针垫花不耐压。

(4)贮藏

可将所采收的成品插放在盛有保鲜剂的容器中置于冷库预冷，或加入保鲜剂放置于5~8℃冷柜中贮藏。

7.23 郁金香

[学名]*Tulipa gesneriana*

[英文名]Common Tulip、Common Garden Tulip

[别名]洋荷花、草麝香

7.23.1 简介

郁金香为百合科郁金香属多年生球根花卉。全世界郁金香属植物约有150种，主要原产于地中海沿岸、中亚、西亚与土耳其，我国西部也有分布。欧洲最早从土耳其引入后进行人工栽培。17世纪中叶郁金香在荷兰、比利时、英国风行。目前荷兰是郁金香栽培生产大国，生产的种球销往100多个国家和地区。

(1)形态特征

郁金香植株由鳞茎、叶、花与根组成。一个成熟的开花种球鳞茎通常由5~7枚肉

质鳞片组成，外层鳞片失水成干膜状，包裹于鳞茎外围。鳞片实际是变态的叶鞘部分着生于短缩茎上，短缩茎呈盘状称为鳞茎盘，在短缩茎上，每个叶腋间的腋芽，可以发育为子鳞茎。鳞茎的顶芽萌发长出1~5枚叶片。鳞茎周径一般大于6cm，具4片以上肉质鳞片的球茎，顶芽能够形成花芽，但作为商品生产种球，要求周径在10~22cm及以上，肉质鳞片6枚以上。花单生于花茎顶端，直立，杯状，花被6枚，离生，有白、黄、橙、粉红、大红、紫色、深紫等单色或复色(见彩图88)。自然花期3~5月。

(2)生态习性

喜冬季温暖湿润，夏季凉爽，阳光充足的生长环境。要求栽培土壤富含丰富的腐殖质，排水性良好。土壤黏重高湿对郁金香生长不利，郁金香对土壤酸碱度的适应范围较广，pH 6.0~7.8均可正常生长，但在中性或微酸性土壤中生长较好。

(3)主要品种

目前世界有1万多个栽培品种。1976年国际郁金香分类会议根据花型与起源关系，将郁金香分为达尔文杂种系、胜利系、早花单瓣系、晚花单瓣系等15个系统。

(4)应用

郁金香品种繁多，花大、色艳、花期长、耐水插。可用作切花、园林地培和盆栽。切花品种要求花茎高度在55cm以上，高度55cm以下的常为盆栽与地栽品种。

7.23.2 繁殖与育苗

郁金香可采用播种、分球和组培等方法进行繁殖。

(1)播种繁殖

郁金香杂交育种时多采用种子繁殖。种子要用9℃以下的低温处理7~9周以打破休眠，否则播种后不出芽。一般采用露地秋播法，3~5年后才能开花。

(2)分球繁殖

目前生产上采用的繁殖方法主要是分球繁殖法。郁金香种球寿命为1年，在当年开花并分生子球后干枯消失，通常可产生2~6个子球(在采后贮藏一个月的种球基部开孔或切“十”字形刀口，深至1~2cm。在伤口涂上一层硫黄粉或木炭防腐，倒置在室内架上，至秋季可在伤口处生10~30个子球)。直径不足3cm的子球，需继续培养1~2年后方可开花。子球具有休眠习性，种植前需经9℃以下冷藏处理，并要经过严格的种球消毒。秋天种植，通常以当地气温降至5℃前一个月种植为佳。

(3)组培繁殖

外植体多选用鳞茎。将郁金香的鳞片与茎段分离，将消毒好的鳞片横切成大小约为0.8cm^{2}的方块，茎段切成长约1cm的小段，并可将0.8~1mm茎尖分离出，分别接种于培养基上。培养基选用MS，再附加各种外源激素(包括6-BA、IAA、2,4-D、GA、KT等)。

7.23.3 栽培管理

(1)种球选择与消毒

郁金香切花栽培种球要求鳞茎发育健壮，外表皮无机械损伤，无病虫危害，球茎周径达到 11~12cm 及 12cm 以上(郁金香种球的商品规格国际上根据周径分为 10~11cm、11~12cm、12cm 以上三个等级，一般大规格种球能生产出高品质的切花)，且具备切花栽培的品种特性。为防止种球感病与腐烂，在栽植前可用百菌清、多菌灵等杀菌剂 800 倍液浸种 15min 或用 $KMnO_4$ 溶液浸泡 15~20min 消毒，消毒后晾干种植。

(2)土壤选择

郁金香切花露地生产，选择土壤疏松、排水透气性良好、有机质含量高的中性和微酸性砂质壤土种植。种植前深翻土壤，同时进行土壤消毒并施有机肥改良土壤。土壤的 pH 应在 6.0~7.5，EC 值小于 1.5mS/cm。

(3)定植

通常在 10 月下旬~12 月初定植，越冬时经过自然低温，开春后萌芽开花。定植过早，种球易发病腐烂，冬前发芽，幼芽易受冻。郁金香种球耐寒性强，在华北地区秋播可安全越冬。定植后可浇一次透水，然后覆草越冬(长江流域冬季气温不会太低，土壤也较湿润，不需要盖草)。

(4)温度和湿度管理

郁金香由于原产地夏季干热、冬季严寒，在生长过程中形成夏季休眠冬季耐寒的特性。郁金香鳞茎冬季可耐-35℃低温，根在 5℃以上开始生长，最适为 10℃左右，一般要求在 14℃以下根系生长良好，植株生长温度为 5~12℃，最适温为 15~18℃。郁金香的花芽分化是在鳞茎休眠期完成的。通常在 6~7 月，气温达到 20~25℃条件下可以顺利完成花芽分化，而 17~23℃是花芽分化的最适温度，超过 35℃会出现畸形花。花芽分化之后，郁金香种球的发芽还需经过一段低温时期，露地栽培经过自然低温期后，在 3 月下旬~4 月上旬开花，而促成栽培种球必须在花芽分化完成后经 9℃或 5℃的低温处理才能提早开花。通常一朵花的主要观赏期为 5~6d，在低温条件下可延长到 10d 左右。

相对湿度要低于 80%，湿度过高会抑制植株的蒸腾过程，出现叶、茎水浸状，花凋萎、猝倒等现象，而且容易滋生病虫害。湿度过高时，要注意通风和适当提高温度。

(5)肥水管理

郁金香对肥料的要求不高，但常需要补充钙肥，缺钙时叶片会渗出水滴状半透明斑点及出现横斜的撕裂状表皮损伤，一般可在出苗后每隔 7~10d 追施一次硝酸钙，共施 2~3 次。采切留叶后补充磷肥、钾肥，保证种球发育充分。

郁金香喜湿润，生长季节一般每 3 天浇水 1 次，但不可过于频繁，否则鳞茎易腐烂。

(6)花期调控

利用郁金香种球的人工低温处理，可以帮助鳞茎提早通过自然休眠而提早发芽。同时采用设施栽培调节温度便能提早开花。一般情况下，经过低温处理的郁金香种球，种植后经 50~60d 的栽培期即能开花，促成栽培的供花期可提早到 12 月~翌年 3 月，达到分批定植、分批上市，以满足圣诞节、元旦、春节、情人节等节日用花需求。

促成栽培的种球，多数供应商在出售前已做 5℃或 9℃的低温处理，以下主要介绍 5℃球和 9℃球的切花生产管理。

①郁金香 5℃种球的促成栽培 定植期通常在预期切花采收前 50~60d 进行，一般于 10~11 月种植。球茎种植时适宜的低温为 9℃，2 周后，10~11 月定植的鳞茎所处的

地温可升到15~16℃，12月前后定植的应达到13~14℃。一般在上述温度范围内，温度每下降1℃，花期会推迟2~3d。

②郁金香9℃种球的促成栽培　郁金香9℃球在栽植前球茎的冷处理已部分进行，栽植后最少要再继续进行6周的5℃处理或经过自然低温期。种植时的地温应低于9℃，通常定植期在12月中旬以后，种植6周后的温室温度调整到18℃左右，其他管理与5℃球栽培相同。

③箱式栽培　是利用鳞茎周转箱进行切花促成栽培。在鳞茎低温处理阶段与促进生长开花阶段，可以分批将栽培箱移入冷库和温室，这有利于温度控制、基质消毒与无菌栽培，也有利于提高单位面积产量与有效利用栽培空间。

箱式栽培选用5℃冷冻球，种植期为预计切花上市前50~60d。鳞茎种植后的栽培箱，置放在温度6~8℃、相对湿度90%的冷室内催根，一般催根的时间为2~3周，在根长至2~4cm时在傍晚移入温室，以避免温度的急剧变化与阳光直射，移入温室后的生长温度为16~18℃，相对湿度不超过80%。要注意通风，促进植株蒸腾。2月气温升高，室内通风后温度仍高于20℃时，应考虑遮阴，遮阴度为30%~50%。郁金香鳞茎对干旱很敏感，箱式栽培要经常检查基质的水分情况，每周浇水3~5次，始终保持基质的充分湿润。

箱式栽培进入温室后，根据不同的品种特性，一般生长期为3~4周，待花苞露色，即可采收上市。由于栽植箱移动方便，每期温室栽培周期短，温室利用效率高，整个冬春季节可安排3~4茬，有利于切花的均衡上市与提高单位面积产量。

(7)病虫害及生理性病害防治

①生理性病害　郁金香栽培过程中常会发生多种生理性病害。主要有以下几种：

种球贮运过程中发生“转运发热”现象：在低温贮藏后，转运期温度高于20℃，种球发热，会对花产生不同程度的伤害。可能出现雄蕊受伤，花蕾皱缩变成白褐色；花瓣完全或部分呈绿色，边缘出现缺刻或顶端干枯，花呈卷缩状。

乙烯气体影响引起的芽枯：在贮藏与转运中，种球受到极度高温及乙烯影响，会引起芽的萌发，这易使螨类钻入芽中，使花与叶受到伤害。因此，种球的早期贮运温度不宜超过9℃，短期运输也应在15℃以下；乙烯浓度要低于0.1mg/kg，对贮藏室进行熏蒸以防治螨类危害。

盲花：通常出现的症状是芽失水，花的雄蕊与雌蕊卷缩，花瓣褪色萎缩。发生盲花的原因主要有：品种特性，栽培鳞茎过小，未完成冷处理；在贮藏与转运中种球受到极度高温及乙烯影响；栽培温室中相对湿度太高，不正确浇水引起根系窒息；种球在花芽分化后到进行冷处理前的一段中间温度期太短，以及受到病菌侵害等。因此，在生产中，应选择高质量的种球，做好催根处理，并加强生长期间的管理。

猝倒：症状为花茎倒伏，叶色暗绿，叶出现渗出水滴的半透明斑点，有时叶被表层有横斜纹的割裂状损伤。温室相对湿度过高，根的发育太差，植株缺钙等是致病主要原因。因此，管理中要保证根系正常生长，冷处理温度不能过低，生长期温度不能过高，温室相对湿度必须控制在80%以下，适时补充钙肥。对表现出有猝倒迹象的已开花植株，可将花茎切断后浸入1%的硝酸钙溶液中补钙，能恢复切花的商品质量。

②病害 郁金香鳞茎在贮藏期与栽培初期的病害主要是青霉病与软腐病。控制这些病害的发生，应在鳞茎贮藏期保持较低的温度与湿度；实行轮作；种植前种球与土壤进行严格消毒，种植后调节好室内温度与空气湿度；土壤水分不宜过多，种植初期 1 周内控制土壤温度≤10℃。

郁金香生长期常见病害还有菌核病、郁金香葡萄霉菌及镰孢菌等引起的生长障碍。对这些病害的防治除严格进行土壤与种球消毒外，要加强栽培环境的通风，降低空气湿度，防止土壤积水，保持植株地上部分的干燥与喷洒杀菌剂预防。

③虫害 郁金香促成栽培会发生蚜虫、螨虫等虫害；鳞茎贮藏期会有鼠害，需加以重视和及时防治。防治方法详见本教材 2. 3. 7 病虫害防治相关内容。

7. 23. 4 采收、包装、贮藏、运输和保鲜

(1) 采收

应在花蕾露色，花瓣未展开前采切。若需延迟采收，可通过在各生长阶段降低室温，抑制生长来解决。通常降低 5℃能延缓生长，降温天数一般为每段 7~10d，降温后可升到正常温度恢复生长。根据品种与温室温度及开花情况，每天采收 1~2 次。花枝长度偏短时连球采收，采收后去除萎缩鳞片；长度足够时可在球茎上方剪切。

(2) 包装

切花从花茎基部切断后，按花茎长短进行分选，花头对齐，10 枝一束进行捆扎包装，捆扎位置应在花茎下部的 1/3 处。捆扎好后套以倒梯形聚丙烯塑料袋，以防运输摩擦造成损伤。装箱时花蕾前部要与箱壁保持 2~5cm 距离，并一层一层压紧，谨防花在箱内移动。

(3) 贮藏和运输

冷库温度应该维持在 2℃左右，湿度 90%，库内温湿度不宜波动太大，同时注意库内完全避光，大多数郁金香在阳光照射下花朵快速开放。同时，需严格注意切花的花叶上不能滞留水滴，以防葡萄霉菌孢子浸染。运输适温 4~6℃。

(4) 保鲜

研究表明，适当浓度的 GA、多效唑、甲哌啶和三环唑有利于改善郁金香的切花品质，延长切花寿命。此外，100mg/L 的 GA_3、50mg/L 的 6-BA、150mg/L 的 8-HQC、150mg/L 的硫酸铝处理均能显著延长郁金香切花瓶插寿命。

7. 24 鹤望兰

[学名] *Strelitzia reginae*

[英文名] Bird of Paradise

[别名] 天堂鸟、极乐鸟花、天堂乌花

7. 24. 1 简介

鹤望兰是旅人蕉科鹤望兰属多年生常绿宿根草本植物。原产于南非。1773 年英国

植物学家班克斯将鹤望兰从南非引进到英国皇家植物园，开花时引起巨大轰动，后成为风行世界的名贵花卉。鹤望兰在新西兰、意大利、日本和美国等地广泛栽培。其花形奇特优美，总苞紫色，花萼橙黄色，花瓣天蓝色，形如飞鸟，是一种动感十足、观赏价值极高的花卉，素有“鲜切花之王”的美誉。自秋季到翌年春末夏初均可开花，市场空间较大，极有经济价值，且具有分蘖繁殖能力强、开花期长、适应性强、管理成本低等优点，发展前景十分广阔。

我国鹤望兰引种栽培始于20世纪50~60年代，主要在全国各地植物园栽种，常作为展览温室的主体景观植物。种植始于20世纪80年代，90年代基本处于引种试验阶段，90年代末期在福建、海南等地陆续有公司开始规模生产。目前在福建、广州、杭州和苏州等地已建有商品生产基地。

(1)形态特征

株高可达1m以上，根肉质。叶对生，两侧排列，有长柄，一般1年生苗具有5~6枚。成龄植株每一分蘖有叶5~12枚。从短茎的叶腋内抽出花莛；有6~8朵小花排列成蝎尾状花序；花序外有佛焰状总苞片，绿色，边缘带紫红色；花萼3片，披针状，呈红色；花瓣3片，暗蓝色，中央一片小，舟状，侧生2片长，靠合呈箭舌状；整个花冠由绿色总苞、橙黄色花萼和蓝色花瓣组成栩栩如生、翘首仰望的仙鹤形象(见彩图89)。花序上的花朵依次逐渐开放，在同一佛焰苞中，第一朵花花期4~10d，第一朵花开出2~4d后，第二朵花开放，一个花序可以同时见到2~3朵小花，同一花序的总花期在20~30d。花莛都可能形成花芽抽出花枝，可连续抽出3~5枝，从出现花莛到开花约60d。主要花期在9月~翌年5月，栽培环境适宜时可四季开花。

(2)生态习性

喜温暖湿润气候，不耐寒，冬季需阳光充足。鹤望兰在40℃以上生长受阻，0℃以下遭受冻害，18~30℃范围内生长良好。生长期空气湿度宜保持在60%~70%。要求土层深厚、疏松肥沃、排水良好的土壤。

(3)主要品种

作观赏用的品种有‘白冠’鹤望兰(花白色)，大鹤望兰(花白色或紫色，春季开花，茎高达5m)，‘尼可拉’鹤望兰(萼片白色，花瓣蓝色，叶大，叶柄长)，‘子叶’鹤望兰(花橙红色或紫色，叶棒状)。

(4)应用

鹤望兰因花形宛若仙鹤昂首云天、展翅翱翔而得名。花的寿命极长，在秋冬季花期可达100d，是我国新兴的名贵切花植物。切花瓶插期15~25d，象征吉祥幸福、快乐自由。且叶片四季常青，叶形呈长椭圆形，叶面有光泽，似一把出鞘的剑，体态优美，开花时花叶并茂，因而也是观赏价值极高的盆花和庭院绿化美化的高档种类。

7.24.2 繁殖和育苗

(1)播种繁殖

鹤望兰是典型的鸟媒花，在原产地由体重仅2g的蜂鸟传粉。在国内留种主要通过人工授粉，授粉后经80~100d种子成熟。种子应随采随播。播前用40℃温水浸种24h。

种子点播，播后覆土，发芽适温为25～30℃，经50～65d子叶出土。在二叶期移植幼苗，也可栽于直径6cm的营养钵中。约经半年生长，在苗高15cm，具5～6叶时更换营养钵，或再放大间距移栽一次。当苗高30～40cm，约有叶8片时定植。幼苗定植后3～4年进行产花期，栽培寿命长达数十年。

(2)分株繁殖

早春选生长茂盛且根蘖在5～6株以上的植株，用利刀在根茎空隙处切断连接部，挖出根系，将受伤部位涂抹硫黄粉或草木灰，并在阴凉处放置半天左右后定植。分株后植株带有大根茎，叶片不少于9枚的，当年可开花。

7.24.3 栽培管理

(1)定植

鹤望兰定植前要做好土壤消毒、重施基肥与土壤翻耕工作。由于鹤望兰的肉质根较深，因此要求翻耕深度60～80cm。地下水位高的地区宜作高床栽培。定植期在春秋两季均可。通常苗高30～40cm，地上部约有8枚叶，地下部具5～6条粗根，根长30cm时为适龄苗期。

定植株行距一般为50cm×70cm，约3株/m^2。栽植前宜开40～50cm的深穴，穴底可施高质量的缓效有机肥，作为1～2年后根系伸展后的肥料补充，栽植时必须防损伤肉质根。栽植深度以根茎部位在土表以下2～3cm为度，栽植过浅易伤新芽，栽植过深影响芽的萌发与花芽分化。栽植后浇透水，以后连续2周左右，每天叶面喷水以利于植株恢复生长。

(2)土壤选择

鹤望兰根系粗壮发达且垂直向下生长，所以应选择土层深厚、疏松的砂壤土，便于根系向下伸长；pH以6.5～7.0为佳；鹤望兰耐干旱能力强，但不耐水湿，因而必须选择地下水位低、排水良好的地方种植。

(3)温度管理

生长适温为18～30℃，10月～翌年3月为13～18℃。低温与27℃以上的高温会影响花芽的发育，越冬温度不能低于5℃，夏季虽可耐40℃高温，但温度过低或过高都会影响生长发育。通常冬季夜温不低于10℃，昼温20℃时还能正常开花。在适温范围内鹤望兰的每个叶腋均可形成花芽，因而控制好栽培温度是提高鹤望兰产量的关键之一。

(4)光照管理

鹤望兰要求每天光照时间不少于12h，生长期适合的光照强度约为30 000lx。同时要强调“冬不阴，夏不晒”的管理原则。夏季暴晒过度会出现叶片内卷，生长减慢，呈半休眠状态。夏季植株遮阴能减轻鹤望兰植株和叶片受夏季强烈阳光及高温的暴晒和灼伤，保持植株生长良好，有利于冬春季切花产量和质量提高，但遮阴时间也不能太长，以免造成植株徒长。在冬季主要切花期，阳光充足有利于增加产量，光照不足会导致叶片徒长，叶柄细弱，株形弯曲。

(5)肥水管理

鹤望兰怕积水，土壤过于潮湿时易引起烂根。在生长旺期需要每10～15d追肥一次。盛花期增加磷肥、钾肥，秋季适当减少氮肥，夏季植株处于半休眠状态时，应减少水肥量。

(6)修剪

理论上鹤望兰为1叶1花，但实际生产中，不会每片叶都能分化出花器完善的花芽，并长出合格的花。为了集中养分的供给，应加强通风条件，及时修剪已开过花的茎叶、徒长叶、病叶、枯叶、断叶及没有结籽需要的花茎，剪口应尽量接近土面，以保证健康叶片的生长和花芽的形成。

(7)花期调控

鹤望兰从花芽分化到开花需要4个月左右，这段时间的温度控制在20~27℃，能保证花枝正常发育。温度过高应加强遮阳、喷水和通气；温度低时应注意保温。如果让其在春节前后开花，应在春节前50d左右将其放在5~7℃低温中令其休眠几天，然后放入18~22℃，每天光照不少于6h的环境，并加强水肥管理。

(8)病虫害防治

栽植过密、室内通风不良等原因常引发细菌性立枯病与介壳虫的危害。细菌性立枯病在感病后，叶柄基部先受其害，之后叶片开始变软干枯，最后叶基部腐烂，整株死亡。因此，要重视土壤消毒，合理密植，根茎不宜过深，及时剪除老叶，加强通风管理。发现病株及时拔除。生长期定期喷洒井冈霉素等杀菌剂可达到提早防治的目的。

7.24.4 采收、分级、包装、运输、贮藏和保鲜

(1)采收

一般在第一朵小花含苞或完全开放时进行。贮藏运输的切花可在花蕾现色前采切。

(2)分级

农业部行业标准根据花朵(花序)和花莛两个评价项目把鹤望兰分为三级。具体分级标准见表7-2所列。

表7-2 鹤望兰分级标准(GB/T 18247.1—2000)

评价项目	一级	二级	三级
花朵(花序)	花型完整；花朵排列整齐，色纯正、鲜艳具光泽；总苞完好，形大； 长度≥18cm 花朵数≥7朵	花型完整；花朵排列较整齐，色纯正、鲜艳具光泽；总苞较完好； 长度15~18cm 花朵数5~6朵	花型较完整；花朵排列较整齐，色彩一般；总苞较完整，较小； 长度12~14cm 花朵数3~4朵
花莛	挺直、坚硬、韧性好，粗壮而均匀，无弯曲； 长度≥90cm	挺直、坚硬、韧性较好，粗壮而均匀，无弯曲； 长度80~90cm	略有弯曲，较细弱，粗细不均； 长度60~79cm

(3)包装

将鹤望兰切花分层交替放置于瓦楞纸包装箱内。所有包装箱应放满并且保持箱内较高湿度，各层之间放纸衬垫，在切花中放置塑料衬里和碎湿纸。通常将每枝切花的花头

用玻璃纸包装好，同一级别的切花 5~10 枝为一束捆好。

(4) 运输

长途运输切花，一般浸水后在保湿箱内干运，温度为 7~8℃，低于 7℃易引起低温伤害。

(5) 贮藏

经过了预处理、分级、包装后的鲜切花需要在冷库中贮藏，可将切花置于相对湿度为 90%左右，温度在 8~10℃的环境条件下干藏。研究表明，切花经过 2~3 周 8~10℃冷藏后，10% S + 300mg/L 8-HQC + 75mg/L $KH_2PO_4 \cdot 3H_2O$ 预处理液可使鹤望兰切花的适宜冷藏时间延长至 3 周。

(6) 保鲜

研究表明，8-HQC 和 $Co(NO_3)_2$ 延缓鹤望兰切花采后衰老效果显著；不同浓度的精氨酸溶液对鹤望兰切花有一定的保鲜作用。

7.25 风信子

[学名] *Hyacinthus orientalis*

[英文名] Hyacinth

[别名] 洋水仙、五色水仙、时样锦、西洋水仙、荷兰风信子等

7.25.1 简介

风信子是天门冬科风信子属多年生球根花卉，其名称起源于希腊神话中在铁饼游戏中被阿波罗眷爱掷中额头丧生的美少年 Hyacithus，中文直译为风信子。原产于地中海东部、南欧、南非及小亚细亚一带，最初在土耳其栽培，继而传入荷兰，18 世纪开始在欧洲广泛栽培、育种。

我国栽培风信子始于 19 世纪末，主要应用于上海等沿海大城市的年宵花展和春季花坛，栽培不普遍。20 世纪 50 年代，各地植物园和公园才有栽培。80 年代后，风信子在我国各地广泛用于春季花卉展览和销售。目前，我国引种的风信子主要从荷兰进口，因我国大部分地区的气候与风信子原产地差异很大，多数风信子品种在我国出现生长不良及品种退化等问题。

(1) 形态特征

基生叶 4~6 枚，叶厚披针形，先端钝圆，绿色，有光泽。花茎自叶丛抽出，中空，无叶；总状花序顶生，花冠 6 片，反卷；花瓣有单瓣或重瓣，有红、黄、蓝、白、紫、粉色等各色(见彩图 90)，芳香；花期 3~4 月。

(2) 生态习性

耐寒、耐水湿，但不耐热，生长适温 18~20℃；喜光照充足、凉爽湿润的环境，生长开花期需充足的光照，空气相对湿度至少应保持在 80%；喜磷钾肥；喜排水良好、肥沃、不太干燥的砂质壤土，不耐过湿和黏重的土壤，中性至微碱性，pH 6~7。

(3)主要近缘种及品种

风信子有罗马风信子、大筒浅白风信子和普罗文斯风信子3个主要变种。其中，罗马风信子的植株生长弱小，花莛多数，开花较小；大筒浅白风信子除花冠有所膨大外，外形与罗马风信子相近；普罗文斯风信子的植株弱小，开花较少且小。

风信子有2000多个品种，主要分为荷兰种和罗马种两大品系。荷兰种是由荷兰的育种者培育的一系列品种，特点是花朵较大，花序较长，具有较高的观赏价值，是现今园艺种植上的主要种类。罗马种由法国人改良而成，植株低矮，种球比荷兰系小，从一球中抽出3~5个花梗，罗马种就是常说的葡萄风信子，包括白花风信子以及早花风信子两个变种。以上两大品系中，均有白、黄、粉、红、橙、蓝、紫色。

按颜色来分，常见的风信子有7种颜色，如红色的'杰妮鲍斯'、粉色的'芬达''安娜玛丽'和'粉珍珠'、橙色的'吉普赛女王''奥德修斯'、蓝色的'蓝珍珠'和'曼哈顿'、白色的'卡耐基'和'冰晶'、黄色的'哈莱姆城'和'吉卜赛公主'、紫色的'西贡小姐''紫水晶'和'紫色感动'等。目前，新出了第8种色系——黑色的'神秘午夜'。

此外，按花型来分主要有重瓣、单瓣；按花期来分又有早花、中花及晚花品种。

(4)应用

风信子品种繁多，花朵密集、花色丰富艳丽、花姿美丽，是早春开花的著名球根花卉之一，也是重要的盆花种类，适宜布置花坛、花境。低矮的品种可在林缘作地被，较高的品种可作切花、盆栽或水养观赏。蓝色风信子可作英国新娘的捧花或饰花，代表着新人的纯洁，祈望带来幸福。此外，风信子有滤尘作用，花还可提取芳香油。

7.25.2 繁殖和育苗

风信子的繁殖方式有播种、分球和组培，其中以分球法最常用。

(1)播种繁殖

以秋播为主，土壤需经高温消毒，播种后再覆土1cm厚，翌年1~2月发芽。播种苗成为开花鳞茎需要培养4~5年。

(2)分球繁殖

分球繁殖时，可将生长在母球边上的子球分离进行栽植，培育2~3年即可开花。但风信子的自然分球率低，因此可以进行人工切割处理。切割后的鳞茎切口处敷上硫黄粉和杀菌剂以防腐烂，将鳞茎倒置于太阳下吹晒1~2h，平摊在室内吹干，在鳞茎切割部分可以发生许多子球，秋季便可分栽。

7.25.3 栽培管理

(1)肥水管理

风信子鳞茎中已经贮存了大量营养物质，即使不另行施肥也能保证植株正常开花。若在花期喷施微量速效磷、钾肥，则效果更佳。风信子不喜太潮湿的土壤，应有控制地浇水，并定期检查土壤水分含量，避免干燥。

(2)花期调控

风信子在夏季炎热时期茎叶枯黄，进入休眠阶段，其鳞茎内部开始花芽分化，过程前后共约 60d，一般在 7 月底完成。促成栽培风信子的理想温度是在低温期间保持 9℃ 的恒温。如果只能使用无空调的生根室，开始时的温度也可以是 10~13℃，但在 1~2 周后，温度必须降到 9℃，否则需延长冷处理时间。风信子在经过应有的低温期(9℃状态下保持数周)后即可移入温室，过早将其移入室内会导致“顶端开花”和芽腐等问题，还会延长种植期。

温室温度由一年中不同生长期和希望的生长速度来决定。若花期控制在元旦前，标准温度为 23~25℃；花期在 1 月，需要温度稍低，保持在 20~23℃；花期在 2~3 月，温室温度应保持在 18~23℃。

(3) 病虫害防治

风信子的病害主要有根腐病、花叶病、黄腐病、灰霉病、菌核病、软腐病及病毒病等。

虫害主要包括刺足根螨、马铃薯蚜、球根粉螨、烟蓟马、线虫等。种植前应对基质进行严格消毒，种球清选并做消毒处理，严格控制浇水量，加强通风管理。生长期间每 7d 喷一次 1000 倍退菌特或百菌清，交替使用，可以在一定程度上抑制病菌的传播。

7.25.4 采收、分级、包装和贮藏

(1) 采收

当花序开始着色，小花从花茎上分开时就可以采收。把花和种球一起从箱中起出，尽快将风信子放在 2℃恒温的冷库中。

(2) 分级

风信子的分级与品种、供货量、成熟度、切花整体感(花朵、花序、花茎、叶片整体观感)有关。无质量问题的批次花应符合以下要求：具备该品种应有的性状；新鲜且成熟度适合；无病虫害损害、整枝上无损伤、缺损或污染；茎秆挺直、强健，有韧度；茎秆最下部 10cm 无叶片；批次花整体一致；包装规范整齐。

(3) 包装

包装分为外包装和内包装，花头用泡沫护网或软纸包裹，基端用含保鲜剂药水的海绵或脱脂棉捆扎，并外用塑料膜包裹，内包装一般用内衬塑料或不透水的无纺布包裹。可以把捆好的风信子插在清水中，或者每 4L 水中加一小块氯胺-T。

(4) 贮藏

将采收花枝的叶片去掉，仅留一片顶部叶，然后消毒，按 5 枝一组捆绑成束，干燥贮藏(最多 3d)。为了保证质量，也可以把它们插在清水中。此后，将风信子切花置于相对湿度 90%~95%，温度为 2℃的环境中进行贮藏。

7.26 姜荷花

[学名]*Curcuma alismatifolia*

[英文名]Siam Tulip

[别名]夏季郁金香、暹罗郁金香、热带郁金香、洋荷花等

7.26.1 简介

姜荷花为姜科姜黄属多年生草本球根花卉。因其具有温婉如莲的花姿、长达15d的瓶插寿命、用来插花后的水清澈无异味等优点而深受鲜切花市场欢迎。姜荷花原产于泰国清迈，在我国华南和西南等地区有大量引种栽培，也是最近几年新兴的多年生球根花卉。由于其粉红色的苞片酷似荷花，且为姜科，故称姜荷花。

姜黄属是姜科最具观赏价值的属之一，全世界约有60种，主要分布于亚洲的热带及亚热带，我国有15种，其中大部分为常用中药材。本属植物花型奇特美丽，但不宜作为鲜切花进行瓶插和运输，唯姜荷花是个例外。姜荷花引入我国东南沿海地区种植已逾20年，至今已有30多个品种。由于姜荷花对生长环境要求高，因此在我国内陆并不多见，目前主要在海南、广东、福建等地种植。

(1)形态特征

植株丛生，花莛直立，叶片呈长椭圆形，平行脉，基生，中肋绿色或紫红色。一般叶长比花莛短。姜荷花花形独特，花序穗状，由荷花状苞片构成，分为两部分，上部苞叶9~12片，为桃红色(稀淡黄色)阔卵形不育苞片；下部苞片7~9片，为绿色蜂窝状排列的半圆形苞片，形似荷花的花冠，为主要观赏部位，内含紫白色小花，每片苞片着生4朵小花。小花为唇状花冠，具3片外花瓣、3片内花瓣；其中1片内花瓣为紫色唇瓣，唇瓣中央漏斗状的部位为黄色。花梗直立、坚硬，花色有紫、红、绿、白、黄等多种颜色(见彩图91)。

(2)生态习性

姜荷花系典型热带植物，性喜温暖湿润、阳光充足的环境，是典型的喜光花卉和长日照植物，非常喜欢光照，不耐寒，忌干燥。喜排水良好、富含有机质的砂质、弱酸性土壤。适合在半阴条件下生长。当温度降低、白天变短时，姜荷花会进入休眠状态。

(3)主要品种

姜荷花主要的栽培品种有'清迈粉''荷兰红''至尊''红颜''影子''日出''鸿运'等。以苞片粉红色的'清迈粉'为主。'清迈粉'(*Curcuma alismatifolia*'Chiang Mai Pink')是国际上流行的姜荷花切花品种，此品种的特点是花茎长，花序大而艳丽，上部为粉红色不育苞片，下部为绿色可育苞片，内含紫白色小花，花姿温婉如莲。

(4)应用

姜荷花是国际上流行的切花材料，在荷兰是一种稀有的高档花卉品种，被誉为"热带郁金香"。因花期长(自然花期6~10月，长达3~4个月)、花形奇特、花朵大，花色艳丽，露地栽培观赏性好，抗逆性强，也可在园林中成片种植或用于家庭盆栽。此外，它还是我国古代常见的药用植物。花语是信赖、高雅、寂静，因此常用作佛前供花。

7.26.2 繁殖育苗

姜荷花主要用播种、分球及组织培养法进行繁殖。但是部分种类结种困难或不结种子，所以通常采用分切根状茎进行繁殖，可是此法速度很慢；组织培养繁殖可实现离体脱毒快繁，进行大规模繁殖。

7.26.3 栽培管理

(1) 土壤选择

姜荷花喜深厚肥沃、疏松透气、排水良好的砂质壤土。姜荷花1~6月均可栽植，但最好在2月底~4月初、雨季来临之前种植完毕。种植前需结合深翻增施腐熟的有机肥料及适量氮、磷、钾肥。盆栽时，盆土可用泥炭2份、肥土1份和少量沙混合配制，或用腐叶土、泥炭土和沙按6：4：1配制。

(2) 种球准备

种球选择：种植时应选种球直径大于1.5cm且带3个以上贮藏根的种球。

种球的预处理：种植前2~3周，把姜荷花球根置于温度30℃左右，相对湿度为70%~80%的环境下存放3周或更长时间，促使其发芽。只有发芽的球根才能保证种植效果。种植前最好用50%多菌灵可湿性粉剂500倍液浸泡球根30min，以预防病菌感染。

(3) 温度管理

姜荷花为喜高温花卉，25~30℃为最适宜温度且生长最低温度不低于20℃，在姜荷花生长伊始，低温使其生长缓慢，较高温度可促进其萌发，但萌发期过后，较高温度则不利于其生长及分蘖。15℃以下植株停止生长，叶片、花瓣在10℃以下会遭受冻害。开花期间，夜间温度低于20℃时会导致盲花。

(4) 肥水管理

姜荷花喜湿忌积水，种植时应种于保水且排水良好的环境，种植后至萌芽前须供应充足的水分，营养生长期视墒情浇水，同时注意不能让土中出现积水，以免烂根。

姜荷花喜肥，适宜在肥沃的土壤中生长，整个生长期对肥料需求高，因而在整地时应施入充分的有机肥。养护时要注意及时追肥，现蕾至开花前对叶面喷施1000倍硝酸钙，7d一次，连续2次。开花期可用0.03%~0.05%的钼酸铵溶液作根外追肥，能使苞片色彩更加艳丽。切花后需施复合肥促进种球充实成熟。施肥中切忌使用含氯肥料。

(5) 花期调控

只要保持环境温暖，姜荷花可以持续不断开花，它的花期非常长。姜荷花一般在3月初~4月初种植，于5月底~6月初开始陆续开花，7~8月为盛花期，10月中下旬随日照渐短、气温渐低后，植株逐渐停止生长，地上部逐渐干枯而进入休眠。研究表明，诱导姜荷花休眠的主要因素为短日照，日照长度短于13h即进入休眠，次要因素是低温，当夜温低于15℃时，即使人工延长日照时数，植株仍会停止生长而进入休眠。因此栽培时可以调节日照长度或夜温以打破休眠或推迟休眠来调控花期。

(6) 病虫害防治

姜荷花常见病害有褐烂病、叶斑病、炭疽病、赤斑病、疫病等。发生病害时，可喷洒多菌灵、托布津、扑克拉锰等药剂进行防治。同时，要避免连作，以及与姜科作物轮作。

常见虫害有夜蛾类幼虫、切根虫、螺蛞类等，食叶害虫通常在种植初期发生。可用40%氧化乐果乳油1000倍液定期喷洒预防。

7.26.4 采收、分级、包装、运输、贮藏和保鲜

(1)采收

应尽量在清晨至9：00以前进行；下午采收切花，最好在采收切花前先行喷水，使植株充分吸水至叶片展开后再剪花。当花序顶端粉红色苞片展开4~6片，花序下半部苞片内小花开放1~2朵时为其采收适期。采收切花时，母株留叶数越多，对切花及种球产量越有利，故不宜整株剪除。畸形花或无商品价值的花要随手摘除，这样可促进新芽萌发，提高切花及种球产量。

(2)分级

农业部行业标准从整体效果、病虫害和缺损3个评价项目对姜荷花的分级进行了规定。其中，对花枝长度的规定为花枝长在55cm以上为一级，花枝长45~55cm为二级，花枝长在45cm以下为三级。

(3)包装

将姜荷花切花枝基部裹上浸有500mg/L NaClO(或花顺500)的棉球或将花枝基部套入装有500mg/L NaClO(或花顺500)的小塑料瓶中，将分级后的切花同一级别的10枝捆成一扎，5扎为一捆包装。

(4)运输

采收后应将花立即插到水里吸水。如作1h左右的短途运输，运送过程鲜花可不带水，如果是远距离运送，则运送过程中鲜花需要带水，才能保证其质量。

(5)贮藏

姜荷花为热带切花，低温贮藏的临界温度为15℃。

(6)保鲜

用乙烯抑制剂1-MCP或漂白粉溶液处理可以从一定程度上延长姜荷花切花的瓶插寿命。

7.27 花毛茛

[学名]*Ranunculus asiaticus*

[英文名]Persian Buttercup

[别名]芹菜花、波斯毛茛、陆莲花

7.27.1 简介

花毛茛为毛茛科毛茛属秋植球根花卉，原产于中东地区的土耳其、叙利亚、伊朗以及欧洲东南部一带。全球共有400多种，我国有90种。早在19世纪初英国人就用播种的方式选育了许多花毛茛新品种，后荷兰、法国、意大利、日本等国也通过杂交育种成功培育了许多应用于商品生产的品系。我国自20世纪90年代末开始引种栽培切花品种，其花色绮丽，产量高，受到消费者的喜爱，种植面积逐年增加，已经成为春节重要的年宵花卉。

(1)形态特征

叶片厚，有光泽；基生叶阔卵形，具长柄，多为三出叶，茎生叶无柄，二回三出羽状复叶，羽状细裂；花冠圆形，花瓣平展，花单生或数朵顶生，有重瓣和半重瓣，花色丰富，有白、黄、红、水红、大红、橙、紫和褐色等多种颜色(见彩图92)。

(2)生态习性

喜冷凉湿润环境，喜光，也耐阴，忌酷热；喜疏松肥沃、排水良好的砂质土；不耐涝，不耐旱；不耐严寒冷冻，更怕酷暑烈日。在我国大部分地区夏季进入休眠状态。生长环境以空气相对湿度控制在75%以下为宜，当相对湿度在90%以上时，易感灰霉病。

(3)主要品种

品种主要来源于波斯花毛茛、塔班花毛茛、法国花毛茛、牡丹花毛茛4个种。近年来由以上4个种间互相杂交培育出许多现代栽培新品种，主要包括“复兴”“梦幻”“超大”“维多利亚”“福花园”“幻想”“种子繁殖”7个品系。

(4)应用

花毛茛花朵硕大、花瓣紧凑、花色丰富，观赏价值极高，是重要的切花种类之一，可用于制作花篮、花束及瓶插等。此外，花毛茛也可用于春季盆栽观赏、布置露地花坛及花境、点缀草坪等。

7.27.2 繁殖和育苗

花毛茛主要采用播种繁殖和分株繁殖，也可采用组培繁殖。

(1)播种繁殖

常用播种箱播种，将种子与细黄沙混匀后进行撒播。播后将播种箱放入盛水容器浸盆，放在阴凉、通风、避雨处。当幼苗长出4~5片真叶时即可移栽上盆。

(2)分株繁殖

常在9~10月进行。以上一年播种培育的小块根为繁殖材料进行栽培，块根必须带有一段根颈、1~2个新芽、3~4个小块根。花毛茛的块根在休眠度夏的贮藏过程中要进行干燥处理，因此，在栽培时首先要进行吸水处理，一般是将块根倒插在湿沙中，只埋入萌芽部位，充分喷水，不可积水，然后放在1~3℃的冷藏库中让其缓慢吸水。块根在生出新根时栽植，栽植时埋住根颈部位即可。定植时要求在20℃以下，定植以后要充分浇水。

7.27.3 栽培管理

(1)土壤选择

选择通透性良好、富含有机质，pH 6.5~7.0的微酸性砂壤土。连作土壤要进行消毒，待有毒气体散去后，施入腐熟有机肥再进行耕作，耕作前要浇足水。花毛茛的盆栽土以腐叶土5份、腐熟有机肥2份、珍珠岩1份充分拌匀过筛。

(2)温度和光照管理

最适生长温度为白天15~20℃，夜间5~10℃。若温度长期在25℃以上，花毛茛叶片容易黄化，需通风降温，若温度低于-5℃则易受冻害。提高夜温可缩短生育期，适当降低夜温可使株形紧凑。

花毛茛通常都是进行保护地栽培，喜半阴环境，不需要强光照。但对日照长度反应非常敏感，长日照促进花芽分化。随着气温的升高和光照的增强，可适度遮阴并加强通风。

(3) 肥水管理

较喜水怕涝，浇水要充足、及时、均衡。宜每次浇透，干后再浇。浇水最好用小水流从花盆边缘注入，尽量避免在叶表和地面滞留水分，以免因湿度过大导致病害。花毛茛对N、K的需求不高，N过量会使花的质量下降，花茎易发生中空而弯曲或折断。

(4) 整形修剪

花毛茛在不同的生长时期修剪方法是不同的。生长期间将枝条上的小芽修剪掉，保留顶部的两三个嫩芽；花蕾期将生长过密的多余的花蕾剪掉，只保留三五个健壮的花蕾；开花之后将残花剪掉，促使养分更集中，以利于下次开花。花毛茛修剪之后伤口处不能沾水，否则伤口容易腐烂。修剪伤口恢复后要尽快用稀释的肥料补肥。

(5) 花期调控

通过调整温度、光照和播种时间等措施可以改变花毛茛的花期。

调整温度：开花前提高夜温有利于缩短生长期，提早开花；开花后适当降低夜温有利于延长花期，白天不超过20℃，夜间4~8℃。

控制光照：在达到6片叶时，11月上旬左右，延长光照时间，一般选用80~100W的白炽灯，距离叶面高度80~100cm，灯的间距2~2.4m，补光一直保持到22：30~23：00左右，一般可使花毛茛开花提早30d左右，保证春节开花。

调整播种时间：在栽培的前一年秋季8~9月露地播种(11月中下旬天气渐冷时，覆盖塑料薄膜进行保护)，3~4月即可现蕾，这时应将花蕾全部摘除。入夏后撅起块根，待秋季8月中旬，对花毛茛块根进行催芽，待苗长出3~4片叶子时移栽于花盆中。霜降以后，北方应移入低温温室，温度保持在7~20℃。当显蕾初期在期望时间前半个月时，即可恰在此时开放。若过早显蕾，应将花盆移到低温处(7~10℃)进行控制。

(6) 病虫害防治

主要病害有灰霉病、霜霉病。灰霉病在9~10月和1~2月发生最多，可在发病初期喷施75%百菌灵或65%的代森锰锌可湿性粉剂600~1000倍液，每隔8~12d喷施1次。

危害花毛茛的虫害有斑潜蝇、白粉虱、蓟马，斑潜蝇发生较为普遍。防治方法详见本教材2.3.7病虫害防治相关内容。

7.27.4 采收、分级、包装、运输、贮藏和保鲜

(1) 采收

花毛茛的花瓣高度重叠，在花蕾阶段采花一般不能开放，而且只有在花朵盛开阶段花茎才能硬化，因而应该在盛开之前采收。切花采收时最好用枝剪采切，枝剪采切须保留地面以上2cm左右的茎秆。也可用手摘，但花毛茛根系较浅，在操作不熟练或栽培设施不完善的情况下直接用手采摘可能会导致根系被移动或基部感病种球腐烂。剪切后立即放入清水中吸水并放于阴凉之处，尽快预冷处理。

(2)分级

国内尚未有关于花毛茛切花分级的详细介绍，可参考日本花毛茛切花的分级标准，有6个分级代号：Super Rhone(花苞花径在13cm以上)；Rhone(花苞花径在11cm以上)；Carno(花苞花径在9cm以上)；Super(花径在8cm以上)；Select(花瓣多，花朵正常)；Standard(花小，没有畸形与虫害)。

(3)包装

包扎时淘汰花苞畸形及带有病虫斑的花枝，分级后10枝捆绑成一扎，每扎花枝长度相差不超过1cm，套上塑料袋或耐湿的纸，小心地把鲜切花分层交替放置于包装箱内，直至放满。各层之间要放纸衬垫。花毛茛对向地性弯曲敏感，在贮运过程均应保持垂直状态，箱外应标明“易碎”“易腐”“请勿倒置”等字样。

(4)运输

花毛茛切花运输主要防止机械损伤和脱水。冬季运输距离较短时可脱水装箱；夏季短距离运输可直接插在水桶中，长距离需包裹吸水棉球，防止花枝脱水，切花品质下降。

(5)贮藏

花毛茛一般干贮效果不好，常湿贮于水中或保鲜液中。切花短时间无法销售可放入3~5℃冷库中贮放3d左右。

(6)保鲜

研究表明，在预处液中加入一定量的钙和钾，可延长花毛茛切花寿命；但浓度大于1.5%的蔗糖会引起叶片黄化；8-HQ对花毛茛切花进行预处理时效果并不明显。花毛茛保鲜的参考配方如下：蔗糖 + 200mg/L 8-HQS + 40mg/L $AgNO_3$ + 25mg/L SA + 100mg/L $Al_2(SO_4)_3$；100mg/L 8-HQ + 40mg/L $AgNO_3$ + 20g/L Sucrose；200mg/L 8-HQC + 1% S + 75mg/L $AgNO_3$。

7.28 朱顶红

[学名] *Hippeastrum rutilum*

[英文名] Amaryllis

[别名] 对红、华胄兰、红花莲、百枝莲等

7.28.1 简介

朱顶红是石蒜科朱顶红属多年生草本。原产于秘鲁、巴西，在世界各地广泛栽培。荷兰是现代朱顶红生产和育种的世界中心。朱顶红在中国的栽培历史较短，但发展迅速。近年来，国内许多单位开展了朱顶红育种研究，2020年中国朱顶红品种首次获国际登录，由孔国辉培育的3个朱顶红品种、李子俊培育的2个朱顶红品种在荷兰皇家通用球根种植者协会(KAVB)获得国际登录证书，极大促进了朱顶红在国内市场的发展。

(1)形态特征

叶6~8枚，花后抽出，互生，鲜绿色，带形。花茎中空，具有白粉；顶生伞形花

序，花2~4朵，两两对角生长，花巨大且呈漏斗状；佛焰苞状总苞片披针形；花梗纤细；花被管绿色，圆筒状，花被裂片6，长圆形，顶端尖，洋红色，略带绿色；花丝细长红色，花药“T”字形着生；花期夏季。花色有白、绿、粉、玫红、橙、大红、紫红色及条纹相间等(见彩图93)。

(2)生态习性

喜温暖湿润的环境，不耐寒，在<5℃条件下无法在户外安全越冬；喜阳，但不喜强光暴晒，光照充足时开花更好，花期也会延长；适宜种植在排水和通风良好的环境中，适应性强，耐贫瘠，耐旱，积水易烂球，耐盐碱，可在轻中度盐碱土中生长。露地栽培时应选择排水较好、肥沃疏松、富含腐殖质、微酸性(pH为6.0~6.8)的砂壤土。

(3)主要品种

常用的朱顶红主要商业品种有‘红狮子’(‘Redlion’)，花深红色；‘大力神’(‘Hercules’)，花橙红色；‘赖洛纳’(‘Rilona’)，花淡橙红色；‘通信卫星’(‘Telstar’)，大花种，花鲜红色；‘花之冠’(‘FlowerRecord’)，花橙红色，具白色宽纵条纹；‘索维里琴’(‘Souvereign’)，花橙色；‘智慧女神’(‘Minerva’)，大花种，花红色，具白色花心；‘比科蒂’(‘Picotee’)，花白色中透着淡绿，边缘红色。

(4)应用

朱顶红叶丛浓绿，花枝挺拔、花朵硕大、花形美观、花色艳丽，观赏价值高，适应性强，适宜作为盆栽进行室内装饰，也可用于城市园林绿化与景观美化。朱顶红自引入中国以来，多以盆栽、鲜切花等形式供应各大节日市场，受价格较高和栽培技术缺乏的限制，在公共绿地以大规模露天种植形式的园林应用较少见。

7.28.2 繁殖和育苗

朱顶红通过播种、分球、鳞片扦插及组培等方法进行扩繁。播种易发生变异，种球自然分球繁殖系数低，为了满足朱顶红的产业应用，多采用扦插繁殖和组织培养繁殖。

(1)种子繁殖

朱顶红采用人工授粉较易结实。种子不宜暴晒与贮藏，要随采随播，在18~20℃的条件下约10d发芽。最佳播种时间是在每年春季的3~4月。种子播前需要放到45℃的温水中浸泡4~7h，再将其均匀地撒在土壤表面。

(2)鳞茎切割扦插繁殖

朱顶红鳞茎基盘有大量未分化芽，具有很强的分生能力，因而鳞茎切割扦插繁殖是朱顶红常见的一种无性繁殖方式。选用灭菌后的蛭石或草炭作为扦插基质，然后用消毒的手术刀沿鳞茎盘切分成宽度为1cm左右的鳞片，每段鳞片末端都要带鳞茎底盘，将切割好的鳞片基部埋入扦插基质，埋深2cm，喷施浓度为1‰的多菌灵溶液，定期喷蒸馏水确保基质湿润，约20d可出现新生苗，培育2个月左右即能达到移苗需求。

(3)分球繁殖

将多年生鳞茎根部着生的子球剥下进行培育，2~3年后即可开花。

(4)组培繁殖

是朱顶红新品种扩繁和工厂化生产的重要途径。朱顶红的鳞片、鳞茎盘、花药、花梗、子房、幼嫩蒴果以及未成熟的种胚均可作为外植体。目前，朱顶红的组培快繁主要采用鳞茎作为外植体。利用鳞茎基部大量未分化芽切割后在培养基上扦插。温度控制在25℃，每天光照14h、黑暗10h。1个月内即可产生新的组培苗，不需经过愈伤组织及诱导分化环节，每株组培苗可继续切分增殖，且增殖只需要使用MS基础培养基即可。

7.28.3 栽培管理

(1)温度管理

朱顶红喜温暖湿润的气候，不耐寒、不喜酷热。生长最适温度18~24℃，12℃以下、36℃以上时长势缓慢或停止生长。各时期应控制的温度范围：8~12℃条件下花芽分化；鳞茎贮藏应在8~15℃的干燥条件下；促成栽培时鳞茎萌芽温度不低于12℃，18~20℃萌动加快；栽培温度夜间不低于8℃，白天不低于20℃。盆栽朱顶红应于10月上中旬移入室内。温度过高影响休眠，从而影响来年开花。但室温不得低于5℃，否则易受冻害。

(2)光照管理

朱顶红属日中性、喜光球根花卉，生长发育期间要求较好的光照。在光照较弱、通风良好的环境也能生长，但长势稍差，鳞茎相对不够充实，花量也少。

光照情况同样影响着花芽分化。成龄球花芽形成在秋冬休眠之际，秋季光照好，花多，反之则少花或根本无花。8~10月，朱顶红对光照要求比其他时间更重要，此时正是花芽营养积累的时间。朱顶红在花芽即将形成前光照不能低于8h。因为营养面积的大小(叶片总面积)影响花朵数量的多少，营养面积越大，翌年开花数越多，反之则少。

虽然朱顶红喜阳，但光照不宜太强，可以适量的阳光直射，不可太久。如果光照太强，尤其是夏日暴晒，会导致叶片发黄，所以夏季应置于荫棚中养护。

(3)肥水管理

朱顶红属肉质根系，又有膨大的鳞茎和宽大的叶片，根茎叶内贮存大量水分，其水分含量可达80%，有一定的耐旱性，所以浇水不宜太多，切忌积水。栽植以后，要浇透水，之后只要保持土壤湿润即可，每7d浇水1次就可以满足朱顶红的生产需要。

朱顶红喜肥，当叶片长到5~6cm时开始追肥，每半个月追施液肥1次，以磷肥、钾肥为主，5%~10%的浓度即可，待花箭形成时施2%的KH_2PO_4，开花时停肥。花后及时剪除花茎，每半个月施肥1次，但要减少氮肥，增施磷肥和钾肥，使鳞茎健壮充实。鳞茎休眠期为50~60d。在此期间不施肥并严格控制浇水，促使叶片逐渐干枯，然后将叶剪除。

(4)花期调控

朱顶红是感温型花卉，其花芽在种球定植前已经完成分化，不同品种花期比较一致，可以利用积温原理进行花期调控。在所有球根花卉中，朱顶红最容易开花，并且一般在定植8周后就能开花，所以定植时间从目标花期向前推8周，可以通过调整种植时间来延长朱顶红的观赏期。朱顶红种植时期从10月~翌年4月底都可以进行。分期分批种植，能分期分批开花上市。

温度是控制朱顶红开花的重要因素，在种植过程中一旦发现元旦、春节临近，花莛发育迟缓，就要提高温度，以加快植株生长。一旦植株开花，就要将花盆放置在冷凉、遮阴处，温度在10～15℃，可以延长花期。

要使朱顶红春节开花，最好选用盆栽种球，一般在春节前2个月，给休眠的鳞茎浇水，并放在15～18℃的室内，半个月后，鳞茎萌动。将花盆放在25℃的条件下，保持土壤湿润，叶片长出后，放在阳光充足的地方，每周浇施1次液肥，这样到春节即可开花。国庆用花的种球必须经过冷藏处理，且根据天气变化采取适宜的栽培管理措施，以达到预期目的。

(5)病虫害防治

朱顶红常见病害主要有红斑病、花叶病毒病和细菌性软腐病。可以通过轮作换茬，加强栽培管理(如增加空气流通、合理浇水)，及时清除病株、病叶和病球，减少传染源等方式进行防治。斑点病可以在栽植前将鳞茎用0.5%的福尔马林溶液浸2h，春季定期喷洒等量波尔多液。病毒病可用75%的百菌清可湿性粉剂700倍液喷洒。

虫害主要有蚜虫、介壳虫、红蜘蛛、白粉虱等。可通过加强栽培管理，以及发病后及时使用杀虫剂进行处理。防治方法详见本教材2.3.7病虫害防治相关内容。

7.28.4 采收、包装、贮藏、保鲜

(1)采收

在蕾期即总苞裂开、花蕾伸长现色但未开放时采收。另外，切花花茎中空，茎端切口易反卷，会影响花的整体品质，采收切花时一定要用胶带、橡皮筋等扎好花茎末端。

(2)包装

采收后进行包装，用牛皮纸包裹(10枝或更多枝一束)，外套0.1mm厚的聚乙烯膜袋，要注意花朵不能放在箱的中间，而应靠近两头。

(3)贮藏

朱顶红的冷贮适宜温度比一般的原产于热带的花卉要低。朱顶红蕾期切花采摘后于30min之内移至冷库或冷室。将朱顶红蕾期切花置于温度为4℃，相对湿度为90%～95%的环境中贮藏3周，其花朵开放率和开花品质均与未贮花相当。

(4)保鲜

化学保鲜的参考配方：8% S + 400mg/kg GA_3；8% S；8%艳花素。

另外，可用阿司匹林作辅助杀菌剂，在一定程度上可延长朱顶红切花瓶插时间；水插的朱顶红茎基有裂开现象，用0.05mol/L的蔗糖处理1d后再瓶插可防止茎基分裂。

7.29 红掌

[学名]*Anthurium andraeanum*

[英文名]Anthurium

[别名]花烛、大花花烛、安氏花烛、安祖花、烛台花、红鹤芋

7.29.1 简介

红掌为天南星科花烛属多年生常绿草本植物。花烛属植物原产于南美洲热带雨林地区，1835 年植物学家在哥伦比亚海拔 360m 处发现红掌，将其引入欧洲，1876 年开始商品化栽培。同属植物中作为商品化栽培的种类还有火鹤花、水晶花烛、席氏花烛、剑叶花烛等。由于红掌大多数花的佛焰苞直径可达 20cm 以上，因而也称大花花烛。1940 年以后，欧洲的红掌育种取得重大突破，涌现出许多优良品种，一些园艺生产企业开始进行专业化的红掌生产。我国于 20 世纪 70 年代引入红掌，20 世纪 90 年代开始进口红掌切花和盆花供应节日市场。目前红掌在我国已成为重要的高档花卉之一。

(1) 形态特征

根肉质。叶自根茎及地上茎节处抽出，呈丛生状，叶片为长圆心脏形，具长叶柄。花枝自叶腋抽出，常高于叶丛；肉穗花序外裹有一枚大苞片，称为佛焰苞。苞片蜡质，广心脏形，艳丽，有鲜红、橙红、粉红、白色、绿色及复色等多种色彩的园艺变种与品种(见彩图 94)；当佛焰苞平展放开后，黄白色的圆柱状肉穗花序直立着生，恰似一座烛台；肉穗花序上密集着生许多两性小花。花后结浆果。

(2) 生态习性

性喜高温高湿的栽培环境。生长适温为 20~30℃，气温高于 35℃或低于 18℃时生长受阻，越冬温度要求在 15℃以上，13℃以下会出现寒害，因而栽培温度应控制在 15~35℃。喜空气湿度较高的环境，空气相对湿度保持在 80%左右。喜半阴，栽培环境的荫蔽度通常控制全日照的 60%~80%，光照强度 1500~2000lx。光照强度低于 1500lx 时切花品质受到影响，高于 2000lx 时叶面会出现灼伤现象。喜酸性土壤，不耐盐碱，pH 5.5 为宜。

(3) 主要品种

红掌园艺栽培品种有上百个左右，有切花栽培型和盆栽型 2 个栽培类型，常见切花品种有红色的‘Tropical’(‘热带红’)、‘Avo-Nette’(‘内蒂’)和‘Claudia’(‘克劳黛雅’)等，粉红色的‘Fqntasia’(幻想曲)、‘Sonate’(‘莎娜塔’)、‘Acropois’(‘雅典’)和‘Spirit’(‘心灵’)等，白色的‘Pierrot’(‘白雪’)和‘Lunette’(‘半月’)，红黄色的‘Fantasla’(‘梦幻’)，红紫色的‘Rapido’(‘紫色快车’)，浅绿色的‘Cognac’(‘白兰地’)，浅黄红色的‘Casino’(‘卡罗’)，草绿色的‘Pistache’(‘绿苹果’)，紫色的‘Rapido’(‘雷皮托’)，绯红色的‘Scorpion’(‘天蝎座’)和‘Avo-Lydia’(‘里底亚’)，绿色的‘Pistache’(‘皮丝塔其’)、‘Midori’(米多丽)和‘Champagne’(‘香槟’)等。

(4) 应用

红掌花叶优美，花期长，花枝剪切后的水养期可达 20~30d，是做切花的优良材料。还可盆栽观赏，作吊盆栽植。此外，红掌还可吸收甲醛。

7.29.2 繁殖和育苗

红掌用播种、分株、扦插或组织培养法均可繁殖，目前生产用苗多数利用组培苗。

(1)播种繁殖

红掌极难自然授粉结实，通常采用人工授粉，授粉8~9个月后果实成熟。种子应随采随播，25~30℃条件下，14d左右出芽。实生苗栽培3~4年后可开花。

(2)分株繁殖

红掌在生长过程中会从根颈部萌发新的植株，将其从母株上切割下来重新栽植即可形成一个新的植株。在红掌幼苗长到3~4片叶，形成2~3条新根，高度不超过15cm且温度不低于15℃的情况下进行分株，能保证较高的成活率且不会影响母株生长。分株苗的营养生长期短，栽培1年后即可开花，但繁殖系数低，苗不整齐，不适于批量生产。

(3)组培繁殖

常用幼嫩叶片或叶柄作为外植体，接种在诱导培养基上。扩繁常用的愈伤组织诱导培养基为改良MS + 1.0mg/L 6-BA + 1.0mg/L 2,4-D。出现愈伤组织后每隔40d进行1次继代培养，常用的继代培养基为MS + 1mg/L BA。之后转入芽诱导培养基改良MS + 1.0mg/L 6-BA + 0.3mg/L NAA。芽伸长至1cm后移入生根培养基改良MS + 0.5mg/L IBA + 0.3mg/L NAA，形成完整植株。当苗长至2cm时即可进行试管苗的移栽。

7.29.3 栽培管理

红掌切花生产在我国均采用温室栽培，以利于红掌生长，保证其产量和品质。

(1)土壤要求

红掌的根系略肉质，分布较浅，性喜排水通畅的环境。因此，用土宜选用疏松肥沃、透水透气性强的土壤。盆栽时要保持基质的酸度，生长中后期由于主茎生长位置的上移，每年需增添含有丰富养分的栽培基质，以稳固植株并促进生长。

(2)肥水管理

红掌对水质要求比较严格，地表水和地下水需调整修正后才能使用。栽培灌溉及配肥用水最好使用雨水。红掌喜欢水质偏酸，pH以4~6为好。由于切花栽培周期长，栽培基质的透水性强，因而肥料的补充应以速效性的追肥为主，特别要注意钾肥的补充。用根灌或叶面施肥的方式进行，一般10d左右补充一次。由于缺钙、缺镁时花的色泽会受影响，甚至出现苞片坏死情况，要注重钙、镁肥及微量元素的供给。

(3)整形修剪

红掌进入花期后，如叶片太多，基部产生的侧芽会影响其切花的产量，并且容易引发病虫害，因此必须及时修剪叶片。保留叶片的数量要视品种和种植密度的不同而定，以保证切花营养为原则，一般为每株3~5片。

(4)花期调控

红掌在条件适宜时可周年开花，适宜浓度的生长调节物质处理能促进红掌开花，研究表明，GA_3以100mg/L效果最好，激动素以50mg/L效果最好。

(5)病虫害防治

红掌病害主要有根腐病、炭疽病、花穗腐烂病。种植时要注意基质消毒，栽培管理过程中减少植株机械损伤，及时剪除销毁有病害的枝叶。在发病初期，对真菌性病害用

800~1000倍液的百菌清、甲基托布津等喷雾防治，对细菌性病害则用农用抗生素等防治。

虫害有蓟马、螨、线虫、介壳虫等，可以用氧化乐果、三氯杀螨醇等灭杀。具体方法详见本教材2.3.7病虫害防治相关内容。

7.29.4 采收、分级、包装、运输、贮藏及保鲜

(1)采收

当红掌的肉穗花序上有半数小花开放时为适宜采收时期，此时佛焰苞片的花色充分展示，肉穗花序下部有1/3~2/3部分由黄色(或粉色)转为白色，花梗已硬化。采收时沿花梗基部剪取，一般要求花梗长度达到40cm左右。

(2)分级

农业部行业标准从整体感、佛焰苞、肉穗花序、花莛和采收时期将红掌划分为三个等级，具体参考农业部红掌切花质量等级标准。

(3)包装

按同一花色同一花梗长度，3~4枝花一束，把佛焰苞用塑料膜包扎好，上下交错排列，然后剪去花梗基部放入清水或保鲜液中，3~4束一箱。

(4)运输

运输环境应保持18~20℃，相对湿度85%~90%。运输过程中红掌的佛焰苞应固定，温度应高于13℃，否则佛焰苞会受冷害而出现暗化等品质问题。切花运抵目的地后，如出现萎蔫现象，可将苞片浮于20~25℃的温水水面，1~2h后能自然恢复新鲜。

(5)贮藏

红掌切花在13℃条件下湿贮可保鲜2~4周。

(6)保鲜

切花采收后应在清水或保鲜液中浸泡12h以保持含水量。用170mg/L的$AgNO_3$溶液处理10min可延长切花采后寿命。红掌化学保鲜参考配方有：4mmol/L $AgNO_3$ 20min(预处液)；4%S+50mg/L $AgNO_3$+0.05mol/L NaH_2PO_4(瓶插液)；$AgNO_3$+ 0.05mol/L NaH_2PO_4(瓶插液)；S + 8-HQS + BA + KT + 抗坏血酸。

7.30 其他切花植物

切花植物的种类繁多，除了以上29种切花植物外，还有一些在花卉博览会、花卉批发市场和花店常见的切花种类，如蔸葵、芍药、紫罗兰、火焰兰、宫灯百合、铁线莲、千日红、阿米芹、茴芋、'乒乓'菊、金槌花、六出花、大丽花、贝母、大星芹、刺芹、落新妇、大花蕙兰、红花银桦、鸢尾、藿香蓟、嘉兰、鸡冠花、金鱼草、鼠尾草等，形态特征参见彩图95~彩图119。常见其他切花种类具体见表7-3所列。

表 7-3 常见的切花植物

序 号	中文名	学 名	科 属
1	榆叶梅	*Prunus triloba*	蔷薇科李属
2	珍珠梅	*Sorbaria sorbifolia*	蔷薇科珍珠梅属
3	碧 桃	*Prunus persica* 'Duplex'	蔷薇科李属
4	中华补血草	*Limonium sinense*	白花丹科补血草属
5	二色补血草	*Limonium bicolor*	白花丹科补血草属
6	大花葱	*Allium giganteum*	石蒜科葱属
7	火炬花	*Kniphofia uvaria*	百合科火把莲属
8	宫灯百合	*Sandersonia aurantiaca*	百合科提灯花属
9	桂竹香	*Cheiranthus cheiri*	十字花科桂竹香属
10	红掌	*Anthurium scherzeranum*	天南星科花烛属
11	白鹤芋(白掌)	*Spathiphyllum kochii*	天南星科白鹤芋属
12	火鹤花	*Anthurium scherzerianum*	天南星科花烛属
13	海芋(滴水观音)	*Alocasia macrorrhiza*	天南星科海芋属
14	铁线莲	*Clematis florida*	毛茛科铁线莲属
15	大花飞燕草	*Delphinium×cultorum*	毛茛科翠雀属
16	飞燕草(小飞燕)	*Consolida ajacis*	毛茛科飞燕草属
17	黑种草	*Nigella damascena*	毛茛科黑种草属
18	菟 葵	*Eranthis stellata*	毛茛科菟葵属
19	风铃草(风铃花)	*Campanula medium*	桔梗科风铃草属
20	桔 梗	*Platycodon grandiflorus*	桔梗科桔梗属
21	卡特兰	*Cattleya×hybrida*	兰科卡特兰属
22	石 斛	*Dendrobium nobile*	兰科石斛属
23	大花蕙兰	*Cymbidium hybridum*	兰科兰属
24	春 兰	*Cymbidium goeringii*	兰科兰属
25	火焰兰	*Renanthera coccinea*	兰科火焰兰属
26	紫丁香	*Syringa oblata*	木樨科丁香属
27	连 翘	*Forsythia suspensa*	木樨科连翘属
28	茉莉花	*Jasminum sambac*	木樨科素馨属
29	加拿大一枝黄花(黄莺)	*Solidago canadensis*	菊科一枝黄花属
30	蓝刺头	*Echinops sphaerocephalus*	菊科蓝刺头属
31	百日菊(百日草)	*Zinnia elegans*	菊科百日菊属
32	翠 菊	*Callistephus chinensis*	菊科翠菊属

(续)

序 号	中文名	学 名	科 属
33	波斯菊	*Cosmos bipinnatus*	菊科秋英属
34	金盏花(金盏菊)	*Calendula officinalis*	菊科金盏花属
35	松果菊	*Echinacea purpurea*	菊科松果菊属
36	万寿菊	*Tagetes erecta*	菊科万寿菊属
37	雏 菊	*Bellis perennis*	菊科雏菊属
38	母菊(洋甘菊)	*Matricaria recutita*	菊科母菊属
39	‘乒乓’菊	*Dendranthema morifolium* ‘Pompon’	菊科菊属
40	矢车菊	*Centaurea cyanus*	菊科矢车菊属
41	澳洲鼓槌菊(金槌花、黄金球)	*Pycnosorus globosus*	菊科密头彩鼠鞠属
42	大丽花	*Dahlia pinnata*	菊科大丽花属
43	蛇鞭菊	*Liatris spicata*	菊科蛇鞭菊属
44	藿香蓟	*Ageratum conyzoides*	菊科藿香蓟属
45	仙客来	*Cyclamen persicum*	报春花科仙客来属
46	香 蒲	*Typha orientalis*	香蒲科香蒲属
47	鸢 尾	*Iris tectorum*	鸢尾科鸢尾属
48	香雪兰(小苍兰)	*Freesia refracta*	鸢尾科香雪兰属
49	萱 草	*Hemerocallis fulva*	阿福花科萱草属
50	一品红	*Euphorbia pulcherrima*	大戟科大戟属
51	紫 藤	*Wisteria sinensis*	豆科紫藤属
52	金合欢	*Vachellia farnesiana*	豆科金合欢属
53	羽扇豆	*Lupinus micranthus*	豆科羽扇豆属
54	木 兰	*Magnolia liliflora*	木兰科木兰属
55	栀子花	*Gardenia jasminoides*	茜草科栀子属
56	龙船花	*Ixora chinensis*	茜草科龙船花属
57	君子兰	*Clivia miniata*	石蒜科君子兰属
58	水 仙	*Narcissus tazetta* subsp. *chinensis*	石蒜科水仙属
59	六出花	*Alstroemeria aurea*	石蒜科六出花属
60	鼠尾草	*Salvia japonica*	唇形科鼠尾草属
61	薰衣草	*Lavandula angustifolia*	唇形科薰衣草属
62	贝壳花	*Moluccella laevis*	唇形科贝壳花属
63	蕾丝花	*Orlaya grandiflora*	伞形科苍耳芹属
64	蛇 床	*Cnidium monnieri*	伞形科蛇床属
65	大星芹	*Astrantia major*	伞形科星芹属

（续）

序　号	中文名	学　名	科　属
66	翠珠花（蓝饰带花）	*Trachymene coerulea*	五加科翠珠花属
67	茴　香	*Foeniculum vulgare*	伞形科茴香属
68	杜鹃花	*Rhododendron simsii*	杜鹃花科杜鹃花属
69	马醉木（山里红）	*Pieris japonica*	杜鹃花科马醉木属
70	扶芳藤	*Euonymus fortunei*	卫矛科卫矛属
71	木芙蓉	*Hibiscus mutabilis*	锦葵科木槿属
72	朱槿（扶桑）	*Hibiscus rosa-sinensis*	锦葵科木槿属
73	莲（荷花）	*Nelumbo nucifera*	莲科莲属
74	红千层	*Callistemon rigidus*	桃金娘科红千层属
75	鸡冠花	*Celosia cristata*	苋科青葙属
76	凤尾鸡冠花（多头凤尾）	*Celosia argentea* var. *plumosa*	苋科青葙属
77	千日红	*Gomphrena globosa*	苋科千日红属
78	穗花婆婆纳（鼠尾）	*Veronica spicata*	玄参科婆婆纳属
79	落新妇	*Astilbe chinensis*	虎耳草科落新妇属
80	美人蕉	*Canna indica*	美人蕉科美人蕉属
81	南蛇藤	*Celastrus orbiculatus*	卫矛科南蛇藤属
82	山　茶	*Camellia japonica*	山茶科山茶属
83	芍　药	*Paeonia lactiflora*	芍药科芍药属
84	袋鼠爪	*Anigozanthos* spp.	血皮草科鼠爪花属
85	勿忘草（星辰花）	*Myosotis alpestris*	紫草科勿忘草属
86	须苞石竹	*Dianthus barbatus*	石竹科石竹属
87	茵　芋	*Skimmia reevesiana*	芸香科茵芋属
88	紫罗兰	*Matthiola incana*	十字花科紫罗兰属
89	金鱼草	*Antirrhinum majus*	玄参科金鱼草属
90	蜡　梅	*Chimonanthus praecox*	蜡梅科蜡梅属
91	梅　花	*Prunus mume*	蔷薇科李属
92	牡　丹	*Paeonia suffruticosa*	芍药科芍药属
93	木百合	*Leucadendron*	山龙眼科木百合属
94	红花银桦	*Grevillea banksii*	山龙眼科银桦属

小　结

本章介绍了常见草本切花，如切花菊、非洲菊、香石竹、唐菖蒲、百合、洋桔梗、马蹄莲、蝴蝶兰、文心兰、睡莲、向日葵、圆锥石头花（满天星）、深波叶补血草（勿忘我）、情人草、麦秆菊、一枝黄花、铃兰、郁金香、鹤望兰、风信子、姜荷花、花毛茛、朱顶红和红掌，常见木本切花(如月季、八仙花、帝王花、澳蜡花、针垫花)共计29种鲜切花的名称、形态特征、生态习性、常见近缘种和品种、应用、栽培管理技术、采收、分级、包装、贮藏、运输和保鲜技术等，并对市场上常见的切花种类进行了调查总结。通过本章的学习，学生可以对常见切花类植物有一个充分的了解，并知道如何进行其高效栽培和生产。

思考题

1. 论述唐菖蒲夏秋供花和冬春供花的栽培和管理技术。
2. 简述非洲菊的周年生产技术。
3. 菊花不同类型品种花芽分化和发育对日长和温度有什么反应?
4. 试述菊花莲座化和柳芽产生的原因及如何防止和打破。
5. 如打算元旦或者春节供花，应怎样进行菊花的电照栽培?
6. 简述香石竹的栽培管理技术，以长江流域为例，简述香石竹的定植类型。
7. 简述香石竹裂苞的原因和防止措施。
8. 简述切花月季调节花期的主要栽培措施。
9. 简述在百合的促成栽培中，如何进行种球处理。
10. 为使百合在国庆产花，怎样进行促成栽培?
11. 简述洋桔梗和马蹄莲的品种类型。
12. 简述八仙花的花期调控方法和切花产品分级。
13. 简述郁金香的5℃和9℃促成栽培技术。
14. 简述向日葵的一般栽培管理技术。
15. 简述睡莲的一般栽培管理技术。
16. 简述圆锥石头花的定植方式。
17. 简述深波叶补血草的花期调控技术。
18. 简述澳蜡花和红掌分级标准。
19. 简述铃兰的栽培管理要点。
20. 简述郁金香、朱顶红的花期调控方法。

推荐阅读书目

1. 鲜切花栽培技术手册．金波．中国农业大学出版社，1998.
2. 切花栽培．韦三立．中国农业出版社，1999.
3. 切花周年生产技术．夏宜平．中国农业出版社，1999.
4. 鲜切花周年生产指南．吴少华．科学技术文献出版社，2000.
5. 切花栽培手册．成海钟，蔡曾熠．中国农业出版社，2000.
6. 鲜切花栽培与保鲜技术．王诚吉，马惠玲．西北农林科技大学出版社，2004.
7. 切花生产理论与技术(第3版)．郑成淑．中国林业出版社，2022.
8. 鲜切花生产技术．赵冰．西北农林科技大学出版社，2018.
9. 鲜切花材．贾军，朱瑾，黄洪峰．中国林业出版社，2018.

8 切叶生产技术

切叶是指剪切叶色多彩、叶形美丽的叶片供作插花和花卉装饰的配材。除了银叶桉(尤加利)、朱蕉、鸟巢蕨等常见切叶植物外，现在不少常用作园林绿化的植物种类也用作切叶植物，在切花搭配中充当配叶的角色，如银叶菊、紫叶李、柳杉、南天竹、红叶石楠、粉黛乱子草、绣线菊、黄栌等。这些植物原只用于城市园林绿化，但随着人们审美追求的变化，加之它们具备特殊的叶色、叶形等原因，如今也出现在切花批发市场和鲜花专营店里，用作组合花束的配叶，或是婚车、婚礼等花艺环境布置的配叶或基础切叶植物。本章主要介绍市场上常见的鱼尾葵等8种切叶植物。

8.1 鱼尾葵

[学名]*Caryota maxima*

[英文名]Fishtail Palm

[别名]假桄榔、青棕、酒椰子、红棕竹

8.1.1 简介

鱼尾葵是棕榈科鱼尾葵属常绿乔木，产于中国福建、广东、海南、广西、云南等地海拔450~700m的山坡或沟谷林中。因叶形酷似鱼尾，故名鱼尾葵。

(1)形态特征

叶大型，二回羽状全裂，簇生于树干上部，呈水平状展开，叶片厚，革质，上部有不规则齿状缺刻，先端下垂，酷似鱼尾(见彩图120)。肉穗花序下垂，花序长可达3m，悬挂于主干上部，花3朵簇生，小花黄色。花期7月。

(2)生态习性

喜疏松、肥沃、富含腐殖质的中性土壤，不耐盐碱和强酸，不耐干旱瘠薄，也不耐水涝。喜温暖湿润的环境，在干旱的环境中叶面粗糙且失去光泽。喜阳光充足，也较耐阴，幼树耐阴，大树需充足阳光。

(3)常用相似种

鱼尾葵属约12种，我国常见栽培种还有短穗鱼尾葵(*C. mitis*)(花序分枝多而密集)、单穗鱼尾葵(*C. monostachya*)(花序常不分枝，偶从基部分出1短枝)、董棕(*C. urens*)(茎黑褐色)等。

(4)应用

该种树形美丽，树姿雄伟，挺拔隽秀，是热带重要观赏树种之一，可作庭园绿化，也可室内盆栽。茎髓含淀粉，可作桄榔粉的代用品。也是重要的配叶植物。

8.1.2 繁殖和育苗

以播种繁殖为主，对于盆栽植株还可进行分株繁殖。

(1)播种繁殖

果实成熟期不齐，当同一果穗大部分果实呈红色时，用刀具连果穗一同割下。将果实堆沤数日后待果皮软烂，在水中洗净果核；或将果实摊放于通风处，待果皮干缩剥出果核。果穗、种皮均含有毒素，会刺激皮肤发痒，处理时应注意戴手套防护，鲜果出籽率约为30%。先将成熟种子进行沙藏越冬，翌年春季4月上中旬气温回暖后取出。先采用沙床催芽，后移植苗圃培育。发芽时日均温宜在20℃左右，播后2~3个月开始发芽。

(2)分株繁殖

多用于栽培4~5年后且生长过于拥挤的情况下，在春季结合翻盆换土时进行，但只能选取不影响母株树形的蘖生小株，将其带根切离母本，另行上盆栽种即可。将根基部萌生的蘖芽切下单独栽植，如蘖芽无根，可将其插入沙中，保持一定的湿度，温度25℃左右，1个月后可生根。

8.1.3 栽培管理

(1)温度管理

喜温暖，不耐寒。生长适温为25~30℃。在我国南部可露地栽培和室外越冬；在我国北部，应放在温室越冬，温度宜保持在10℃以上，并给予充足的光照，最低温度不能低于5℃。如果长期低温和光照不足，叶片会受冻害而变黑。夏季气温高于35℃时生长受抑制。

(2)肥水管理

除施入适量基肥外，从初春到初秋，还应每月施2~3次腐熟的稀薄液肥。也可以每月施1次300倍尿素、过磷酸钙和氯化钾的液肥。立秋后停止施肥。施肥最好在傍晚进行，次日早晨再浇水。

早春、秋末及冬季气温较低时应适当减少浇水，掌握“见干见湿”的原则，忌浇水过多过勤，鱼尾葵根部不能积水，否则极易烂根死亡。夏季生长旺季，应每天浇水，并向叶面喷水。

(3)换盆管理

鱼尾葵根系浅，无主根，但须根发达，根茎部气生根粗壮，易移栽，根系再生能力强。每年早春换盆1次，换盆时剪除植株基部的枯黄老叶，切除部分老根，更换新的培养土，有利于其生长。盆栽或换盆时，加少量腐热饼肥作基肥。

(4)病虫害防治

鱼尾葵病害主要有灰霉病、黑斑病和霜霉病。可通过施足腐熟的有机肥，增施磷肥、钾肥，勿偏施氮肥；冬季结合修剪措施，剪除病叶，集中烧毁，清除越冬病原进行预防，病害发生时可采取相应的化学措施。

介壳虫为其主要虫害，可以喷施氧化乐果800倍液来防治，如少量发生，可用软刷刷洗除掉或者结合修剪剪去。

8.1.4 贮藏、运输和保鲜

鱼尾葵不耐10℃以下的低温，故在运输及贮藏的任何期间通常应将温度控制在10~15℃；切叶不能忍受0℃低温，因此，北方冬季贮藏及运输相对不便。

由于叶片易脱水，因此，在使用前需保持适当湿润，并包扎在塑料袋中。

8.2 栀子

[学名]*Gardenia jasminoides*

[英文名]Cape Jasmine

[别名]山栀子、野栀子、黄栀子、小叶栀子、水栀子、山黄栀

8.2.1 简介

栀子为茜草科栀子属常绿灌木，原产于我国中部，全国大部分地区均有栽培，其中，河南省唐河县的栀子获得“国家原产地地理标志认证”，为全国最大的栀子生产基地，有“中国栀子之乡”的美誉。吴淑生等曾在《中国染织史》中提到西周时期用于染黄的植物染材主要为栀子，可见我国栀子花栽培已有两千余年历史。

(1)形态特征

单叶对生或3枚轮生，有短柄，叶形多样，叶片革质有光泽，基部楔形，叶片全缘(见彩图121)。花芳香，单朵生于枝顶；花白或乳黄色，高脚碟状，5~7月开花，花梗短，花萼绿色。果黄或橙红色，有翅状纵棱5~9条，11~12月成熟。

(2)生态习性

性喜温暖湿润气候，耐阴，略喜阳光，忌夏日暴晒。喜空气湿润，空气过于干燥时易引起叶片干尖，夏季燥热和秋冬干燥季节，每天须向叶面喷雾2~3次。适宜生长在疏松肥沃、排水良好的轻黏性酸性土壤中，抗有害气体能力强，萌芽力强，耐修剪，是典型的酸性花卉。

(3)主要品种

根据用途不同可分为观赏栀子、药用栀子、色素用栀子。栀子用于观赏的品种有‘雀舌’栀子(‘Radicans’)、‘单瓣雀舌’(‘Simpliciflora’)、‘银边雀舌’(‘Albomarginata’)、‘花叶’栀子(‘Variegata’)等。

(4) 应用

栀子四季常青、叶色翠绿、叶形饱满、叶质硬挺、花大洁白、芳香馥郁、又有一定耐阴和抗有毒气体的能力，故常成片丛植或配置于各种类型园林绿地，也可作盆栽栽培。栀子还是常见的切叶、切花材料，可在花束、插花中作点缀填充或骨架叶材。此外，栀子还可用作染色、香料、花茶，具有极高的经济价值。

8.2.2 繁殖和育苗

栀子的繁殖有播种、扦插、压条和分株等。栀子以扦插繁殖为主，其中，嫩枝带叶水插法是最常用的繁殖方法，它繁殖周期短，一般育苗后第二年便可开花。

(1) 扦插繁殖

可分为春插和秋插，春插在 3~4 月进行，秋插于 8 月下旬~10 月下旬进行。插后将温度控制在 20~25℃、空气相对湿度在 80%~90%，一个月左右生根。南方地区还可以采用水插法，即将插穗插在泡沫板的孔中，将泡沫板放入装满水的桶中，将桶放在既能让漂板穗条遮阴，又能让阳光照射水桶的环境，将水温控制在 18~25℃，一周即能长出 3cm 以上的根。

(2) 压条繁殖

一般在 4 月清明前后或梅雨季节进行，4 月从 3 年生母株上选取 1 年生健壮枝条，长 25~30cm 进行压条。如有三杈枝，则可在叉口处，一次可得三苗。一般经 20~30d 即可生根，在 6 月可与母株分离，移植于苗床管理培育，至翌年春季可分栽或单株上盆。

(3) 播种育苗

适用于大面积生产，播种期在秋季或翌年春季。选择饱满的成熟果实，连壳晒干留作取种用。播种前与细土拌匀条播于畦沟内，覆盖细土，出苗后进行间苗移栽及常规的土肥水管理。培育 2 年便可出圃定植。

8.2.3 栽培管理

(1) 土壤选择

栀子是典型的酸性花卉，因此，酸性土壤是决定栀子长势的关键条件。地栽时应选择排水良好、土层深厚肥沃、地势平缓的坡地或平地，土壤以轻黏性酸性土壤为宜，pH 控制在 4.0~6.5。盆栽用土以 40%园土、15%粗砂、30%厩肥土、15%腐叶土配制为宜。

(2) 温度和光照管理

栀子的最佳生长温度为 16~18℃。温度过低和太阳直射都对其生长不利，因此夏季宜将栀子放在通风良好、空气湿度大且透光的疏林下养护。冬季置于有阳光照射、温度不低于 0℃的环境中使其休眠，温度过高会影响来年开花。栀子是长日照植物，在其生长期间要有足够的光照条件才能促进生长和开花，但同时又要避免夏季阳光直射。若在阳光不足而又荫蔽的环境条件下生长，会使植株枝叶徒长、瘦弱，开花少，香气清淡。

(3) 肥水管理

生长期适当多浇水。春季每天浇 1 次水，夏季秋初气温高时每天要浇 2 次水。但花现蕾后，浇水不宜过多，以免造成落蕾。冬季浇水以偏干为好，防止水大烂根。

栀子是喜肥植物，生长期每隔 15~20d 施 1 次 0.2%硫酸亚铁水或矾肥水，两者也可相间使用，可防止土壤转成碱性，同时又可为土壤补充铁元素，防止栀子叶片发黄。开花前多施腐熟肥水，以浓度 10%的人粪尿或豆饼水为主，也可直接干施，用花生麸和复合肥混合施用，即 10kg 复合肥用水溶解后和 50kg 花生麸混合浸泡 3h 后达到半干半湿时施用。现蕾期浇 1~2 次 0.1%的 KH_2PO_4 水溶液，可使花朵肥大、花香浓郁。酷暑期气温 35℃以上和秋季 15℃以下时停肥。

(4) 整形修剪

栀子的整形多在定植当年幼树 50cm 高时进行，即在其上选择生长健壮的 3~5 个枝梢培养为主枝，顶上一枝向上生长培养为骨干枝，其余数枝向四周伸展，构成健壮的树体骨架。主干下部的蘖生枝要随时抹除，对徒长的夏梢进行摘心，使树枝分配均匀，生长充实，使树冠呈开张状。修剪于栀子采摘后进行，宜轻不宜重。在冬季或早春修剪时，要根据树形树冠的情况，先抹除主干根颈部的萌蘖和主干、主枝上的萌芽，然后将病虫枝、枯枝、交叉枝、下垂枝、纤弱枝和生长部位不当的徒长枝，从基部剪除。对树冠内部生长的枝梢采取留稀剪密，留强去弱，留新去老，更新复壮，使枝条分布均匀，以利于通风透光。夏季修剪须对早期抽生(7 月中旬以前)的夏梢进行摘心，并应及时除萌，以减少营养消耗。

(5) 病虫害防治

栀子常见病害有炭疽病、叶斑病、黄化病、煤烟病、腐烂病等。可以通过对基质的消毒、合理浇水、增加空气流通、间歇喷洒保护性杀菌剂等方法进行预防。感病后应及时清除病叶和残株，集中烧毁；发病后可喷洒甲基托布津可湿性粉剂、多菌灵可湿性粉剂或百菌清可湿性粉剂防治。

虫害有刺蛾、粉虱、介壳虫、蚜虫。可通过在杀菌剂中加杀虫剂、加强栽培管理、改善通风透光条件、合理修剪进行预防，在虫害发生时应及时处理，摘除虫叶、虫枝。

8.2.4 采收、分级、包装、运输、贮藏和保鲜

(1) 采收

切叶用的栀子叶随采随用，栀子在初放时采收用作切花。采收标准为叶色鲜绿具光泽，单枝条具有 3~5 个小分枝，长度≥70cm。采收时用手握住枝条中下部，用枝剪从分枝基部采收，主枝留茬 8~15cm。

(2) 分级

农业部行业标准主要花卉产品等级里没有关于切叶用栀子的质量等级划分标准。表 8-1 所列为广西壮族自治区关于切叶用栀子的质量等级划分的地方标准。

表 8-1 栀子切叶质量等级划分标准

级 别	一级品	二级品	三级品
枝 叶	叶色纯正、鲜艳具光泽，叶形完整；枝条长度≥90cm	叶色鲜绿、无变色，叶形完整；枝条长度 80~89cm	叶色一般，略有褪绿，叶形完整，叶缘略有损伤；枝条长度 70~79cm

(3)包装

将成扎的切叶用塑料薄膜裹紧后塞入瓦楞纸箱或泡沫塑料箱内，注意尽量将叶放平展。每5枝或10枝捆为一扎，每扎中切叶最长与最短的差别不超过1cm(一级品)，3cm(一级品)和5cm(一级品)。

(4)运输

运输过程中应注意保水、保冷。由于运输过程的黑暗或弱光条件，会使其叶片变黄、衰老，可采用1.0mol/L的褪黑素(MT1.0)溶液进行处理。

(5)贮藏

短期贮藏，可把预处理后的切叶置于相对湿度为90%~95%，温度为2~4℃的环境中。可在地上铺一张大塑料布，叶材平铺上面，喷水即可。无须使用保鲜液进行处理。

(6)保鲜

可采用纳米银(NS)对栀子枝条末端切口部位进行处理，可显著延长栀子瓶插寿命。栀子化学保鲜参考配方有3% S + 100mg/L SA；200mg/L 8-HQ；1.0%S；15.0%蛇床子。

8.3 朱蕉

[学名]*Cordyline fruticosa*

[英文名]Cabbage Palm

[别名]红铁树、铁莲草、朱竹、铁树、也门铁、紫千年木、红竹等

8.3.1 简介

朱蕉为百合科(天门冬科)朱蕉属常绿直立灌木植物，原产于我国南部，以及越南、印度等亚洲热带及太平洋各岛屿，19世纪传入欧洲，很快又落户美洲。到20世纪初，朱蕉已在欧美十分流行，常用于室内装饰。我国培育朱蕉已有2000多年历史，在19世纪初，广东等地已用于庭园栽培，20世纪80年代，我国长江流域和北方城市相继作温室栽培，至今已广泛用于盆栽观赏。目前朱蕉已成为国内外市场重要的切叶材料。

(1)形态特征

茎粗，直立，稀分枝。叶聚生于茎或枝的上端，椭圆形至椭圆状披针形，绿色或带紫红色；叶柄有槽，基部变宽，抱茎(见彩图122)。圆锥花序，侧枝基部有大的苞片，每朵花有3枚苞片；花淡红色、青紫色至黄色；花梗短。

(2)生态习性

喜温暖湿润和阳光充足的环境。忌夏季高温和日光暴晒，在疏阴条件下生长良好，以半日照或日照为60%~70%生长最佳。生长期要求较高的空气相对湿度，以75%~85%为宜。耐水湿，怕干旱。土壤要求疏松肥沃和排水良好的酸性砂质壤土，pH以6.5~7最为适宜，不耐盐碱，忌用碱性土壤。

(3)主要品种

朱蕉是普遍应用的切叶材料之一。目前已有很多品种，如叶边缘红色的‘红边’朱

蕉('Rededge')、叶有黄色条斑的'基维'朱蕉('Kiwi')、叶缘深红色的'亮叶'朱蕉('Aichiaka')、有淡红色或黄色条斑的'斜纹'朱蕉('Baptistii')、具粉红色条斑和叶缘米色的'锦'朱蕉('Amabilis')、叶缘红色的'夏威夷小'朱蕉('Baby Ti')。此外，还有'大叶'朱蕉('Schubertii')、'圆叶'朱蕉('Rainbow')、'黄边细叶'朱蕉('Bellayellow')、'五彩'朱蕉('Goshikiba')、'彩虹'朱蕉('Lord Robertson')、'黑色'朱蕉('Negri')、'迷你'朱蕉('Minima')、'三色'朱蕉('Tricolour')、'狭叶'朱蕉('Bella')、'暗红'朱蕉('Cooperi')、'黑扇'朱蕉('Purple Compacta')、'翡翠'朱蕉('Crystal')、'红条'朱蕉('Rubro-striata')、'红肋'朱蕉('Ferrea')、'银边翠绿'朱蕉('Youmeninisihiki')、'银边狭叶'朱蕉('Angusta-marginata')等许多品种。

(4)应用

朱蕉株形美观，叶形、叶色变化丰富，多用作庭园栽植，也可盆栽作为观赏植物。叶色艳丽，是优美的室内观叶植物。枝、叶是插花的高级配叶植物。

8.3.2 繁殖和育苗

朱蕉可用扦插、压条和播种等方法繁殖，但以扦插繁殖为主。

(1)扦插繁殖

扦插最佳生根温度24~26℃，在此条件下30~40d即可生根。温度低于20℃时生根困难，高于30℃则切口容易感染病虫害。

(2)压条繁殖

主要是高空压条，每年5~6月选择健壮主茎，在距离顶端20cm处进行环剥，宽1cm，用苔藓、湿泥炭土或湿蛭石覆盖，缠绕包裹成泥球，外面用塑料薄膜包上，扎紧两头，以免基质外漏。30d左右生根，60d左右可脱离母体，另行栽植上盆。

(3)播种繁殖

播种前可用30℃，1%~2%的$KMnO_4$溶液浸泡1~2h，破坏外层种皮后用清水淘洗2~3次，晾干后点播或条播，覆土1cm，保持苗床土壤湿度60%~70%，空气湿度70%~75%，温度24~26℃，10~15d种子萌芽出土，待幼苗高6cm后上盆。

8.3.3 栽培管理

(1)温度和光照管理

不耐寒，生长适温20~28℃。夏季昼温25~30℃，冬季夜温7~10℃。冬季不宜低于5℃，否则会导致叶片焦尖和焦边，严重时落叶。不耐高温，较高的温度会引发褐斑病。喜充足的散射光，忌阳光暴晒，光照过强会出现日灼病。也不宜过阴，否则植株生长势会减弱，叶片颜色变淡，叶片早衰。应于夏季进行遮阴或将植株置于散射光充足处。

(2)肥水管理

朱蕉对水分的要求比较敏感。缺水时叶面呈干燥状并失去光泽，且易落叶；过湿会使叶尖黄化，甚至落叶烂根。浇水应按照“不干不浇、浇则浇透”的原则，不使盆土过干或过湿。冬季低温时控制水分，否则易导致根系腐烂。

朱蕉较喜肥。生长时应每半个月追施1次肥料，施肥应注意氮磷钾的配合，不宜单纯施用氮肥，否则叶面上的彩色斑纹会褪淡而变得不明显。冬季停止施肥。

(3)整形修剪

摘心：一般在幼苗长到 12~15cm 高时进行第 1 次摘心，第 2 次摘心待芽长出 6~8 片真叶时把顶芽摘掉，如此反复几次，可形成丰满的树冠。

短截：由于朱蕉茎干不分枝，叶片聚生枝顶，栽培多年后会出现基部空颓的现象，从而使观赏性逐渐降低，应于春季结合翻盆和修剪将枝干进行短截，短截后剪口下重新萌发新枝，可使植株恢复良好的株形。

疏剪：观察朱蕉整个植株的枝叶分布，枝叶旺盛过密，密集分布叠在一起时会影响透光，不利于新枝叶长出，所以应适当疏剪过密的枝叶。

(4)病虫害防治

朱蕉病害主要有褐斑病、叶枯病、灰霉病、炭疽病、斑点病等。主要危害叶片，可通过加强栽培管理、合理浇水、增加空气流通、定期喷洒杀菌液等进行预防。染病后可用多菌灵、甲基托布津可湿性粉剂进行防治。

朱蕉虫害主要有红蜘蛛、根粉蚧和介壳虫。地下害虫根粉蚧可通过药剂拌种及出苗期撒施药剂拌诱饵进行防治，地上害虫红蜘蛛和介壳虫可用药剂田间喷雾进行防治。

8.3.4 采收、包装、运输、贮藏和保鲜

(1)采收

8~9 月进行采收，此时叶片舒展、颜色艳丽，为最佳采收期。采收时尽可能靠近底部，增加茎的长度，但应避免剪到基部木质化程度过高的部位。

(2)包装

根据其体积通常 5~20 枝扎成一捆。基部用保湿棉包扎并用塑料膜包裹，保证水分供给。茎秆用双闸带牢实固定，避免茎秆晃动折断受损。花头用无纺布包裹。

(3)运输

运输过程中选用有通风孔的纸箱，花头距离纸箱留有空间可采用竹签防撞措施，保证运输过程中不撞头。朱蕉不耐 10℃以下的低温，运输期间通常把温度控制在 13~15℃。

(4)贮藏

朱蕉在干燥的室内易脱水，所以在未作插花使用之前要保持适当湿润，通常置于 8~15℃，90%~95%相对湿度环境下，瓶插寿命一般可以达 3 周之久(即 20d 左右)。

(5)保鲜

可采用气调保鲜措施，即调节贮藏和包装袋内 O_2 和 CO_2 的比例，即增加 CO_2 浓度 3%~5%，减少 O_2 浓度 1%~5%，从而降低其呼吸强度，提高切叶品质。

8.4 铁线蕨

[学名]*Adiantum capillus-veneris*

[英文名]Capillaire

[别名]铁丝草、铁线草、银杏蕨、条裂铁线蕨

8.4.1 简介

铁线蕨为铁线蕨科铁线蕨属植物，其叶柄纤细，似铁丝状，坚韧而有光泽，呈紫黑色，故得名。常生长在溪边和湿石上，在我国分布广泛，为钙质土的指示植物。

(1)形态特征

铁线蕨属植物为陆生中小型多年生蕨类，较低矮，高 10~30cm。叶柄黑色或红棕色，有光泽，通常细圆，坚硬如铁丝；叶片多为 1~3 回以上的羽状复叶或 1~3 回二叉掌状分枝，小羽片斜扇形或斜方形，外缘浅裂至深裂，叶薄草质，多光滑；叶脉扇状分叉(见彩图 123)。

(2)生态习性

铁线蕨适应性强，易栽植。不耐寒，适宜昼温 21~26℃，适宜夜温 10~15℃。冬季应移入温室，温度在 5℃以上时仍能保持叶片鲜绿，低于 5℃时叶片会出现冻害。喜散射光，忌太阳直射，耐阴性强。喜温暖、湿润、半阴环境和肥沃疏松、透水性好、含石灰的砂质土壤。

(3)常用相似种

目前全世界有 200 多种铁线蕨属植物，我国现有 30 种 5 变种和 4 变型，主要分布于温暖地区，可分为铁线蕨系、白垩线蕨系、扇叶铁线蕨系、鞭叶铁线蕨系、掌叶铁线蕨系、单叶铁线蕨系和细叶铁线蕨系 7 个系。大部分种生长于偏碱性的钙质土或白垩土上，少数如半月形铁线蕨(*A. philippense*)和圆柄铁线蕨(*A. induratum*)生长于酸性土上，极少数生于溪边悬崖上或草丛里，如荷叶铁线蕨(*A. nelumboides*)和扇叶铁线蕨(*A. flabellulatum*)。

(4)应用

铁线蕨扇形叶密似云纹，四季常青，叶柄细长优雅，清秀挺拔，具有很高的观赏价值，是一种深受人们喜爱且广泛流行的切叶商品；也是常见的观叶植物，广泛应用于南方室外景观绿化。此外，铁线蕨具有良好的净化甲醛的作用，可作为盆栽摆放或悬吊布置于室内；枝叶干制后，还可作为干花的理想材料。

8.4.2 繁殖和育苗

可采用分株繁殖和孢子繁殖的方式。

(1)分株繁殖

一般在早春结合换盆进行。当新芽欲萌发时，将母株从盆中倒出，剪断其根状茎，2~3 个芽作为一丛，使每丛均带部分根茎和叶片，盘后分别种于小盆中。根茎周围覆混合土，灌水后置于阴湿环境中培养，即可得到新植株。

(2)孢子繁殖

在自然状况下也可进行，当孢子成熟时脱落于母株周围的阴湿处，能自然萌发成幼苗。人工繁殖时将具有成熟孢子的叶片剪下，装入蜡纸袋中，自然干燥后散出孢子，播种在泥炭土、河沙等量混合细筛消毒的培养土中，盖上玻璃，采用盆浸法浇水，3~4 周可发芽，2~3 周能形成小植株。

8.4.3 栽培管理

(1) 土壤管理

种植基质应具有良好的透水性和通气性，通常选用富含腐殖质的泥炭土或腐叶土。可用泥炭土：河沙：蘑菇肥以 2：2：1 的比例配制，也可用壤土、腐叶土和素沙等量混合，并加入少许石灰和旧墙灰。

(2) 空气湿度管理

铁线蕨喜湿润的环境，夏天要保持较高的空气湿度。在幼苗期，铁线蕨适宜的空气相对湿度为 80%~90%。在炎热的夏季和干燥的冬天，要注意室内的加湿。当湿度过高时，也要及时排风降湿。成苗时的空气相对湿度控制在 80%左右即可。

(3) 肥水管理

生长旺盛期每天向枝叶喷水 2~3 次，每 5d 浇 1 次透水。每月施 2~3 次稀薄液肥，施肥时不要玷污叶面，以免引起烂叶。施入少量钙质肥料效果更佳。生长旺盛期每周施用 1 次 0.1%的硝酸钙溶液。

(4) 换盆

每年春季换盆 1 次，宜在春季进行栽植或换盆，当铁线蕨苗高到 15cm 时可考虑换盆，以利于其根茎进一步生长。

(5) 病虫害防治

铁线蕨病害主要有灰霉病和叶枯病。可通过提高室内温度，降低湿度，注意通风透光来预防。一旦发现灰霉病应立即用 50%多菌灵 500 倍液或 70%代森锰锌 500 倍液喷雾。叶枯病初期可用波尔多液防治，严重时可用 70%甲基托布津 1000~1500 倍液防治。

介壳虫为铁线蕨主要虫害，可用 40%氧化乐果 1000 倍液进行防治。

8.4.4 切叶采收、包装、贮藏、运输和保鲜

(1) 采收

采收部位为铁线蕨的整枚带柄复叶。待小羽片大部分展开并变为深绿色时即可采收，操作可全天进行。产品要先插在水中，尽快进行预冷处理。

(2) 包装

注意摆平相叠，分束包扎，做好保湿工作。

(3) 贮藏

宜在浅水中贮藏，保持一定的空气湿度。

(4) 运输

常在 2~4℃下湿藏运输，也可包装于塑料薄膜或保水性包装箱中干运。

(5) 保鲜

适宜的保鲜温度为 5~8℃；为避免叶片脱水，可向其喷水，顶梢幼嫩的部分极易脱水，可预先剪除；远离热源，避免风吹。

8.5 鸟巢蕨

[学名]*Neottopteris nidus*

[英文名]Bird's-nest Fern

[别名]巢蕨、山苏叶、雀巢蕨、台湾山苏花、牛蒯芒

8.5.1 简介

鸟巢蕨为铁角蕨科铁角蕨属植物，分布于亚洲热带及我国台湾、广东、广西、云南等地，现世界各地温室均有栽培。叶辐射状着生于根状茎上端，呈中空的漏斗状或鸟巢状，能收集落叶与鸟粪，像绿色的鸟巢，故名鸟巢蕨。

(1)形态特征

多年生常绿大型附生或陆生草本植物。根茎短而密生鳞片，并产生大团海绵状须根。单叶，簇生呈鸟巢状，阔披针形，全缘，渐尖头或尖头，向基部渐狭，下延，厚纸质或薄革质，光面具光泽，有润滑感，叶边缘干后经常反卷成狭圆边(见彩图 124)。

(2)生态习性

常附生于雨林或季雨林内的树干上或林下岩石上，喜温暖湿润，其生长最适温度为 22~27℃；鸟巢蕨不耐寒，冬季要移入温室，温度保持在 16℃以上，最低温度不能低于 5℃。不耐强光；生长旺盛期需多浇水。

(3)常用相似种

全世界有 30 多种鸟巢蕨属植物，主要分布于亚洲的热带雨林中。我国有 10 余种，主要分布于华南及西南地区，其中，广西、云南、贵州 3 地交界处的石灰岩地区为分布中心。重要的观赏种还有狭翅巢蕨(*N. antrophyoides*)、阔翅巢蕨(*N. latipes*)、长叶巢蕨(*N. phyllitidis*)、大鳞巢蕨(*N. antiqua*)等。

(4)应用

鸟巢蕨为较大型的阴生观叶植物，它株形丰满，叶片密集，叶色翠绿，姿态优雅，是优良的切叶植物，常作为切叶来点缀主体花卉；也是常见的室内盆栽观叶植物；还可植于热带园林树木下或假山岩石上用于园林绿化美化。

8.5.2 繁殖和育苗

鸟巢蕨以分株繁殖和孢子繁殖为主。

(1)分株繁殖

将母株产生的幼株分离，茎部分切成数块，剪去 1/2 的叶片，使每块保留部分叶片和根茎、根。单独栽于土内或盆中，置于半阴、通风良好、湿度和温度较高的地方。无论地栽还是盆栽都应精心管理，每年能生出 8~10 片新叶。光照弱时，叶片薄而宽，鲜绿色；光过强时叶片发黄。应保持通风良好及湿度适宜。每年施肥 2~3 次。

(2)孢子繁殖

盆内装筛过的腐殖质土至盆高 5cm 左右，用沸水浇淋，杀死盆中各种虫卵及其他

杂菌和种子。用玻璃盖上或用塑料薄膜覆盖。盆土冷至常温时，将孢子均匀地撒在盆面，用塑料薄膜捆好盆口，放在无阳光直射处。温度 20~25℃时，30d 即见孢子体，100d 后能见呈心脏形的原叶体，每天上午喷雾 1 次，30d 后即长出 1 片小叶，方可用镊子取出 1 小丛，按 5cm 株行距移植。喷水，搭低棚覆盖，成活后 60~80d 即可单独定植。

8.5.3 栽培管理

(1) 土壤管理

盆栽鸟巢蕨土壤可用腐叶土或泥炭土、蛭石为主，并掺入少量河沙，另加少量骨粉泥均匀配制。花盆宜用多孔的泥盆或多孔的塑料筐作容器，盆底先填入 1/3 左右碎瓦片，上面再装入蕨根、树皮屑、苔藓，然后将鸟巢蕨的根栽植在盆中。每隔 1 年需换盆 1 次。

(2) 光照管理

鸟巢蕨喜散射光或半阴条件，切忌烈日照射，否则叶色变劣。夏季要遮阴，避免强阳光直射。在室内要放在光线明亮的地方，不能长期处于阴暗处。

(3) 肥水管理

春季和夏季的生长盛期需多浇水，并经常向叶面喷水，以保持叶面光洁。一般空气湿度以 70%~80%为宜。夏季高温多湿条件下，新叶生长旺盛需多喷水，保持较高的空气湿度有利于孢子萌发，防止叶缘干枯卷曲。随着叶片的增大，叶片常盖满盆中培养土，浇水务必浇透盆，才可避免植株因缺水而造成叶片干枯卷曲。冬季室温低时需保持盆土稍湿润为宜。生长季每 2 周施腐熟液肥 1 次。

(4) 病虫害防治

鸟巢蕨主要病害为炭疽病和疫病。炭疽病病斑为褐色，后期轮纹明显。发病初期，可用 75%的百菌清可湿性粉剂 600 倍液或 70%的甲基托布津可湿性粉剂 1000 倍液均匀喷雾。疫病发病时叶片从基部软化发黑腐烂。栽培基质长期过湿、基质盐分累积、空气湿度长期过高且通风不良，是导致该病害发生的主要原因。

鸟巢蕨常见的虫害有线虫、蜗牛、蛞蝓、红蜘蛛等。防治方法详见本教材 2.3.7 病虫害防治相关内容。

8.5.4 切叶采收、包装与贮藏

(1) 采收

鸟巢蕨叶片长度达到 40cm 以上，叶片完全展开时即可采收。

(2) 包装

鸟巢蕨叶片分级捆扎，长度控制在每扎产品中最长与最短的叶片长度差不超过 2cm，10 片为一扎，将叶片叠放整齐后进行捆扎，严格剔除畸形叶、损伤叶、腐烂叶及病虫害感染的叶片。

(3) 贮藏

宜在浅水中贮藏，增加一定的空气湿度。适宜的贮藏温度为 2~5℃。

8.6 八角金盘

[学名]*Fatsia japonica*
[英文名]Japan Fatsia
[别名]八金盘、八手、手树、金刚纂、八角叶

8.6.1 简介

八角金盘为五加科八角金盘属常绿灌木或小乔木，因其叶片为掌状，裂叶约 8 片，看似有 8 个角而得名。原产于日本南部和中国台湾，在中国华东、华北以及云南、四川等地有栽培。

(1)形态特征

树干丛生，茎光滑无刺。叶片大而革质，接近圆形，叶掌状 7~9 裂，裂片为长椭圆状卵形，边缘有稀疏的锯齿；叶的上表面亮绿，下表面的颜色较浅，有粒状突起，叶缘有时呈现金黄色(见彩图 125)。圆锥花序顶生，花色黄白色或淡黄色花，花期 10 月~翌年 1 月。

(2)生态习性

喜冷凉湿润、通风良好的环境，不耐干旱，畏酷热，忌阳光直射，耐阴性强；有一定的耐寒能力，能耐-8℃低温，在南方冬季一般不受明显冻害，萌芽力尚强。

(3)主要品种

主要栽培品种有‘白斑’八角金盘(‘alba-varigata’，叶面有白色斑点)，‘黄斑’八角金盘(‘aureo-variegata’，叶面有黄色斑点)，‘白边’八角金盘(‘alba-marjinata’，叶缘白色)，‘波缘’八角金盘(‘undulata’，叶缘波状，皱缩)。

(4)应用

八角金盘叶形奇特优雅，叶色浓绿有光泽，一直被看作高级的插花配叶。此外，因其对有害气体有较强的抗性，性又耐阴，是一种极好的园林绿化植物。在北方地区常盆栽于室内供绿化观赏。

8.6.2 繁殖和育苗

八角金盘的繁殖方法有扦插、播种和分株繁殖等，一般多用扦插繁殖。

(1)扦插繁殖

可采用硬枝扦插与嫩枝扦插的方式。硬枝扦插在 2~3 月进行，一般在冬季进行树木修剪时选择插穗。嫩枝扦插可在梅雨季节进行，插穗宜选择幼龄母株的阳面枝、侧枝基部的枝为最佳。

(2)播种繁殖

4 月采收种子，阴干后即可播种，也可等到第二年进行春播，但要经过拌沙层积，在地窖中贮藏。播完后 20d 即可发芽。秋季做好防寒工作，留床 1 年就可以移栽。

(3)分株繁殖

春季发芽前分株，结合春季换盆进行。将植株从盆内倒出，剪掉生长不良的根系，把原植株切分成数丛，栽植到大小合适的盆中，置于通风阴凉处养护管理。

8.6.3 栽培管理

(1)土壤要求

在排水良好而肥沃的砂质土壤中生长茂盛，土壤以微酸性为宜，中性土壤也能适应，碱性土壤表现尚可，耐贫瘠。用腐殖土、泥炭土、少量的细砂和基肥混合配制成培养土，一般用12~20cm的盆栽植。

(2)温度管理

生长适温为18~25℃，当气温达到35℃以上时，如果通风不良，叶缘会焦枯。越冬温度应保持在7℃以上。长江以南地区可在室外栽培，北方地区一般在温室中盆栽栽植。温室栽培时昼温18~20℃，夜温10~12℃时生长良好。

(3)光照管理

八角金盘属于半阴性植物，忌强日照，在长时间的高温下叶片变薄而大，易下垂。冬季要多照阳光，春夏秋三季应遮阴60%以上，如夏季短时间阳光直射，会引起叶面发黄甚至将叶片灼伤；长期光照不足时叶片会变细小。4月出室后，要放在荫棚或树荫下养护。

(4)肥水管理

夏秋生长季节，每隔半月施一次肥，可用稀薄的腐熟饼肥水或人粪尿施肥，盆土宜稍干，以利于植株吸收。4~10月为八角金盘的旺盛生长期，可每2周左右施1次薄液肥，10月以后停止施肥。

在新叶生长期可适当多浇水，经常保持土壤湿润。夏季盆土宜偏湿，早晨浇水要充足，防止叶片发黄或脱落。棚内空气过于干燥时，还应向植株及周围的地面喷水。其余的生长时间内，浇水应掌握“见干见湿”的原则。冬季应减少浇水次数，提高其抗寒性。

(5)病虫害防治

八角金盘主要病害有烟煤病、叶斑病和黄化病。在养护时要加强水肥管理，通过降低密度、修剪等改善通风透光。若发生烟煤病应及时用干净的棉布擦去煤污，喷施百菌清等杀菌药进行防治；通常在夏季发生叶斑病，防治方法是甲基托布津或多菌灵等药剂喷施；黄化病可用硫酸亚铁水进行叶面喷施来防治。

八角金盘主要虫害有介壳虫、蚜虫和红蜘蛛，可用速介杀防治介壳虫，用铲蚜防治蚜虫，用三氯杀螨醇防治红蜘蛛。

8.6.4 切叶采收、分级、包装和贮藏

(1)采收

采收季节为夏秋，早晨最佳。采收部位为节间较短、生长充实的顶部半木质化枝条。采收后立刻放入浅水中，叶柄放在水里的部分为1cm。

(2)分级

采收枝条要在具有八角金盘典型特征，无破损病虫害，可正常繁殖、美观的前提下进行分级：一级插条长70cm左右，二级插条长60cm左右，三级插条长50cm左右。同等级的插条长度误差绝对值小于2cm。

(3)包装

将每20枝相同等级的八角金盘枝条捆成1束，放入标有品名、有透气孔的衬膜瓦楞纸箱里。运输温度为3~5℃。

(4)贮藏

浅水贮藏，避免阳光照射和风吹，放在阴凉、温度为2~5℃、相对湿度为90%~95%的环境中贮藏。水养时勿紧拥密置，应保持良好的透气性。

8.7 蓬莱松

[学名]*Asparagus retrofractus*

[英文名]Asparagus Myriocladus

[别名]绣球松、松叶文竹、松叶天门冬、松竹草、寿松、长寿

8.7.1 简介

蓬莱松为天门冬科天门冬属多年生灌木状草本植物，原产于南非纳塔尔。作为插花装饰的衬底材料，现世界各地广为栽培用于切叶生产。

(1)形态特征

植株直立或稍铺散，多分枝，基部木质化。具白色肥大肉质根。小枝纤细，叶呈短松针状，团状簇生，新叶鲜绿色，老叶白粉色(见彩图126)。花淡红色至白色，花期7~8月。

(2)生态习性

喜温暖、湿润，也耐半阴，耐寒性较弱，耐干旱。生长适温为20~30℃，10~15℃时生长缓慢，10℃以下生长停滞。越冬温度不低于5℃，夏季高温超过35℃时停止生长，叶丛发黄。喜早晚斜射阳光或散射光，夏季忌阳光暴晒，需适当遮阴。喜疏松肥沃、排水良好的微酸性土壤。

(3)常用相似种

与蓬莱松相似的植物为同属的天门冬(*A. cochinchinensis*)和文竹(*A. setaceus*)，二者皆为攀缘状植物。

(4)应用

蓬莱松因其叶形独特，形态优美，可作为切叶材料，在插花中常作为背景或点缀填充花材，也可用来遮挡花泥，还可作为盆栽观叶植物观赏。

8.7.2 繁殖和育苗

蓬莱松可采用分株和播种方法进行繁殖，但苗期生长缓慢。

(1)分株繁殖

可于春夏结合换盆时进行，将2年生母株从盆中托出，先剪去部分主干枝，将株丛切成2~4小丛，以每小丛带有2~3个萌发芽为好，切口蘸草木灰，防止腐烂，将每一小丛按照一定的株行距重新栽培，浇透水，半遮阴使其恢复生长，不能阳光直射。

(2)播种繁殖

因其种子寿命短，采种后应立即播种或沙藏。其种皮较厚，发芽困难，在播种前要进行催芽处理。先将种子置于冷水中浸泡3~7d，定时换水；之后将种子与石灰混在一起搅拌，待种皮开裂后即可播种，此时发芽率可高达90%以上。播种后覆以0.5cm细砂为宜，以不见种子为度。

8.7.3 栽培管理

(1)土壤选择和定植

土壤宜选用富含腐殖质、稍带黏性的砂质壤土。盆栽常用腐叶土、园土和河沙等量混合作为基质，种植时略加腐熟基肥。苗长至4~5cm时，按照株行距15cm×60cm进行穴栽，栽植深度以茎基的幼芽与土表齐平为度。每畦栽种2行。

(2)光照管理

夏季高温季节适当遮阴，防止日光暴晒，并经常喷水，适当通风，以确保株丛翠绿。冬季应保证植株有充足的阳光照射。

(3)肥水管理

定植后1~2周应充分浇水。新株萌发新根后，开始控制浇水，以保持土壤经常处于微潮偏干的状态为宜。春夏生长期需充足水分，但不能积水，否则易造成肉质根腐烂和叶片发黄。秋后气温下降，应逐渐减少浇水。冬季生长缓慢，只要保持土壤湿润即可。定植前可施用磷矿粉作为基肥。生长期掌握薄肥勤施的原则，每月追施1次全素无机液体肥料，也可施用稀薄腐熟的豆饼渣水。

(4)整形修剪

定植苗生根后，剪去老枝蔓，可促抽生新茎蔓，使枝叶更新，满足切叶生产需要。蓬莱松生长缓慢，因此不做强剪，每年春季抽生新枝前可将重叠枝、干枯枝及交叉枝剪去即可。切枝采收5年左右的植株茎蔓老化，针状枝失色，应淘汰或分株后剪去老蔓重新定植。

(5)病虫害防治

蓬莱松病害相对较少，主要是枯叶病危害较为严重。如遇枯叶病，可用50%多菌灵可湿性粉剂1000倍液喷洒。

蓬莱松虫害也相对较少，主要有红蜘蛛、介壳虫和粉虱等。常见虫害防治方法详见本教材2.3.7病虫害防治相关内容。

8.7.4 切叶采收、分级、包装、贮藏和保鲜

(1)采收

当叶片充分转绿、充分展开时即可采收。采收可全天进行，将枝条至基部剪下，采

后先放在阴凉处，尽快预冷处理。

(2)分级

目前国内市场上没有统一的蓬莱松鲜切枝分级标准，通常选择枝叶饱满、健壮的枝条，按照切叶长度进行分级。

(3)包装

将相同长度的枝条每5枝为1束进行捆绑固定，装入标有品名、日期、具透气孔的衬膜瓦楞纸箱中。

(4)贮藏

切叶放在相对湿度为90%~95%，温度为2~4℃的环境中进行贮藏，开箱后应喷水保湿，尽快将其插入水中。

(5)保鲜

适宜的保鲜温度为2~5℃，宜在浅水中贮藏，保持较高的空气湿度，避免风吹和阳光直射，必要时进行遮阴处理。

8.8 银叶桉

[学名]*Eucalyptus cinerea*

[英文名]Silver-leaf Stringybark

[别名]尤加利、灰桉、铜钱桉

8.8.1 简介

银叶桉是桃金娘科桉属常绿灌木或小乔木。树干直立，枝叶亮丽，常绿，具有极高的观赏价值，且对环境的适应能力较强。该属大多数种类原产于澳洲，现在世界各地作观赏栽培。

(1)形态特征

幼树树干呈红褐色，叶对生，无柄，阔卵形或圆形，灰绿色；成树树干光滑呈灰白色，叶对生或互生，披针形，革质，银白色(见彩图127)。鲜叶和干叶均具有芳香。秋季至翌年春季开花，伞形花序腋生，小花白色。

(2)生态习性

性喜温暖，喜光，忌高温潮湿，生长适温为15~25℃，华南地区以在中海拔高冷地栽培为佳。栽培土质以土层深厚的壤土或砂质壤土最佳，园土、腐叶土、泥炭土可混合作为基质。

(3)近缘种和品种

银叶桉种类繁多，在市面上有500多个相似种及品种，花市中常见的有大叶桉(*E. robusta*)、阔叶桉(*E. platyphylla*)、小叶桉(*E. parvula*)、细叶桉(*E. tereticornis*)、蓝桉(*E. globulus*)和'蓝宝贝'(*E. pulverulenta* 'Baby Blue')等。其中，'蓝宝贝'茎叶均披白粉，幼态叶蓝绿色，心形叶(叶尖略突出)比银叶桉小，叶对生，质地厚。

(4)应用

银叶桉叶色优雅，枝叶为高级花材。可用作园景树和盆栽观赏。银叶桉属于芳香植物或香料植物，可提取枝叶油素，因而也应用于化妆品、食品、工业等领域。

8.8.2 繁殖和育苗

银叶桉扦插成活率非常低，故一般只能用播种繁殖。春、秋季均能育苗，于11~12月采种，次年春播，也可在7~8月采种，当年播种。种子发芽率达90%以上，可采用母床育苗和营养袋育苗两种育苗方式。

(1)母床育苗

选择土壤肥沃的菜园地做苗床地，在3月中旬播种。将种子浸泡48h后，用细砂拌匀撒播于苗床上，用细粪土覆盖1~2cm厚。浇足水后盖膜，播后7~10d可出土。当小苗长至5~10cm高时，揭膜炼苗；苗长到30~40cm高时，选阴雨天移栽。在我国云南中部地区于6月上旬~7月上旬移栽最佳。

(2)营养袋育苗

营养土装袋后，将浸泡好的种子播于袋中(每袋2~3粒)，再覆盖一层细粪，浇足水后盖膜，注意通风和保持水分。在小苗成长期间定苗，拔出弱小苗，每个营养袋留1株。待小苗长至10~20cm高时可以移栽，一般3月上旬育苗，6月上旬雨季进行移栽。

8.8.3 栽培管理

在银叶桉的栽培管理中，壮苗的培育和移栽后1~2年的幼树管理很关键，第3年后的管理主要是修剪枝条、培育树干成材。

(1)移栽

因植株地植后不耐移植，在未决定种植地点时都以盆栽来栽培，待苗高2m以上再行定植以利于成活。一般于6月上旬雨季开始后进行移栽，培土要高于地表以防止积水烂根。

(2)光照管理

银叶桉喜光、喜温暖，因此，在成长期要多晒太阳，促进枝叶生长，平时每天最少6~8h光照，但忌强光，需放在散光下养护。

(3)肥水管理

移栽成活后，每亩用复合肥50kg或普通过磷酸钙40kg、尿素10kg于塘周施用。一般每20d施一回腐熟的有机肥料。在养护初期，浇灌不宜过于频繁，可多向周围环境喷水，以提高环境湿度。长大后每3~4d补水一次，秋冬季降低水量。

(4)整形修剪

银叶桉幼苗时期，将其上端的嫩芽全部抹去，每年春季修剪时，也需要将枯弱枝、老枝、密集枝、无用枝全部剪掉。如果长期不修剪，叶片会变长，直接影响外形。

(5)病虫害防治

银叶桉的幼苗易发生立枯病，发病初期每亩用70%敌克松500倍液喷淋或浇泼苗床2~3次，每次间隔时间10~15d。

虫害主要是黄蚂蚁，在移栽成活后，用10%二嗪磷颗粒剂500g/亩或3%辛硫磷1kg/亩拌在化肥中，施于塘周与土壤拌匀，可防治黄蚂蚁的危害。

8.8.4 分级、包装、运输、贮藏和保鲜

(1)分级

银叶桉整体要求枝叶亮绿，枝条直，顶尖无嫩叶、无红尖叶、无斑点、无机械损伤、无病虫害，根部无黑叶枯叶。银叶桉具体分级标准见表8-2所列。

表8-2 银叶桉分级标准

级　别	A	B	C	D
重量(kg)	≥1	≥0.9	≥0.8	≥0.6
主枝长度(cm)	65~85	65~85	60~85	60~90
侧枝长度(cm)	55~95	50~95	45~95	40~95

(2)包装和运输

每10枝同等级的银叶桉叶为一束，用保水棉包装，放入有透气孔的衬膜瓦楞纸箱。因其运输时间过长会导致叶片干枯脱水死亡，常采用冷链运输或空运。

(3)贮藏和保鲜

银叶桉需在低温下贮藏。新鲜的银叶桉可以进行水养保存，水养之前适当进行去叶修剪，同时修剪根部以利于枝条更好地吸水。

8.9 其他切叶植物

除了以上8种常见的切叶植物外，在花卉批发市场和花店等场所也有很多其他切叶植物销售，并应用于各类花束和花艺作品中，如肾蕨、龟背竹、散尾葵、变叶木、骨碎补、银叶菊、柳杉、孔雀竹芋、绿石竹等(见彩图128~彩图136)，具体见表8-3所列。

表8-3 常见的切叶植物

序　号	中文名	学　名	科　属
1	石刁柏	*Asparagus officinalis*	天门冬科天门冬属
2	'狐尾'天门冬	*Asparagus densiflorus* 'Myersii'	天门冬科天门冬属
3	吊　兰	*Chlorophytum comosum*	天门冬科吊兰属
4	风车草(旱伞草)	*Cyperus involucratus*	莎草科莎草属
5	草树(钢草)	*Xanthorrhoea preissii*	莎草科莎草属
6	羽裂蔓绿绒(春羽)	*Philodendron selloum*	天南星科喜林芋属
7	红苞喜林芋	*Philodendron erubescens*	天南星科喜林芋属

（续）

序 号	中文名	学 名	科 属
8	花叶绿萝	*Scindapsus aureus* var. *wilcoxii*	天南星科麒麟叶属
9	广东万年青	*Aglaonema modestum*	天南星科广东万年青属
10	黛粉叶（花叶万年青）	*Dieffenbachia seguine*	天南星科黛粉芋属
11	绿 萝	*Epipremnum aureum*	天南星科麒麟叶属
12	龟背竹	*Monstera deliciosa*	天南星科龟背竹属
13	银边翠（高山积雪）	*Euphorbia marginata*	大戟科大戟属
14	泽漆（叶上黄金）	*Euphorbia helioscopia*	大戟科大戟属
15	变叶木	*Codiaeum variegatum*	大戟科变叶木属
16	江边刺葵（针葵）	*Phoenix roebelenii*	棕榈科刺葵属
17	棕 榈	*Trachycarpus fortunei*	棕榈科棕榈属
18	袖珍椰子	*Chamaedorea elegans*	棕榈科竹棕属
19	棕 竹	*Rhapis excelsa*	棕榈科棕竹属
20	散尾葵	*Dypsis lutescens*	棕榈科散尾葵属
21	一叶兰（蜘蛛抱蛋）	*Aspidistra elatior*	天门冬科蜘蛛抱蛋属
22	星点木	*Dracaena godseffiana*	天门冬科龙血树属
23	天门冬	*Asparagus cochinchinensis*	天门冬科天门冬属
24	万年青	*Rohdea japonica*	天门冬科万年青属
25	非洲天门冬	*Asparagus densiflorus*	天门冬科天门冬属
26	文 竹	*Asparagus setaceus*	天门冬科天门冬属
27	虎尾兰	*Sansevieria trifasciata*	天门冬科虎尾兰属
28	玉 簪	*Hosta plantaginea*	天门冬科玉簪属
29	鹿角蕨	*Platycerium wallichii*	鹿角蕨科鹿角蕨属
30	肾 蕨	*Nephrolepis cordifolia*	肾蕨科肾蕨属
31	香龙血树（巴西木）	*Dracaena fragrans*	天门冬科龙血树属
32	常春藤	*Hedera nepalensis* var. *sinensis*	五加科常春藤属
33	骨碎补（高山羊齿）	*Davallia mariesii*	骨碎补科骨碎补属
34	海 桐	*Pittosporum tobira*	海桐科海桐属
35	紫叶小檗（红叶小檗）	*Berberis thunbergii* var. *atropurpurea*	小檗科小檗属
36	南天竹	*Nandina domestica*	小檗科南天竹属
37	‘紫叶’狼尾草（喷泉草）	*Pennisetum setaceum* ‘Rubrum’	禾本科蒺藜草属
38	石 松	*Lycopodium japonicum*	石松科石松属

（续）

序　号	中文名	学　名	科　属
39	苏　铁	*Cycas revoluta*	苏铁科苏铁属
40	彩叶草(五彩苏)	*Coleus scutellarioides*	唇形科鞘蕊花属
41	香　蒲	*Typha orientalis*	香蒲科香蒲属
42	印度榕(橡皮树)	*Ficus elastica*	桑科榕属
43	小叶杜鹃	*Rhododendron lapponicum*	杜鹃花科杜鹃花属
44	青荚叶(叶上花)	*Helwingia japonica*	山茱萸科青荚叶属
45	银叶菊	*Jacobaea maritima*	菊科千里光属
46	黄　栌	*Cotinus coggygria*	漆树科黄栌属
47	羽衣甘蓝	*Brassica oleracea* var. *acephala*	十字花科芸薹属
48	雁来红	*Amaranthus tricolor*	苋科苋属
49	粉黛乱子草(粉黛)	*Muhlenbergia capillaris*	禾本科乱子草属
50	紫叶李	*Prunus cerasifera* var. *atropurpurea*	蔷薇科李属
51	龙舌兰	*Agave americana*	天门冬科龙舌兰属
52	柳杉(天竺少女)	*Cryptomeria japonica* var. *sinensis*	柏科柳杉属
53	‘绿’石竹(‘绿毛球’)	*Dianthus* ‘Green Trick’	石竹科石竹属
54	米仔兰(米兰叶)	*Aglaia odorata*	楝科米仔兰属
55	孔雀竹芋	*Calathea makoyana*	竹芋科肖竹芋属
56	金鱼吊兰(小袋鼠花)	*Nematanthus wettsteinii*	苦苣苔科袋鼠花属
57	六月雪	*Serissa japonica*	茜草科六月雪属
58	鹤望兰(大鸟叶)	*Strelitzia reginae*	旅人蕉科鹤望兰属
59	帝王花(帝王叶)	*Protea cynaroides*	山龙眼科山龙眼属
60	车桑子(迎客豆)	*Dodonaea viscosa*	无患子科车桑子属
61	红叶石楠	*Photinia* × *fraseri*	蔷薇科石楠属
62	春　兰	*Cymbidium goeringii*	兰科兰属
63	‘黄金’香柳	*Melaleuca* ‘Revolution Gold’	桃金娘科白千层属

由表8-3可以看出，天南星科、棕榈科和百合科的切叶植物种类比较多，一些切花植物也是很好的切叶植物，如鹤望兰、帝王花、春兰、小叶杜鹃等。

小　结

本章介绍了鱼尾葵、栀子、朱蕉、铁线蕨、鸟巢蕨、八角金盘、蓬莱松、银叶桉共计8种常见切叶植物的名称、形态特征、生态习性、常见近缘种和品种、应用、栽培管理技术、采收、分级、包装、贮藏、运输和保鲜技术等，并对花卉批发市场和花店常见切叶植物进行了调查和总结归纳。通过本章的学习，学生可以对常见切叶类植物有充分的了解，并知道如何进行其高效栽培和生产。

思考题

1. 常见的切叶植物有哪些？
2. 试述如何对银叶桉切叶进行分级。
3. 试述鸟巢蕨和铁线蕨的栽培管理。
4. 试述栀子和鱼尾葵的繁殖育苗技术。
5. 试述朱蕉的整形修剪方法。

推荐阅读书目

1. 观叶植物栽培完全手册．胡一民．安徽科学技术出版社，2004.
2. 鲜切花生产技术．赵冰．西北农林科技大学出版社，2018.

9 切果生产技术

切果是指剪切色彩鲜艳、果形奇特、果期较长的果实作为插花的配材。切果植物大多在花束搭配中用作配材，如珊瑚果常和帝王花、针垫花搭配形成组合花束。除此之外，根据消费者不同的审美需求，不少特色鲜明、可观性强的切果植物也可变身为主角，形成独具一格的切花产品，如一枝繁茂明丽的北美冬青、一束素雅洁净的雪柳等，也是切花市场极具特色的切果产品。本章主要介绍钉头果、北美冬青和乳茄的生产技术。

9.1 钉头果

[学名] *Gomphocarpus fruticosus*

[英文名] Club Fruit

[别名] 唐棉、风船唐绵、气球果、气球花、气球唐绵、海豚果、钉子果

9.1.1 简介

钉头果为萝摩科钉头果属常绿亚灌木。原产于非洲，在我国的华北、云南及台湾地区有栽植。每到7~8月，形如五星般的浅灰色小花从叶腋间抽出后不久，轻飘而嫩黄的果实就簇满了枝头。其果实没有肉质，里面除了种子之外，几乎是空空如也，用手轻压薄而透明的皮壳，皮内似有空气溢出，如同手压气球，极富趣味，又名气球果。近年来因其株形秀丽、花色淡雅、果形奇特，常用于园林绿化或盆栽观赏。此外，其切果是优良的插花材料。

(1) 形态特征

株形直立，具白色乳汁，茎被微毛。叶对生或轮生，叶片狭长，呈竹叶状；叶面浓绿，叶背淡绿色。聚伞花序着生于枝顶叶腋间，有花3~7朵，花萼5深裂，花冠5深裂，反折，副花冠红色。兜状果肿胀，中空无果，圆形或卵圆状(见彩图137)。花期秋末至翌年春季，边开花边结果。

(2)生态习性

性强健，对环境适应性强，喜高温湿润气候，尤其是新栽植株特别需要保持空气湿润。喜阳光充足，稍耐阴，在稍有阳光且通风的地方长势茂盛，但过于荫蔽会影响坐果率。耐干旱，忌涝。对土壤要求不严，较耐贫瘠，喜疏松肥沃的微酸性砂壤土。

(3)近缘种

钝钉头果(*Gomphocarpus physocarpus*)与钉头果关系很近，钝钉头果的果比较圆，花艺中常用的气球果和糖棉一般是它；钉头果的果在端部变尖，像个鸟嘴。

(4)应用

钉头果花期持续时间长，从初秋挂果起可一直延至翌年3月。钉头果四季常青、形状奇特，除作为优良的切花材料外，也可作为园林绿化材料。还可将钉头果矮化盆栽以供观赏。

9.1.2　繁殖和育苗

钉头果的繁殖方法有播种、扦插、压条。最常用的为播种和扦插繁殖。

(1)播种繁殖

宜春季进行。发芽适温20℃，种子具嫌光性，播后需覆细土。幼苗期不用施肥，温度控制在20~30℃。幼苗具3~4片真叶时移植。从播种至开花3~4个月。

(2)扦插繁殖

老枝或嫩枝均可用作插穗，通常在春季气温回升之后进行。扦插时剪口处常有白色乳汁流出，应先置于半阴处晾2~3d，使伤口结一层保护膜再扦插，或在切口蘸上草木灰、干灰或干土待浆汁收干后再扦插。

9.1.3　栽培管理

(1)温度和肥水管理

钉头果不耐寒，生长适温12~25℃，越冬温度一般不低于10℃，北方地区只宜盆栽于室内越冬，低于5℃时易受冷害甚至冻害。冬季最好移植于棚内越冬，切忌霜冻和风吹。

生长期需水分充足，浇水“见干见湿”，避免积水，冬季保持土壤稍干燥。

生长期每月施氮磷钾复合肥1次，每年加施1~2次腐熟的有机稀肥，冬季停止施肥。

(2)整形修剪

钉头果植株生长过高时应注意整形修剪，促进多分枝，多开花结果，同时设立支架，防止植株倒伏。在当年结果后最好剪掉上部枝条，只保留基部20~30cm，使其第二年再萌发新枝开花结果。

(3)病虫害防治

钉头果主要病害为煤污病。可在发病初期及时剪除病枝叶并烧毁；加强修剪，降低种植密度，增加通风透光；冬季用石硫合剂喷雾防治，生长季用波尔多液进行防治。

主要虫害是蚜虫和介壳虫。防治方法详见本教材2.3.7病虫害防治相关内容。

9.2 北美冬青

[学名]*Ilex verticillata*

[英文名]North American holly

[别名]轮叶冬青、轮生冬青、美洲冬青

9.2.1 简介

北美冬青为冬青科冬青属多年生落叶灌木，原产于美国东北部。北美冬青树形美观，果实挂满枝头，成熟后为红色，经冬不落，切果水插期长逾2个月，观赏价值高，适应性强。在欧美观赏植物市场上占有重要地位，在国内也有很好的开发利用前景。我国最早于2006年从荷兰引种、栽培和推广。目前，全国多数省份均有引种栽培，且在我国栽培的多个品种均表现出较强的抗性和适应性。如山东威海七彩生物科技有限公司有大规模的北美冬青切果生产(见彩图138)。北美冬青可用于居室盆栽、营造庭园景观及公园绿化，能烘托喜庆、吉祥的气氛，非常符合节日花卉的需求特征，因而成为秋冬切果、环境美化和盆栽的优良观赏树种。

(1)形态特征

单叶互生，长卵形或卵状椭圆形，具硬齿状边缘，叶片表面无毛，绿色，新叶古铜色、老叶呈绿色，叶面深绿有光泽，叶被有茸毛常呈灰绿色。雌雄异株，花期5~6月，花乳白色，复聚散花序，着生于叶腋处；雌花3~6朵，3朵居多；雄花几十朵聚生叶腋。果实为浆果状核果，10月果实转为鲜艳的红色。

(2)生态习性

喜光稍耐阴。喜肥及有机质。喜温暖湿润环境，耐湿性强，但不耐持续干旱，有较强的抗寒性，适宜国内大部分地区生长、繁殖。喜肥沃疏松、微酸到中性土壤(pH 4.5~6.5)，弱碱性土壤也能适应。但pH超过7.4时会不发根，从而导致植株叶片小而黄，生长量小，继而死亡的现象。

(3)主要品种

作为切果用的冬青科植物有冬青(*Ilex chinensis*)和北美冬青等。目前，在欧美栽培应用的品种有30多个。其中应用较多的品种有：

'Oosterwijk'：中文名'奥斯特'，荷兰品种，树形开张，是欧洲流行切果品种，在我国生长表现良好，适应性强。因其良好的观果特性于2010年被评为年度“最具发展潜力品种”，现为国内主栽品种；

'Winter Red'：小枝繁茂，叶色深绿，小白花不明显，因其密集亮丽的红色果实而闻名，其冬季越冷浆果越红，且红色浆果可持续到翌年新的生长季节，持续时间比其他品种都长，是美国最流行的切果品种。

按对乙烯的敏感性不同，可以分为敏感性品种(如'Winter Red'和'Bonfire')和不敏感性品种(如'Burford'和'Sunset')，拥有很长的寿命及优良的果实品质，因而具有很好的适销性。

此外，还有适合绿篱和盆栽的品种'Red Sprite'及'Winter Gold'等。

(4)应用

北美冬青主要作切果，瓶插期长，并且果实在失水后不会脱落，可与其他切花完美契合，形成不同的花艺风格。此外，北美冬青是较理想的盆栽、绿篱树种，不仅能观叶观果，而且冬季落叶不落果，是冬季庭院美化的优良树种，在园林应用方面有广泛用途。

9.2.2 繁殖和育苗

北美冬青可采用播种、扦插、嫁接、压条和组织培养等方法进行繁殖。

(1)播种繁殖

北美冬青种子休眠期长达一年，为打破种子休眠，进行变温层积催芽处理可大大提高种子的发芽率。萌芽时以相对湿度控制在90%，温度控制在30℃为宜。实生苗变异大，不适宜作为商品苗，所以生产上采用种子繁殖较少。

(2)扦插繁殖

北美冬青最早的引种繁育是利用扦插繁殖，这是北美冬青无性繁殖中最优的一种方法。扦插采用草炭土、珍珠岩和蛭石混合基质更有利于生根。扦插繁殖宜在秋季，选枝条基部到中部作穗条，剪取健壮硬枝，用生根剂处理后再扦插，可保证80%以上的生根率。

(3)嫁接繁殖

北美冬青与铁冬青、枸骨等冬青科砧木的亲和性高，在2~3月萌芽前嫁接至地径5~10mm砧木的铁冬青苗，嫁接成苗率可达87%~90%。

(4)压条繁殖

压条时间选择在6~7月，环剥宽度0.5~1.0cm，以植物生长调节剂NAA与IBA处理，同时采用体积比为3∶1的泥炭、珍珠岩混配的基质。

(5)组培繁殖

组织培养采用腋芽诱导增殖及生根可获得成功。

9.2.3 栽培管理

(1)定植

北美冬青一年生实生苗或扦插苗，宜在当年秋季或翌年春季萌芽前进行大田移栽。施足基肥，深翻土地。开沟作畦，种植在受风面边缘。北美冬青为雌雄异株植物，为使其正常结果需按比例配置授粉树。大田种植的北美冬青一般按照株行距0.8m×0.8m定植，雌雄株按9∶1的比例进行田间配置。

(2)温度管理

北美冬青适宜生长温度为15~28℃，具有较高的耐热性，在夏季40℃的极端高温天气，只要保证充足的水分灌溉就能正常生长，且年均温度越高，生长量越多。北美冬青也有良好的耐寒特性，能耐-30℃低温，尤其在北方寒冷、长日照的条件下，北美冬青显示出更长的果期和更鲜红的果实颜色。但北方干旱的气候条件成为其成活率和生长状况的限制因素，在栽培中可通过人工辅助手段予以解决。

(3) 湿度管理

由于北美冬青主要是须根，喜湿不耐干旱，尤其是炎热的夏季，必须保证充足的水分供应。在空气湿度过高的地方，果实会出现暗沉、斑点，且易滋生病菌。

(4) 光照管理

北美冬青喜光稍耐阴，花和果实要求全光照。为防止强光灼伤果叶，夏季炎热光照又强的地区需进行适度遮阴。果实进入着色期后，苗木须进行全光照管理以保证果实顺利转色变红，这时要及时拆除遮阳网，可同时安装防鸟网，避免果实被鸟啄食。

(5) 肥水管理

由于每年开花结实量较大，需肥量较多。开花前用 0.5%的矮壮素进行灌根处理 2 次，中间间隔 10d 左右。开花期结束，用 0.5%的 KH_2PO_4 溶液对叶面进行喷施，其间每隔 10d 左右处理一次，总计 4 次。坐果后按 30kg/亩的氮磷钾复合肥撒播 2 次，间隔 15~20d。落叶以后，配合土壤深翻，将氮磷钾复合肥与腐熟好的鸡粪按体积比 1∶1 混拌均匀后按 80kg/亩均匀撒播，开春后在新叶长出后，追施 10kg/亩尿素即可完成基肥的施用。

由于其主要是须根，喜湿不耐干旱，日常栽培管理中的水分管理尤为重要。夏季高温时应及时灌溉补水。

(6) 整形修剪

生长期不需修剪，可任其自然生长。为保证每年都有 1/2 的植株挂果，在翌年冬季落叶后，可将雌株重剪一半留一半。重剪的一半是为了培养次年的营养枝，不剪的一半是次年结果枝。结果枝萌芽前，要疏除达不到切果要求的枝条，如短小、弯曲和过密的枝条。第 3 年 5 月这些生长枝就能开花、结果。

(7) 病虫害等防治

北美冬青常见病害有茎腐病、根腐病、白粉病、灰霉病、叶斑病等。注意不能过量浇水，若发现感病植株，要将整株丢弃。若是容器苗，也要丢掉土壤，再用漂白剂或杀菌剂刷洗容器。

北美冬青虫害主要有红蜘蛛、刺蛾类和粉蚧。在成虫羽化前将虫茧摘除，消灭幼虫或蛹；同时摘除有较多幼虫的叶片，并集中烧毁；在幼虫危害期间，可喷洒杀虫剂。

此外，成熟的浆果会有鸟类啄食，可使用防鸟网，或在其周围种植一些白色、黄色或橘色果实的植物，以避免红色浆果被鸟食。

9.2.4 采收、包装、贮藏和保鲜

(1) 采收

在果实完全变红时采收。由于北美冬青的果实着重在枝条上，因而采收时需用枝剪。一般左手握枝条基部，右手用枝剪直接从基部剪下，动作要轻，避免果实掉落。优质北美冬青枝条匀称，无曲折现象，没有瑕疵，并有着色明亮的浆果。

北美冬青采收后需要进行脱叶处理。不同品种北美冬青在果实完全着色时叶片脱落程度不同，对于未完全脱落的可进行热处理脱叶。如用塑料袋密封起来，然后将其放在一个纸箱或塑料箱内，温度提高到 30℃。对于早期收获的切果热处理一般需要 7~8d，

后期一般3~4d，然后1周不加热。热处理后，少数没有脱落的叶片可手工去除。在收获的最后四周，则不需要人工脱叶。如没有专门的加热室，可在温室地板上铺塑料袋堆放切果，然后用塑料袋覆盖，但此方法需要至少两周或更长时间才能达到脱叶效果。

(2)包装

北美冬青以前常用蜡处理过的湿纸盒包装，但如用1-MCP预处理则能大大简化包装程序。将几枝聚集成束，放置在聚乙烯袋中，再在横箱中固定、包装。

(3)贮藏

贮藏温度为0~1℃。贮藏北美冬青的包装材料上若有可见的凝露产生，表明温度管理不善，且可能导致真菌生长和乙烯的产生，要尽量避免。

(4)保鲜

由于部分北美冬青品种对乙烯敏感，贮藏包装前需对其进行STS或1-MCP预处理，这可以降低乙烯的伤害，有效延缓销售时的落果现象。

9.3 乳茄

[学名]*Solanum mammosum*

[英文名]Nipple Fruit

[别名]多头乳茄、五指茄、五角茄、黄金果、五代同堂等

9.3.1 简介

乳茄是茄科茄属多年生草本植物，原产于美洲，目前在我国广东、广西、云南、福建均有种植。乳茄果色鲜艳、果形奇特，观果期长，寓意吉祥如意，具有很高的观赏价值和经济价值。

(1)形态特征

叶为深绿色掌状阔叶。蝎尾状花序通常具3~4朵花；花萼5深裂，外被具节长柔毛及腺毛；花冠紫堇色，5深裂，裂片外面有毛而内面无毛，边缘具缘毛。浆果倒梨形，基部有5个乳头状凸起，长4~5cm，像人的手指，成熟后由绿色变为金黄色或橙色(见彩图139)。

(2)生态习性

喜高温、高湿、阳光充足的环境，忌涝、忌旱、忌连作，适宜大水大肥，耐高温，不耐寒。喜阳光充足，忌长期遮阴，最适合在强光下生长。光照不足时植株就会徒长，叶片会黄化脱落。秋季相对湿度85%时，气温降低，坐果率最高。对土壤要求不严，在疏松肥沃、富含有机质的砂壤土上长势较好。

(3)主要品种

分为有刺和无刺两个品种。有刺乳茄枝叶上长满倒生的小刺，根系发达，适应性强，生育期较短，枝干硬、节间短、不易倒伏，分枝能力强。无刺乳茄生长习性与有刺乳茄相近，在形态上与之相反。因有刺品种栽培管理较困难，生产上以种植无刺品种为主。

(4)应用

乳茄有"五子拜寿"和"五子登科"的寓意，人们常把乳茄摆在神案上。乳茄果形奇特，观果期达半年，是优良的切果材料，更是一种插花的优质素材，也广泛应用于盆栽花卉上。

9.3.2 繁殖和育苗

乳茄可用播种、扦插和组培繁殖。

(1)播种繁殖

最好随采随播。中国南方在3月播种，北方在4月播种。温度为22~30℃，10d左右可出芽，待幼苗长至10cm后，可打顶，移植大田或上盆栽培。

(2)扦插繁殖

适合较温暖的南方地区采用。夏季用顶端嫩枝作插条，15~20d左右即可生根。

(3)组培繁殖

生产上常采用组培繁殖培养健康种苗，鞠玉栋等(2020)以乳茄嫩枝为外植体最终确定适合乳茄外植体的消毒方法为70%的乙醇消毒10s，0.1%的升汞消毒6min；芽诱导培养基为MS+6-BA 2.0mg/L+NAA0.05mg/L；最佳继代增殖培养基为MS+1.0mg/L BA+0.05mg/L NAA+0.1mg/L GA_3+30g/L S，增殖系数为4.35；最佳生根培养基为1/2 MS+0.5mg/L IBA+0.3mg/L ABT1，生根率达93.5%以上；组培苗移栽适宜基质为泥炭土：珍珠岩=5：1，成活率达96.7%。

9.3.3 栽培管理

(1)土壤选择

乳茄对土质要求不严，酸性土及碱性土均可生长，以排水良好而肥沃的砂壤土为佳，应选择前作不是茄科植物的土地栽培。对于连作等原因导致的病毒严重的耕作熟土，应先进行土壤消毒处理。

(2)温度管理

生长适温为15~35℃，夏季能忍耐40~42℃的高温，最佳挂果温度为20~35℃。在中国华南地区略加保护即可露地越冬，而华东、华中、华北地区冬天必须在室内越冬。可于霜降后搬入室内光线较好的地方，维持不低于10~15℃的室温。

(3)肥水管理

整个果实的膨大生长过程是前期生长较慢，中期生长较快，后期又较慢，呈典型的"S"形生长曲线。乳茄从第一台花系形成到最后一台果长需80~100d，需肥期长，因而要保证长期的水肥供给。施肥主要分3次，以提前施肥、集中施肥为原则，一般小苗成活后7~10d、植株分叉时和坐果期各追肥一次。

在整个生长过程中需要吸收大量的水分，要求土壤水分保持在70%~85%。

(4)整形修剪

乳茄任其自然生长会长到1m多高，枝条散乱，观赏价值降低，作为优良的切果材料常需要使其矮化，主要有两种方法：一是在茎枝40cm左右时摘去顶芽，每株留3~5

个枝杈，去掉多余的腋芽及分枝，强剪老枝弱枝，节约养分，减少病虫害滋生。二是当乳茄苗木长到20cm时摘心定干，选两个枝条使其成为主枝交叉向上生长，开花时除去主枝的顶芽，保留第一个腋芽副梢代替顶芽，如此反复，提高坐果率。其次，乳茄还要注意疏花疏果，及时去除长势不好的果实，减少养分的消耗。

(5)病虫害防治

乳茄易受茄科病毒感染，病害严重。乳茄的发病规律大概为三个周期：一是黄萎病、病毒病的发生时期，这一时期在大田移栽后一个月左右，可用多菌灵加以预防；二是立枯病和白粉病的发生时期，在植株挂果后易发生，可用粉锈清或多菌灵防治；三是在果子快成熟时，如遇到长期阴雨天气，会出现落果，可用代森锰锌或百菌清加以防治。同时及时清理田间落叶杂草，根除病株。

主要虫害有地老虎、斜纹夜蛾和菜青虫，农药可用地虫灵和万灵。

9.3.4 采收、分级、包装、运输、贮藏和保鲜

(1)采收

为避免霜冻影响外观品质，一般12月中下旬90%以上果实成熟(多数呈现金黄色、橘黄色，少数为青黄色、黄色偏白)时采收。避免采收过早而影响观赏性和瓶插寿命。

(2)分级

根据果实外观品质、数量和枝条长度分为4个等级。果实大小均匀、单果重50~60g、每轮果实3个以上、枝条长2m的为1级；枝条长1.8m的为2级；枝条长1.6m的为3级；枝条长0.8~1m的为4级。

(3)包装

将分级后的切枝贴上标签再装箱，包装箱的空缺处塞紧废纸，注意对果子的保护，避免运输中发生机械损伤。

(4)运输

冬季、早春运输要用保温车，或用棉被包裹保温，操作时轻拿轻放。运输过程中注意避免挤压和碰撞。同时做好通气和保湿。

(5)贮藏

在干燥冷室内贮藏，不落果。

(6)保鲜

由于乳茄果实革质，外被蜡质，不易风干，干燥后不变形也不变色，果实挂果保鲜期长达3~4个月，不腐烂，不干燥，不需要刻意保鲜。

9.4 其他切果植物

上述介绍了钉头果、北美冬青和乳茄3种切果的生产技术，在花卉批发市场和花卉博览会及花店还可以见到很多其他切果植物，如园林植物南天竹、火龙珠(见彩图140)、紫珠(见彩图141)、火棘(见彩图142)的果实和农作物小麦(见彩图143)和棉花(见彩图144)的果实都可以作为切果使用。具体种类见表9-1所列。

表 9-1 常见的切果类植物

序号	中文名	学名	科属
1	枇杷	*Eriobotrya japonica*	蔷薇科枇杷属
2	山楂	*Crataegus pinnatifida*	蔷薇科山楂属
3	海棠	*Malus spectabilis*	蔷薇科苹果属
4	玫瑰	*Rosa rugosa*	蔷薇科蔷薇属
5	蔷薇	*Rosa multiflora*	蔷薇科蔷薇属
6	火棘	*Pyracantha fortuneana*	蔷薇科火棘属
7	苹果	*Malus pumila*	蔷薇科苹果属
8	柑橘	*Citrus reticulata*	芸香科柑橘属
9	‘佛手’	*Citrus medica* ‘Fingered’	芸香科柑橘属
10	金柑(金橘)	*Citrus japonica*	芸香科柑橘属
11	钝钉头果	*Gomphocarpus physocarpus*	萝藦科钉头果属
12	红果金丝桃(‘火龙珠’)	*Hypericum* × *inodorum* ‘Excellent Flair’	金丝桃科金丝桃属
13	冬青	*Ilex chinensis*	冬青科冬青属
14	紫盆花(轮峰菊)	*Scabiosa atropurpure*	川续断科蓝盆花属
15	紫珠	*Callicarpa bodinieri*	唇形科紫珠属
16	灯台树	*Cornus controversum*	山茱萸科灯台树属
17	珊瑚豆(玉珊瑚)	*Solanum pseudocapsicum*	茄科茄属
18	酸浆	*Alkekengi officinarum*	茄科酸浆属
19	灯笼果	*Physalis peruviana*	茄科酸浆属
20	朝天椒(五色椒)	*Capsicum annuum* var. *conoides*	茄科辣椒属
21	枸杞	*Lycium chinense*	茄科枸杞属
22	毛核木(雪果)	*Symphoricarpos sinensis*	忍冬科毛核木属
23	‘圆果’毛核木(‘红雪果’)	*Symphoricarpos orbiculatus* ‘Snowberry’	忍冬科毛核木属
24	金银木	*Lonicera maackii*	忍冬科忍冬属
25	忍冬(金银花)	*Lonicera japonica*	忍冬科忍冬属
26	石榴	*Punica granatum*	石榴科石榴属
27	相思子	*Abrus precatorius*	豆科相思子属
28	羊角拗	*Strophanthus divaricatus*	夹竹桃科羊角拗属
29	柿	*Diospyros kaki*	柿科柿属
30	刺芹	*Eryngium foetidum*	伞形科刺芹属
31	红凉伞(朱砂根)	*Ardisia crenata*	报春花科紫金牛属
32	观赏葫芦	*Lagenaria siceraria* var. *microcarpa*	葫芦科葫芦属

（续）

序 号	中文名	学 名	科 属
33	栀 子	*Gardenia jasminoides*	茜草科栀子属
34	乌 桕	*Triadica sebifera*	大戟科乌桕属
35	南天竹	*Nandina domestica*	小檗科南天竹属
36	葡 萄	*Vitis vinifera*	葡萄科葡萄属
37	风车果	*Arnicretea cambodiana*	卫矛科风车果属
38	玫瑰茄(洛神花，红宝石)	*Hibiscus sabdariffa*	锦葵科木槿属
39	棉 花	*Gossypium hirsutum*	锦葵科棉属
40	银叶桉(尤加利)	*Eucalyptus robusta*	桃金娘科桉属
41	长叶珊瑚	*Aucuba himalaica* var. *dolichophylla*	山茱萸科桃叶珊瑚属
42	女贞(桢木)	*Ligustrum lucidum*	木樨科女贞属
43	小 麦	*Triticum aestivum*	禾本科小麦属

小 结

本章介绍了钉头果、北美冬青、乳茄 3 种常见切果植物的名称、形态特征、生态习性、常见近缘种和品种、应用、栽培管理技术、采收、分级、包装、贮藏、运输和保鲜技术等，并对市场常见其他切果植物进行了调查总结。通过本章的学习，学生可以对常见切果类植物有充分的了解，并知道如何进行其高效栽培和生产。

思考题

1. 常见的切果植物有哪些?
2. 试述北美冬青的栽培管理要点。
3. 试述如何进行乳茄的矮化和分级。

推荐阅读书目

鲜切花生产技术．赵冰．西北农林科技大学出版社，2018.

10 切枝生产技术

切枝是以枝作为离体植物材料的主体。切枝可以无花朵着生，只欣赏枝条的线条美感，有直、曲、拱、扭、垂等多样形态变化，如松、柏、竹、龙枣、红瑞木、富贵竹和木贼等；也可着生花朵(蕾)或叶片，但在插花应用中主要观赏各种奇妙姿态的花枝，如龙爪柳、银芽柳、龙游梅枝、桃枝、银叶桉(尤加利)、小叶桉(细叶尤加利)、南天竹、常春藤、南蛇藤、迎春花、翡翠珠(绿铃、情人泪)等。还有些切枝有特殊香味，如来自澳大利亚的尤加利'蓝梦'(*Eucalyptus* 'Blue Dream')蓝色系切枝，主要用于切枝供应国内鲜切花市场。切枝类常作为东方式插花和花卉装饰的主体或衬托，如龙柳枝条可弯成心形在月季花束中充当点睛之笔。本章主要介绍银芽柳和富贵竹的切枝生产技术。

10.1 银芽柳

[学名] *Salix leucopithecia*
[英文名] Cat-tail Willow
[别名] 棉花柳、银柳

10.1.1 简介

银芽柳是杨柳科柳属落叶丛生灌木。原产于我国东北地区，朝鲜半岛、日本也有分布，在中国江南地区也有栽培。银芽柳开花的时候银白色的绢毛布满花序，所以名为银芽柳。花蕾呈现时，如朵朵棉花球，故又名棉花柳。银芽柳的花很香，从花蕾露色到凋谢，花期可达3个月之久，是元旦、春节期间插花的常用花材。

(1)形态特征

枝条细且长，呈绿褐色，幼时具绢毛，老则光滑无毛。红紫色的冬芽有光泽。单叶互生，披针形或长椭圆形，深绿色，背面密生白毛。早春花先叶开放，花是柔荑花序，初开时芽鳞舒展，包被于椭圆状花序基部，红色而有光泽，盛开时银白色花芽银光闪烁，形似白毛笔头，花序密被银白色绢毛。

(2)生态习性

喜阳光充足、温暖湿润的环境，耐潮湿也耐寒冷，不耐干旱，忌积水。适宜在水边生长。适应土壤的范围较广，耐盐碱，但在土层深厚肥沃，疏松肥沃、排水良好的砂质壤土中生长最佳，最适土壤 pH 6.0~6.5。

(3)主要品种

常见同属观赏种有细柱柳、大叶柳、垂枝银芽柳等，品种较少。

(4)应用

银芽柳是著名的观芽植物，其毛茸茸的银白色花芽自然淡雅，经染色处理成红、粉、黄、绿等色(见彩图 145)，使用时连同芽一起切下，适合瓶插观赏或制作各种插花、花艺作品，或作为大花蕙兰、凤梨、蝴蝶兰等年宵花组合盆栽的点缀。制成干花后，一年四季都能上市销售。此外，银芽柳还是很好的绿化苗木。

10.1.2 繁殖和育苗

银芽柳的主要繁殖方法为扦插法。扦插最佳时间在春季，将带有 4~5 个饱满叶芽、无花芽的枝条剪成 10cm，在基部浸蘸生长素后扦插。银芽柳不需要育苗，可以直接在田里扦插，生根时间在 20~25d，成活率较高。在热带或亚热带地区最宜在 2 月中下旬扦插。用劈接的方法进行嫁接繁殖成活率高。

10.1.3 栽培管理

银芽柳一般宜于地栽，通常于 2 月中下旬种植，于 12 月中旬~翌年 2 月成熟采收。栽培管理比较粗放。

(1)温度和光照管理

最适生长温度 18~30℃，可耐冬季-10℃低温。地栽的植株经过平茬后易受冻，为了防止根茎部分因为受冻而枯死，一般采取覆土的方式防寒。银芽柳属喜光花卉，花芽膨大期需充足的阳光。光照不足，会影响芽苞的正常发育。在采取保护地栽培时，如遇持续阴雨、无光照的情况，可使用电灯进行补光。

(2)肥水管理

为了促进枝条粗壮，花芽健康生长，饱满均匀，在种植时可施加腐熟的有机肥作为基肥。整个生育期还需要施追肥 7~8 次。生长期每月施一次肥，当冬季花芽开始膨大，剪取花枝后，增施 1~2 次磷钾肥。银芽柳较耐旱，除了定植后需要浇透水，随着苗龄的增加，可利用自然降水满足植株的水分需求。夏季高温或天气较干旱时，需及时浇水，保持土壤湿润。

(3)整形修剪

银芽柳耐修剪。种植初期(植株高 1~1.5m)要及时修剪，以促使更多侧枝萌发。剪取花枝时要轻剪，防止芽苞脱落。由于银芽柳生长年限较长，因此维持良好的树型很重要，可修剪成自然开心式，保证其主干处于直立状态。

(4)花期调控

银芽柳在北温带地区栽植时，在入冬之前可剪取所有的花枝，放到1~3℃的冷室里让其休眠。到了第二年，可把花枝转到5~10℃的低温温室中，将其泡在水里促使发芽，当长出花芽后即可作为切花出售。

(5)病虫害防治

银芽柳常见的病害有立枯病和黑斑病。植株被感染立枯病后，最开始芽叶逐渐脱落，枝条枯萎，发病末期植株会死亡；植株被感染黑斑病后，叶片上最开始会出现褐色的小斑点，一段时间后转为黑褐色的斑点，发病严重时叶片枯萎，芽苞被感染后变黑。可用65%的代森锌可湿性粉剂500倍液喷洒叶面。

银芽柳虫害不多，一般是蚜虫、刺蛾等。防治方法详见本教材2.3.7病虫害防治相关内容。

10.1.4 采收、分级、包装、贮藏和染色

(1)采收

采收时间多在12月中旬~翌年2月。当叶片完全脱落、花芽饱满充实时为其采收适期。可在采收前的半个月除去银芽柳的所有叶子，采收时将枝条从茎的基部开始剪。

(2)分级

首先清除生长势差、营养不良和芽苞很少的枝条，然后区分开单枝和有分叉的枝条。选择枝条的标准为长1m的枝条内要包含38个芽苞，芽苞饱满且分布均匀。

(3)包装

所收获的切枝在整理分级后进行捆扎。一般7~12枝分叉枝条扎成一捆，每5~10捆分叉枝条扎成一大捆，将它们装在包装箱中方便运输或上市销售。通常采用90cm×45cm×30cm的衬膜瓦楞纸箱进行包装运输。

(4)贮藏

在保鲜液或清水中贮藏。

(5)染色

银芽柳常染成各种颜色进行上市销售。染色时需要把银柳芽外面的苞片去掉。用0.2%的食用色素溶液浸泡切枝7~10d(可根据颜色深浅决定染色的时长)，然后阴干10~15d可形成不同颜色的干花枝。

10.2 富贵竹

[学名]*Dracaena sanderiana*

[英文名]Ribbon Dracaena, Lucky Bamboo, Belgian Evergreen, Ribbon Plant

[别名]万寿竹、万年竹、开运竹、竹塔、富贵塔、巴西铁树、喀麦隆龙血树等

10.2.1 简介

富贵竹是龙舌兰科龙血树属多年生常绿观叶小乔木，原产于加利群岛及非洲和亚洲

的热带地区，泰国、印度也有分布，我国于20世纪80年代后期大量引入作观赏。我国的富贵竹生产基地主要在广东、海南、福建等地，已经成为全球最大的富贵竹生产和出口基地。

(1)形态特征

茎干直立，一般不分枝；有节，似竹子，在节处会长出气生根。叶互生或近对生，长椭圆形或椭圆状披针形，浓绿色，叶片基部鞘状紧密抱茎(见彩图146)。花呈伞形花序，花小，有花3~10朵，生于叶腋或于上部叶对生，花被6，钟状，紫色。以观赏茎干、枝叶为主，人工栽培较难开花结果。

(2)生态习性

喜温暖不耐寒，生长适温20~28℃，可耐短时2~3℃的低温，低于13℃则植株休眠；冬季栽培温度应在5℃以上。喜半阴，耐阴能力较强；忌阳光暴晒，否则叶片灼伤，褪绿黄化，生长缓慢。喜土壤湿润，耐涝；要求较高的空气湿度，否则叶尖易干枯。对栽培土壤要求不严，以富含腐殖质、疏松、透气良好的微酸性砂质壤土为宜，耐肥力较强。

(3)品种

很多品种可用作切枝和切叶，主要有'金边'富贵竹(*D. sanderiana* 'Virescens')、'金心'富贵竹、'银心'富贵竹(*D. sanderiana* 'Margaret Berkery')、'荷叶'竹、'银边'富贵竹(*D. sanderiana* 'Variegata')等。

(4)应用

富贵竹茎叶形态酷似翠竹，其茎干挺拔，四季常绿，耐阴，花语有"花开富贵，竹报平安，大吉大利，富贵一生"等意，常用于家庭盆栽和水培观赏，也可作为高级插花材料观赏应用。也可将其茎干加工造型为"富贵竹塔"，或栽培过程中人工处理弯曲螺旋造型观赏。

10.2.2 繁殖和育苗

富贵竹主要通过扦插育苗，将其茎干切成茎段，插入土壤中或茎段水养扦插的方式繁殖。在气温适宜时可全年进行扦插繁殖，且枝条茎干越粗越好，但是以茎干直径≥13mm为佳。一般剪取不带叶的茎段作插穗，长度控制在5~10cm，最好带有3个节间。在我国南方春秋两季一般25~30d，茎段即可生根发芽，35d左右即可移栽。

富贵竹的茎段插入水中培养也可生根，所以富贵竹也可进行无土栽培。

10.2.3 栽培管理

(1)肥水管理

土壤半干时浇水，冬季减少浇水次数。空气干燥时增加喷水，雨季注意排水。当根系长至3~4cm时开始施肥，可用复合肥(N∶P∶K=2∶1∶2)，约2个月施用一次。

(2)螺旋弯竹造型

螺旋弯竹的造型是在日常栽培过程中进行的。当扦插苗长至80~85cm时，距植株顶端15~20cm处用绳和垂直插于土中的小竹棍固定植株，方向与栽培畦方向垂直，植株与地面角度为15°~25°；10~15d后当植株顶端茎干与地面垂直时，顺时针(或逆时针)方向转动植株90°并固定；当顶部茎干与地面垂直时，再次转动植株至90°并固定。如此反复转动10~14次，即可形成两弯半的螺旋弯竹。当定型后的弯竹茎干生长25~30cm时即可采收。

(3)病虫害防治

富贵竹病害主要有细菌性的茎腐病和叶斑病、真菌性的根腐病和炭疽病等。茎腐病多在5~9月高温高湿时发生，根腐病主要发生在12月~翌年3月。根腐病可先用70%甲基托布津1000倍液，5~7d后用58%瑞毒霉锰锌1000倍液，再隔5~7d后用75%百菌清1000倍液交替进行防治；茎腐病用42%克菌净粉剂3000倍液或88%水合霉素1000倍液浸泡植株进行防治；炭疽病、叶斑病可用75%百菌清800倍液或70%甲基托布津或70%代高乐1000~1200倍液喷施防治，上述农药交替使用，每5~7d一次，连续3~4次，防治效果较好。

虫害主要有介壳虫、红蜘蛛、蚜虫等，可用50%马拉硫磷油剂1000倍液进行喷杀防治。

10.2.4 采收与保鲜

(1)采收

在距地面1~2cm处用消毒过的剪刀将枝条剪下，剩余残株可用于下茬再生产。采收后为防止病菌感染，可用多菌灵、甲基托布津等杀菌剂对植株进行喷施，间隔5~7d一次。待残株长出多个脚芽，采取留强去弱，留矮去高原则，每株留取1~2个健壮芽。

加工富贵竹塔用的直立植株，生长应在12个月以上，采收健壮充实、叶片完整、无病虫害及瑕疵的枝条。剪下枝条应尽快移至室内修剪、捆扎造型，注意切口消毒处理。螺旋弯竹采收要求生长14个月以上，茎干上没有不定根，要求与直竹一样剪切。采收后尽快移至室内去顶，切口距离顶部末端≥10cm；下切口根据客户要求定高、修剪、捆扎，再进行上下剪口的消毒处理。

(2)保鲜

富贵竹采后贮藏保鲜不当易出现茎干不均开裂、黄化、干枯、切口腐烂等现象，可以运用适当的贮藏条件和保鲜剂降低伤害。余前媛等(2008)筛选出适合富贵竹茎段保鲜及贮运的保鲜液：用保鲜液200mg/L $Al_2(SO_4)_3$ + 100mg/L VC + 200mg/L $CaCl_2$ + 1% S + 250mg/L 8-HQC + 0.02% CCC + 1‰ 70%甲基拖布津在冬季处理富贵竹茎段上端切口状态最佳。200mg/L $Al_2(SO_4)_3$ + 0.05mg/L 2,4-D + 10mg/L VB_5 +10mg/L VB保鲜液保鲜效果较好，防治下端切口黄化效果最佳。

10.3 其他切枝植物

在插花创作中，还有很多其他切枝植物应用。如蔷薇科、杜鹃花科的植物，不但花朵美丽，带有花的枝条蜿蜒多姿，而且造型非常独特，在中国式插花中应用较多，给作品增加了别样的线条感。具体见表10-1所列。

表 10-1 常见切枝植物

序号	中文名	学名	科属
1	海　棠	*Malus spectabilis*	蔷薇科苹果属
2	梨　花	*Pyrus* spp.	蔷薇科梨属
3	梅	*Prunus mume*	蔷薇科李属
4	绣线菊	*Spiraea salicifolia*	蔷薇科绣线菊属
5	麻叶绣线菊	*Spiraea cantoniensis*	蔷薇科绣线菊属
6	珍珠绣线菊(喷雪花)	*Spiraea thunbergii*	蔷薇科绣线菊属
7	‘碧桃’	*Prunus persica* ‘Duplex’	蔷薇科李属
8	旱柳(龙柳)	*Salix matsudana*	杨柳科柳属
9	龙爪柳	*Salix matsudana* f. *tortuosa*	杨柳科柳属
10	‘龙须’柳	*Salix babylonica* ‘Tortuosa’	杨柳科柳属
11	‘龙爪’桑	*Morus alba* ‘Tortuosa’	桑科桑属
12	‘龙爪’枣	*Ziziphus jujuba* ‘Tortuosa’	鼠李科枣属
13	杜鹃花	*Rhododendron simsii*	杜鹃花科杜鹃花属
14	吊钟花	*Enkianthus quinqueflorus*	杜鹃花科吊钟花属
15	台湾吊钟花	*Enkianthus perulatus*	杜鹃花科吊钟花属
16	马醉木	*Pieris japonica*	杜鹃花科马醉木属
17	铁线莲	*Clematis florida*	毛茛科铁线莲属
18	青皮竹	*Bambusa textilis*	禾本科簕竹属
19	青丝黄竹	*Bambusa eutuldoides* var. *viridivittata*	禾本科簕竹属
20	毛　竹	*Phyllostachys edulis*	禾本科刚竹属
21	泰　竹	*Thyrostachys siamensis*	禾本科泰竹属
22	‘金镶玉’竹	*Phyllostachys aureosulcata* ‘Spectabilis’	禾本科刚竹属
23	观音竹	*Bambusa multiplex* var. *riviereorum*	禾本科簕竹属
24	芦　苇	*Phragmites australis*	禾本科芦苇属
25	木　贼	*Equisetum hyemale*	木贼科木贼属
26	玉　兰	*Yulania denudate*	木兰科玉兰属
27	南蛇藤	*Celastrus orbiculatus*	卫矛科南蛇藤属
28	南天竹	*Nandina domestica*	小檗科南天竹属
29	猕猴桃	*Actinidia chinensis*	猕猴桃科猕猴桃属
30	白　桦	*Betula platyphylla*	桦木科桦木属
31	常春藤	*Hedera nepalensis* var. *sinensis*	五加科常春藤属
32	红瑞木	*Cornus alba*	山茱萸科山茱萸属

（续）

序 号	中文名	学 名	科 属
33	金银忍冬	*Lonicera maackii*	忍冬科忍冬属
34	蜡 梅	*Chimonanthus praecox*	蜡梅科蜡梅属
35	连 翘	*Forsythia suspensa*	木樨科连翘属
36	雪 柳	*Fontanesia philliraeoides* var. *fortunei*	木樨科雪柳属
37	千层金	*Melaleuca bracteata*	桃金娘科白千层属
38	南天竹	*Nandina domestica*	小檗科南天竹属
39	美丽异木棉	*Ceiba speciosa*	木棉科吉贝属

小 结

本章介绍了银芽柳和富贵竹两种常见切枝植物的名称、形态特征、生态习性、常见近缘种和品种、应用、栽培管理技术、采收、分级、包装、贮藏、运输和保鲜技术等，并对市场常见切叶类植物进行了调查和归纳梳理。通过本章的学习，学生可以对常见切枝类植物有充分的了解，并知道如何进行其高效栽培、生产和应用。

思考题

1. 常见的切枝植物有哪些？
2. 试述富贵竹的螺旋弯曲造型技术。

推荐阅读书目

鲜切花生产技术．赵冰．西北农林科技大学出版社，2018.

参考文献

包满珠，2011. 花卉学[M]. 3 版. 北京：中国农业出版社.

成海钟，蔡曾煜，2000. 切花栽培手册[M]. 北京：中国农业出版社.

程冉，赵燕燕，2015. 鲜切花生产与保鲜技术[M]. 北京：中国农业出版社.

丁元明，1999. 鲜切花生产、分级、包装技术手册[M]. 北京：中国农业出版社.

方宇，2022. 一朵鲜花下的经济学[J]. 经理人(6)：56-59.

高红玲，2022. 从花拍大数据看鲜切花产业链[J]. 中国花卉园艺(4)：16-21.

高荣梅，2020. 从昆明花拍看鲜切花产业变化与趋势[J]. 中国花卉园艺(11)：10-13.

高荣梅，2021. 乘风破浪 乘势而上——鲜切花产销形势分析和发展趋势[J]. 中国花卉园艺(4)：8-12.

耿国彪，2022. 花卉产业疫情之下的美丽经济[J]. 绿色中国(8)：20-23.

胡绪岚，1996. 切花保鲜新技术[M]. 北京：中国农业出版社.

胡一民，2004. 观叶植物栽培完全手册[M]. 安徽：安徽科学技术出版社.

黄国振，邓惠勤，李祖修，等，2009. 睡莲[M]. 北京：中国林业出版社.

姬翔生，2017. "一带一路"下中国鲜切花产业的定位与格局[J]. 中国花卉园艺(18)：30-34.

贾军，朱瑾，黄洪峰，2018. 鲜切花材[M]. 北京：中国林业出版社.

蒋细旺，李秋杰，黄海泉，2009. 盆花与切花生产技术[M]. 北京：经济科学出版社.

金波，1998. 鲜切花栽培技术手册[M]. 北京：中国农业大学出版社.

金幻橙，2019. 云南鲜切花生产居国内多个第一[J]. 时代金融(1)：23.

鞠玉栋，何炎森，李跃森，等，2020. 乳茄组培快繁技术[J]. 安徽农学通报，26(1)：19-21.

旷野，2022. 2022 年欧洲花卉植物春夏流行趋势[J]. 中国花卉园艺(4)：74-77.

李保明，衣彩洁，周清，等，2000. 温室大棚花卉生产[M]. 北京：科学技术文献出版社.

李翠英，李顺莲，2022. 马蹄莲的生长特性与盆栽技术[J]. 新农村(6)：27-28.

李德美，1999. 切花生产与保鲜技术问答[M]. 北京：中国农业出版社.

李金泽，2015. 洋桔梗标准化种植技术[J]. 农村实用技术(4)：42-43.

李俊瑜，刘昕，杨明珊，2021. 鲜切花无土栽培模式与传统地栽对比[J]. 云南农业(8)：53-54.

李琴，陈德富，2019. 我国鲜切花出口发展的现状、问题与对策[J]. 对外经贸实务(7)：46-49.

李艳梅，2022. 大众花卉消费习惯与需求变化——2021—2022 年花卉消费意向调查结果分析[J]. 中国花卉园艺(1)：45-49.

李跃，李纶，2000. 鲜切花的保鲜包装技术研究初探[J]. 中国包装(3)：22-25.

刘燕，2020. 园林花卉学[M]. 4 版. 北京：中国林业出版社.

龙雅宜，1994. 切花生产技术[M]. 北京：金盾出版社.

陆继亮，2020. 世界花卉产销现状及发展趋势[J]. 现代园艺，43(23)：73-75.

陆继亮，何燕红，2021. 中国鲜切花行情运行规律及展望[J]. 湖北农业科学，60(20)：196-200，213.

陆继亮，徐振邦，2021. "陆良模式"鲜切花生产的创新点[J]. 中国花卉园艺(10)：54-55.

罗凤霞，周广柱，2001. 切花设施生产技术[M]. 北京：中国林业出版社.

穆鼎，1997. 鲜切花周年生产[M]. 北京：中国农业科技出版社.
秦光远，代亚轩，程宝栋，2019. 中国鲜切花进口需求弹性分析[J]. 新疆财经(4)：5-14.
唐开学，2021. 切花月季标准化生产技术[M]. 北京：科学出版社.
王诚吉，马惠玲，2004. 鲜切花栽培与保鲜技术[M]. 杨凌：西北农林科技大学出版社.
王立如，2021. 现代花艺在婚礼花艺设计中的装饰设计应用[D]. 北京：北京林业大学.
王新悦，2021. 切花 开拓花卉行业"中国芯"[J]. 中国花卉园艺(8)：10-15.
韦三立，2002. 花卉产品采收保鲜[M]. 北京：中国农业出版社.
吴少华，2000. 鲜切花周年生产指南[M]. 北京：科学技术文献出版社.
夏宜平，2001. 鲜切花培育技术[M]. 上海：上海科学技术出版社.
谢利娟，2007. 插花与花艺设计[M]. 北京：中国农业出版社.
薛麒麟，2007. 切花栽培技术[M]. 上海：上海科学技术出版社.
杨春起，2018. 观赏园艺实用生产技术研究[M]. 北京：中国农业出版社.
杨雯琳，2020. 鲜切花运输包装及物流配送的分析研究[J]. 中国集体经济(21)：117-118.
杨跃辉，2013. 中国主要花卉产品国际竞争力研究[D]. 福州：福建农林大学.
姚飞，2018. 基于产业链视角的云南鲜切花产业研究[D]. 昆明：云南大学.
依扬，2021. 鲜切花生产消费渐入佳境[J]. 中国花卉园艺(12)：13-17.
翟洪武，2001. 切花、养花 300 例[M]. 天津：天津科学技术出版社.
张力，2021. 从海关数据看我国鲜切花进出口市场变化[J]. 中国花卉园艺(9)：16-23.
赵冰，2018. 鲜切花生产技术[M]. 杨凌：西北农林科技大学出版社.
郑成淑，2022. 切花生产理论与技术[M]. 3 版. 北京：中国林业出版社.
中国科学院中国植物志编委会，1979. 中国植物志[M]. 北京：科学出版社.
周默，2020. 消费速降 交易新低 全球产业需要"花卉的力量"[J]. 中国花卉园艺(7)：56-57.
周默，马特·皮扎罗，2021. 疫情对全球切花贸易发展的影响[J]. 中国花卉园艺(11)：74-76.

彩图 1　蝴蝶兰切花生产中的支架绑缚（张希泉）

彩图 2　昆明杨月季园艺有限责任公司澳蜡花规模化生产

彩图 3　昆明杨月季园艺有限责任公司八仙花切花露地生产

彩图 4　湛江市天运园艺有限公司富贵竹规模化生产（赵妮）

彩图 5　威海七彩生物有限公司北美冬青规模化生产（母洪娜）

彩图 6　陕西西部兰花生态园蝴蝶兰切花生产

彩图 7　福建省农业科学院文心兰切花生产（吴建设）

彩图 8　锦海农业科技发展有限公司月季切花生产（游林丽）

彩图 9　岁朝插花（陶成）

彩图 10　端午龙舟插花（中华花艺）

彩图 11　祝寿花篮（白国振）

彩图 12　开业花篮（白国振）

彩图 13　迎宾桌花（大力）

彩图 14　会议桌花（杨丽）

彩图 15　演讲台花（鹿石花艺）

彩图 16　婚礼胸花（孟佳）

彩图 17　手腕花（杨丽）

彩图 18　半球形手捧花（飞虎）

彩图 19　婚车心形切花（杨丽）

彩图 20　花门（荔枝婚品）

彩图 21　路引（荔枝婚品）

彩图 22　舞台背景（杨丽）

彩图 23　花束

彩图 24　单面观花束（付晓飞）

彩图 25　干花迷你小花束

彩图 26　山茱萸插花（张奥龙）

彩图 27　龙枣主枝插花（杨丽）

彩图 28　南天竹主枝插花（鲍宏妍）

彩图 29　牡丹插花

彩图 30　三角形插花（杨丽）

彩图 31　放射状插花（花艺在线）

彩图 32　铺陈（花艺在线）

彩图 33　粘贴（花艺在线）

彩图 34　层叠（花艺在线）

彩图 35 自由式插花

彩图 36 染色满天星

彩图 37 染色月季

彩图 38 染色八仙花

彩图 39 染色香石竹

彩图 40 月季永生花礼盒

彩图 41 月季永生花钟罩花

彩图 42　北京莱太花卉市场切花售卖

彩图 43　昆明斗南花卉市场非洲菊切花售卖

彩图 44　昆明斗南花卉拍卖中心待拍卖的切花

彩图 45　郁金香切花品种展示

彩图 46　月季切花品种展示（吴沙沙）

彩图 47　安祖花切花品种展示

彩图 48　八仙花切花品种展示

彩图 49　百合切花品种展示（罗建让）

彩图 50　百合切花品种展示

彩图 51　多头香石竹切花品种展示

彩图 52　切花菊品种展示

彩图 53　马蹄莲切花品种展示

彩图 54　唐菖蒲切花品种展示（罗建让）

彩图 55　切花货架摆放展示不同品种

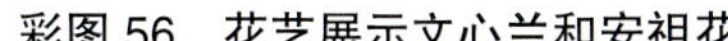

彩图 56　花艺展示文心兰和安祖花

彩图 57　花艺展示蝴蝶兰切花

彩图 58 花艺展示文心兰切花

彩图 59 墙壁和桌面展示不同切花品种（吴沙沙）

彩图 60 花店切花售卖（吴沙沙）

彩图 61 花店冷柜保存

彩图 62 美国超市切花售卖

彩图 63 美国超市切花货架

彩图 64 荷兰超市切花售卖（吴沙沙）

彩图 65 切花自助销售（吴沙沙）

彩图 66 切花菊

彩图 67 非洲菊

彩图 68 香石竹

彩图 69　唐菖蒲

彩图 70　月季

彩图 71　百合

彩图 72　洋桔梗

彩图 73　八仙花

彩图 74　马蹄莲

彩图 75　蝴蝶兰

彩图 76　文心兰

彩图 77　睡莲

彩图 78　向日葵

彩图 79　圆锥石头花

彩图 80　深波叶补血草

彩图 81　情人草（刘辉）

彩图 82　麦秆菊

彩图 83　一枝黄花

彩图 84　铃兰（刘辉）

彩图 85　帝王花

彩图 86　澳蜡花

彩图 87　针垫花

彩图 88　郁金香

彩图 89　鹤望兰（母洪娜）

彩图 90　风信子

彩图 91　姜荷花

彩图 92　花毛茛

彩图 93　朱顶红

彩图 94　红掌

彩图 95　菟葵

彩图 96　芍药

彩图 97　紫罗兰

彩图 98　火焰兰

彩图 99　宫灯百合

彩图 100　铁线莲

彩图 101　千日红

彩图 102　阿米芹

彩图 103　茵芋

彩图 104　‘乒乓’菊

彩图 105　金槌花

彩图 106　六出花

彩图 107　大丽花

彩图 108　贝母

彩图 109　大星芹

彩图 110　刺芹

彩图 111　落新妇

彩图 112　大花蕙兰

彩图 113　红花银桦

彩图 114　鸢尾

彩图 115　霍香蓟

彩图 116　嘉兰

彩图 117　鸡冠花

彩图 118　金鱼草

彩图 119　鼠尾草

彩图 120　鱼尾葵（杨丽）

彩图 121　栀子

彩图 122　朱蕉

彩图 123　铁线蕨（贾茵）

彩图 124　鸟巢蕨（贾茵）

彩图 125　八角金盘（杨丽）

彩图 126　蓬莱松（李莹）

彩图 127　银叶桉

彩图 128　肾蕨（杨丽）

彩图 129　龟背竹

彩图 130　散尾葵（杨丽）

彩图 131　变叶木（贾茵）

彩图 132　骨碎补

彩图 133　银叶菊

彩图 134　柳杉

彩图 135　孔雀竹芋

彩图 136　绿石竹

彩图 137　钉头果

彩图 138　北美冬青

彩图 139　乳茄

彩图 140　火龙珠

彩图 141　紫珠

彩图 142　火棘

彩图 143　小麦（顾翠花）

彩图 144　棉花

彩图 145　染色的银芽柳

彩图 146　富贵竹（赵妮）